零基础轻松读懂
建筑结构施工图

范　越　编著

江苏凤凰科学技术出版社 · 南京

图书在版编目（CIP）数据

零基础轻松读懂建筑结构施工图 / 范越编著 . -- 南京 : 江苏凤凰科学技术出版社 , 2023.1（2023.12 重印）

ISBN 978-7-5713-3067-5

Ⅰ . ①零… Ⅱ . ①范… Ⅲ . ①建筑结构—建筑制图—识图 Ⅳ . ① TU204.21

中国版本图书馆 CIP 数据核字 (2022) 第 127423 号

零基础轻松读懂建筑结构施工图

编　　著	范　越
项目策划	凤凰空间 / 刘立颖
责任编辑	赵　研　刘屹立
特约编辑	刘立颖
出版发行	江苏凤凰科学技术出版社
出版社地址	南京市湖南路 1 号 A 楼，邮编：210009
出版社网址	http：//www.pspress.cn
总　经　销	天津凤凰空间文化传媒有限公司
总经销网址	http：//www.ifengspace.cn
印　　刷	河北京平诚乾印刷有限公司
开　　本	787 mm × 1092 mm　1/16
印　　张	16
字　　数	307 000
版　　次	2023 年 1 月第 1 版
印　　次	2023 年 12 月第 2 次印刷
标准书号	ISBN 978-7-5713-3067-5
定　　价	69.80 元

前　言

近年来，建筑行业的从业人员不断增加，提高从业人员的基本素质便成为当务之急。建筑施工图识读是建筑工程设计、施工的基础，在技术交底以及整个施工过程中，应科学准确地理解施工图的内容，并合理运用建筑材料及施工手段，提高建筑业的技术水平，促进建筑业的健康发展。

建筑施工图是工程设计人员科学地表达建筑形体、结构、功能的图语言。正确理解设计意图，实现设计目的，把设计蓝图变成实际建筑的前提就在于实施者必须看懂施工图。这是对建筑施工技术人员、工程监理人员和工程管理人员的最基本要求，也是他们应该掌握的基本技能。

对于建筑从业人员而言，熟悉施工图纸是一项非常重要的专业技能。刚参加工作和工作很多年但不是施工现场的工程师乍一看建筑施工图是有点“丈二和尚摸不着头脑”的感觉。其实施工图并不难看懂，难就难在有没有耐心和兴致看下去。

本书的编写目的主要有三个：一是培养读者具备按照国家标准，正确阅读和理解施工图的基本能力；二是培养读者具备理论与实践相结合的能力；三是培养读者具备对于空间布局的想象能力。

由于建筑工程的千变万化，所以在本书中我们提供的看图实例虽然是有限的，但能起到帮助施工人员掌握施工图纸基本知识和具体看图方法的作用，给读者以初步入门的指引。

本书遵循认知规律，将工程实践与理论基础紧密结合，以新规范为指导，通过大量的图文，循序渐进地介绍了施工图识读的基础知识及识图的方法和步骤。本书通过识图实例，对各类施工图进行讲解，以便快速提高实践中的识图能力。

本书共五章，第一章主要介绍了建筑结构施工图识图基础知识的识图内容与步骤，第二章为砌体结构施工图识读，第三章为钢筋混凝土结构施工图识读，第四章为钢结构施工图识读，第五章为建筑结构施工图识图综合实例。

第二章到第四章从砌体结构施工图识读着手，逐个对建筑结构施工图的识读进行介绍，并配以实例，辅以形象的说明和讲解，还增加了识图小知识，供读者参考阅读。最后一章是建筑结构施工图识图综合实例，以一套完整的建筑结构施工图展示了建筑结构施工图的整体效果，以加强识图综合训练，让读者掌握识图技巧并学以致用。

本书适合从事建筑工程施工的技术人员和相关岗位人员的参考使用，也可作为高等院校相关专业用书。

本书在编写过程中，参考了大量的施工图实例，力求做到通过实例讲解，使读者快速地读懂施工图。由于编写时间仓促，书中不足之处在所难免，希望广大读者给予批评指正。

编著者

● 注：本书图中所注尺寸除另有说明外，单位均为毫米（mm）。

目 录

第一章

建筑结构施工图识图基础知识

第一节　建筑结构施工图识图的内容及规定

一、建筑结构施工图识图的内容

结构施工图是关于承重构件的布置、使用的材料、形状、大小及内部构造的工程图纸，是承重构件以及其他受力构件施工的依据。

结构施工图一般包括结构设计总说明、结构平面布置图和构件详图等。

1. 结构设计总说明

结构设计总说明是带全局性的文字说明，它包括：选用材料的类型、规格、强度等级，地基情况，施工注意事项，选用标准图集等。

2. 结构平面布置图

结构平面布置图是表示房屋中各承重构件总体平面布置的图样，包括：

1）基础平面图。

2）楼层结构布置平面图，如楼层柱配筋图、梁配筋图、板配筋图等。

3）屋盖结构平面图，如屋盖柱配筋图、梁配筋图、板配筋图等。

3. 构件详图

构件详图包括：

1）梁、柱、板及基础结构详图。

2）楼梯结构详图。

3）屋架结构详图。

4）其他详图，如天窗、雨篷、过梁等。

二、建筑结构施工图识图的规定

1. 常用构件代号

常用构件代号用各构件名称的汉语拼音的第一个字母表示，见表 1-1。

表 1-1　常用构件代号

序号	名称	代号	序号	名称	代号	序号	名称	代号
1	板	B	19	圈梁	QL	37	承台	CT
2	屋面板	WB	20	过梁	GL	38	设备基础	SJ
3	空心板	KB	21	联系梁	LL	39	桩	ZH
4	槽形板	CB	22	基础梁	JL	40	挡土墙	DQ
5	折板	ZB	23	楼梯梁	TL	41	地沟	DG
6	密肋板	MB	24	框架梁	KL	42	柱间支撑	ZC
7	楼梯板	TB	25	框支梁	KZL	43	垂直支撑	CC
8	盖板或沟盖板	GB	26	屋面框架梁	WKL	44	水平支撑	SC
9	挡雨板或檐口板	YB	27	檩条	LT	45	梯	T
10	吊车安全走道板	DB	28	屋架	WJ	46	雨篷	YP
11	墙板	QB	29	托架	TJ	47	阳台	YT
12	天沟板	TGB	30	天窗架	CJ	48	梁垫	LD
13	梁	L	31	框架	KJ	49	预埋件	M-
14	屋面梁	WL	32	刚架	GJ	50	天窗端壁	TD
15	吊车梁	DL	33	支架	ZJ	51	钢筋网	W
16	单轨吊车梁	DDL	34	柱	Z	52	钢筋骨架	G
17	轨道连接	DGL	35	框架柱	KZ	53	基础	J
18	车挡	CD	36	构造柱	GZ	54	暗柱	AZ

2. 普通钢筋的种类

普通钢筋主要有热轧光圆钢筋（HPB300）、普通热轧带肋钢筋（HRB335、HRB400、HRB500）、细晶粒热轧带肋钢筋（HRBF335、HRBF400、HRBF500）、余热处理带肋钢筋（RRB400），其中“H”表示热轧，“P”表示光圆，“R”表示带肋或余热，“B”表示钢筋，“F”表示细晶粒。普通钢筋的种类及符号见表 1-2。

表 1-2　普通钢筋种类及符号

钢筋强度等级	钢筋种类	平法钢筋符号	鲁班钢筋符号	公称直径 d/mm	屈服强度标准值 f_{yk}/MPa
1	HPB300	Φ	A	6ϕ22	300
2	HRB335 HRBF335	Φ Φ F	B	6ϕ50	335
3	HRB400 HRBF400 RRB400	Φ Φ F Φ F	C	6ϕ50	400
4	HRB500 HRBF500	Φ Φ R	D	6ϕ50	500

3. 混凝土保护层

混凝土保护层是指混凝土结构构件中钢筋外边缘至构件表面范围用于保护钢筋的混凝土，简称“保护层”。混凝土保护层厚度指最外层钢筋外边缘至混凝土表面的距离。混凝土保护层厚度主要取决于环境类别、构件类型、构件混凝土强度等级、结构设计年限四大因素。混凝土结构的环境类别见表 1-3。

表 1-3　混凝土结构的环境类别

环境类别	条件
一类	室内干燥环境； 无侵蚀性静水浸没环境
二类 a	室内潮湿环境； 非严寒和非寒冷地区的楼梯环境； 非严寒和非寒冷地区与无侵蚀性的水或土壤直接接触的环境； 严寒和寒冷地区的冰冻线以下与无侵蚀性的水或土壤直接接触的环境
二类 b	干湿交替环境； 水位频繁变动环境； 严寒和寒冷地区的露天环境； 严寒和寒冷地区冰冻线以上与无侵蚀性的水或土壤直接接触的环境
三类 a	严寒和寒冷地区冬季水位变动区环境； 受除冰盐影响环境；海风环境
三类 b	盐渍土环境； 受除冰盐作用环境； 海岸环境
四类	海水环境
五类	受人为或自然的侵蚀性物质影响的环境

识图小知识

1）图纸上所需书写的文字、数字或符号等，均应笔画清晰、字体端正、排列整齐；标点符号应清楚正确。

2）字高大于 10 mm 的文字宜采用 True type 字体，当需书写更大的字时，其高度应按$\sqrt{2}$的倍数递增。

3）图样及说明中的汉字，宜采用长仿宋体或黑体，同一图纸字体种类不应超过两种。长仿宋体的高宽关系应符合《房屋建筑制图统一标准》(GB/T 50001—2017) 的规定，黑体字的宽度与高度应相同。大标题、图册封面、地形图等的汉字，也可书写成其他字体，但应易于辨认。

4）汉字的简化字书写应符合国家有关汉字简化方案的规定。

5）图样及说明中的拉丁字母、阿拉伯数字与罗马数字，宜采用单线简体或 ROMAN 字体。拉丁字母、阿拉伯数字与罗马数字的书写规则，应符合《房屋建筑制图统一标准》(GB/T 50001—2017) 的规定。

6）拉丁字母、阿拉伯数字与罗马数字，当需写成斜体字时，其斜度应是从字的底线逆时针向上倾斜 75°。斜体字的高度和宽度应与相应的直体字相等。

7）拉丁字母、阿拉伯数字与罗马数字的字高，不应小于 2.5 mm。

8）数量的数值注写，应采用正体阿拉伯数字。各种计量单位凡前面有量值的，均应采用国家颁布的单位符号注写。单位符号应采用正体字母。

9）分数、百分数和比例数的注写，应采用阿拉伯数字和数学符号。

10）当注写的数字小于 1 时，应写出各位的“0”，小数点应采用圆点，应与基准线对齐书写。

第二节　建筑结构施工图识读步骤

一、图纸目录识读

图纸目录是了解建筑设计整体情况的文件，从目录中我们可以明确图纸数量、出图大小、工程号，还有建筑单位及整个建筑物的主要功能。

总图纸目录的内容包括：总设计说明、建筑施工图、结构施工图、给水排水施工图、暖通空调施工图、电气施工图等各个专业的施工图纸的名称和顺序，见表 1-4。

表 1-4　某工程的图纸目录

图别	图号	图名
建施	1	目录 建筑设计说明
建施	2	总平面图
建施	3	节能设计 门窗表
建施	4	一层平面图
建施	5	二层平面图
建施	6	三至五层平面图
建施	7	屋顶平面图
建施	8	背立面图
建施	9	北立面图
建施	10	东立面图 卫生间详图
建施	11	1—1 剖面图 2—2 剖面图
建施	12	楼梯详图

图别	图号	图名
结施	1	结构设计总说明
结施	2	基础平面布置图 基础详图
结施	3	3.270 m 层结构平面布置图
结施		6.570 ～ 13.170 m 层结构平面布置图
结施	5	16.470 m 层结构平面布置图
结施	6	楼梯配筋图
电施	1	设计说明 主材料强电弱电系统图
电施	2	一层照明平面图
电施	3	二至五层照明平面图
电施	4	屋顶防雷平面图
电施	5	一至五层电话平面图

图别	图号	图名
水施	1	材料统计表图例表说明 平面详图 给水系统图
水施	2	一层给水排水平面图
水施	3	二至四层给水排水平面图
水施	4	五层给水排水平面图
水施	5	排水系统图 消火栓系统图
暖施	1	一层采暖平面图
暖施	2	二至四层采暖平面图
暖施	3	五层采暖平面图
暖施	4	采暖系统图（一）
暖施	5	采暖系统图（二）
暖施	6	设计说明 材料统计表图例表

图纸目录一般分专业编写，如建施 - × ×、结施 - × ×、暖施 - × ×、电施 - × × 等。

结构施工图排在建筑施工图之后，看过建筑施工图，在脑海中形成建筑物的立体空间模型后，再看结构施工图的时候，能更好地理解其结构体系。结构施工图是根据结构设计的结果绘制而成的图纸。它是构件制作、安装和指导施工的重要依据。除了建筑施工图外，结构施工图是一整套施工图中的第二部分，它主要表达的是建筑物的承重构件（如基础、承重墙、柱、梁、板、屋架、屋面板等）的布置、形状、尺寸大小、数量、材料、构造及其相互关系。

在结构施工图中一般包括：结构设计总说明，基础平面图和基础详图，结构平面图，梁、柱配筋图，楼梯配筋图。

施工图纸的编排顺序一般是全局性图纸在前，局部的图纸在后；重要的在前，次要的在后；先施工的在前，后施工的在后。

当拿到一套结构施工图后，看到的第一张图便是图纸目录。图纸目录可以帮我们了解图纸的专业类别、总张数、每张图纸的图名、工程名称、建设单位和设计单位等内容，见表 1-5。

表 1-5　×× 小区住宅楼的结构专业图纸目录

图纸目录
×× 小区住宅楼
结构专业图纸目录
设计单位：×× 工程设计有限公司
建设单位：×× 建筑公司

序号	图纸编号	图纸名称	图幅号
1	结施 -01	结构设计总说明（一）	A2
2	结施 -02	结构设计总说明（二）	A2
3	结施 -03	结构设计总说明（三）	A2
4	结施 -04	基础板配筋图	A2
5	结施 -05	基础模板图及基础详图	A2
6	结施 -06	地下室柱定位图及一至三层柱配筋平面图	A2 + 1/4
7	结施 -07	四至八层柱配筋平面图	A2 + 1/4
8	结施 -08	顶层柱配筋图及详图	A2
9	结施 -09	标高 −0.020 至 4.180 m 梁配筋图	A2
10	结施 -10	标高 8.080 至 11.980 m 梁配筋图	A2
11	结施 -11	标高 15.180 至 27.980 m 梁配筋图	A2
12	结施 -12	标高 −0.020 m、4.180 m、8.080 m 结构平面图	A2
13	结施 -13	标高 1.980 至 27.980 m 结构平面图	A2
14	结施 -14	坡屋顶结构平面图、屋顶梁配筋图	A2
15	结施 -15	1 号楼梯详图（一）	A2 + 1/4
16	结施 -16	1 号楼梯详图（二）	A2 + 1/4
17	结施 -17	2 号楼梯详图	A2 + 1/4

从图纸目录中可以了解到下列资料：

工程名称——×× 小区住宅楼。

图纸专业类别——结构专业。

设计单位——×× 工程设计有限公司。

建设单位——×× 建筑公司。

图纸编号和名称是为了方便查阅，针对每张图纸所表达建筑物的主要内容，给图纸起一个名称，再用数字编号，用来确定图纸的次序。如这套图纸目录所在的图纸图名为 ×× 封面，图号为“结施 -00”，在图纸目录编号项的第一行，可以看到图纸编号“结施 -01”。其中“结”字表示图纸种类为结构施工图，“01”表示为结构施工图的第一张；在图名相应的行中，可以看到“结构设计总说明（一）”，也就是图纸表达的内容，为结构总说明的第一部分；在图幅号相应的行中，看到“A2”，它表示该张图纸是 A2 幅面，图框尺寸为 420 mm × 594 mm。在图纸目录编号项的最后一行，可以看到图幅号为“A2+1/4”，它表达的意思是在 A2 幅面的基础上增加 A2 幅面的 1/4 长，图框尺寸为

（420 mm × 594 mm+420 mm × 594 mm × $\frac{1}{4}$ ）。

该套图纸共有 18 张，图纸封面为图纸目录，接下来 3 张为结构设计总说明，结构施工图 14 张。

图纸目录的形式由设计单位自己规定，没有统一的格式，但大体如上述内容。

二、结构设计总说明识读

1. 工程概况

1）工程地点、工程分区、主要功能。

2）各单体（或分区）建筑的长、宽、高，地上与地下层数，各层层高，主要结构跨度，特殊结构及造型，工业厂房的吊车吨位等。

2. 设计依据

1）主体结构设计使用年限。

2）自然条件：基本风压、基本雪压、气温（必要时提供）、抗震设防烈度等。

3）工程地质勘察报告。

4）场地地震安全性评价报告（必要时提供）。

5）风洞试验报告（必要时提供）。

6）建设单位提出的与结构有关的符合有关法规、标准的书面要求。

7）初步设计的审查、批复文件。

8）对于超限高层建筑，应有超限高层建筑工程抗震设防专项审查意见。

9）采用桩基础时，应有试桩报告或深层平板载荷试验报告或基岩载荷板试验报告（若试桩或试验尚未完成，应注明桩基础图不得用于实际施工）。

10）本专业设计所执行的主要法规和所采用的主要标准（包括标准的名称、编号、年号和版本号）。

3. 图纸说明

1）图纸中标高、尺寸的单位。

2）设计 ±0.000 m 标高所对应的绝对标高值。

3）当图纸按工程分区编号时，应有图纸编号说明。

4）常用构件代码及构件编号说明

5）各类钢筋代码说明，型钢代码及截面尺寸标记说明。

6）混凝土结构采用平面整体表示方法时，应注明所采用的标准图名称及编号或提供标准图。

4. 建筑分类等级

应说明下列建筑分类等级及所依据的规范或批文：

1）建筑结构安全等级。

2）地基基础设计等级。

3）建筑抗震设防类别。

4）钢筋混凝土结构抗震等级。

5）地下室防水等级。

6）人防地下室的设计类别、防常规武器抗力级别和防核武器抗力级别。

7）建筑防火分类等级和耐火等级。

8）混凝土构件的环境类别。

5. 主要荷载（作用）取值

1）楼（屋）面面层荷载、吊挂（含吊顶）荷载。

2）墙体荷载、特殊设备荷载。

3）楼（屋）面活荷载。

4）风荷载（包括地面粗糙度、体型系数、风振系数等）。

5）雪荷载（包括积雪分布系数等）。

6）地震作用（包括设计基本地震加速度、设计地震分组、场地类别、场地特征周期、结构阻尼比、地震影响系数等）。

7）温度作用及地下室水浮力的有关设计参数。

6. 设计计算程序

1）结构整体计算及其他计算所采用的程序名称、版本号、编制单位。

2）结构分析所采用的计算模型、高层建筑整体计算的嵌固部位等。

7. 主要结构材料

1）混凝土强度等级、防水混凝土的抗渗等级、轻骨料混凝土的密度等级，注明混凝土耐久性的基本要求。

2）砌体的种类及其强度等级、干容重，砌筑砂浆的种类及强度等级，砌体结构施工质量控制等级。

3）钢筋种类、钢绞线或高强钢丝种类及对应的产品标准，其他特殊要求（如强用比等）。

4）成品拉索、预应力结构的锚具、成品支座（如各类橡胶支座、钢支座、隔震支座等）、阻尼器等特殊产品的参考型号、主要参数及所对应的产品标准。

5）钢结构所用的材料。

8. 基础及地下室工程

1）工程地质及水文地质概况、各主要土层的压缩模量及承载力特征值等、对不良地基的处理措施及技术要求、抗液化措施及要求、地基土的冰冻深度等。

2）注明基础形式和基础持力层，采用桩基时应简述桩型、桩径、桩长，桩端持力层及桩进入持力层的深度要求，设计所采用的单桩承载力特征值（必要时尚应包括竖向抗拔承载力和水平承载力）等。

3）地下室抗浮（防水）设计水位及抗浮措施、施工期间的降水要求及终止降水的条件等。

4）基坑、承台坑回填要求。

5）基础大体积混凝土的施工要求。

6）当有人防地下室时，应图示人防部分与非人防部分的分界范围。

9. 钢筋混凝土工程

1）各类混凝土构件的环境类别及其受力钢筋的保护层最小厚度。

2）钢筋锚固长度、搭接长度、连接方式及要求，各类构件的钢筋锚固要求。

3）预应力构件采用后张法时的孔道做法及布置要求、灌浆要求等，预应力构件张拉端、固定端构造要求及做法，锚具防护要求等。

4）预应力结构的张拉控制应力、张拉顺序、张拉条件（如张拉时的混凝土强度等）、必要的张拉测试要求等。

5）梁、板的起拱要求及拆模条件。

6）后浇带或后浇块的施工要求（包括补浇时间要求）。

7）特殊构件施工缝的位置及处理要求。

8）预留孔洞的统一要求（如补强加固要求）、各类预埋件的统一要求。

9）防雷接地要求。

10. 砌体工程

1）砌体墙的材料种类、厚度，填充墙成墙后的墙重限制。

2）砌体填充墙与框架梁、柱、剪力墙的连接要求或注明所引用的标准图。

3）砌体墙上门窗洞口过梁要求或注明所引用的标准图。

4）需要设置的构造柱、圈梁（拉梁）要求及附图或注明所引用的标准图。

11. 检测（观测）要求

1）沉降观测要求。

2）大跨度结构及特殊结构的检测或施工安装期间的监测要求。

3）高层、超高层结构应根据情况补充日照变形观测等特殊变形观测要求。

【示例】

下面是一混凝土框架结构的结构设计总说明的例子。

结构设计总说明

一、工程概况

本工程为 ××××，结构形式为框架结构，采用柱下独立基础，地下室层高 3.200 m，标准层层高为 3.300 m。

二、设计依据

《建筑结构可靠度设计统一标准》（GB 50068—2001）

《建筑抗震设防分类标准》（GB 50223—2008）

《建筑结构荷载规范》（GB 50009—2012）

《建筑抗震设计规范》（GB 50011—2010）

《建筑地基基础设计规范》（GB 50007—2011）

《混凝土结构设计规范》（GB 50010—2010）

《砌体结构设计规范》（GB 50003—2011）

《混凝土异形柱结构技术规程》（JGJ 149—2006）

《×× 岩土工程详细勘察报告》

中国建筑科学研究院 PKPMCAD 工程部提供结构计算软件及绘图软件。

三、一般说明

3.1 本工程结构的安全等级为二级，结构重要性系数取 1.0，在确保说明要求的材料性能、荷载取值、施工质量及正常使用与维修控制条件下，本工程的结构设计年限为 50 年。

3.2 本工程图中尺寸除注明者外，均以 mm 为单位，标高以 m 为单位。

3.3 本工程 ±0.000 为室内地面标高，相对于绝对标高见结构施工图。

3.4 根据《建筑抗震设计规范》（GB 50011—2010）附录 A，本工程抗震设防烈度小于 6 度，设计地震分组为第一组（基本地震加速度为 0.5g），场地类别为三类，无液化土层。考虑到承重墙体对结构整体刚度的影响，周期折减系数取 0.85。

3.5 本工程为丙类建筑，其地震作用及抗震措施均按 6 度考虑，框架的抗震等级为：框架三级，剪力墙三级。

3.6 建筑物耐久性环境，地上结构为一类，地下为二类。露天环境和厨房、卫生间的环境类别为二类。

四、可变荷载

基本风压值 0.4 kN/m^2，基本雪压 0.45 kN/m^2，阳台、楼梯间 2.5 kN/m^2，卧室、餐厅 2.0 kN/m^2，书房 2.0 kN/m^2，厨房、卫生间 2.0 kN/m^2，不上人层面 0.7 kN/m^2，上人层面 2.0 kN/m^2，客厅、起居室 2.0 kN/m^2。

五、地基与基础

5.1 本工程采用地下筏板基础，基础持力层位于第 2 层粉质黏土层上，地基承载力特征值为 160kPa。

5.2 基坑开挖时应根据现场场地情况由施工方确定基坑支护方案。

5.3 施工时应采用必要的降水措施，确保水位降至基底下 500 mm 处，降水作业应持续至基础施工完成。

六、材料（图中注明者除外）

6.1　混凝土。

混凝土强度等级见表 1-6。

表 1-6　混凝土强度等级

结构部分	强度等级	备注
基础垫层	C15	抗渗等级 S6
地下室墙、基础板	C30	——
柱标高 15.180 m 以下	C30	——
柱标高 15.180 m 以上	C25	——
所有现浇板、框架梁	C25	——

6.2 钢材钢筋采用：HRB335 级、HRB400 级。

6.3 油漆：凡外露钢构件必须在除锈后涂防腐漆、面漆各两道，并经常注意维护。

6.4 砌体，按质量控制 B 级。

七、构造要求

7.1 混凝土保护层：纵向受力钢筋的混凝土保护层厚度除应符合表 1-7 的规定外，不应小于钢筋的公称直径。

表 1-7　纵向受力钢筋的混凝土保护层厚度

部位	保护层厚度 /mm
地下室外墙外侧	30
地下室外墙内侧	20
基础底板、梁下部	40
基础底板、梁上部	30
框架柱	30
楼面梁	25
楼板、楼梯板混凝土墙	15

注：梁板预埋管的混凝土保护层厚度不应小于 30 mm，板墙中分布钢筋保护层厚度不应小于 10 mm，柱、梁中箍筋和构造钢筋的保护层厚度不应小于 15 mm。

7.2 纵向受拉钢筋的锚固长度 L_{aE}，纵向受压钢筋锚固长度应乘以修正系数 0.7 且应大于或等于 250。

7.3 钢筋的最小搭接长度 L_{LE} 应满足国家有关规定的要求。

八、门窗、楼梯、栏杆等预埋件

门窗、楼梯、栏杆等预埋件详见结构施工图。

九、施工要求

本工程施工时，除应遵守本说明及各设计图纸说明外，尚应严格执行《混凝土结构工程质量验收规范》（GB 50204—2015）的规定。

十、核对及沉降观测

应结合各专业图纸预留孔洞，沿口尺寸及位置需由各专业工种核对无误后方可浇筑混凝土。

沉降观测：本工程应在施工及使用过程中进行沉降观测，观测点的位置、埋设、保护请施工单位与使用单位配合。

十一、采用标准图集

《混凝土结构施工图平面整体表示方法制图规则和构造详图（现浇混凝土框架、剪力墙、梁、板）》（16G101-1）、钢筋混凝土过梁（02YG301）、砌体结构构造详图（02YG001-1）。

十二、基础梁平面表示法参见（16G101-3）。

三、基础平面图识读

基础施工图一般由基础平面图、基础详图和设计说明组成。由于基础是首先施工的部分，基础施工图往往又是结构施工图的前几张图纸。其中，设计说明的主要内容是明确室内地面的设计标高及基础埋深、基础持力层及其承载力特征值、基础的材料，以及对基础施工的具体要求。

1. 基础平面图

基础平面图是假想用一个水平面沿着地面剖切整幢房屋，移去上部房屋和基础上的泥土，用正投影法绘制的水平投影图。基础平面图主要表示基础的平面布置情况，以及基础与墙、柱定位轴线的相对关系，是房屋施工过程中指导放线、基坑开挖、定位基础的依据。基础平面图的绘制比例，通常采用 1∶50、1∶100、1∶200。基础平面图中的定位轴线网格与建筑平面图中的轴线网格完全相同。

基础平面图主要包括：

1）图名和比例。

2）纵横定位轴线及其编号。

3）基础的平面布置，即基础墙、构造柱、承重柱及基础底面的形状、大小及基础与轴线的尺寸关系。

4）基础梁或基础圈梁的位置及其代号。

5）断面的剖切线及其编号。

6）轴线尺寸、基础大小尺寸和定位尺寸。

7）施工说明。

8）当基础底面标高有变化时，应在基础平面图对应部位的附近画出一段基础的垂直剖面图来表示基底标高的变化，并标注相应基底的标高。

2. 基础详图

由于基础布置平面图只表示了基础平面布置，没有表达出基础各部位的断面，为了给基础施工提供详细的依据，就必须画出各部分的基础断面详图。

基础详图是采用假想的剖切平面垂直剖切基础具有代表性的部位而得到的断面图。为了更清楚地表达基础的断面，基础详图的绘制比例通常取 1∶20、1∶30。基础详图充分表达了基础的断面形状、材料、大小、构造和埋置深度等内容。基础详图一般采用垂直的横剖断面表示。断面详图相同的基础用同一个编号、同一个详图表示。对断面形状和配筋形式都较类似的条形基础，可采用通用基础详图的形式，通用基础详图的轴线符号圆圈内不注明具体编号。

对于同一幢房屋，由于它内部各处的荷载和地基承载力不同，其基础断面的形式也不相同，所以需画出每一处断面形式不同的基础的断面详图，断面的剖切位置在基础平面图上用剖切符号表示。

基础详图的主要内容包括：

1）图名（或基础代号）、比例。

2）基础断面形状、大小、材料、配筋以及定位轴线及其编号（若为通用断面图，则轴线圆圈内为空白，不予编号）。

3）基础阁梁与构造柱的连接做法。

4）基础梁和基础圈梁的截面尺寸及配筋。

5）基础断面的细部尺寸和室内外地面、基础垫层底面的标高等。

6）防潮层的位置和做法。

7）施工说明等。

【示例】

1. 基础平面图

示例一：某柱下混凝土条形基础平面图如图 1-1 所示。

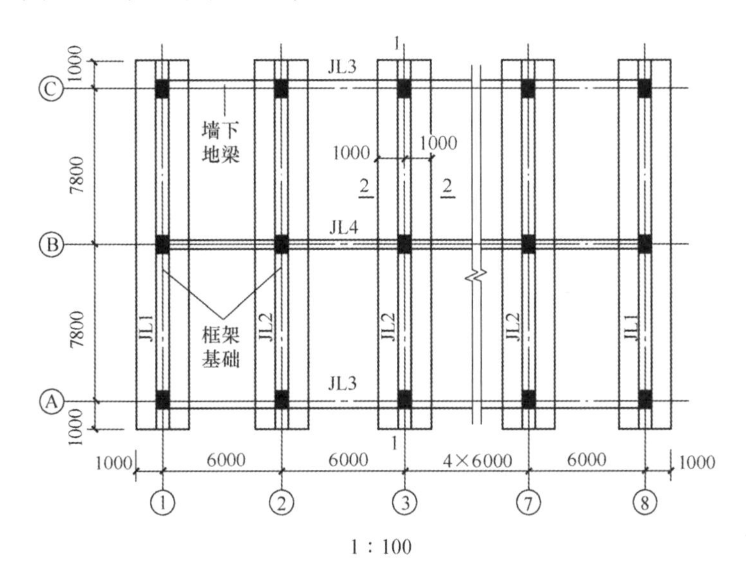

图 1-1　某柱下混凝土条形基础平面图

1）图中基础中心位置正好与定位轴线重合，基础的轴线距离都是 6.00 m，每根基础梁上有三根柱子，用黑色的矩形表示。

2）地梁底部扩大的面为基础底板，即图中基础的宽度为 2.00 m。

3）从图上的编号可以看出两端轴线，即①轴和⑧轴的基础相同，均为 JL1；其他中间各轴线的相同，均为 JL2。

4）从图中看出基础全长 17.60 m，地梁长度为 17.60 m，基础两端还有为了承托上部墙体（砖墙或轻质砌块墙）而设置的基础梁，标注为 JL3，它的断面要比 JL1、JL2 小，尺寸为 300 mm × 550 mm（$b \times h$）。

5）JL3 的设置，使我们在看图中了解到该方向可以不必再另行挖土方做砖墙的基础了。

6）柱子的柱距均为 6.0 m，跨度为 7.8 m。

示例二：某桩基础承台平面图如图 1-2 所示。

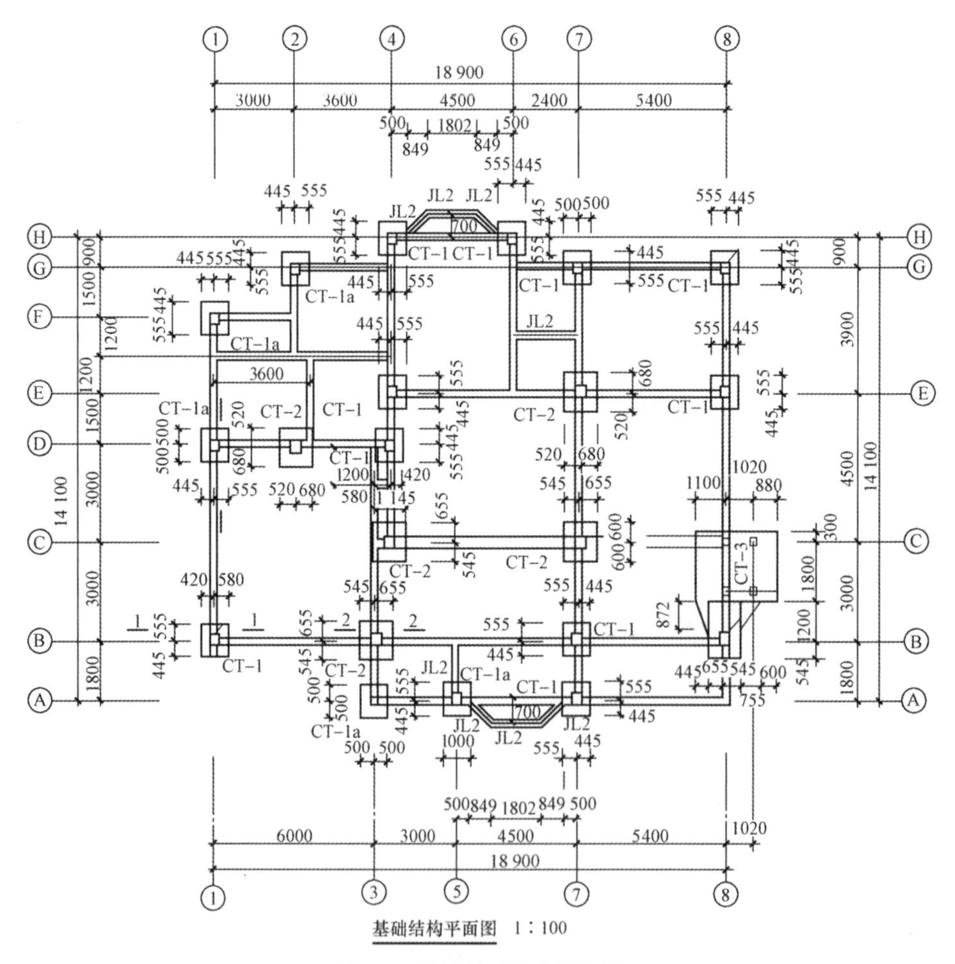

图 1-2 某桩基础承台平面图

1）图名为基础结构平面图，绘图比例为 1：100。

2）定位轴线编号和轴线间尺寸与桩位平面布置图中的一致，也与建筑平面图一致。

3）CT 为独立承台的代号，图中出现的此类代号有“CT-1a、CT-1、CT-2、CT-3”，表示四种类型的独立承台。

4）承台周边的尺寸可以表达出承台中心线偏离定位轴线的距离以及承台外形几何尺寸。如图中定位轴线①号与 B 号交叉处的独立承台，尺寸数字“420”和“580”表示承台中心向右偏移出①号定位轴线 80 mm，承台该边边长 1000 mm；从尺寸数字“445”和“555”中，可以看出该独立承台中心向上偏移出 B 号轴线 55 mm，承台该边边长 1000 mm。

5）“JL1、JL2”代表两种类型的地梁，地梁连接各个独立承台，并把它们形成一个整体，地梁一般沿轴线方向布置，偏移轴线的地梁标有位移大小。剖切符号 1—1、2—2 表示承台详图中承台在基础结构平面布置图上的剖切位置。

示例三：某墙下混凝土条形基础平面图如图 1-3 所示。

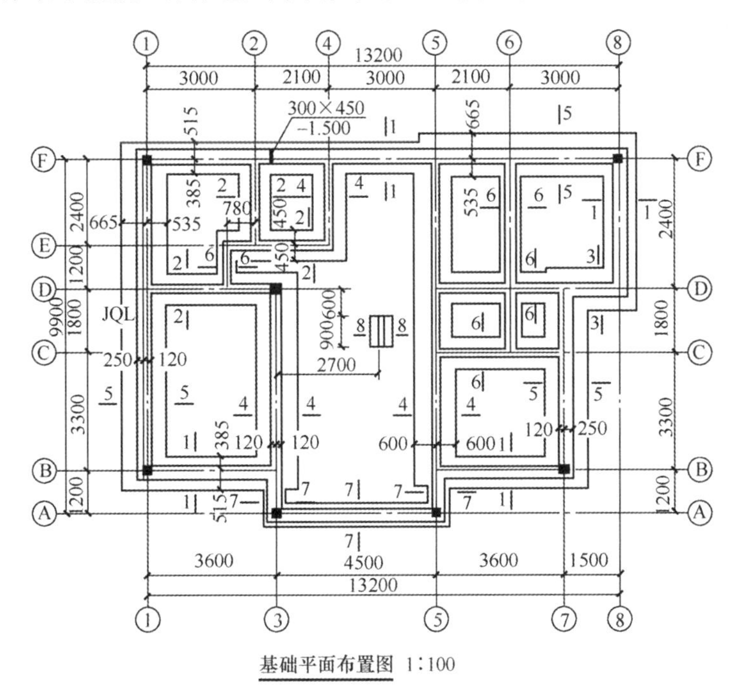

图 1-3　墙下混凝土条形基础平面布置图

说明：1. ± 0.000 相当于绝对标高 80.900 m；
2. 根据地质报告，持力层为粉质黏土，其地基承载力特征值 f_{ak}=150 MPa；
3. 本工程墙下采用钢筋混凝土条形基础，混凝土强度等级为 C25，钢筋采用 HPB300、HRB335；
4. GZ 主筋锚入基础内 40d（d 为柱内主筋直径）；
5. 地基开挖后待设计部门验槽后方可进行基础施工；
6. 条形基础施工完成后对称回填土，且分层夯实，然后施工上部结构。

1）从基础平面布置图的说明中可以看出基础采用的材料、基础持力层的名称、承载力特征值 f_{ak} 和基础施工时的一些注意事项等。

2）在②轴靠近Ⓕ轴位置墙上的 $\dfrac{300\times450}{-1.500}$，粗实线表示了预留洞口的位置，它表示这个洞口宽 × 高为 300 mm × 450 mm，洞口的底标高为 −1.500 m。

3）标注 4—4 剖面处，基础宽度 1200 mm，墙体厚度 240 mm，墙体轴线居中，基础两边线到定位轴线均为 600 mm；标注 5—5 剖面处，基础宽度 1200 mm，墙体厚度 370 mm，墙体偏心 65 mm，基础两边线到定位轴线分别为 665 mm 和 535 mm。

示例四：某独立基础平面图如图 1-4 所示。

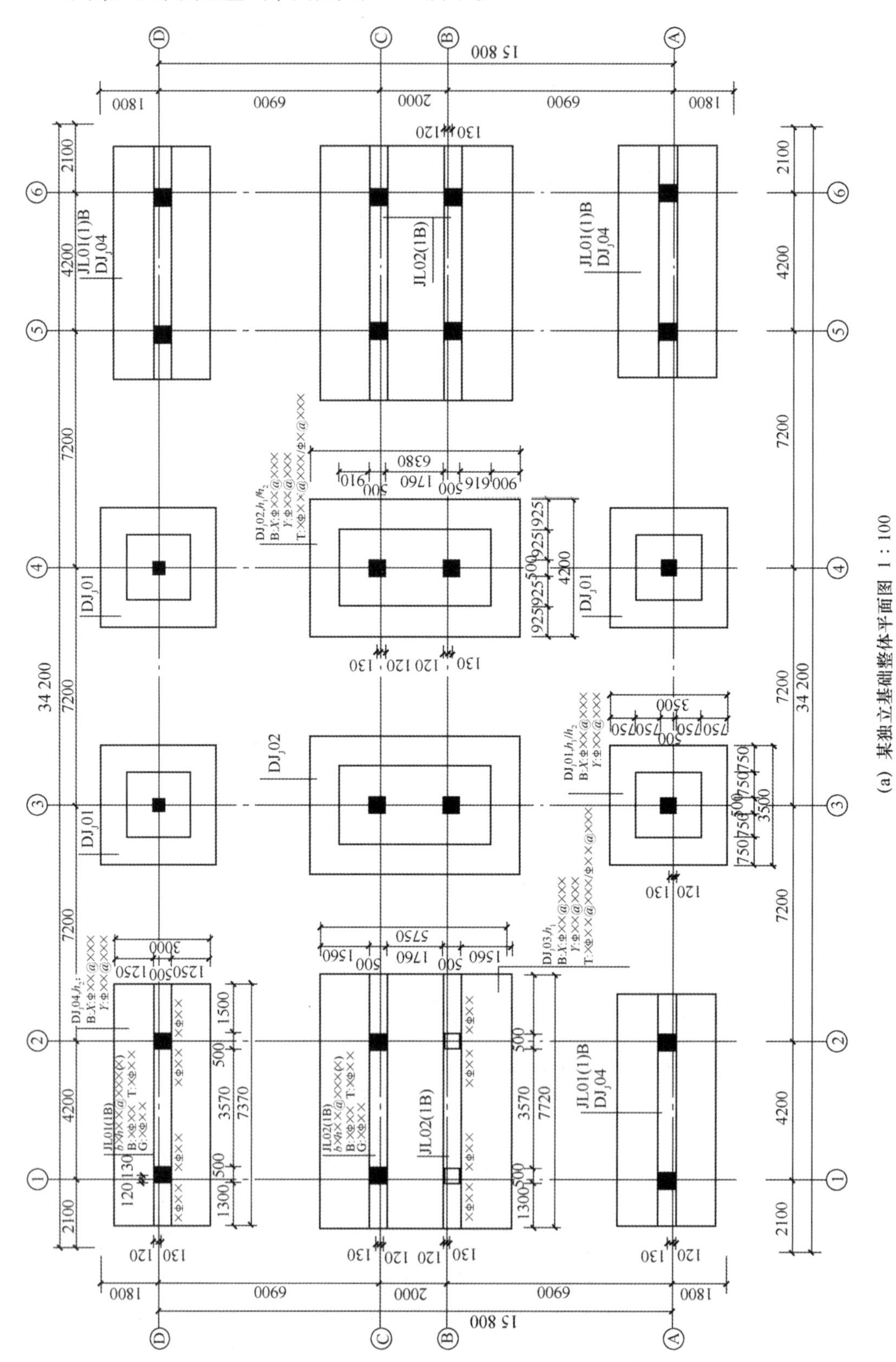

(a) 某独立基础整体平面图 1：100

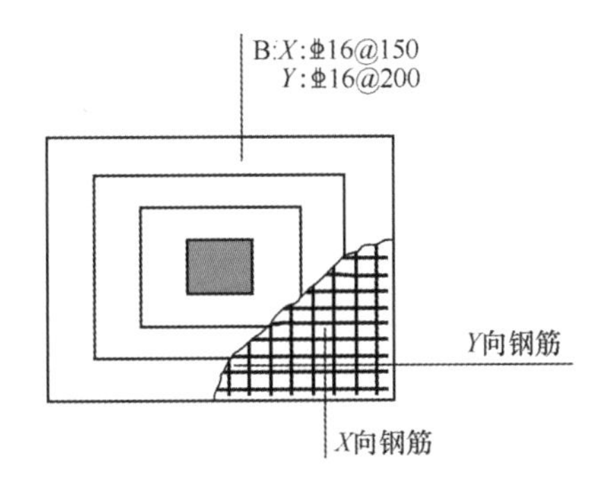

(b) 某独立基础底板底部双向配筋示意图　1：100

图 1-4　某独立基础平面图

1）从独立基础整体平面图中，我们可以看到独立基础的整体布置，以及各个独立基础的配筋要求，相同独立基础用统一编号代替。

2）在独立基础底板底部双向配筋示意图中 B：X16@150，表示基础底板底部配置 HRB400 级钢筋，X 向直径为 16 mm，分布间距 150 mm。

3）在独立基础底板底部双向配筋示意图中 B：Y16@200 表示基础底板底部配置 HRB400 级钢筋，Y 向直径为 16 mm，分布间距 200 mm。

示例五：某梁板式筏形基础主梁集中标注示意图如图 1-5 所示。

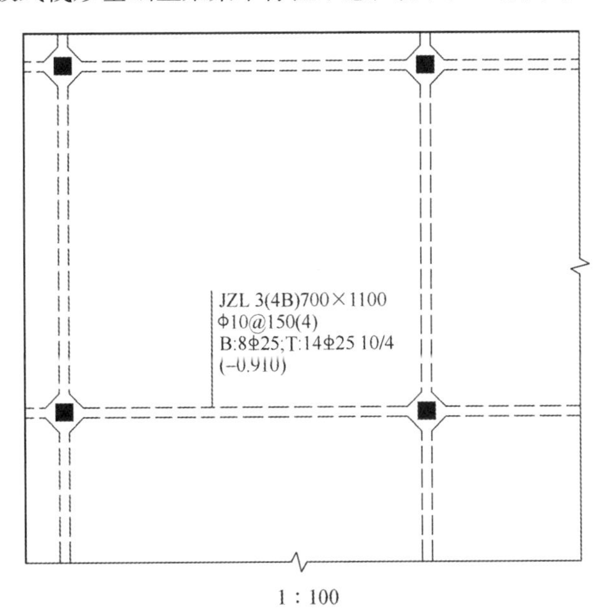

1：100

图 1-5　某梁板式筏形基础主梁集中标注示意图

1）集中标注的第一行表示基础主梁，代号为 3 号；“(4B)”表示该梁为 4 跨，并且两端具有悬挑部分；主梁宽 700 mm，高 1100 mm。

2）集中标注的第二行表示箍筋的规格为 HPB300，直径 10 mm，间距 150 mm，4 肢。

3）集中标注的第三行“B”表示梁底部的贯通筋，8 根 HRB335 钢筋，直径为 25 mm；“T”是梁顶部的贯通筋，14 根 HRB335 钢筋，直径为 25 mm；分两排摆放，第一排 10 根，第二排 4 根。

4）集中标注的第四行表示梁的底面标高，比基准标高低 0.91 m。

2. 基础详图

示例一：某梁板式筏形基础详图如图 1-6 所示。

1）梁板式筏形基础平法施工图，是在基础平面布置图上采用平面注写方式进行表达。

2）当绘制基础平面布置图时，应将梁板式筏形基础与其所支承的柱、墙一起绘制。当基础底面标高不同时，需注明与基础底面基准标高不同之处的范围和标高。

3）通过选注基础梁底面与基础平板底面的标高高差来表达两者间的位置关系，可以明确其“高板位”（梁顶与板顶一平）、“低板位”（梁底与板底一平）以及“中板位”（板在梁的中部）三种不同位置组合的筏形基础，方便设计表达。

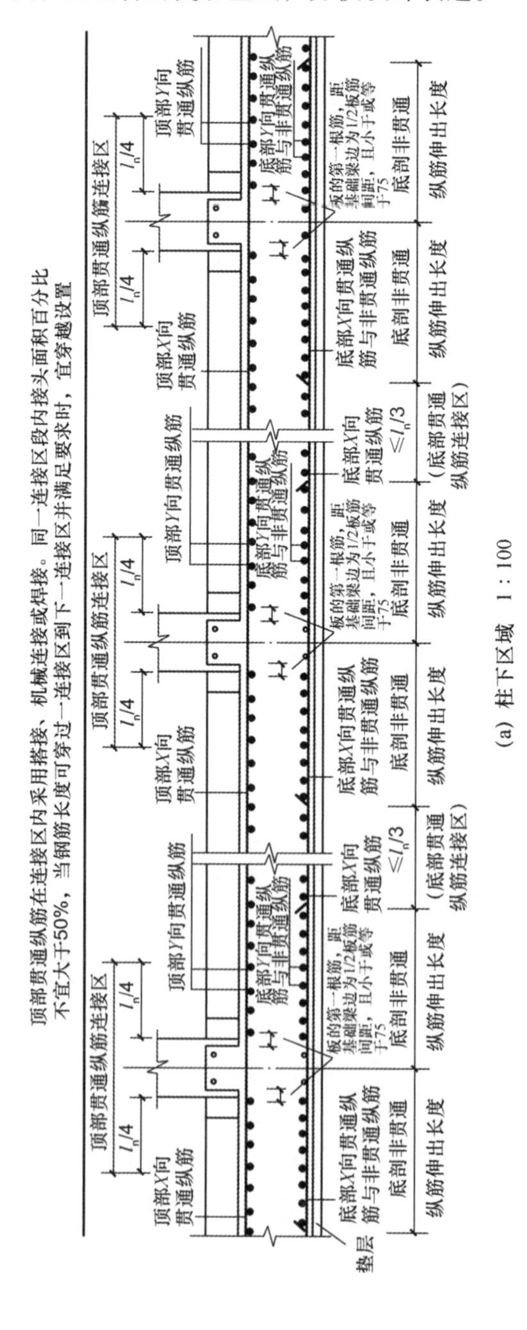

(a) 柱下区域 1：100

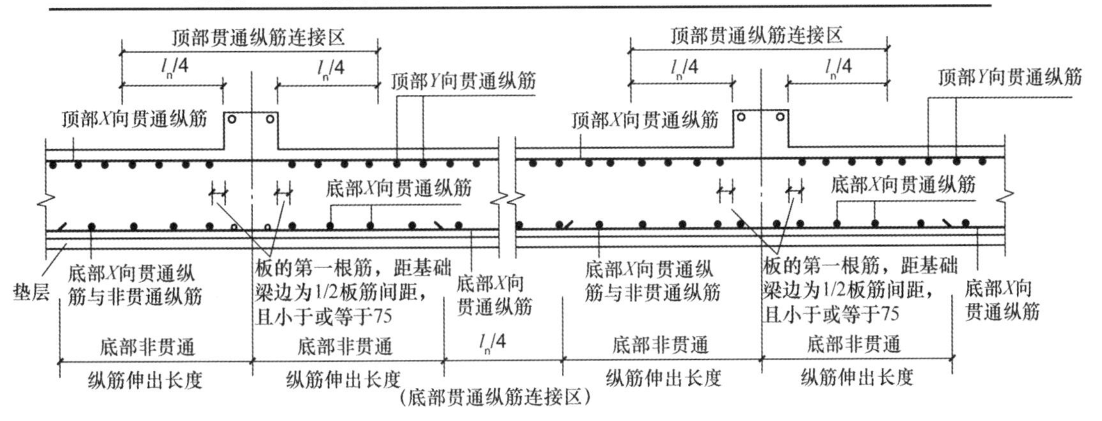

(b) 跨中区域　1：100

图 1-6　梁板式筏形基础平板 LPB 钢筋构造示意图

4）对于轴线未居中的基础梁，应标注其定位尺寸。

示例二：某钢柱下独立基础详图（剖面图）如图 1-7 所示。

1）地脚螺栓中心至基础顶面边缘的距离不小于 5*d*（*d* 为地脚螺栓直径）及 150 mm。

2）钢柱底板边线至基础顶面边缘的距离不小于 100 mm。

3）基础顶面设 C20 细石混凝土二次浇灌层，厚度一般可采用 50 mm。

4）基础高度 $h \geqslant l_m$+100 mm（l_m 为地脚螺栓的埋置深度）。

示例三：某桩基础承台详图如图 1-8 所示。

1）图 CT-1（CT-1a）、CT-2 分别为独立承台 CT-1（CT-1a）、CT-2 的剖面图。图 JL1、JL2 分别为 JL1、JL2 的断面图。图 CT-3 为独立承台 CT-3 的平面详图，3—3 剖面图、4—4 剖面图为独立承台 CT—3 的剖面图。

2）从 CT-1（CT-1a）剖面图中，可知承台高度为 1000 mm，承台底面即垫层顶面标高为 −1.500 m。垫层分上、下两层，上层为 70 mm 厚的 C10 素混凝土垫层，下层用片石灌砂夯实。由于承台 CT-1 与承台 CT-1a 的剖面形状、尺寸相同，只是承台内部配置有所差别，如图中 ϕ10@150 为承台 CT-1 的配筋，其旁边括号内注写的三肢箍为承台 CT-1a 的内部配筋，所以当选用括号内的配筋时，图 CT-1（CT-1a）表示的为承台 CT-1a 的剖面图。

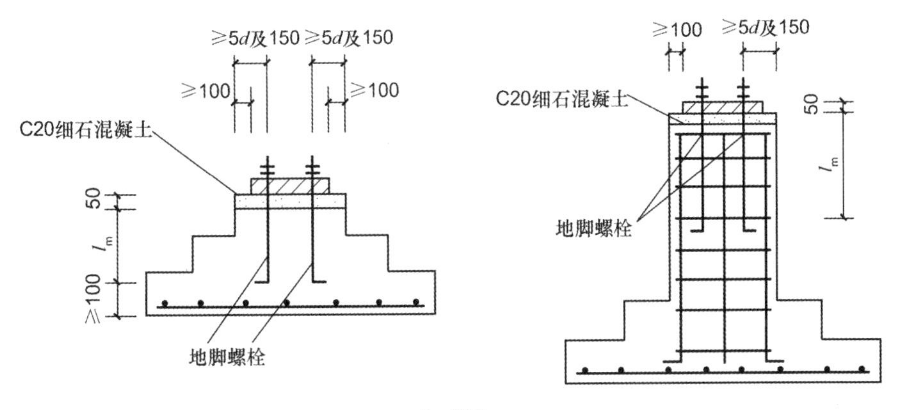

1：100

图 1-7　某钢柱下独立基础详图

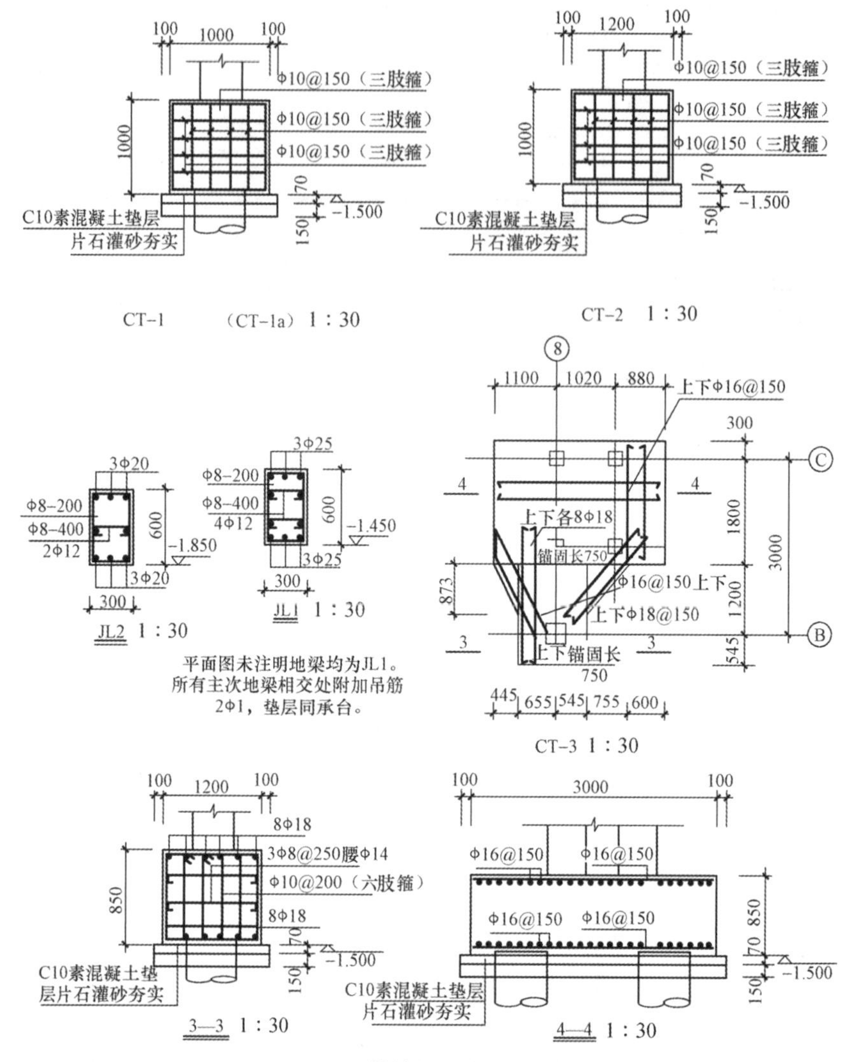

图 1-8　某桩基础承台详图

3）从平面详图 CT-3 中，可以看出该独立承台由两个不同形状的矩形截面组成，一个是边长为 1200 mm 的正方形独立承台，另一个为截面尺寸为 2100 mm × 3000 mm 的矩形双柱独立承台。两个矩形部分之间用间距为 150 mm 的 φ18 钢筋拉结成一个整体。图中“上下 φ16@150”表示该部分上下部分两排钢筋均为间距 150 mm 的 φ16 钢筋，其中弯钩向左和向上的钢筋为下排钢筋，弯钩向右和向下的钢筋为上排钢筋。

4）剖切符号 3—3、4—4 表示断面图 3—3、4—4 在该详图中的剖切位置。从 3—3 断面图中可以看出，该承台断面宽度为 1200 mm，垫层每边多出 100 mm，承台高度 850 mm，承台底面标高为 -1.500 m，垫层构造与其他承台垫层构造相同。

5）从 4—4 断面图中可以看出，承台底部所对应的垫层下有两个并排的桩基，承台底部与顶部均纵横布置着间距 150 mm 的 φ16 钢筋，该承台断面宽度为 3000 mm，下部垫层两外侧边线分别超出承台宽两边线 100 mm。

6）CT-3 是编号为 3 的一种独立承台结构详图。实际是该独立承台的水平剖面图，图中显示两个不同形状的矩形截面。它们之间用间距为 150 mm 的 Φ18 钢筋拉结成一个整体。该图中上下 Φ16@150 表达的是上下两排 Φ16 的钢筋间距 150 mm 均匀布置，图中钢筋弯钩向左和向上的表示下排钢筋，钢筋弯钩向右和向下的表示上排钢筋。还有，独立承台的剖切符号 3—3、4—4 分别表示对两个矩形部分进行竖直剖切。

7）JL1 和 JL2 为两种不同类型的基础梁或地梁。JL1 详图也是该种地梁的断面图，截面尺寸为 300 mm × 600 mm，梁底面标高为 −1.450 m；在梁截面内，布置着 3 根直径为 25 mm 的 HRB335 级架立筋，3 根直径为 25 mm 的 HRB335 级受力筋，间距为 200 mm、直径为 Φ8 mm 的 HPB300 级箍筋，4 根直径为 12 mm 的 HPB300 级的腰筋和间距 100 mm、直径为 8 mm 的 HPB300 级的拉筋。JL2 详图截面尺寸为 300 mm × 600 mm，梁底面标高为 −1.850 m；在梁截面内，上部布置着 3 根直径为 20 mm 的 HRB335 级的架立筋，底部为 3 根直径为 20 mm 的 HRB335 级的受力钢筋，间距为 200 mm、直径为 8 mm 的 HPB300 级的箍筋，2 根直径为 12 mm 的 HPB300 级的腰筋和间距为 400 mm、直径为 8 mm 的 HPB300 级的拉箍。

示例四：某墙下条形基础详图如图 1-9 所示。

1）为保护基础的钢筋，同时也为施工时敷设钢筋弹线方便，基础下面设置了 100 mm 厚的素混凝土垫层，每侧超出基础底面各 100 mm，一般情况下垫层混凝土等级为 C10。

2）该条形基础内配置的①号钢筋，为 HRB335 或 HRB400 级钢筋，具体数值可以在“基础细部数据表”中查得，受力钢筋按普通梁的构造要求配置，上下各为 4Φ14，箍筋为 4 肢箍 Φ8@200。

3）墙身中粗线之间填充了图例符号，表示墙体材料是砖，墙下有放脚，由于受刚性角的限制，故分两层放出，每层 120 mm，每边放出 60 mm。

4）基础底面即垫层顶面标高为 −1.800 m，说明该基础埋深 1.8 m，在基础开挖时必须要挖到这个深度。

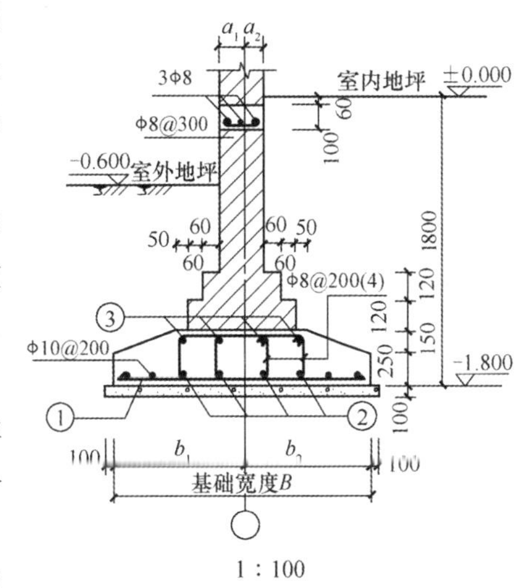

图 1-9　某墙下条形基础详图

示例五：平板式筏形基础详图如图 1-10（下板带 ZXB 与跨中板带 KZB 纵向钢筋构造示意图）和图 1-11（平板 BPB 钢筋构造示意图）所示。

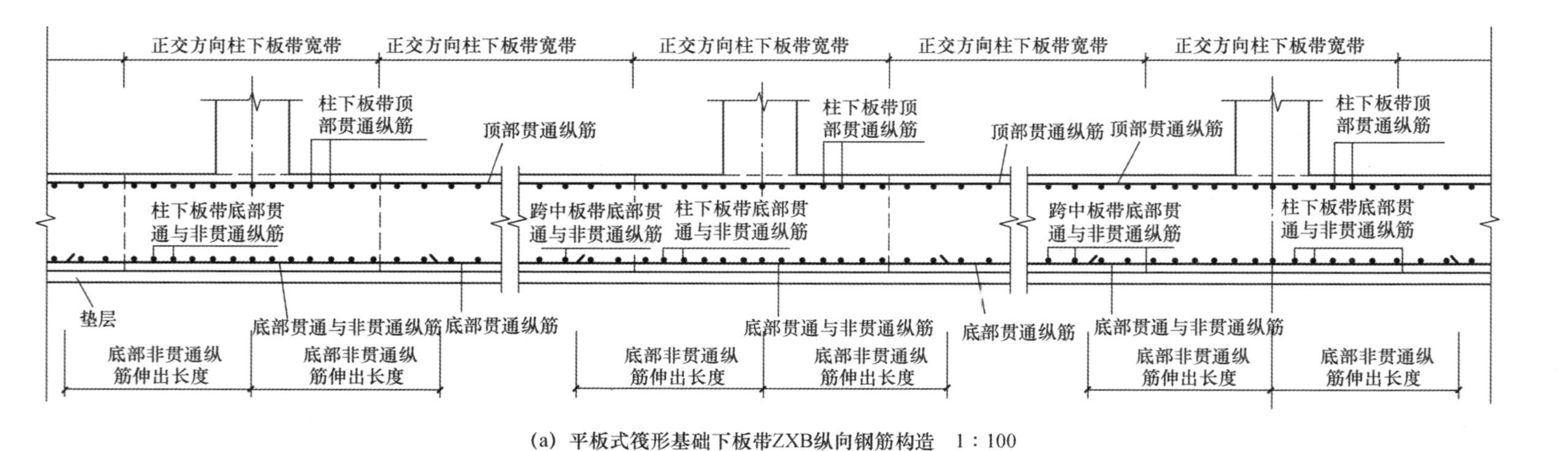

(a) 平板式筏形基础下板带ZXB纵向钢筋构造　1 : 100

正交方向柱下板带宽度　正交方向跨中板带宽度　正交方向柱下板带宽度

柱下板带顶部贯通纵筋　顶部贯通纵筋　柱下板带顶部贯通纵筋　顶部贯通纵筋

柱下板带底部贯通纵筋　跨中板带底部贯通纵筋　柱下板带底部贯通纵筋

垫层　柱网轴线　底部贯通与非贯通纵筋　底部贯通纵筋　柱网轴线　底部贯通与非贯通纵筋　底部贯通纵筋

底部非贯通纵筋伸出长度　底部非贯通纵筋伸出长度　底部非贯通纵筋伸出长度　底部非贯通纵筋伸出长度

(b) 平板式筏形基础跨中板带KZB纵向钢筋构造　1 : 100

图 1-10　平板式筏形基础下板带 ZXB 与跨中板带 KZB 纵向钢筋构造示意图

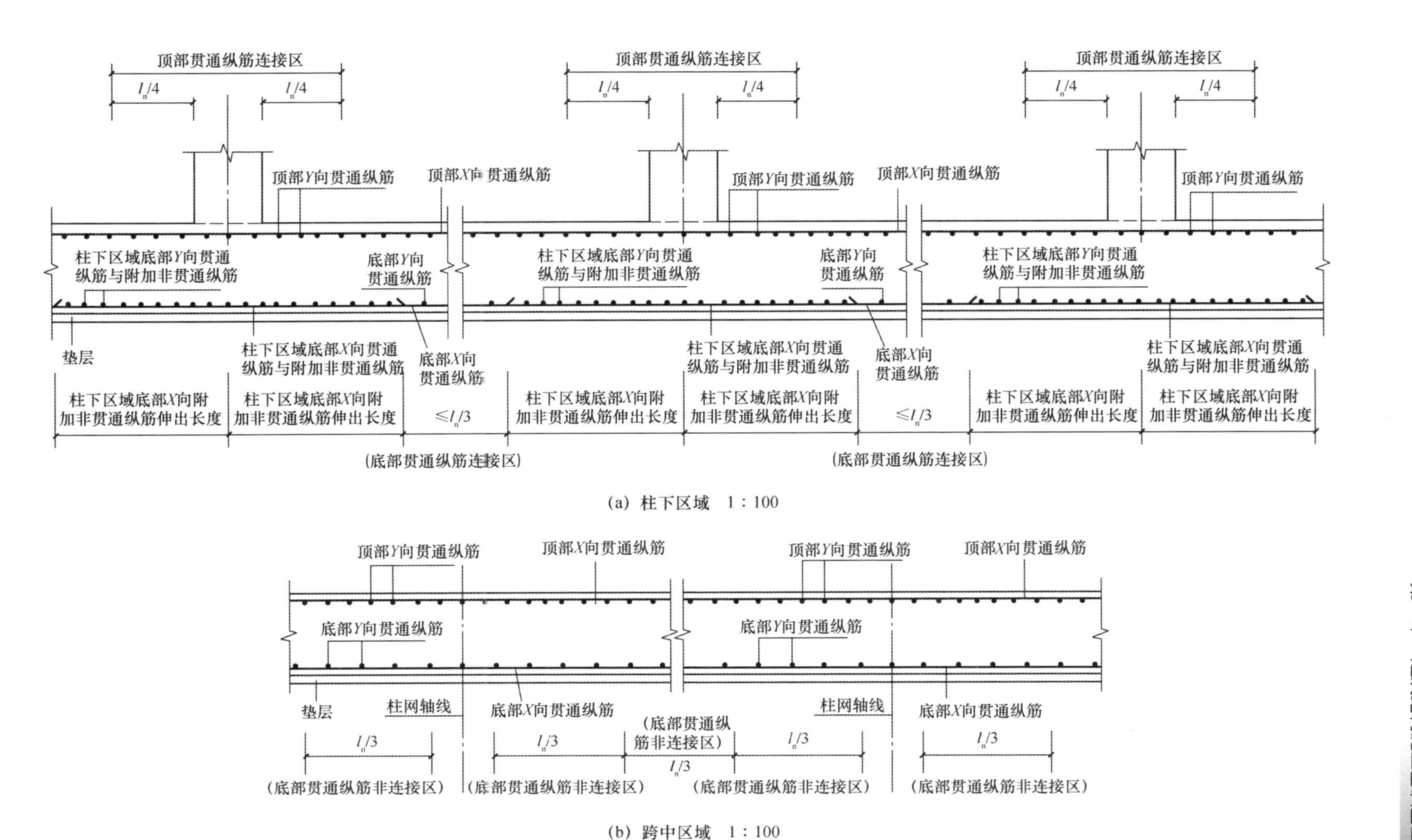

图1-11 平板式筏形基础平板BPB钢筋构造示意图

1）平板式筏形基础平法施工图，是在基础平面布置图上采用平面注写方式表达。

2）当绘制基础平面布置图时，应将平板式筏形基础与其所支承的柱、墙一起绘制。

3）当基础底面标高不同时，需注明与基础底面基准标高不同之处的范围和标高。

示例六：石基础施工图实例如图 1-12（石基础详图）和图 1-13（地圈梁详图）所示。

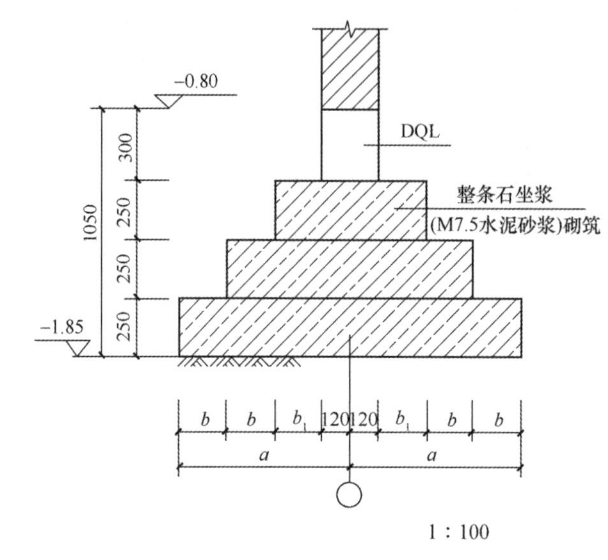

尺寸	截面/mm		
	1—1	2—2	3—3
a	700	800	900
$2a$	1400	1600	1800
b	190	220	260
b_1	200	230	260

图 1-12　石基础详图

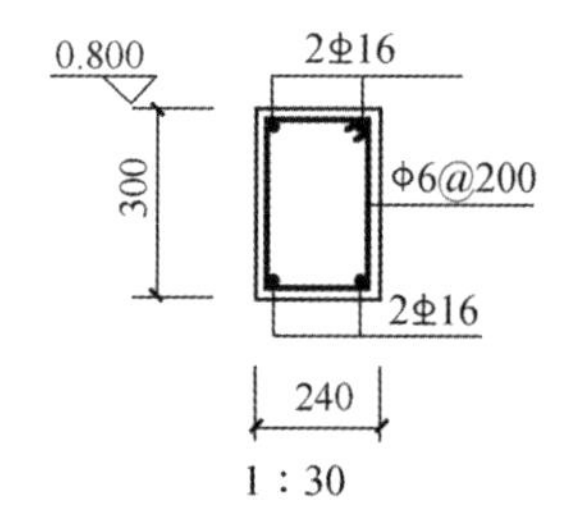

图 1-13　地圈梁详图

1）一般基础顶面宽度应比墙基底面宽度大 200 mm，基础底面的宽度由设计计算而定。

2）梯形基础坡角应大于 450 mm，阶梯形基础每阶高不小于 250 mm。

3）从图中可见，详图内表示出石砌体的形状、标高、尺寸、轴线、地圈梁位置等内容。

4）地圈梁（DQL）亦简称为地梁，适用于所有条形砌体基础，其详图以剖面图表示，图中地圈梁尺寸为 300 mm × 240 mm，四角布置纵筋，直径为 16 mm 的 HRB335 级钢筋，箍筋的直径为 6 mm，间距 200 mm。地圈梁的顶标高为 0.800 m。

四、梁施工平面图识读

梁平法施工图是将梁按照一定规律编号，将各种编号的梁配筋直径、数量、位置和代号一起注写在梁平面布置图上，直接在平面图中标注，不再单独绘制梁的剖面图。

梁施工平面图的主要内容如下：

1）图名和比例。

2）定位轴线及其编号、间距和尺寸。

3）梁的编号、平面布置。

4）每一种编号梁的标高、截面尺寸、钢筋配置情况。

5）必要的设计说明和详图。

梁平法施工图的表达方式有两种：平面注写方式和截面注写方式。

1. 梁施工平面图平面注写方式

梁施工平面图平面注写方式，是在梁平面布置图上，分别在不同编号的梁中各选一根梁，在其上注写截面尺寸和配筋具体数值，表达梁平法配筋图的方法，如图 1-14（a）所示。按照《混凝土结构施工图平面整体表示方法制图规则和构造详图》（16G101-1），梁施工平面图平面注写方式包括集中标注和原位标注。集中标注表达梁的通用数值，如截面尺寸、箍筋配置、梁上部贯通钢筋等；当集中标注的数值不适用于梁的某个部位时，采用原位标注，原位标注表达梁的特殊数值，如梁在某一跨改变的梁截面尺寸、该处的梁底配筋或增设的钢筋等。在施工时，原位标注取值优先于集中标注。

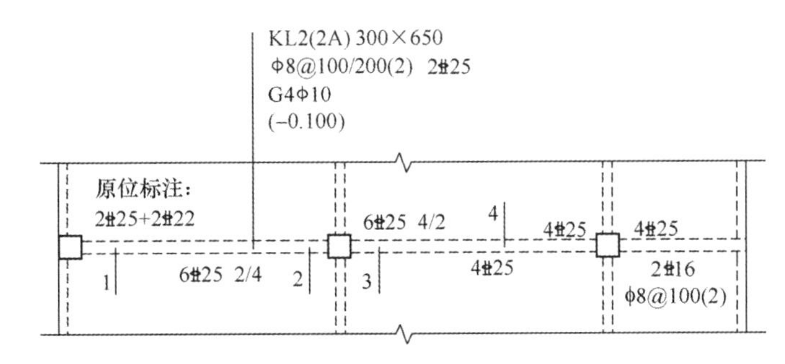

(a) 平面注写方式（标高单位为m）　1：50

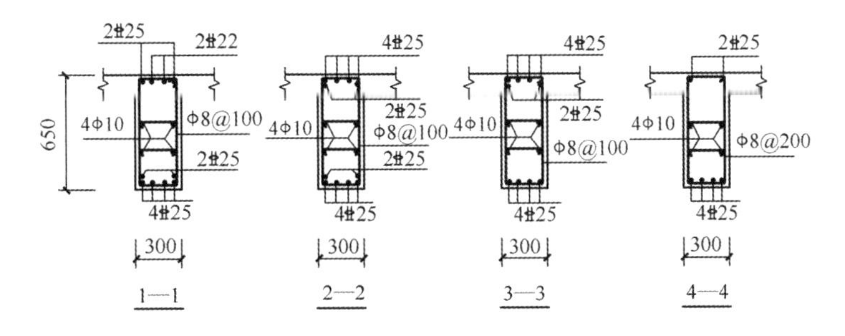

(b) 传统的梁筋截面表达方式　1：50

图 1-14　梁平面注写方式

图 1-14（b）是与梁平法施工图对应的传统表达方法，要在梁上不同的位置剖断并绘制断面图来表达梁的截面尺寸和配筋情况。

1）梁的集中标注：

（1）梁的编号（必注值）：由梁类型代号、序号、跨数及有无悬挑代号组成，应符合表 1-8 的规定。

表 1-8 梁编号

梁类型	代号	序号	跨数及是否有悬挑
楼层框架梁	KL	××	(××)、(××A)或(××B)
屋面框架梁	WKL	××	(××)、(××A)或(××B)
框支梁	KZL	××	(××)、(××A)或(××B)
非框架梁	L	××	(××)、(××A)或(××B)
悬挑梁	XL	××	(××)、(××A)或(××B)
井字梁	JZL	××	(××)、(××A)或(××B)

注:(××A)为一端有悬挑,(××B)为两端有悬挑,悬挑不计入跨数。

(2)梁截面尺寸(必注值):当为等截面梁时,用 $b \times h$ 表示;当为加腋梁时,用 $b \times h$,$Yc_1 \times c_2$ 表示,Y 是加腋的标志,c_1 是腋长,c_2 是腋高。图 1-15(a)中,梁跨中截面为 300 mm × 750 mm($b \times h$),梁两端加腋,腋长 500 mm,腋高 250 mm,因此该梁表示为:300 mm × 750 mm,Y500 mm × 250 mm。当有悬挑梁且根部和端部截面高度不同时,用“/”分隔根部与端部的高度值,即为 $b \times h_1/h_2$,b 为梁宽,h_1 指梁根部的高度,h_2 指梁端部的高度。图 1-15(b)中的悬挑梁,梁宽 300 mm,梁高从根部 700 mm 减小到端部的 500 mm。

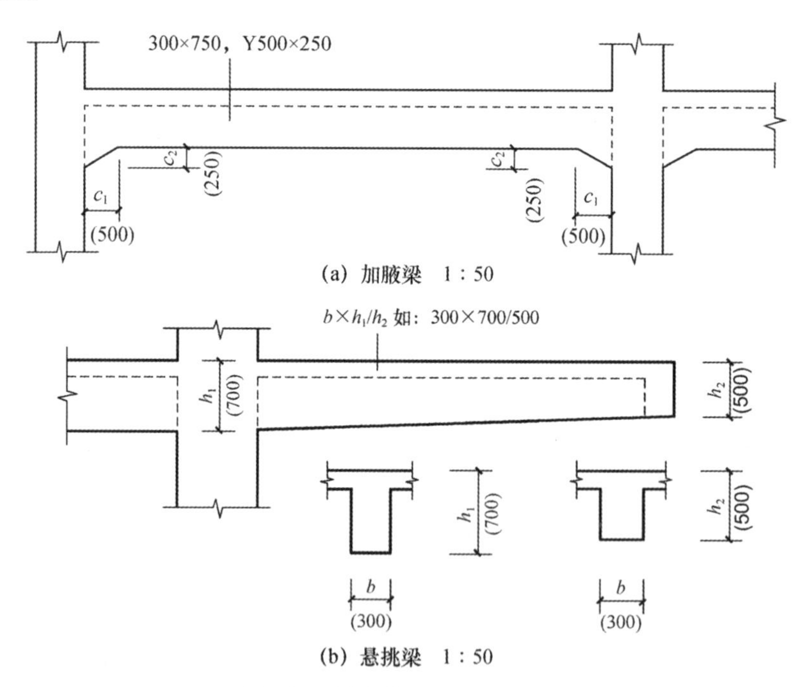

图 1-15 悬挑梁不等高截面尺寸注写(单位:mm)

(3)梁箍筋(必注值):包括钢筋级别、直径、加密区与非加密区间距与肢数。箍筋加密区与非加密区的不同间距与肢数用“/”分隔;当梁箍筋为同一种间距及肢数时,则不需用斜线;当加密区与非加密区的箍筋肢数相同时,则将肢数注写一次;箍筋肢数注写在括号内。加密区的长度范围则根据梁的抗震等级见相应的标准构造详图。

(4)梁上部通长钢筋或架立筋配置(必注值):这里所标注的规格与根数应根据结构受力的要求及箍筋肢数等构造要求而定。当同排纵筋中既有通长筋又有架立筋时,应用

“+”将通长筋和架立筋相连。注写时需将角部纵筋写在加号的前面，架立筋写在加号后面的括号内，以示不同直径及与通长钢筋的区别。当全部是架立筋时，则将其写在括号内。

如果梁的上部纵筋和下部纵筋均为贯通筋，且多数跨相同时，也可将梁上部和下部贯通筋同时注写，中间用“；”分隔，如“3Φ22；3Φ20”，表示梁上部配置3Φ22通长钢筋，梁的下部配置3Φ20通长钢筋。

（5）梁侧面纵向构造钢筋或受扭钢筋的配置（必注值）：当梁腹板高度大于450 mm时，需配置梁侧纵向构造钢筋，其数量及规格应符合规范要求。注写此项时以大写字母G打头，接续注写设置在梁两个侧面的总配筋值，且对称配置，如G4Φ12表示梁的两个侧面共配置4Φ12的纵向构造钢筋，每侧配置2Φ12。当梁侧面需要配置受扭纵向钢筋时，此项注写值时以大写字母N打头，接续注写设置在梁两个侧面的总配筋值，且对称配置。受扭纵向钢筋应满足侧面纵向构造钢筋的间距要求，且不再重复配置纵向构造钢筋，如N6Φ22，表示梁的两个侧面共配置6Φ22的受扭纵向钢筋，每侧配置3Φ22。

（6）梁顶面标高差（选注项）：梁顶面标高差指梁顶面相对于结构层楼面标高的差值，用括号括起。当梁顶面高于楼面结构标高时，其标高高差为正值，反之为负值。如果二者没有高差，则没有此项。

2）梁的原位标注：

（1）梁支座上部纵筋的数量、级别和规格，其中包括上部贯通钢筋，写在梁的上方，并靠近支座。当上部纵筋多于一排时，用“/”将各排纵筋分开，如6Φ25 4/2表示上排纵筋为4Φ25，下排纵筋为2Φ25；如果是4Φ25/2Φ22则表示上排纵筋为4Φ25，下排纵筋为2Φ22。当同排纵筋有两种直径时，用“+”将两种直径的纵筋连在一起，注写时将角部纵筋写在前面。如梁支座上部有四根纵筋，2Φ25放在角部，2Φ22放在中部，则应注写为2Φ25+2Φ22；又如4Φ25+2Φ22/4Φ22表示梁支座上部共有十根纵筋，上排纵筋为4Φ25和2Φ22，4Φ25放在角部，另2Φ22放在中部，下排还有4Φ22。当梁中间支座两边的上部钢筋不同时，需在支座两边分别注写；当梁中间支座两边的上部钢筋相同时，可仅在支座的一边标注配筋值，另一边省去不注。

（2）梁的下部纵筋的数量、级别和规格，写在梁的下方，并靠近跨中处。当下部纵筋多于一排时，用“/”将各排纵筋分开，如6Φ25 2/4表示上排纵筋为2Φ25，下排纵筋为4Φ25；如果是2Φ20/3Φ25则表示上排纵筋为2Φ20，下排纵筋为3Φ25。当同排纵筋有两种直径时，用“+”将两种直径的纵筋连在一起，注写时将角部纵筋写在前面。如梁下部有四根纵筋，2Φ25放在角部，2Φ22放在中部，则应注写为2Φ25+2Φ22；又如3Φ22/3Φ25+2Φ22表示梁下部共有八根纵筋，上排纵筋为3Φ22，下排纵筋为3Φ25和2Φ22，3Φ25放在角部。如果梁的集中标注中已经注写了梁上部和下部均为通长钢筋的数值时，则不在梁下部重复注写原位标注。

（3）附加箍筋或吊筋：在主次梁交接处，有时要设置附加箍筋或吊筋，可直接画在平面图中的主梁上，并引注总配筋值，如图1-16所示。当多数附加箍筋或吊筋相同时，可在梁平法施工图上统一注明，少数与统一注明值不同时，再原位引注。

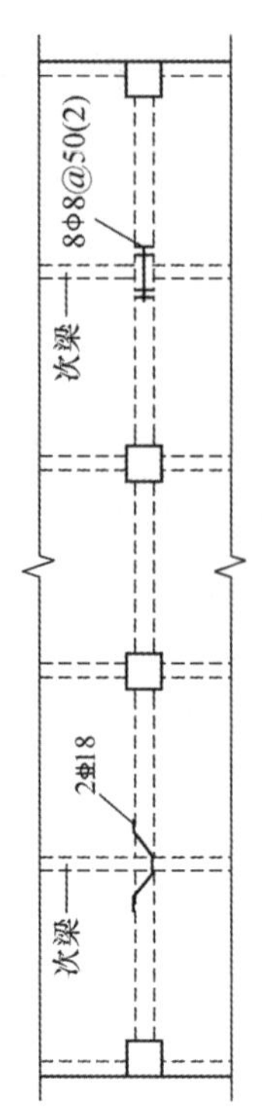

图 1-16　附加箍筋或吊筋画法

（4）当在梁上集中标注的内容（即梁截面尺寸、箍筋、上部通长筋或架立筋、梁侧面纵向构造钢筋或受扭纵向钢筋，以及梁顶面标高高差中的某一项或几项数值）不适用于某跨或某悬挑部位时，则将其不同的数值原位标注在该跨或该悬挑部位，施工的时候应优先取用原位标注的数值，这一点是值得注意的。

2. 梁施工平面图的截面注写方式

梁施工平面图截面注写方式，是在分标准层绘制的梁平面布置图上，分别在不同编号的梁中各选择一根梁用剖面号引出配筋图，并用在其上注写截面尺寸和配筋（上部筋、下部筋、箍筋和侧面构造筋）具体数值的方式来表达梁平法施工图。截面注写方式可以单独使用，也可与平面注写方式结合使用。

3. 梁施工平面图的识图步骤

1）查看图名、比例。

2）校核轴线编号及间距尺寸，必须与建筑图、基础平面图、柱平面图保持一致。

3）与建筑图配合，明确各梁的编号、数量及位置。

4）阅读结构设计总说明或有关分页专项说明，明确各标高范围剪力墙混凝土的强度等级。

5）根据各梁的编号，查对图中标注或截面标注，明确梁的标高、截面尺寸和配筋。再根据抗震等级、标准构造要求确定纵向钢筋、箍筋和吊筋的构造要求（包括纵向钢筋锚固搭接长度、切断位置、连接方式、弯折要求及箍筋加密区范围等）。

【示例】

示例一：某梁平法施工图如图 1-17 所示。

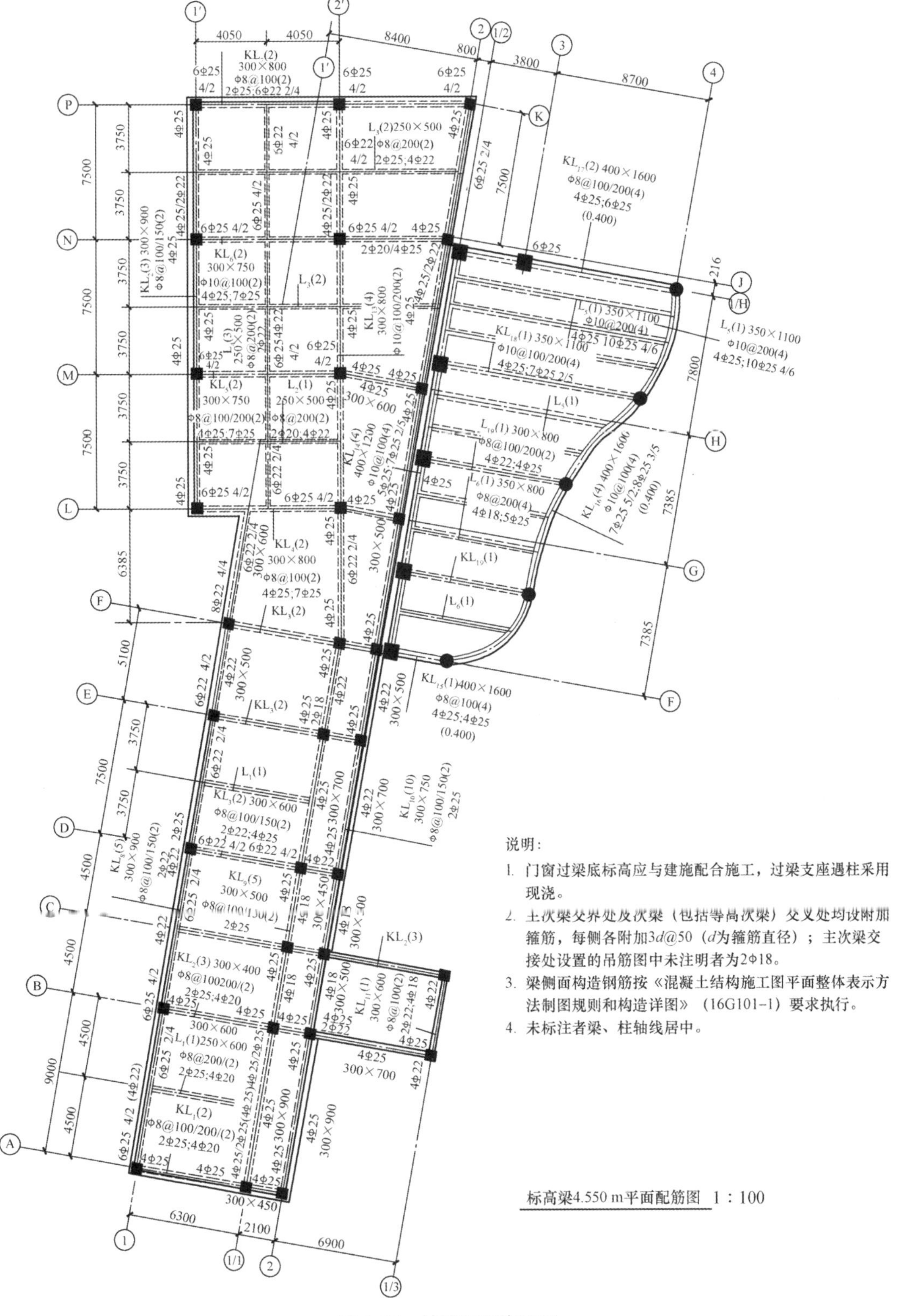

说明：
1. 门窗过梁底标高应与建施配合施工，过梁支座遇柱采用现浇。
2. 主次梁交界处及次梁（包括等高次梁）交叉处均设附加箍筋，每侧各附加3d@50（d为箍筋直径）；主次梁交接处设置的吊筋图中未注明者为2Φ18。
3. 梁侧面构造钢筋按《混凝土结构施工图平面整体表示方法制图规则和构造详图》（16G101-1）要求执行。
4. 未标注者梁、柱轴线居中。
标高梁4.550 m平面配筋图　1：100

图 1-17　某梁平法施工图

1）图中的图号为某办公楼结构施工图 -06，绘制比例为 1∶100。

2）图中框架梁（KL）编号从 KL1 至 KL20，非框架梁（L）编号从 L1 至 L10。

3）KL8（5）是位于①轴的框架梁，5 跨，断面尺寸 300 mm × 900 mm（个别跨与集中标注不同者原位注写，如 300 mm × 500 mm、300 mm × 600 mm）；2Φ22 为梁上部通长钢筋，箍筋 Φ8@100/150（2）为双肢箍，梁端加密区间距为 100 mm，非加密区间距 150 mm；G6Φ14 表示梁两侧面各设置 3Φ14 构造钢筋（腰筋）；支座负弯矩钢筋：Ⓐ轴支座处为两排，上排 4Φ22（其中 2 Φ 22 为通长钢筋），下排 2 Φ 22；Ⓑ轴支座处为两排，上排 4 Φ 22（其中 2 Φ 22 为通长钢筋），下排 2 Φ 25，其他支座这里不再赘述。值得注意的是，该梁的第一、二跨两跨上方都原位注写了"（4 Φ 22）"，表示这两跨的梁上部通长钢筋与集中标注的不同，不是 2 Φ 22，而是 4 Φ 22；梁断面下部纵向钢筋每跨各不相同，分别原位注写，如双排的 6 Φ 25 2/4、单排的 4 Φ 22 等。由标准构造详图，可以计算出梁中纵筋的锚固长度，如第一支座上部负弯矩钢筋在边柱内的锚固长度 l_{aE}=31d=31 × 22=682（mm）；支座处上部钢筋的截断位置（上排取净跨的 1/3、下排取净跨的 1/4）；梁端箍筋加密区长度为 1.5 倍梁高。另外还可以看到，该梁的前三跨在有次梁的位置都设置了吊筋 2 Φ 18（图中画出）和附加箍筋 3Φd@50（图中未画出但说明中指出），从距次梁边 50 mm 处开始设置。

4）KL16（4）是位于④轴的框架梁，该梁为弧梁，4 跨，断面尺寸 400 mm × 1600 mm；7 Φ 25 为梁上部通长钢筋，箍筋 10@100（4）为四肢箍且沿梁全长加密，间距为 100 mm；N10 Φ 16 表示梁两侧面各设置 5 Φ 16 受扭钢筋（与构造腰筋区别是二者的锚固不同）；支座负弯矩钢筋：未见原位标注，表明都按照通长钢筋设置，即 7 Φ 25 5/2，分为两排，上排 5 Φ 25，下排 2 Φ 25；梁断面下部纵向钢筋各跨相同，统一集中注写，8 Φ 25 3/5，分为两排，上排 3 Φ 25，下排 5 Φ 25。由标准构造详图，可以计算出梁中纵筋的锚固长度，如第一支座上部负弯矩钢筋在边柱内的锚固长度 l_{aE}=31d=31 × 22=682（mm）；支座处上部钢筋的截断位置；梁端箍筋加密区长度为 1.5 倍梁高。另外还可以看到，此梁在有次梁的位置都设置了吊筋 2 Φ 18（图中画出）和附加箍筋 3d@50（图中未画出但说明中指出），从距次梁边 50 mm 处开始设置；集中标注下方的"（0.400）"表示此梁的顶标高较楼面标高为 400 mm。

5）L_4（3）是位于①′ ～②′ 轴间的非框架梁，3 跨，断面尺寸 250 mm × 500 mm；2Φ22 为梁上部通长钢筋，箍筋 8@200（2）为双肢箍且沿梁全长间距为 200 mm；支座负弯矩钢筋 6Φ22 4/2，分为两排，上排 4 Φ 22，下排 2 Φ 22；梁断面下部纵向钢筋各跨不相同，分别原位注写 6 Φ 22 2/4 和 4 Φ 22。由标准构造详图，可以计算出梁中纵筋的锚固长度（次梁不考虑抗震，因此按非抗震锚固长度取用），如梁底筋在主梁中的锚固长度 l_a=15d=15 × 22=330（mm）；支座处上部钢筋的截断位置在距支座三分之一净跨处。

6）L_5（1）是位于 H ～ 1/H 轴间的非框架梁，1 跨，断面尺寸 350 mm × 1100 mm；4 Φ 25 为梁上部通长钢筋，箍筋 Φ10@200（4）为四肢箍且沿梁全长间距为 200 mm；支座负弯矩钢筋同梁上部通长筋，一排 4 Φ 25；梁断面下部纵向钢筋为 10 Φ 25 4/6，分为两排，上排 4 Φ 25，下排 6 Φ 25。由标准构造详图，可以计算出梁中纵筋的锚固长度（次梁不考虑抗震，因此按非抗震锚固长度取用），如梁底筋在主梁中的锚固长度 $l_a=15d=15\times22=330$（mm）；支座处上部钢筋的截断位置在距支座三分之一净跨处。

示例二：某梁集中标注施工图如图 1-18 所示。

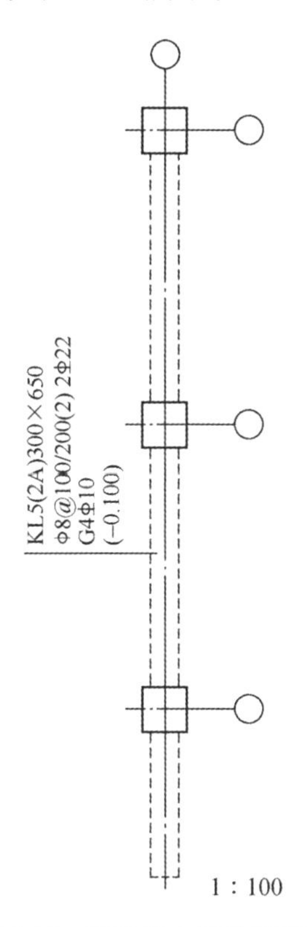

图 1-18 某梁集中标注施工图

1）图中第一行“KL5（2A）300×650”表示编号为 5 的楼层框架梁、两跨梁、梁的一端悬挑，梁的截面尺寸 $b\times h$ 为 300 mm×650 mm。

2）图中第二行“Φ8@100/200（2）2 Φ 22”表示楼层框架梁箍筋的钢筋强度等级为 HPB300 级，钢筋直径 8 mm，梁端箍筋加密区间距 100 mm，梁跨中箍筋非加密区间距 200 mm，梁箍筋采用两肢箍 2Φ22 表示楼层框架梁顶部配置 2 根钢筋强度等级 HRB335 级、直径为 22 mm 的通长钢筋。

3）图中第三行“G4 Φ 10”，G 代表构造配筋，梁两侧面中部共配置（均匀布置）4 根钢筋强度等级为Ⅱ级、钢筋直径为 10 mm 的通长构造钢筋，梁每个侧面中部各配置 2 根。

4）图中第四行“(−0.100)”表示楼层框架梁顶标高低于框架梁所在结构层楼面标高 0.1 m（即结构层楼面标高为 a，则楼层框架梁顶面标高为 a−0.1 m）。

示例三：某梁平法施工图如图 1-19 所示。

1）平面图中，竖向承重构件有柱和墙体，墙体上做有圈梁（QL），其余梁的代号均采用“LL”符号。

2）图形名称为二层梁配筋平面图，绘图比例为 1∶150。

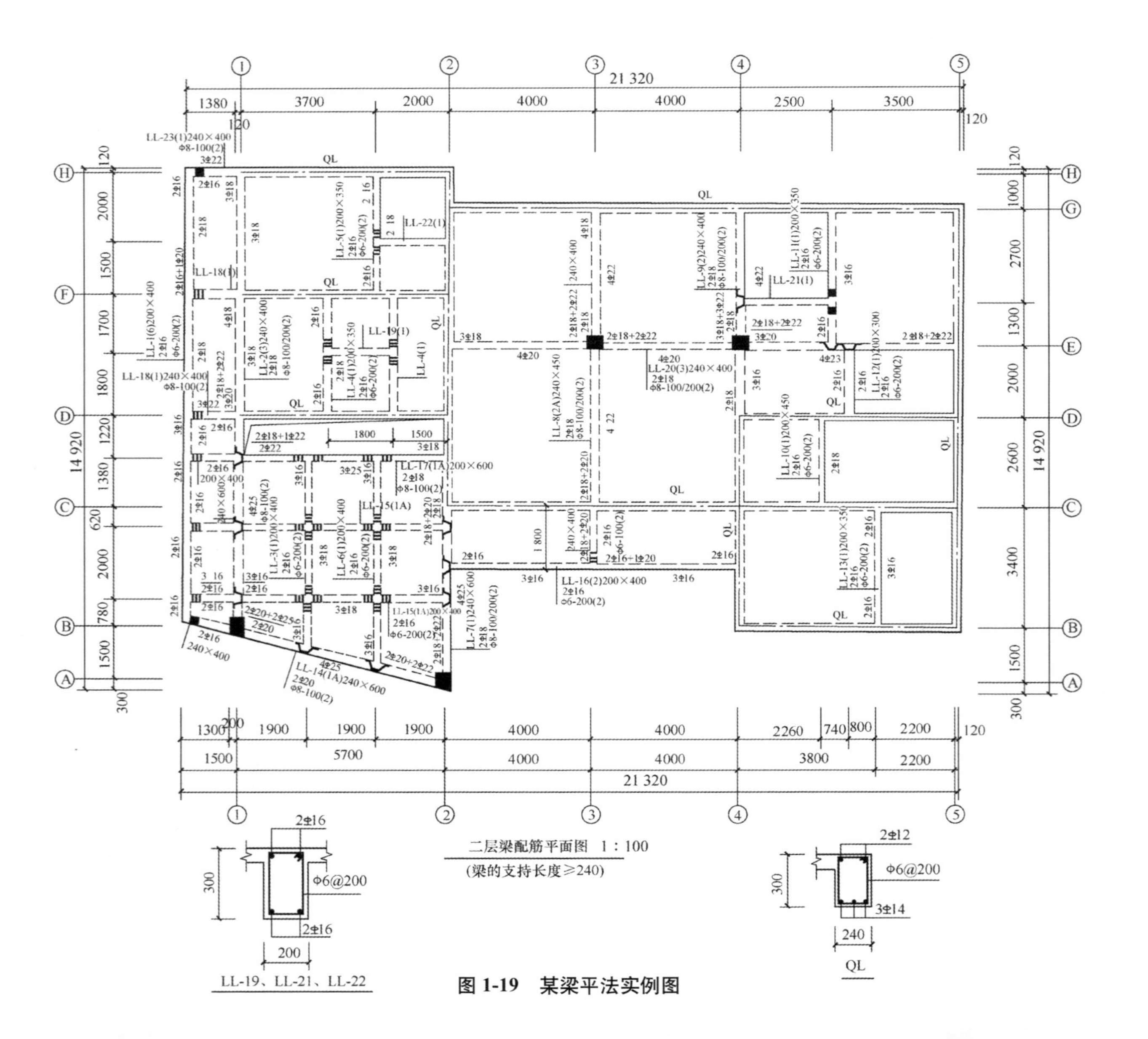

图 1-19 某梁平法实例图

3）轴线编号，水平方向为①～⑤轴，竖向为Ⓐ～Ⓗ轴，轴线间尺寸如图中所示。另有，①轴左侧为外挑部分，其外挑长度为 1380 mm，Ⓒ轴在房屋中部的前方亦有外挑，其长为 1800 mm。

4）梁的编号和数量及其位置，详见图中所示。

5）图中“⅂⎿⎾”表示吊筋的位置，配筋数量由引出线带其标注来表示。图中“⊰⫼⊱”表示附加箍筋的位置，数量为“3ϕ8@50”，详见设计说明中的条文，实际增加的箍筋数为 2 个，另一个仍为基本箍筋。

6）梁的配筋情况，按照其注写方式逐一进行识读。其中该图表明梁顶标高与结构层高相同。

五、板施工平面图识读

板施工平面图可分为有梁楼盖板平法施工图和无梁楼盖板平法施工图两种。

1. 有梁楼盖板平法施工图

1）表示方法：

（1）有梁楼盖板平法施工图，是在楼面板和屋面板布置图上，采用平面注写的表达方式进行标注的施工图。板平面注写主要包括板块集中标注和板支座原位标注。

（2）为方便设计表达和施工识图，规定结构平面的坐标方向为：当两向轴网正交布置时，图面从左至右为 X 向，从下至上为 Y 向；当轴网转折时，局部坐标方向顺轴网转折角度做相应转折；当轴网向心布置时，切向为 X 向，径向为 Y 向。此外，对于平面布置比较复杂的区域，其平面坐标方向应由设计者另行规定并在图上明确表示。

2）板块集中标注：

（1）板块集中标注的内容为：板块编号、板厚、贯通纵筋，以及当板面标高不同时的标高高差。对于普通楼面，两向均以一跨为一板块；对于密肋楼盖，两向主梁（框架梁）均以一跨为一板块（非主梁密肋不计）。所有板块应逐一编号，相同编号的板块可择其一做集中标注，其他仅注写置于圆圈内的板编号，以及当板面标高不同时的标高高差。板块编号需符合表 1-9 的规定。

表 1-9　板块编号

板类型	代号	序号
楼面板	LB	××
屋面板	WB	××
悬挑板	XB	××

板厚注写为 h=×××（h 为垂直于板面的厚度）；当悬挑板的端部改变截面厚度时，用“/”分隔根部与端部的厚度值，注写为 h=×××/×××；当设计已在图注中统一注明板厚时，此项可不注。

贯通纵筋按板块的下部和上部分别注写（当板块上部不设贯通纵筋时则不注），并以 B 代表下部，以 T 代表上部，B&T 代表下部与上部；X 向贯通纵筋以 X 打头，Y 向贯通纵筋以 Y 打头，两向贯通纵筋配置相同时则以 X&Y 打头。当为单向板时，分布筋可不必注写，而在图中统一注明。

当在某些板内配置有构造钢筋时，则 X 向以 X_c，Y 向以 Y_c 打头注写。当 Y 向采用放射配筋时（切向为 X 向，径向为 Y 向），设计者应注明配筋间距的定位尺寸。当贯通筋采用两种规格钢筋“隔一布一”时，表达为 *xx*/*yy*@×××，表示直径为 *xx* 的钢筋和直径为 *yy* 的钢筋二者之间间距为 ×××，直径 *xx* 的钢筋的间距为 ××× 的 2 倍，直径 *yy* 的钢筋的间距为 ××× 的 2 倍。板面标高高差，是指相对于结构层楼面标高的高差，应将其注写在括号内，且有高差则注，无高差不注。

（2）同一编号板块的类型、板厚和贯通纵筋均应相同，但板面标高、跨度、平面形状以及板支座上部非贯通纵筋可以不同，如同一编号板块的平面形状可为矩形、多边形及其他形状等。施工预算时，应根据其实际平面形状，分别计算各块板的混凝土与钢材用量。设计与施工时应注意：单向或双向连续板的中间支座上部同向贯通纵筋，不应在支座位置连接或分别锚固。当相邻两跨的板上部贯通纵筋配置相同，且跨中部位有足够空间连接时，应在两跨任意一跨的跨中连接部位连接；当相邻两跨的上部贯通纵筋配置不同时，应将配置较大者越过其标注的跨数终点或起点伸至相邻跨的跨中连接区域连接。设计时应注意板中间支座两侧上部贯通纵筋的协调配置，施工及预算应按具体设计和相应标准构造要求实施。等跨与不等跨板上部贯通纵筋的连接有特殊要求时，其连接部位及方式应由设计者注明。

3）板支座原位标注：

（1）板支座原位标注的内容为：板支座上部非贯通纵筋和悬挑板上部受力钢筋。板支座原位标注的钢筋，应在配置相同跨的第一跨表达（当在梁悬挑部位单独配置时则在原位表达）。在配置相同跨的第一跨（或梁悬挑部位），垂直于板支座（梁或墙）绘制一段适宜长度的中粗实线（当该筋通长设置在悬挑板或短跨板上部时，实线段应画至对边或贯通短跨），以该线段代表支座上部非贯通纵筋，并在线段上方注写钢筋编号（如①、②等）、配筋值、横向连续布置的跨数（注写在括号内，且当为一跨时可不注），以及是否横向布置到梁的悬挑端。

板支座上部非贯通筋自支座中线向跨内的伸出长度，注写在线段的下方位置。

当中间支座上部非贯通纵筋向支座两侧对称伸出时，可仅在支座一侧线段下方标注伸出长度，另一侧不注，如图 1-20 所示。当向支座两侧非对称伸出时，应分别在支座两侧线段下方注写伸出长度，如图 1-21 所示。

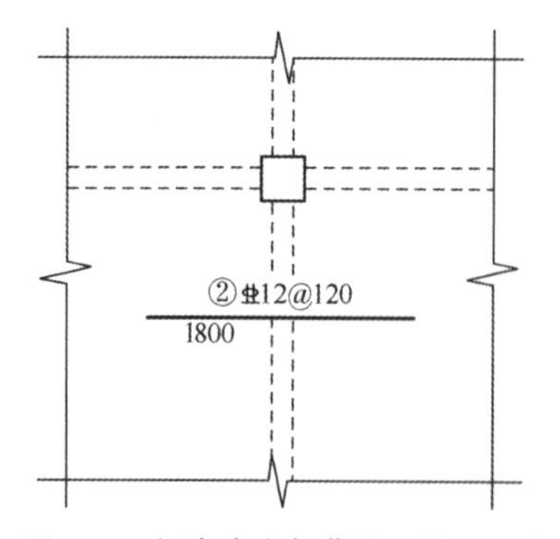

图 1-20　板支座上部非贯通筋对称伸出

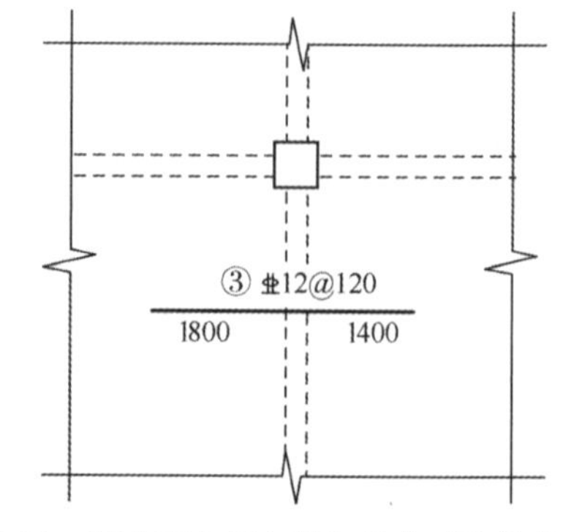

图 1-21　板支座上部非贯通筋非对称伸出

对线段画至对边贯通全跨或贯通全悬挑长度的上部通长纵筋，贯通全跨或伸出至全悬挑一侧的长度值不注，只注明非贯通筋另一侧的伸出长度值，如图 1-22 所示。

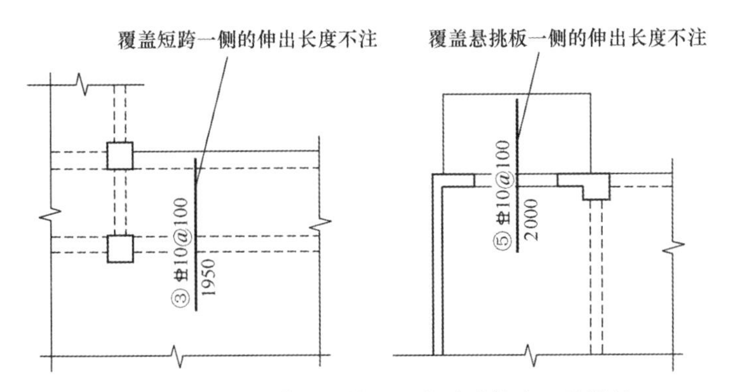

图 1-22　板支座非贯通筋贯通全跨或伸出至悬挑端

当板支座为弧形，支座上部非贯通纵筋呈放射状分布时，设计者应注明配筋间距的度量位置并加注“放射分布”四字，必要时应补绘平面配筋图，如图 1-23 所示。

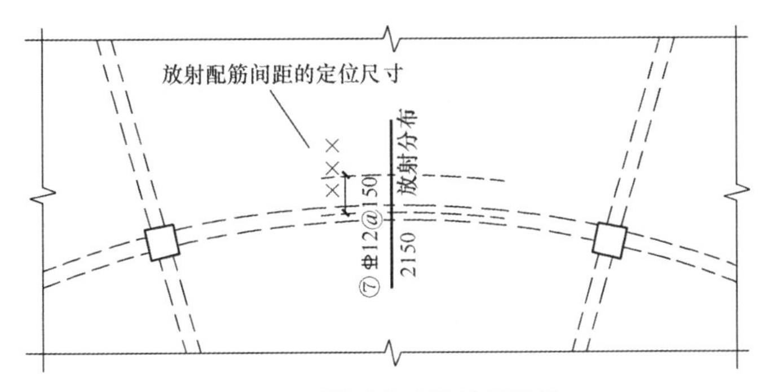

图 1-23　弧形支座处放射配筋

悬挑板的注写方式如图 1-24 所示。当悬挑板端部厚度不小于 150 mm 时，设计者应指定板端部封边构造方式，当采用 U 形钢筋封边时，还应指定 U 形钢筋的规格、直径。

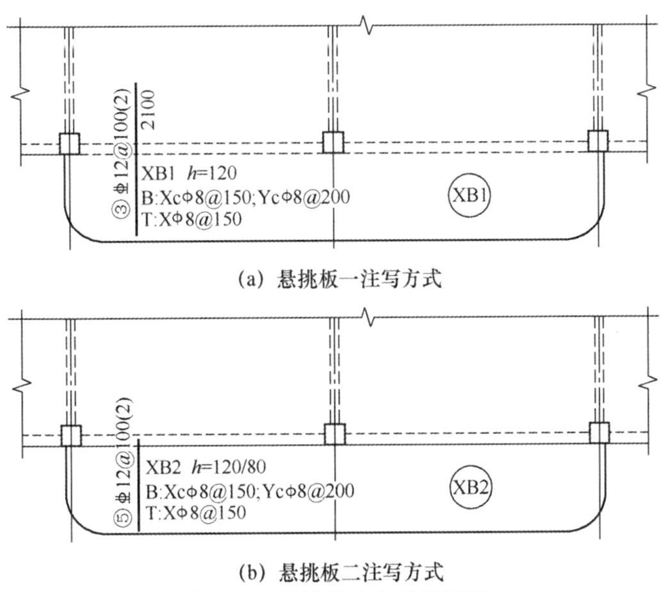

(a) 悬挑板一注写方式

(b) 悬挑板二注写方式

图 1-24　悬挑板支座非贯通筋

在板平面布置图中，不同部位的板支座上部非贯通纵筋及悬挑板上部受力钢筋，可仅在一个部位注写，对其他相同者则仅需在代表钢筋的线段上注写编号及注写横向连续布置的跨数即可。此外，与板支座上部非贯通纵筋垂直且绑扎在一起的构造钢筋或分布钢筋，应由设计者在图中注明。

（2）当板的上部已配置有贯通纵筋，但需增配板支座上部非贯通纵筋时，应结合已配置的同向贯通纵筋的直径与间距采取“隔一布一”方式配置。“隔一布一”方式为非贯通纵筋的标注间距与贯通纵筋的相同，两者组合后的实际间距为各自标注间距的 1/2。当设定贯通纵筋为纵筋总截面面积的 50% 时，两种钢筋应取相同直径；当设定贯通纵筋大于或小于总截面面积的 50% 时，两种钢筋则取不同直径。

2. 无梁楼盖平法施工图

1）表示方法：

（1）无梁楼盖平法施工图，是在楼面板和屋面板布置图上，采用平面注写的表达方式进行标注的施工图。

（2）板平面注写内容主要有板带集中标注、板带支座原位标注两部分。

2）板带集中标注：

（1）集中标注应在板带贯通纵筋配置相同跨的第一跨（*X* 向为左端跨，*Y* 向为下端跨）注写。相同编号的板带可择其一做集中标注，其他仅注写板带编号（注在圆圈内）。板带集中标注的具体内容为：板带编号，板带厚及板带宽和贯通纵筋。板带编号需符合表 1-10 的规定。

表 1-10　板带编号

板带类型	代号	序号	跨数及有无悬挑
柱上板带	ZSB	××	（××）、（××A）或（××B）
跨中板带	KZB	××	（××）、（××A）或（××B）

注：1. 跨数按柱网轴线计算（两相邻柱轴线之间为一跨）。

2.（××A）为一端有悬挑，（××B）为两端有悬挑，悬挑不计入跨数。

板带厚注写为 h=×××，板带宽注写为 b=×××。当无梁楼盖整体厚度和板带宽度已在图中注明时，此项可不注。贯通纵筋按板带下部和板带上部分别注写，并以 B 代表下部，T 代表上部，B&T 代表下部和上部。

当采用放射配筋时，设计者应注明配筋间距的度量位置，必要时补绘配筋平面图。

（2）当局部区域的板面标高与整体不同时，应在无梁楼盖的板平法施工图上注明板面标高高差及分布范围。

3）板带支座原位标注：

（1）板带支座原位标注的具体内容为：板带支座上部非贯通纵筋。以一段与板带同向的中粗实线段代表板带支座上部非贯通纵筋；对柱上板带，实线段贯穿柱上区域绘制；对跨中板带，实线段横贯柱网轴线绘制。在线段上注写钢筋编号（如①、②等）、配筋值及在线段的下方注写自支座中线向两侧跨内的伸出长度。当板带支座非贯通纵筋自支座中线向两侧对称伸出时，其伸出长度可仅在一侧标注；当配置在有悬挑端的边柱上时，该筋伸出到悬挑尽端，设计不注。当支座上部非贯通纵筋呈放射状分布时，设计者应注明配筋间距的定位位置。不同部位的板带支座上部非贯通纵筋相同者，可仅在一个部位注写，其余则在代表非贯通纵筋的线段上注写编号。

（2）当板带上部已经配有贯通纵筋，但需增加配置板带支座上部非贯通纵筋时，应结合已配同贯通纵筋的直径与间距，采取“隔一布一”的方式配置。

4）暗梁的表示方法：

（1）暗梁平面注写包括暗梁集中标注、暗梁支座原位标注两部分内容。施工图中在柱轴线处画中粗虚线表示暗梁。

（2）暗梁集中标注包括暗梁编号、暗梁截面尺寸（箍筋外皮宽度 × 板厚）、暗梁箍筋、暗梁上部通长筋或架立筋四部分内容。暗梁编号需符合表 1-11 规定。

表 1-11　暗梁编号

构件类型	代号	序号	跨数及有无悬挑
暗梁	AL	××	（××）、（××A）或（××B）

注：1. 跨数按柱网轴线计算（两相邻柱轴线之间为一跨）。
2.（××A）为一端有悬挑，（××B）为两端有悬挑，悬挑不计入跨数。

（3）暗梁支座原位标注包括梁支座上部纵筋、梁下部纵筋。当在暗梁上集中标注的内容不适用于某跨或某悬挑端时，则将其不同数值标注在该跨或该悬挑端，施工时按原位注写取值。

（4）柱上板带标注的配筋仅设置在暗梁之外的柱上板带范围内。

（5）暗梁中纵向钢筋连接、锚固及支座上部纵筋的伸出长度等要求同轴线处柱上板带中纵向钢筋。

【示例】

示例一：某办公楼现浇板平法施工图如图 1-25 所示。

1）编号 LB1，板厚 h=120 mm。板下部钢筋为 B：X&Yϕ10@200，表示板下部钢筋两个方向均为 ϕ10@200，没有配上部贯通钢筋。板支座负筋采用原位标注，并给出编号，同一编号的钢筋，仅详细注写一个，其余只注写编号。

2）编号 LB2，板厚 h=100 mm。板下部钢筋为 B：Xϕ8@200，Yϕ8@150。表示板下部钢筋 X 方向为 ϕ8@200，Y 方向为 ϕ8@150，没有配上部贯通钢筋。板支座负筋采用原位标注，并给出编号，同一编号的钢筋，仅详细注写一个，其余只注写编号。

3）编号 LB3，板厚 h=100 mm。集中标注钢筋为 B&T：X&Y8@200，表示该楼板上部下部两个方向均配 ϕ8@200 的贯通钢筋，即双层双向均为 ϕ8@200。板集中标注下面括号内的数字（–0.080）表示该楼板比楼层结构标高低 80 mm。

4）因为该房间为卫生间，卫生间的地面要比普通房间的地面低。另外，在楼房主入口处设有雨篷，雨篷应在二层结构平面图中表示，雨篷为纯悬挑板，所以编号为 XB1，板厚 h=130 mm/100 mm，表示板根部厚度为 130 mm，板端部厚度为 100 mm。

5）悬挑板的下部不配钢筋，上部 X 方向通筋为 ϕ8@200，悬挑板受力钢筋采用原位标注，即⑥号钢筋 ϕ10@150。为了表达该雨篷的详细做法，图中还画有 A—A 断面图。从 A—A 断面图可以看出雨篷与框架梁的关系。板底标高为 2.900 m，刚好与框架梁底平齐。

示例二：某教学楼现浇板平法施工图如图 1-26 所示。

1）图中阴影部分的板是建筑卫生间的位置，为防水的处理，将楼板降标高 50 mm。

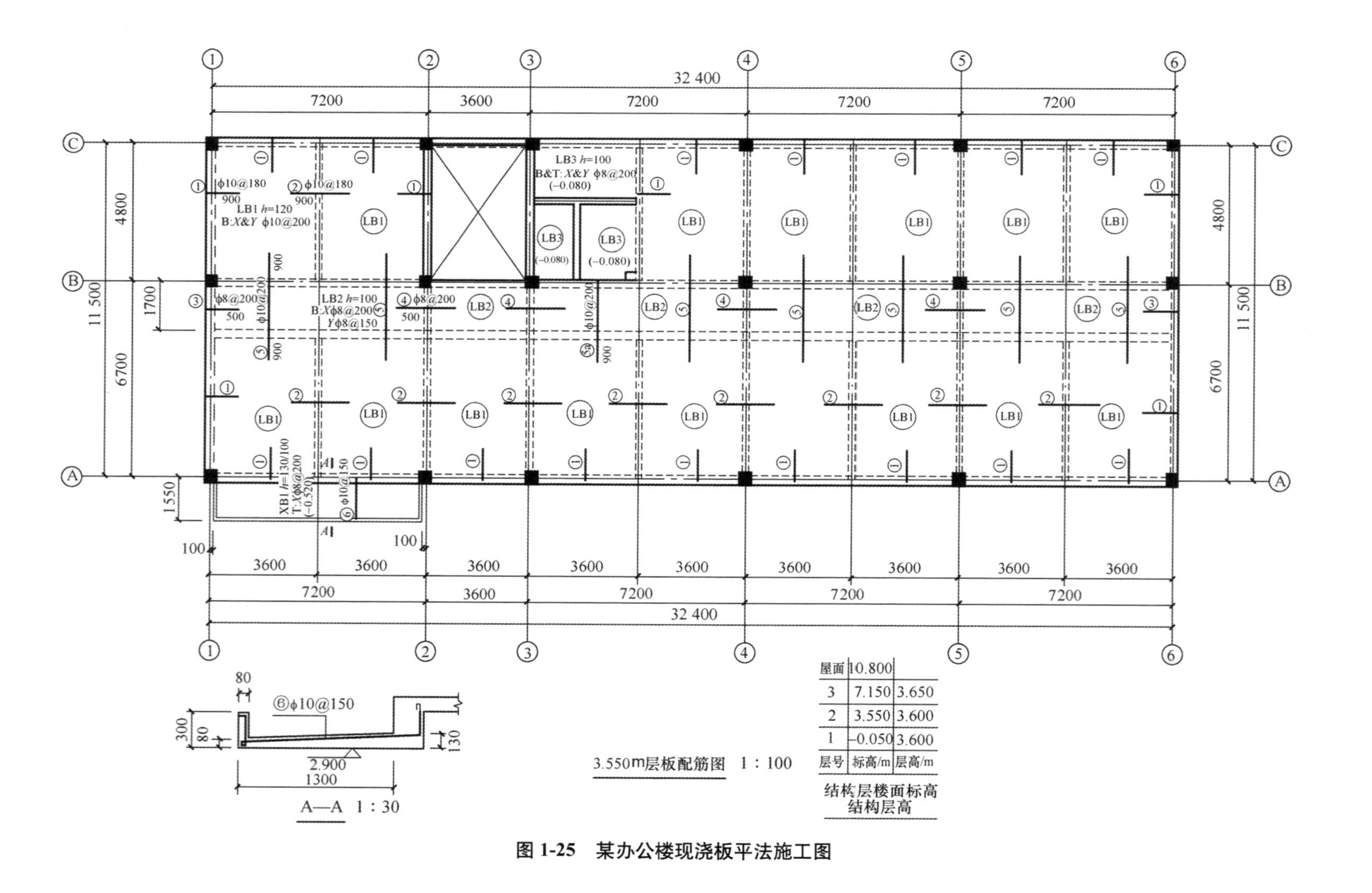

图 1-25 某办公楼现浇板平法施工图

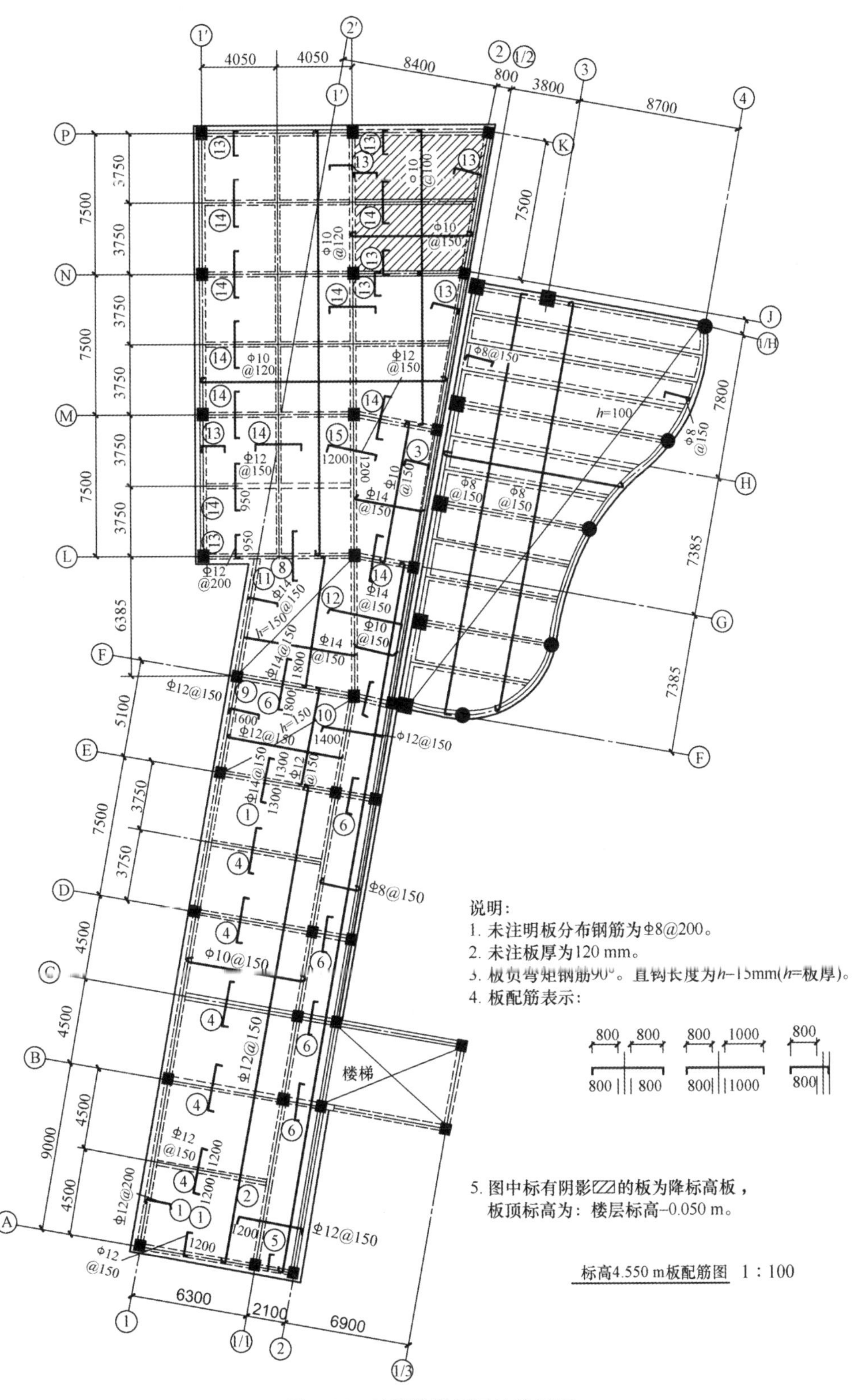

说明：
1. 未注明板分布钢筋为Φ8@200。
2. 未注板厚为120 mm。
3. 板负弯矩钢筋90°。直钩长度为h−15mm(h=板厚)。
4. 板配筋表示：
5. 图中标有阴影▨的板为降标高板，
板顶标高为：楼层标高−0.050 m。
楼梯
标高4.550 m板配筋图　1：100

图 1-26　某教学楼板平法施工图

2）以轴 L（带圈号）～ P（带圈号）、①′ ～②之间的现浇板来讲解，下部钢筋：横向受力钢筋为 ϕ10@150，是 HPB300 级钢筋，故末端做成 180° 弯钩；纵向受力钢筋为ϕ12@150，是 HRB335 级钢，故末端为平直不做弯钩，图中所示端部斜钩仅表示该钢筋的断点，而实际施工摆放的是直钢筋。上部钢筋：与梁交接处设置负筋（俗称扣筋或上铁）①②③④号筋，其中①②号筋为ϕ 12@200，伸出梁外 1200 mm、③④号筋为ϕ 12@150，伸出梁轴线外 1200 mm，它们都是向下做 90° 直钩顶在板底。按规范要求，板下部钢筋伸入墙、梁的锚固长度不小于 $5d$，尚应满足伸至支座中心线，且不小于 100 mm；上部钢筋伸入墙、梁内的长度按受拉钢筋锚固，其锚固长度不小于 l_a，末端做直钩。

示例三：某现浇楼板施工图如图 1-27 所示。

1）图为二层楼板结构平面图，比例为 1：150。

2）图中轴线位置和编号、轴间尺寸与该层梁图、建筑平面图一致，标高为 3.500 m。

3）图中楼梯间以一条对角线表示，并在线上注明“见楼梯（甲）详图”，以便查阅楼梯图。

4）图中表明构造柱、柱的位置，以及楼梯间的平台用构造柱（TZ1、TZ2）的位置。

5）表明楼板厚度，大部分为 90 mm 厚，个别板（共 4 块板）为 100 mm 厚，同时表明卫生间楼板顶面高差为 50 mm。

6）清楚地注明各块板的配筋方式和用筋数量，详见图中所示。

7）在图中，楼板各个阳角处设置有 10ϕ10、长度 L=1500 mm 的放射形分布钢筋，用于防止该角楼板开裂。

六、柱施工平面图识读

柱施工平面图是在柱平面布置图上采用截面注写方式或列表注写方式所绘制的柱的各种信息图，其可将柱的截面尺寸、配筋等情况直观地表达出来。

1. 柱施工平面图的主要内容

1）图名和比例。

2）定位轴线及其编号、间距和尺寸。

3）柱的编号、平面布置，应反映柱与定位轴线的关系。

4）每一种编号柱的标高、截面尺寸、纵向受力钢筋和箍筋的配置情况。

5）必要的设计说明。

2. 柱施工平面图的截面注写方式

柱施工平面图截面注写方式是在柱平面布置图上，在同一编号的柱中选择一个截面，直接在截面上注写截面尺寸和配筋的具体数值，图 1-28 为截面注写方式的图例，它是某结构从标高 19.470 m 到 59.070 m 的柱配筋图，即结构从六层到十六层柱的配筋图，这在楼层表中用粗实线来注明。

在标高 37.470 m 处，柱的截面尺寸和配筋发生了变化，但截面形式和配筋的方式没变。因此，这两个标高范围的柱可通过一张柱平面图来表示，但这两部分的数据需分别注写，故将图中的柱分 19.470 ～ 37.470 m 和 37.470 ～ 59.070 m 两个标高范围注写有关数据。图中 37.470 ～ 59.070 m 的有关数据是写在括号里的，因此在柱平面图中，括号内注写的数字表示的就是 37.470 ～ 59.070 m 标高范围内的柱配筋情况。

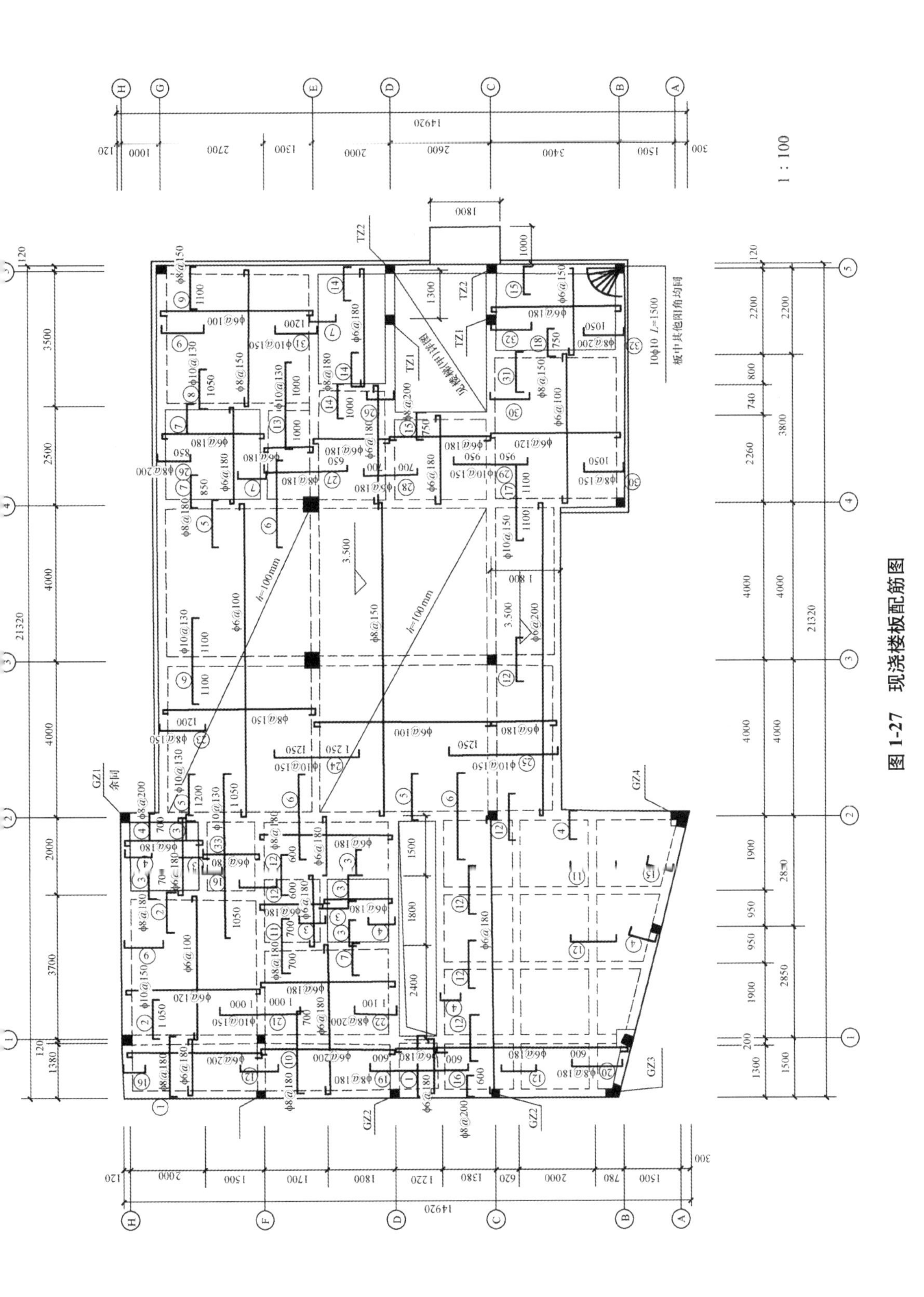

图 1-27　现浇楼板配筋图

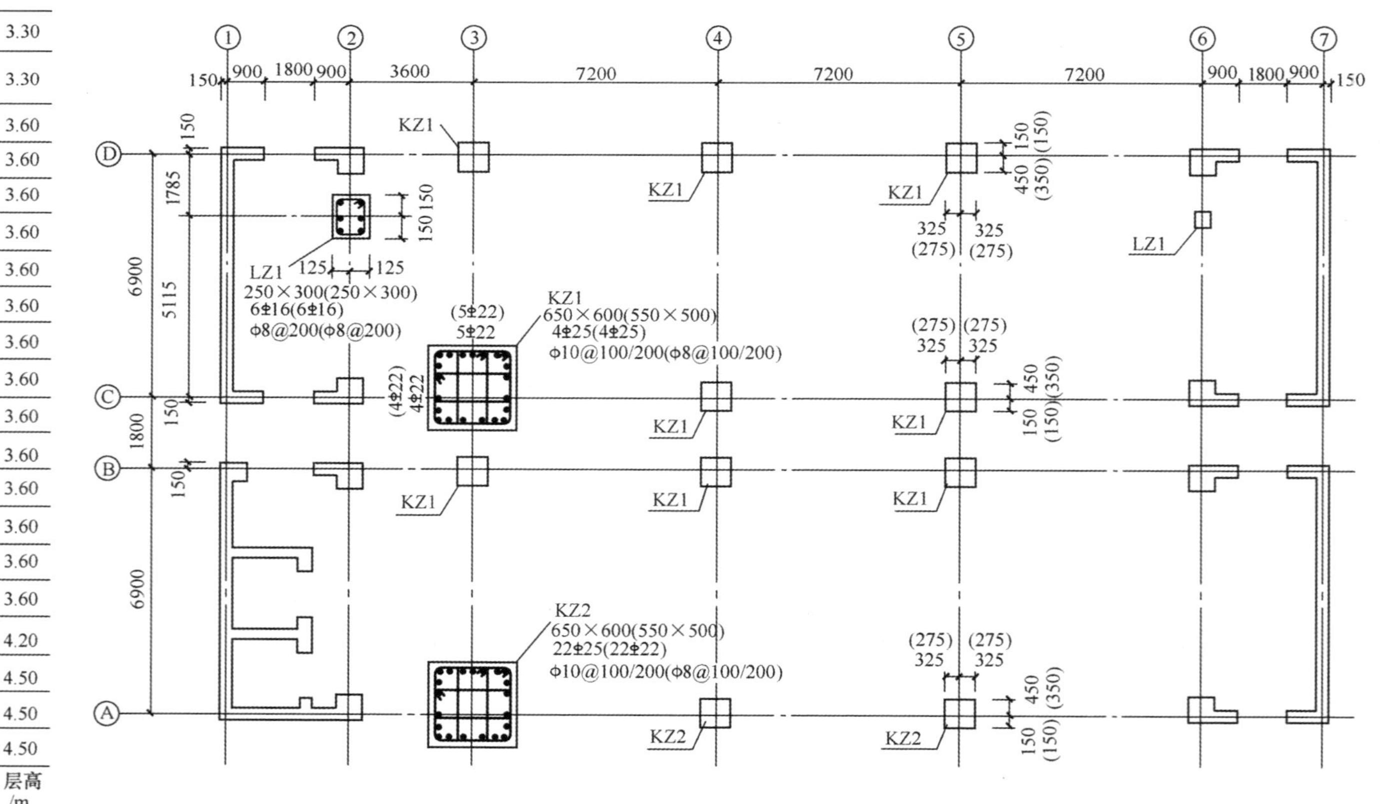

层号	标高/m	层高/m
屋面2	65.670	
塔层2	62.370	3.30
屋面1(塔层1)	59.070	3.30
16	55.470	3.60
15	51.870	3.60
14	48.270	3.60
13	44.670	3.60
12	41.070	3.60
11	37.470	3.60
10	33.870	3.60
9	30.270	3.60
8	26.670	3.60
7	23.070	3.60
6	19.470	3.60
5	15.870	3.60
4	12.270	3.60
3	8.670	3.60
2	4.470	4.20
1	-0.030	4.50
-1	-4.530	4.50
-2	-9.030	4.50

结构层楼面标高
结构层高

图 1-28　柱平法施工图的截图注写方式

图中画出了柱相对于定位轴线的位置关系、柱截面注写方式。配筋图是采用双比例绘制的，首先对结构中的柱进行编号，将具有相同截面、配筋形式的柱编为一个号，从其中挑选出任意一个柱，在其所在的平面位置上按另一种比例原位放大绘制柱截面配筋图，并标注尺寸和柱配筋数值。

在标注的文字中，内容主要如下：

1）柱截面尺寸 $b \times h$，如 KZ1 是 650 mm × 600 mm（550 mm × 500 mm）。说明在标高 19.470 ～ 37.470 m 范围内，KZ1 的截面尺寸为 650 mm × 600 mm；标高 37.470 ～ 59.070 m 范围内，KZ1 的截面尺寸为 550 mm × 500 mm。

2）柱相对定位轴线的位置关系，即柱定位尺寸。在截面注写方式中，对每个柱与定位轴线的相对关系，不论柱的中心是否经过定位轴线，都要给予明确的尺寸标注，相同编号的柱如果只有一种放置方式，则可只标注一个。

3）柱的配筋，包括纵向受力钢筋和箍筋。纵向钢筋的标注有两种情况，第一种情况如 KZ1，其纵向钢筋有两种规格，因此将纵筋的标注分为角筋和中间筋分别标注。集中标注中的 4 Φ 25，指柱四角的角筋配筋；截面宽度方向上标注的 5 Φ 22 和截面高度方向上标注的 4 Φ 22，表明了截面中间配筋情况（对于采用对称配筋的矩形柱，可仅在一侧注写中部钢筋，对称边省略不写）。另外一种情况是，其纵向钢筋只有一种规格，如 KZ2 和 LZ1，因此在集中标注中直接给出了所有纵筋的数量和直径，如 LZ1 的 6 Φ 16，对应配筋图中纵向钢筋的布置图，可以很明确地确定 6 Φ 16 的放置位置。箍筋的形式和数量可直观地通过截面图表达出来，如果仍不能很明确，则可以绘制其放大样详图。

3. 柱施工平面图的列表注写方式

柱施工平面图列表注写方式，则是在柱平面布置图上，分别在每一编号的柱中选择一个（有时几个）截面标注与定位轴线关系的几何参数代号，通过列柱表注写柱号、柱段起止标高、几何尺寸（含柱截面对轴线的偏心情况）与配筋具体数值，并配以各种柱截面形状及其箍筋类型图说明箍筋形式，图 1-29 为柱列表注写方式的图例。

采用柱列表注写方式时柱表中注写的主要内容如下：

1）注与柱编号。柱编号由类型代号（表 1-12）和序号组成。

表 1-12　柱编号

柱类型	代号	序号
框架柱	KZ	××
转换柱	ZHZ	××
芯柱	XZ	××
梁上柱	LZ	××
剪力墙上柱	QZ	××

注：编号时，当柱的总高、分段截面尺寸和配筋均对应相同，仅截面与轴线的关系不同时，仍可将其编为同一柱号，但应在图中注明截面与轴线的关系。

2）注写各段柱的起止标高。自柱根部往上以截面改变位置或截面未改变但配筋改变处为界分段注写。框架柱或框支柱的根部标高系指基础顶面标高，梁上柱的根部标高系指梁的顶面标高。剪力墙上柱的根部标高分为两种：当柱纵筋锚固在墙顶面时其根部标高为墙顶面标高，当柱与剪力墙重叠一层时其根部标高为墙顶面往下一层的楼层结构层楼面标高。

3）注写柱截面尺寸：

（1）对于矩形柱，注写柱截面尺寸 $b \times h$ 及与轴线关系的几何参数代号 b_1、b_2 和 h_1、h_2 的具体数值，应对应于各段柱分别注写。其中 $b=b_1+b_2$，$h=h_1+h_2$。当截面的某一边收缩变化至与轴线重合或偏到轴线的另一侧时，b_1、b_2 和 h_1、h_2 中的某项为零或为负值。

（2）对于圆柱，表中 $b \times h$ 一栏改用在圆柱直径数字前加 d 表示，为表达简单，圆柱与轴线的关系也用 b_1、b_2 和 h_1、h_2 表示，并使 $d=b_1+b_2=h_1+h_2$。

4）注写柱纵筋。将柱纵筋分成角筋、b 边中部筋和 h 边中部筋三项分别注写（对于采用对称配筋的矩形柱，可仅注写一侧中部钢筋，对称边省略不写）。

5）注写箍筋类型号及箍筋肢数。箍筋的配置略显复杂，因为柱箍筋的配置有多种情况，不仅和截面的形状有关，还和截面的尺寸、纵向钢筋的配置有关系。因此，应在施工图中列出结构可能出现的各种箍筋形式，并分别予以编号，如图 1-31 中的类型 1、类型 2 等。箍筋的肢数用（$m \times n$）来说明，其中 m 对应宽度 b 方向箍筋的肢数，n 对应宽度 h 方向箍筋的肢数。

6）注写柱箍筋，包括钢筋级别、直径与间距。当为抗震设计时，用“/”区分柱端箍筋加密区和柱身非加密区长度范围内箍筋的不同间距。至于加密区长度，就需要施工人员对照标准构造图集相应节点自行计算确定了。例如，Φ10@100/200，表示箍筋为 HPB300，直径 10 mm，加密区间距 100 mm，非加密区间距 200 mm。当箍筋沿柱全高为一种间距时，则不使用斜线“/”，如Φ 12@100，表示箍筋为 HRB335，直径 12 mm，箍筋沿柱全高间距 100 mm。如果圆柱采用螺旋箍筋时，应在箍筋表达式前加“L”，如 LΦ10@100/200。

柱采用“平法”制图方法绘制施工图时，可直接把柱的配筋情况注明在柱的平面布置图上，简单明了。但在传统的柱立面图中，我们可以看到纵向钢筋的锚固长度及搭接长度，而在柱的“平法”施工图中，则不能直接在图中表达这些内容。实际上，箍筋的锚固长度及搭接长度是根据《混凝土结构设计规范》（GB 50010—2010）计算出来的。

只要知道钢筋的级别和直径，就可以查表确定钢筋的锚固长度和最小搭接长度，不一定要在图中表达出来。施工时，先根据柱的平法施工图，确定柱的截面、配筋的级别和直径，再根据表等其他规范的规定，进行放样和绑扎。采用平法制图时不再单独绘制柱的配筋立面图或断面图，可以极大地节省绘图工作量，同时也不会影响图纸内容的表达。

4. 柱施工平面图的识图步骤

1）查看图名、比例。

2）校核轴线编号及间距尺寸，必须与建筑图、基础平面图保持一致。

3）与建筑图配合，明确各柱的编号、数量及位置。

4）阅读结构设计总说明或有关分页专项说明，明确标高范围柱混凝土的强度等级。

5）根据各柱的编号，查对图中截面或柱表，明确柱的标高、截面尺寸和配筋，再根据抗震等级、标准构造要求确定纵向钢筋和箍筋的构造要求（包括纵向钢筋连接的方式、位置、锚固搭接长度、弯折要求、柱头节点要求以及箍筋加密区长度范围等）。

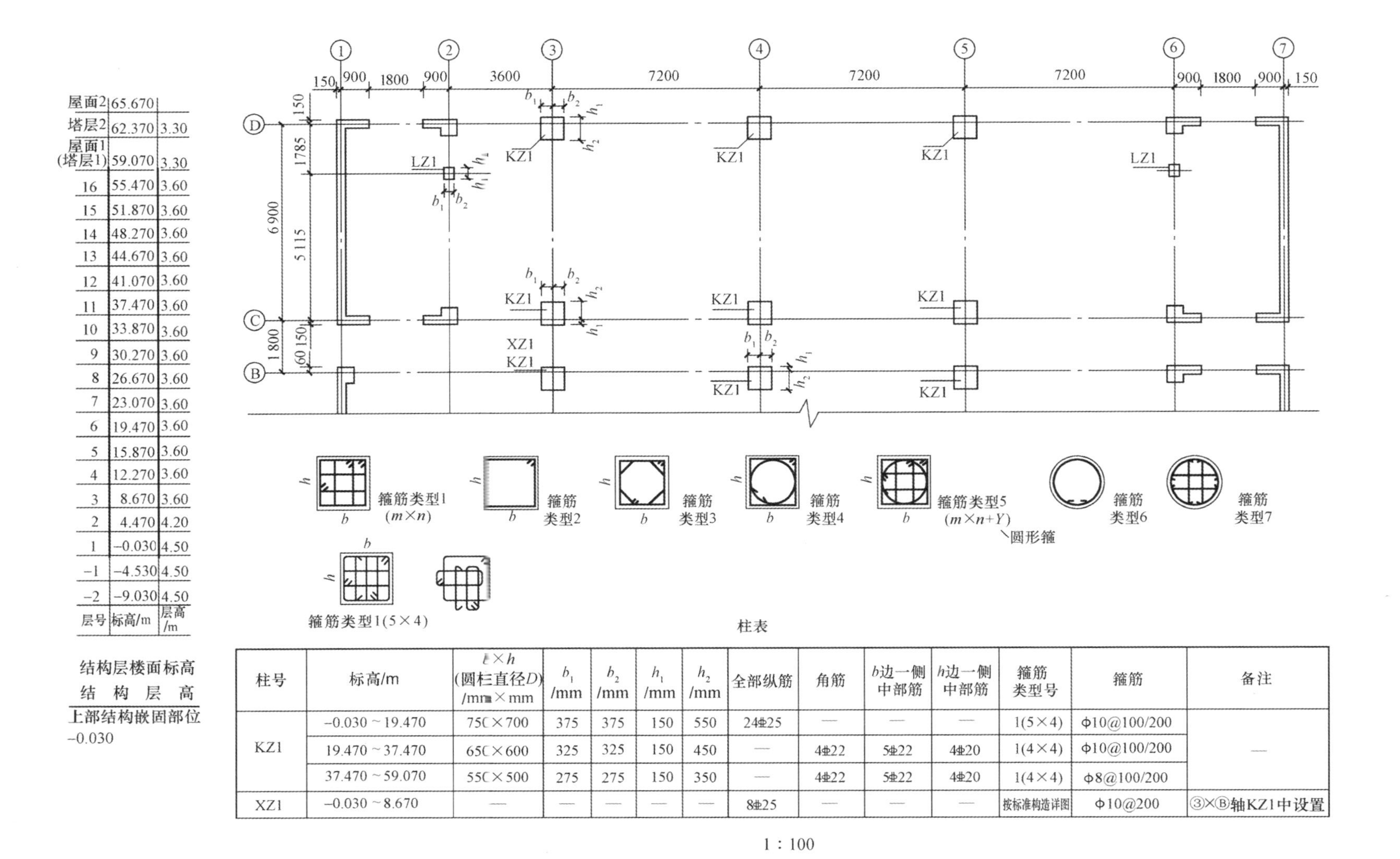

层号	标高/m	层高/m
屋面2	65.670	
塔层2	62.370	3.30
屋面1（塔层1）	59.070	3.30
16	55.470	3.60
15	51.870	3.60
14	48.270	3.60
13	44.670	3.60
12	41.070	3.60
11	37.470	3.60
10	33.870	3.60
9	30.270	3.60
8	26.670	3.60
7	23.070	3.60
6	19.470	3.60
5	15.870	3.60
4	12.270	3.60
3	8.670	3.60
2	4.470	4.20
1	−0.030	4.50
−1	−4.530	4.50
−2	−9.030	4.50

结构层楼面标高

结 构 层 高

上部结构嵌固部位

−0.030

柱表

柱号	标高/m	b×h（圆柱直径D）/mm×mm	b_1/mm	b_2/mm	h_1/mm	h_2/mm	全部纵筋	角筋	b边一侧中部筋	h边一侧中部筋	箍筋类型号	箍筋	备注
KZ1	−0.030～19.470	750×700	375	375	150	550	24⌀25	—	—	—	1(5×4)	Φ10@100/200	—
	19.470～37.470	650×600	325	325	150	450	—	4⌀22	5⌀22	4⌀20	1(4×4)	Φ10@100/200	
	37.470～59.070	550×500	275	275	150	350	—	4⌀22	5⌀22	4⌀20	1(4×4)	Φ8@100/200	
XZ1	−0.030～8.670	—	—	—	—	—	8⌀25	—	—	—	按标准构造详图	Φ10@200	③×Ⓑ轴KZ1中设置

1：100

图 1-29　柱平法施工图的列表注写方式

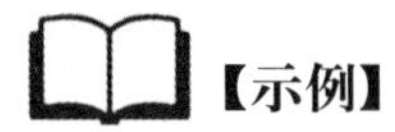【示例】

示例一：某住宅楼柱平法施工图如图 1-30 所示。

1）该柱平法施工图中的柱包含框架柱和框支柱，共有 4 种编号，其中框架柱 1 种，框支柱 3 种。7 根 KZ1，位于Ⓐ轴线上；34 根 KZZ1 分别位于Ⓒ、Ⓔ和Ⓖ轴线上；2 根 KZZ2 位于Ⓓ轴线上；13 根 KZZ3 位于Ⓑ轴线上。

2）KZ1：框架柱，截面尺寸为 400 mm × 400 mm，纵向受力钢筋为 8 根，直径为 16 mm 的 HRB335 级钢筋；箍筋为直径 8 mm 的 HPB300 级钢筋，加密区间距为 100 mm，非加密区间距为 150 mm。根据《混凝土结构设计规范》（GB 50010—2010）和《混凝土结构施工图平面整体表示方法制图和构造详图》（16G101），考虑抗震要求框架柱和框支柱上、下两端箍筋应加密。箍筋加密区长度为，基础顶面以上底层柱根加密区长度不小于底层净高的 1/3；其他柱端加密区长度应取柱截面长边尺寸、柱净高的 1/6 和 500 mm 中的最大值；刚性地面上、下各 500 mm 的高度范围内箍筋应加密。因为是二级抗震等级，根据《混凝土结构设计规范》（GB 50010—2010），角柱应沿柱全高加密箍筋。

3）KZZ1：框支柱，截面尺寸为 600 mm × 600 mm，纵向受力钢筋为 12 根直径为 25 mm 的 HRB335 级钢筋；箍筋直径为 12 mm 的 HRB335 级钢筋，间距 100 mm，全长加密。

4）KZZ2：框支柱，截面尺寸为 600 mm × 600 mm，纵向受力钢筋为 16 根直径为 25 mm 的 HRB335 级钢筋；箍筋直径为 12 mm 的 HRB335 级钢筋，间距 100 mm，全长加密。

5）KZZ3：框支柱，截面尺寸为 600 mm × 500 mm，纵向受力钢筋为 12 根直径为 22 mm 的 HRB335 级钢筋；箍筋直径为 12 mm 的 HRB335 级钢筋，间距 100 mm，全长加密。

6）柱纵向钢筋的连接可以采用绑扎搭接和焊接连接，框支柱宜采用机械连接，连接一般设在非箍筋加密区。连接时，柱相邻纵向钢筋接头应相互错开，为保证同一截面内钢筋接头面积百分比不大于 50%，纵向钢筋分两段连接。绑扎搭接时，图中的绑扎搭接长度为 $1.4l_{aE}$，同时在柱纵向钢筋搭接长度范围内加密箍筋，加密箍筋间距取 $5d$（d 为搭接钢筋较小直径）及 100 mm 的较小值（本工程 KZ1 加密箍筋间距为 80 mm；框支柱为 100 mm）。抗震等级为二级、C30 混凝土时的 l_{aE} 为 $34d$。框支柱在三层墙体范围内的纵向钢筋应伸入三层墙体内至三层天棚顶，KZ1 钢筋按《混凝土结构施工图平面整体表示方法制图和构造详图（现浇混凝土框架、剪力墙、梁、板）》（16G101-1）图集锚入梁板内。本工程柱外侧纵向钢筋配筋率不大于 1.2%，且混凝土强度等级不小于 C20，板厚不小于 80 mm。

示例二：某培训楼柱平法施工图如图 1-31 所示，其柱表见表 1-13。

1）图中标注的均为框架柱，共有 7 种编号。

2）根据设计说明查看该工程的抗震等级，由《混凝土结构施工图平面整体表示方法制图规则和构造详图》（16G101-1）可知构造情况。

3）该图中柱的标高为 −0.050 ～ 8.250 m，即一、二两层（其中一层为底层），层高分别是 4.6 m、3.7 m，框架柱 KZ1 在一、二两层的净高分别是 3.7 m、2.8 m，所以箍筋加密区范围分别是 1250 mm、650 mm；KZ6 在一、二两层的净高分别是 3.0 m、3.5 m，所以箍筋加密区范围分别是 1000 mm、600 mm（为了便于施工，常常将零数人为地化零为整）。

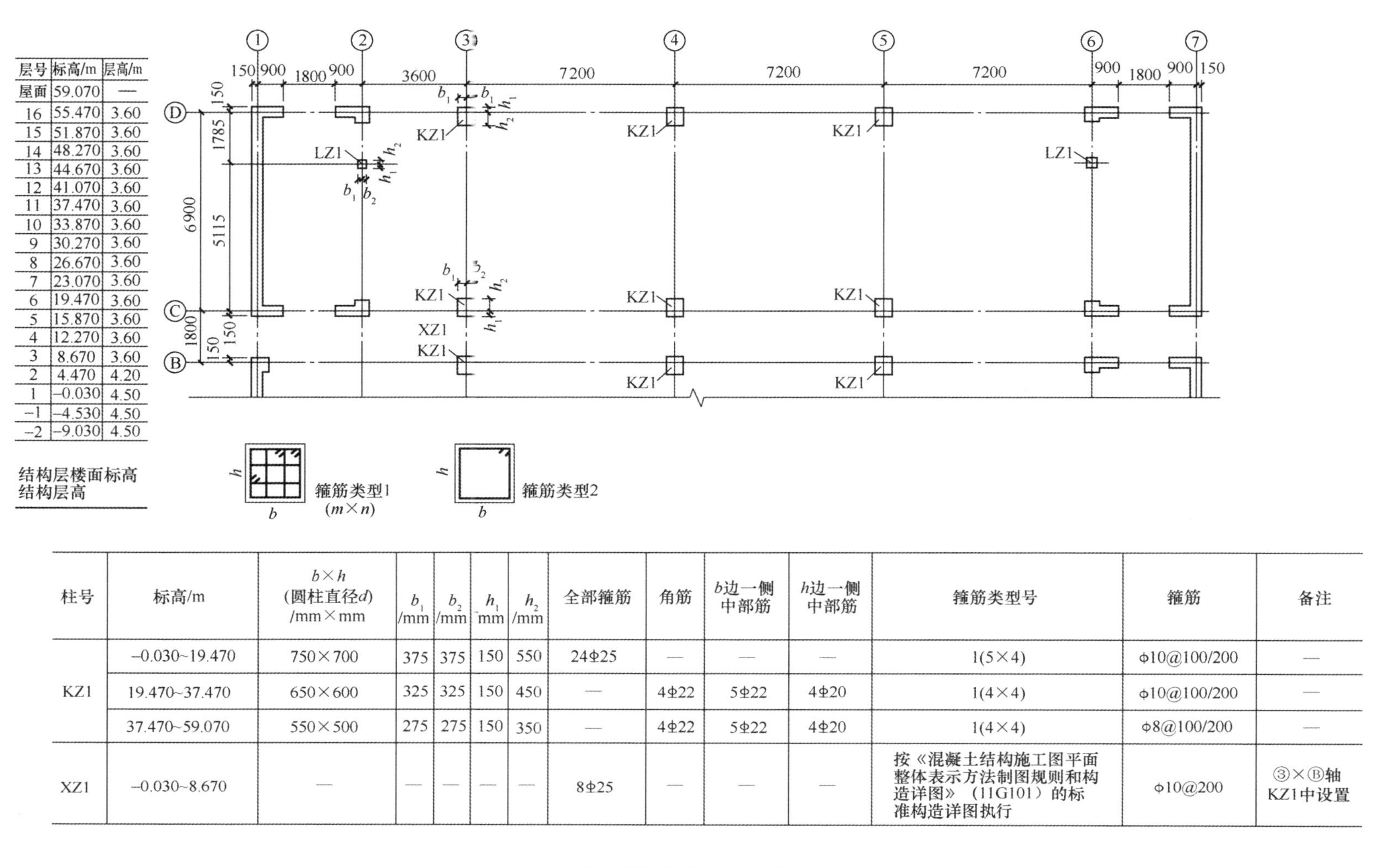

层号	标高/m	层高/m
屋面	59.070	—
16	55.470	3.60
15	51.870	3.60
14	48.270	3.60
13	44.670	3.60
12	41.070	3.60
11	37.470	3.60
10	33.870	3.60
9	30.270	3.60
8	26.670	3.60
7	23.070	3.60
6	19.470	3.60
5	15.870	3.60
4	12.270	3.60
3	8.670	3.60
2	4.470	4.20
1	−0.030	4.50
−1	−4.530	4.50
−2	−9.030	4.50

结构层楼面标高
结构层高

柱号	标高/m	$b\times h$ (圆柱直径d) /mm×mm	b_1 /mm	b_2 /mm	h_1 /mm	h_2 /mm	全部纵筋	角筋	b边一侧中部筋	h边一侧中部筋	箍筋类型号	箍筋	备注
KZ1	−0.030~19.470	750×700	375	375	150	550	24Φ25	—	—	—	1(5×4)	Φ10@100/200	—
	19.470~37.470	650×600	325	325	150	450	—	4Φ22	5Φ22	4Φ20	1(4×4)	Φ10@100/200	—
	37.470~59.070	550×500	275	275	150	350	—	4Φ22	5Φ22	4Φ20	1(4×4)	Φ8@100/200	—
XZ1	−0.030~8.670	—	—	—	—	—	8Φ25	—	—	—	按《混凝土结构施工图平面整体表示方法制图规则和构造详图》（11G101）的标准构造详图执行	Φ10@200	③×Ⓑ轴KZ1中设置

（a）某住宅楼柱平法施工图（一）1：100

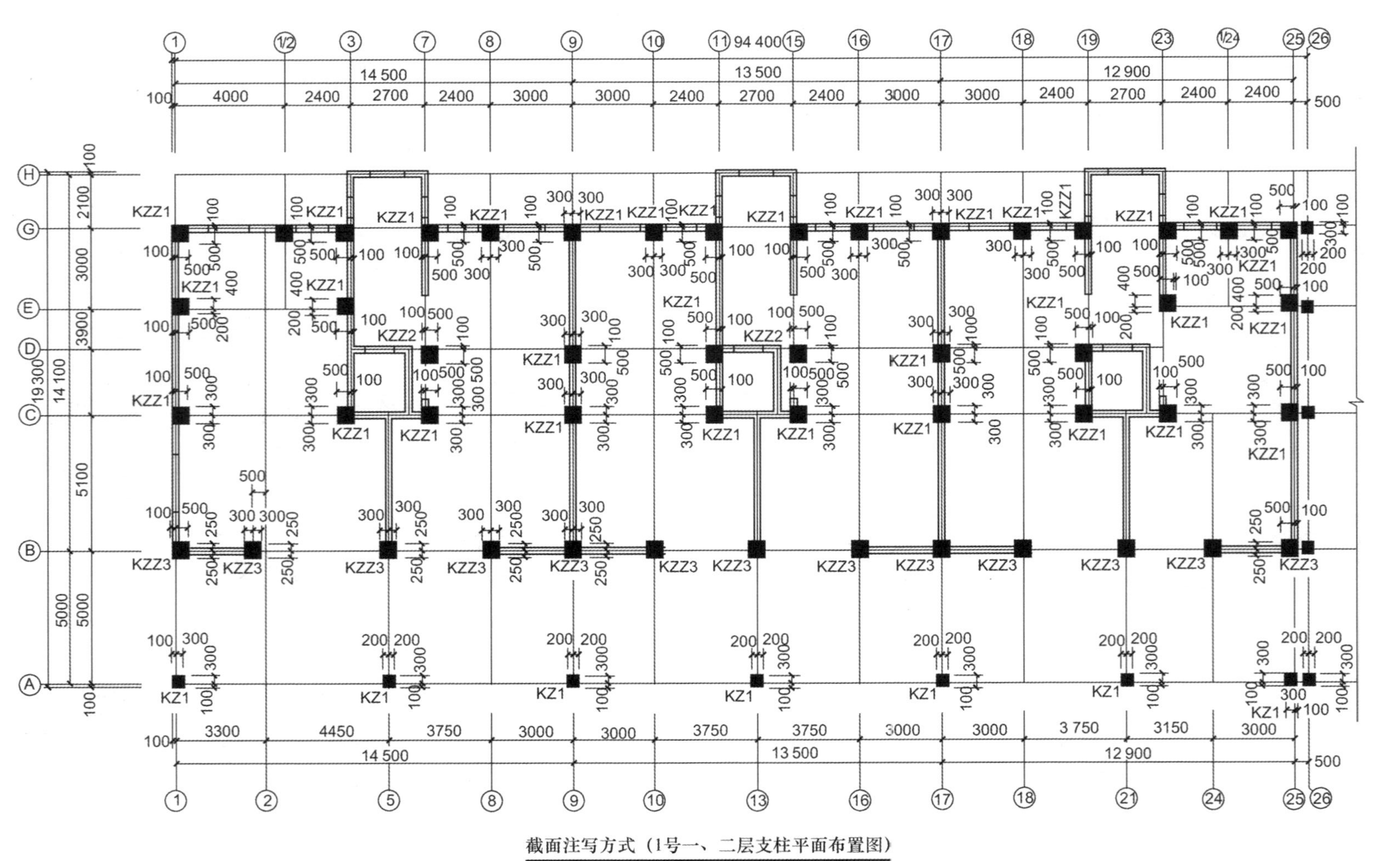

截面注写方式（1号一、二层支柱平面布置图）

（b）某住宅楼柱平法施工图（二）1：100

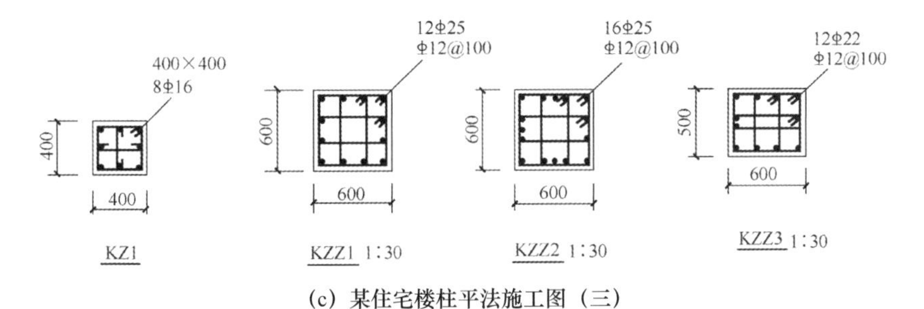

（c）某住宅楼柱平法施工图（三）

图 1-30　某住宅楼柱平法施工图

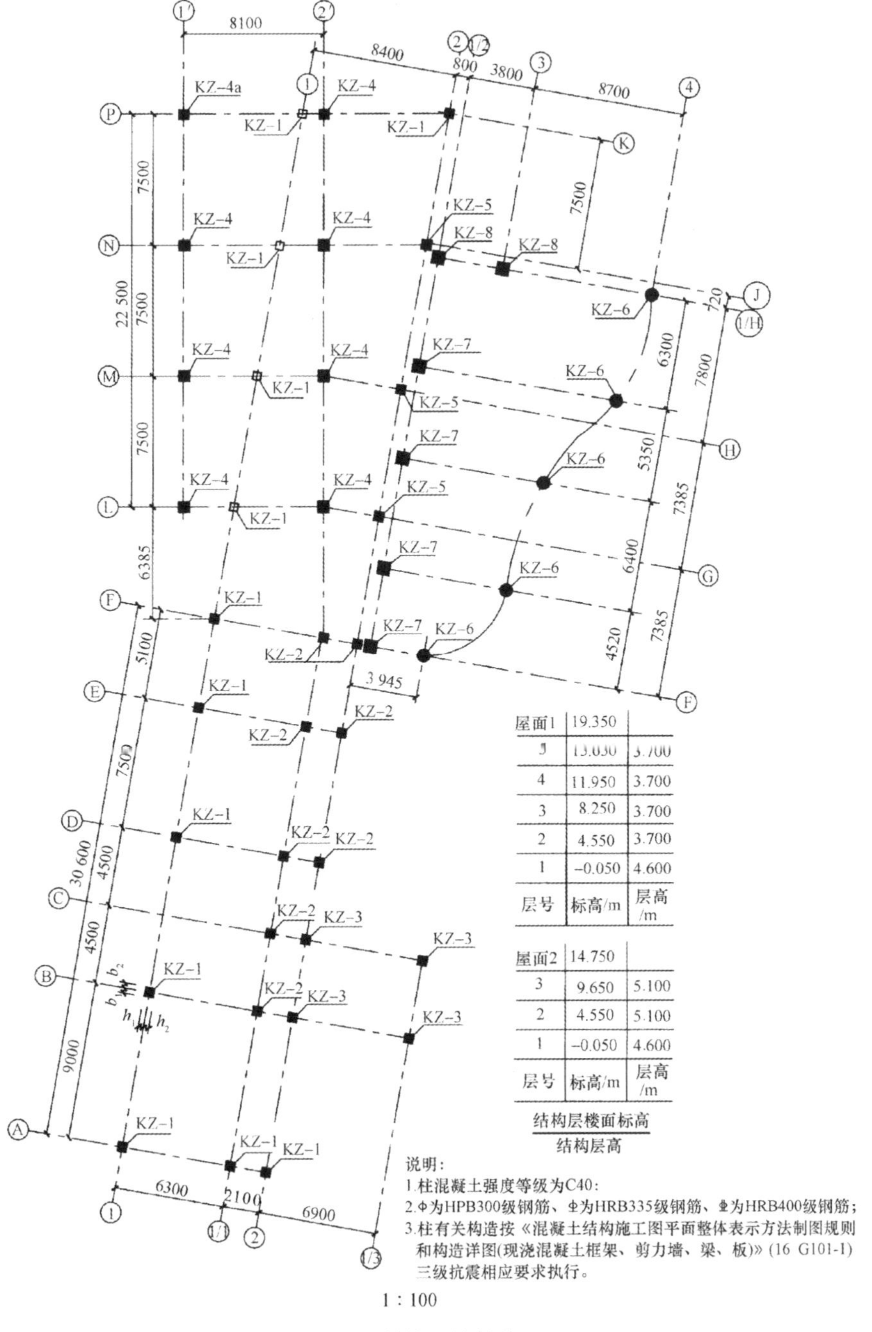

屋面1	19.350	
5	15.650	3.700
4	11.950	3.700
3	8.250	3.700
2	4.550	3.700
1	-0.050	4.600
层号	标高/m	层高/m

屋面2	14.750	
3	9.650	5.100
2	4.550	5.100
1	-0.050	4.600
层号	标高/m	层高/m

结构层楼面标高
结构层高

说明：
1.柱混凝土强度等级为C40；
2.Φ为HPB300级钢筋、Φ为HRB335级钢筋、Φ为HRB400级钢筋；
3.柱有关构造按《混凝土结构施工图平面整体表示方法制图规则和构造详图(现浇混凝土框架、剪力墙、梁、板)》(16 G101-1)三级抗震相应要求执行。

图 1-31　某培训楼柱施工平面

表 1-13　柱表

柱号	标高 /m	$b \times h$（圆柱直径 d）/ mm × mm	$b1$/mm	$b2$/mm	$h1$/mm	$h2$/mm	角筋	b 边一侧中部筋	h 边一侧中部筋	箍筋类型号	箍筋
KZ1	−0.050 ～ 19.350	600 × 600	300	300	300	300	4Φ25	3Φ25	3Φ25	1（4 × 4）	φ12@100/200
KZ2	−0.050 ～ 19.350	600 × 600	300	300	300	300	4Φ25	3Φ22	3Φ22	1（4 × 4）	φ10@100/200
KZ3	−0.050 ～ 19.350	600 × 600	300	300	300	300	4Φ25	2Φ25	2Φ25	1（4 × 4）	φ10@100
KZ4	−0.050 ～ 19.350	700 × 700	350	350	350	350	4Φ25	3Φ25	3Φ25	1（5 × 5）	φ12@100/200
	11.950 ～ 15.650	600 × 600	300	300	300	300	4Φ25	2Φ25	2Φ25	1（4 × 4）	φ10@100
KZ5	−0.050 ～ 15.650	650 × 650	325	325	325	325	4Φ25	2Φ25	2Φ25	1（4 × 4）	φ12@100/200
	15.650 ～ 19.350	650 × 650	325	325	325	325	4Φ25	2Φ25	2Φ25	1（4 × 4）	φ10@100
KZ6	−0.050 ～ 14.150	800	400	400	400	400	18Φ25	—	—	8	φ12@100/200
KZ7	−0.050 ～ 14.150	800 × 800	400	400	400	400	4Φ25	3Φ25	3Φ25	1（5 × 5）	φ12@100/200

七、剪力墙施工平面图识读

剪力墙根据配筋形式可将其看成由剪力墙柱（简称墙柱）、剪力墙身（简称墙身）和剪力墙梁（简称墙梁）三类构件组成。剪力墙施工平面图是在剪力墙平面布置图上采用截面注写方式或列表注写方式来表达剪力墙柱、剪力墙身和剪力墙梁的标高、偏心和断面尺寸以及配筋情况的。

1. 剪力墙施工平面图主要内容

1）图名和比例。

2）定位轴线及其编号、间距和尺寸。

3）剪力墙柱、剪力墙身、剪力墙梁的编号和平面布置。

4）每一种编号剪力墙柱、剪力墙身、剪力墙梁的标高、截面尺寸、钢筋配置情况。

5）必要的设计说明和详图。

2. 剪力墙施工平面图注写方式

1）剪力墙施工平面图截面注写方式：

截面注写方式（图 1-32）是在分标准层绘制的剪力墙平面布置图上，以直接在墙柱、墙身、墙梁上注写截面尺寸和配筋具体数值的方式。在剪力墙平面布置图上，在相同编号的墙柱、墙身、墙梁中选择一根墙柱、一道墙身、一个墙梁，以适当的比例原位将其放大进行注写。

剪力墙柱注写的内容有：绘制截面配筋图，并标注截面尺寸、全部纵向钢筋和箍筋的具体数值。

剪力墙身注写的内容有：依次引注墙身编号（应包括注写在括号内墙身所配置的水平分布钢筋和竖向分布钢筋的排数）、墙厚尺寸，以及水平分布筋、竖向分布钢筋和拉筋的具体数值。

剪力墙梁注写的内容有：

（1）从相同编号的墙柱中选择一个截面，注明几何尺寸，标注全部纵筋及箍筋的具体数值。

（2）约束边缘构件除需注明阴影部分具体尺寸外，还需注明约束边缘构件沿墙肢长度 l_c，约束边缘翼墙中沿墙肢长度尺寸为 $2b_f$ 时可不注，除注写阴影部位的箍筋外，还需注写非阴影区内布置的拉筋或箍筋。

注：当约束边缘构件体积配箍率计算中计入墙身水平分布钢筋时，设计者应注明。此时还应注明墙身水平分布钢筋在阴影区域内设置的拉筋。施工时，墙身水平分布钢筋应注意采用相应的构造做法。

（3）从相同编号的墙身中选择一道墙身，按顺序引注的内容为：墙身编号（应包括注写在括号内墙身所配置的水平与竖向分布钢筋的排数）、墙厚尺寸，以及水平分布钢筋、竖向分布钢筋和拉筋的具体数值。

（4）从相关编号的墙梁中选择一根墙梁，按顺序引注的内容为：墙梁编号、墙梁截面尺寸 $b\times h$、墙梁箍筋、上部纵筋、下部纵筋和墙梁顶面标高高差的具体数值。

（5）当连梁设有对角暗撑时，代号为 LL（JC）××。

（6）当连梁设有交叉斜筋时，代号为 LL（JX）××。

（7）当连梁设有集中对角斜筋时，代号为 LL（DX）××。

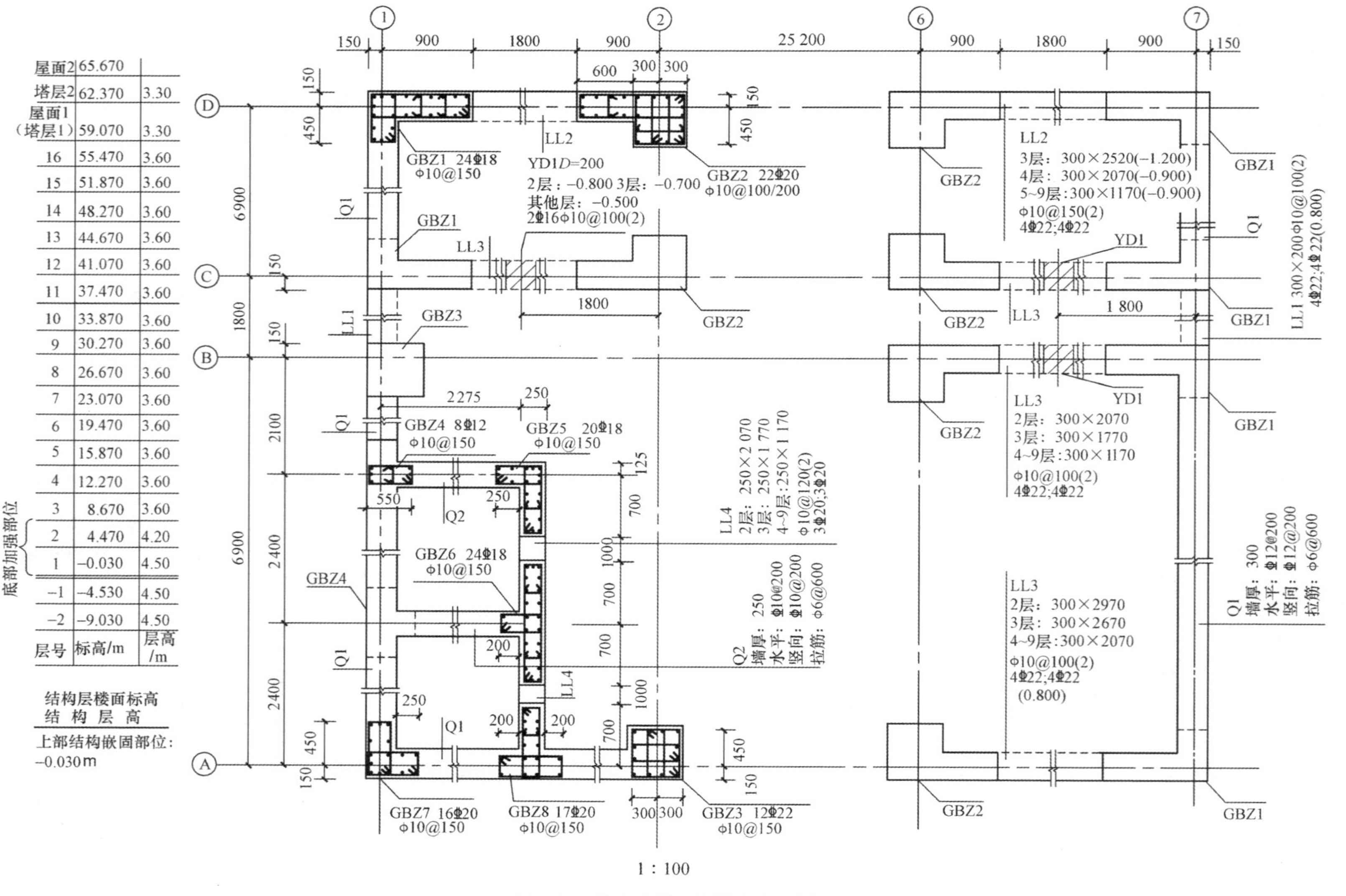

屋面2	65.670	
塔层2	62.370	3.30
屋面1（塔层1）	59.070	3.30
16	55.470	3.60
15	51.870	3.60
14	48.270	3.60
13	44.670	3.60
12	41.070	3.60
11	37.470	3.60
10	33.870	3.60
9	30.270	3.60
8	26.670	3.60
7	23.070	3.60
6	19.470	3.60
5	15.870	3.60
4	12.270	3.60
3	8.670	3.60
2	4.470	4.20
1	−0.030	4.50
−1	−4.530	4.50
−2	−9.030	4.50
层号	标高/m	层高/m

图 1-32 剪力墙截面注写方式示例

（8）当墙身水平分布钢筋不能满足连梁、暗梁及边框梁的梁侧面纵向构造钢筋的要求时，应补充注明梁侧面纵筋的具体数值。

（9）注写时，以大写字母 N 打头，接续注写直径与间距。其在支座内的锚固要求同连梁中受力钢筋。

2）剪力墙施工平面图列表注写方式：

剪力墙施工平面图列表注写方式如图 1-33 所示。为表达清楚、简便，剪力墙可视为由剪力墙柱、剪力墙身和剪力墙梁三类构件构成。

列表注写方式是分别在剪力墙柱表、剪力墙身表和剪力墙梁表中，对应于剪力墙平面布置图上的编号，用绘制截面配筋图并注写几何尺寸与配筋具体数值的方式来表达剪力墙平法施工图，见表 1-14。

表 1-14　剪力墙的表达内容

项目	内容
在剪力墙柱表中表达的内容	（1）注写墙柱编号，绘制该墙柱的截面配筋图，标注墙柱几何尺寸。约束边缘构件需注明阴影部分尺寸。构造边缘构件需注明阴影部分尺寸。扶壁柱及非边缘暗柱需标注几何尺寸。 （2）注写各段墙柱的起止标高，自墙柱根部往上以变截面位置或截面未变但配筋改变处为界分段注写。墙柱根部标高一般指基础顶面标高（部分框支剪力墙结构则为框支梁顶面标高）。 （3）注写各段墙柱的纵向钢筋和箍筋，注写值应与在表中绘制的截面配筋图一致。纵向钢筋注总配筋值，墙柱箍筋的注写方式与柱箍筋相同。约束边缘构件除注写阴影部位的箍筋外，还需在剪力墙平面布置图中注写非阴影区内布置的拉筋（或箍筋）。设计施工时应注意，当约束边缘构件体积配箍率计算中计入墙身水平分布钢筋时，设计者应注明。此时还应注明墙身水平分布钢筋在阴影区域内设置的拉筋。施工时，墙身水平分布钢筋应注意采用相应的构造做法。当非阴影区外圈设置箍筋时，设计者应注明箍筋的具体数值及其余拉筋。施工时，箍筋应包住阴影区内第二列竖向纵筋。当设计采用与本构造详图不同的做法时，应另行注明
在剪力墙身表中表达的内容	（1）注写墙身编号（含水平与竖向分布钢筋的排数）。 （2）注写各段墙身起止标高，自墙身根部往上以变截面位置或截面未变但配筋改变处为界分段注写。墙身根部标高一般指基础顶面标高（部分框支剪力墙结构则为框支梁的顶面标高）。 （3）注写水平分布钢筋、竖向分布钢筋和拉筋的具体数值。注写数值为一排水平分布钢筋和竖向分布钢筋的规格与间距，具体设置几排已经在墙身编号后面表达。拉筋应注明布置方式“双向”或“梅花双向”，如图 1-34 所示（图中 a 为竖向分布钢筋间距，b 为水平分布钢筋间距）
在剪力墙梁表中表达的内容	（1）注写墙梁编号。 （2）注写墙梁所在楼层号。 （3）注写墙梁顶面标高高差，是指相对于墙梁所在结构层楼面标高的高差值。高于者为正值，低于者为负值，当无高差时不注。 （4）注写墙梁截面尺寸 $b \times h$，上部纵筋、下部纵筋和箍筋的具体数值。 （5）当连梁设有对角暗撑时，代号为 LL（JC）××，注写暗撑的截面尺寸（箍筋外皮尺寸）；注写一根暗撑的全部纵筋，并标注 ×2 表明有两根暗撑相互交叉；注写暗撑箍筋的具体数值。 （6）当连梁设有交叉斜筋时，代号为 LL（JX）××，注写连梁一侧对角斜筋的配筋值，并标注 ×2 表明对称设置；注写对角斜筋在连梁端部设置的拉筋根数、规格及直径，并标注 ×4 表示在四个角都设置；注写连梁一侧折线筋配筋值，并标注 ×2 表明对称设置。 （7）当连梁设有集中对角斜筋时，代号为 LL（DX）××，注写一条对角线上的对角斜筋，并标注 ×2 表明对称设置。墙梁侧面纵筋的配置，当墙身水平分布钢筋满足连梁、暗梁及边框梁的梁侧面纵向构造钢筋的要求时，该筋配置同墙身水平分布钢筋，表中不注，施工按标准构造详图的要求即可；当不满足时，应在表中补充注明梁侧面纵筋的具体数值（其在支座内的锚固要求同连梁中受力钢筋）

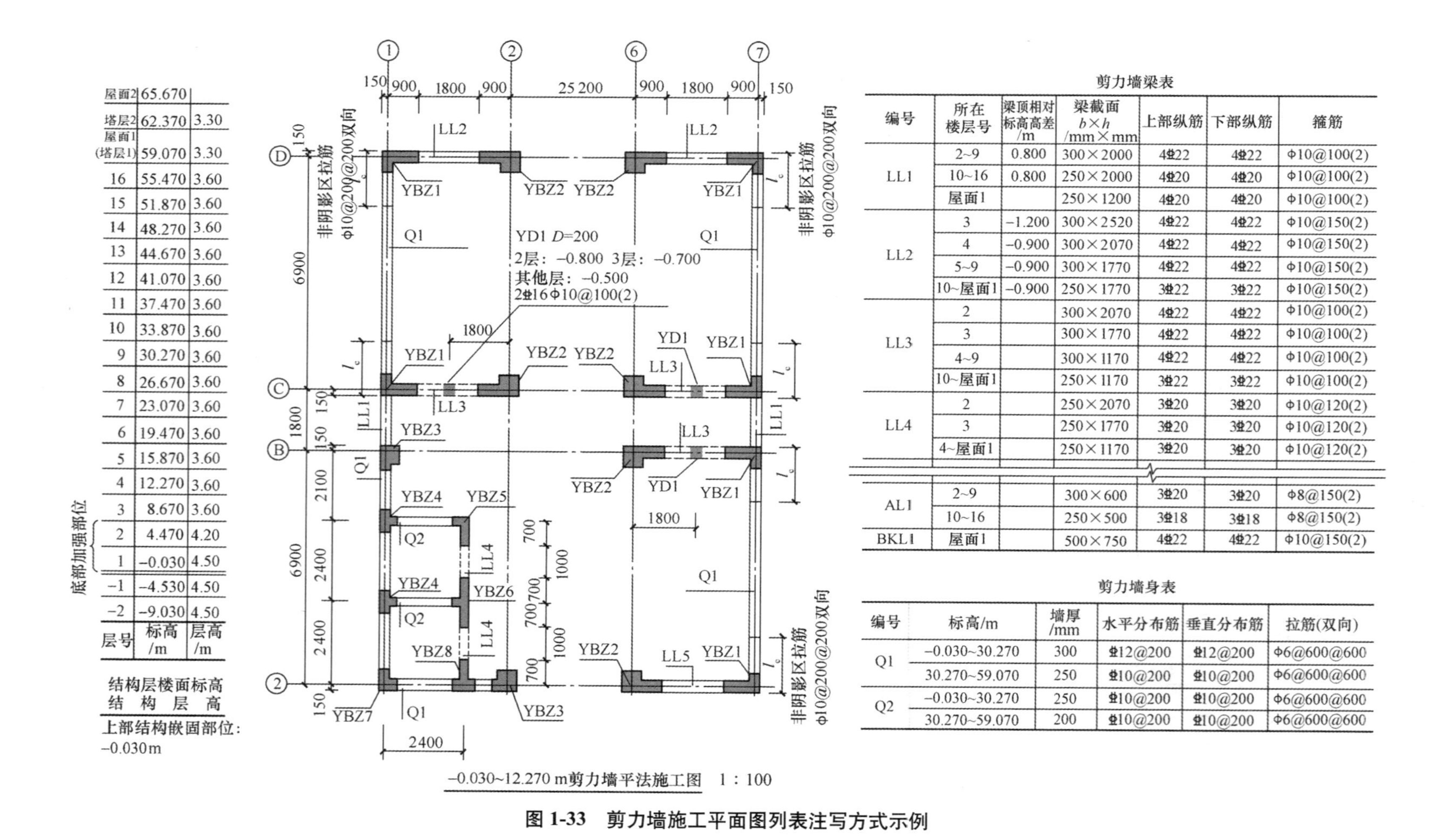

层号	标高/m	层高/m
屋面2	65.670	
塔层2	62.370	3.30
屋面1（塔层1）	59.070	3.30
16	55.470	3.60
15	51.870	3.60
14	48.270	3.60
13	44.670	3.60
12	41.070	3.60
11	37.470	3.60
10	33.870	3.60
9	30.270	3.60
8	26.670	3.60
7	23.070	3.60
6	19.470	3.60
5	15.870	3.60
4	12.270	3.60
3	8.670	3.60
2	4.470	4.20
1	-0.030	4.50
-1	-4.530	4.50
-2	-9.030	4.50

剪力墙梁表

编号	所在楼层号	梁顶相对标高高差/m	梁截面 $b \times h$ /mm×mm	上部纵筋	下部纵筋	箍筋
LL1	2~9	0.800	300×2000	4⌀22	4⌀22	Φ10@100(2)
	10~16	0.800	250×2000	4⌀20	4⌀20	Φ10@100(2)
	屋面1		250×1200	4⌀20	4⌀20	Φ10@100(2)
LL2	3	-1.200	300×2520	4⌀22	4⌀22	Φ10@150(2)
	4	-0.900	300×2070	4⌀22	4⌀22	Φ10@150(2)
	5~9	-0.900	300×1770	4⌀22	4⌀22	Φ10@150(2)
	10~屋面1	-0.900	250×1770	3⌀22	3⌀22	Φ10@150(2)
LL3	2		300×2070	4⌀22	4⌀22	Φ10@100(2)
	3		300×1770	4⌀22	4⌀22	Φ10@100(2)
	4~9		300×1170	4⌀22	4⌀22	Φ10@100(2)
	10~屋面1		250×1170	3⌀22	3⌀22	Φ10@100(2)
LL4	2		250×2070	3⌀20	3⌀20	Φ10@120(2)
	3		250×1770	3⌀20	3⌀20	Φ10@120(2)
	4~屋面1		250×1170	3⌀20	3⌀20	Φ10@120(2)
AL1	2~9		300×600	3⌀20	3⌀20	Φ8@150(2)
	10~16		250×500	3⌀18	3⌀18	Φ8@150(2)
BKL1	屋面1		500×750	4⌀22	4⌀22	Φ10@150(2)

剪力墙身表

编号	标高/m	墙厚/mm	水平分布筋	垂直分布筋	拉筋(双向)
Q1	-0.030~30.270	300	⌀12@200	⌀12@200	Φ6@600@600
	30.270~59.070	250	⌀10@200	⌀10@200	Φ6@600@600
Q2	-0.030~30.270	250	⌀10@200	⌀10@200	Φ6@600@600
	30.270~59.070	200	⌀10@200	⌀10@200	Φ6@600@600

图 1-33 剪力墙施工平面图列表注写方式示例

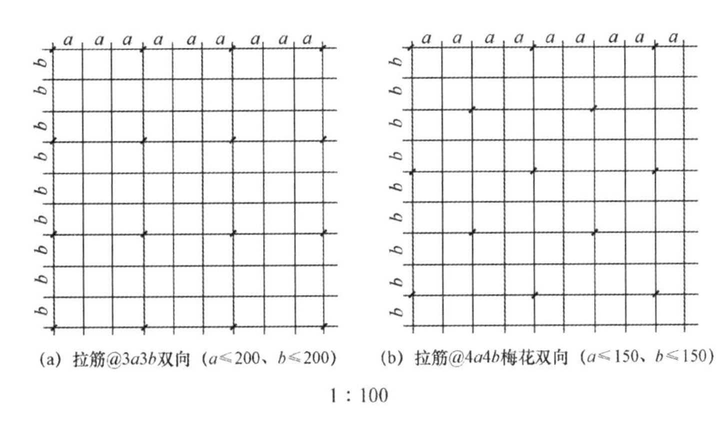

(a) 拉筋@3a3b双向（a≤200、b≤200）　(b) 拉筋@4a4b梅花双向（a≤150、b≤150）

1：100

图 1-34　双向拉筋与梅花双向拉筋示意图

编号规定：将剪力墙按剪力墙柱、剪力墙身、剪力墙梁（简称为墙柱、墙身、墙梁）三类构件分别编号。

（1）墙柱编号，由墙柱类型代号和序号组成，表达形式应符合表 1-15 的规定。

表 1-15　墙柱编号

墙柱类型	代号	序号
约束边缘构件	YBZ	××
构造边缘构件	GBZ	××
非边缘暗柱	AZ	××
扶壁柱	FBZ	××

注：约束边缘构件包括约束边缘暗柱、约束边缘端柱、约束边缘翼墙、约束边缘转角墙四种（图 1-35）。构造边缘构件包括构造边缘暗柱、构造边缘端柱、构造边缘翼墙、构造边缘转角墙四种（图 1-36）。

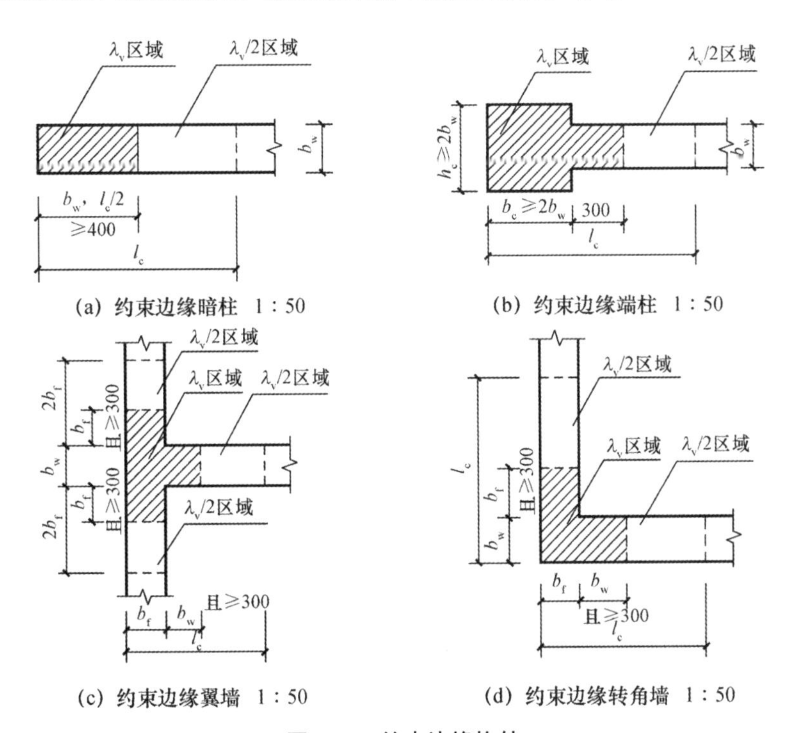

(a) 约束边缘暗柱　1：50　(b) 约束边缘端柱　1：50

(c) 约束边缘翼墙　1：50　(d) 约束边缘转角墙　1：50

图 1-35　约束边缘构件

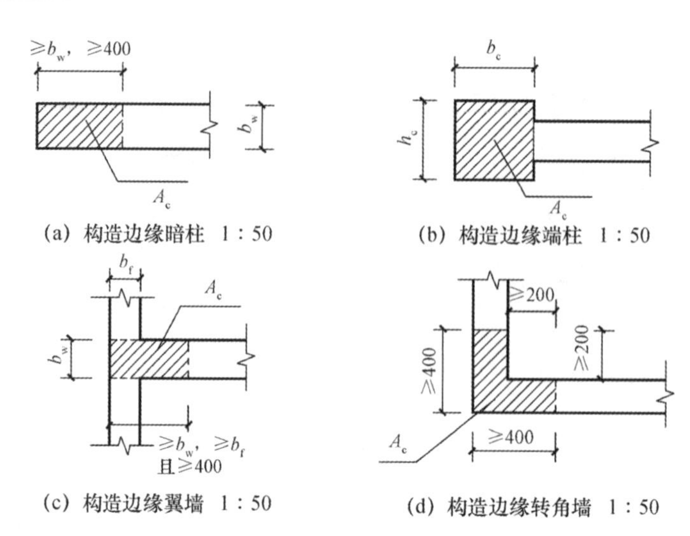

(a) 构造边缘暗柱 1 : 50　(b) 构造边缘端柱 1 : 50
(c) 构造边缘翼墙 1 : 50　(d) 构造边缘转角墙 1 : 50

图 1-36　构造边缘构件

（2）墙身编号，由墙身代号、序号以及墙身所配置的水平与竖向分布钢筋的排数组成，其中，排数注写在括号内。表达形式为：Q××（×排）。

（3）墙梁编号，由墙梁类型代号和序号组成，表达形式应符合表 1-16 的规定。

表 1-16　墙梁编号

墙梁类型	代号	序号
连梁	LL	××
连梁（对角暗撑配筋）	LL（JC）	××
连梁（交叉斜筋配筋）	LL(JX)	××
连梁（集中对角斜筋配筋）	LL(DX)	××
暗梁	AL	××
边框梁	BKL	××

注：在具体工程中，当某些墙身需设置暗梁或边框梁时，宜在剪力墙平法施工图中绘制暗梁或边框梁的平面布置图并编号，以明确其具体位置。

3. 剪力墙施工平面图的识图步骤

1）查看图名、比例。

2）校核轴线编号及间距尺寸，必须与建筑平面图、基础平面图保持一致。

3）与建筑图配合，明确各剪力墙边缘构件的编号、数量及位置，以及墙身的编号、尺寸、洞口位置。

4）阅读结构设计总说明或有关分页专项说明，明确各标高范围剪力墙混凝土的强度等级。

5）先根据各剪力墙身的编号，查对图中截面或墙身表，明确剪力墙的标高、截面尺寸和配筋。再根据抗震等级、标准构造要求确定水平分布钢筋、竖向分布钢筋和拉筋的构造要求（包括水平分布钢筋、竖向分布钢筋连接的方式、位置、锚固搭接长度、弯折要求）。

6）先根据各剪力墙柱的编号，查对图中截面或墙柱表，明确剪力墙柱的标高、截面尺寸和配筋。再根据抗震等级、标准构造要求确定纵向钢筋和箍筋的构造要求（包括纵向钢筋连接的方式、位置、锚固搭接长度、弯折要求、柱头节点要求以及箍筋加密区长度范围等)。

7)先根据各剪力墙梁的编号，查对图中截面或墙梁表，明确剪力墙梁的标高、截面尺寸和配筋。再根据抗震等级、标准构造要求确定纵向钢筋和箍筋的构造要求(包括纵向钢筋锚固搭接长度、箍筋的摆放位置等)。

8)剪力墙(尤其是高层建筑中的剪力墙)的混凝土强度等级一般情况是沿着高度方向不断变化的；每层楼面的梁、板混凝土强度等级也可能有所不同，看图时应格外注意，避免出现错误。

【示例】

示例：某教学楼现浇板平法施工图如图 1-37 所示。

1)图中共有 8 种连梁，其中 LL-1 和 LL-8 各 1 根，LL-2 和 LL-5 各 2 根，LL-3、LL-6 和 LL-7 各 3 根，LL-4 共 6 根。查阅连梁表可知各个编号连梁的梁底标高、截面宽度和高度、连梁跨度、上部纵向钢筋、下部纵向钢筋及箍筋。由图 3-37 可知，连梁的侧面构造钢筋即为剪力墙配置的水平分布筋，其在 3、4 层为直径 12 mm、间距 250 mm 的 HRB335 级钢筋，在 5 ~ 16 层为直径 10 mm、间距 250 mm 的 HRB300 级钢筋。

2)因转换层以上两层(3、4 层)剪力墙，抗震等级为三级，以上各层抗震等级为四级，知 3、4 层(标高 6.950 ~ 12.550 m)纵向钢筋锚固长度为 31d，5 ~ 16 层(标高 12.550 ~ 49.120 m)纵向钢筋锚固长度为 30d。

3)在顶层洞口连梁纵向钢筋伸入墙内的长度范围内，应设置间距为 150 mm 的箍筋，箍筋直径与连梁跨内箍筋直径相同。

4)图中剪力墙身的编号只有一种，墙厚 200 mm。查阅剪力墙身表知，剪力墙水平分布钢筋和垂直分布钢筋均相同，在 3、4 层直径为 12 mm、间距为 250 mm 的 HRB335 级钢筋，在 5 ~ 16 层直径为 10 mm、间距为 250 mm 的 HPB300 级钢筋。拉筋直径为 8 mm 的 HPB300 级钢筋，间距为 500 mm。

5)因转换层以上两层(3、4 层)剪力墙，抗震等级为三级，以上各层抗震等级为四级，知 3、4 层(标高 6.950 ~ 12.550 m)墙身竖向钢筋在转换梁内的锚固长度不小于 l_{aE}，水平分布筋锚固长度 l_{aE} 为 31d，5 ~ 16 层(标高 12.550 ~ 49.120 m)水平分布筋锚固长度 l_{aE} 为 24d，各层搭接长度为 1.4l_{aE}；3、4 层(标高 6.950 ~ 12.550 m)水平分布筋锚固长度 l_{aE} 为 31d，5 ~ 16 层(标高 12.550 ~ 49.120 m)水平分布筋锚固长度 l_{aE} 为 24d，各层搭接长度为 1.6l_{aE}。

6)根据图纸说明，所有混凝土剪力墙上楼层板顶标高处均设暗梁，梁高 400 mm，上部纵向钢筋和下部纵向钢筋同为 2 根直径 16 mm 的 HPB355 级钢筋，箍筋是直径为 8 mm、间距为 100 mm 的 HPB300 级钢筋，梁侧面构造钢筋即为剪力墙配置的水平分布筋，在 3、4 层设直径为 12 mm、间距为 250 mm 的 HPB335 级钢筋，在 5 ~ 16 层设直径为 10 mm、间距为 250 mm 的 HPB300 级钢筋。

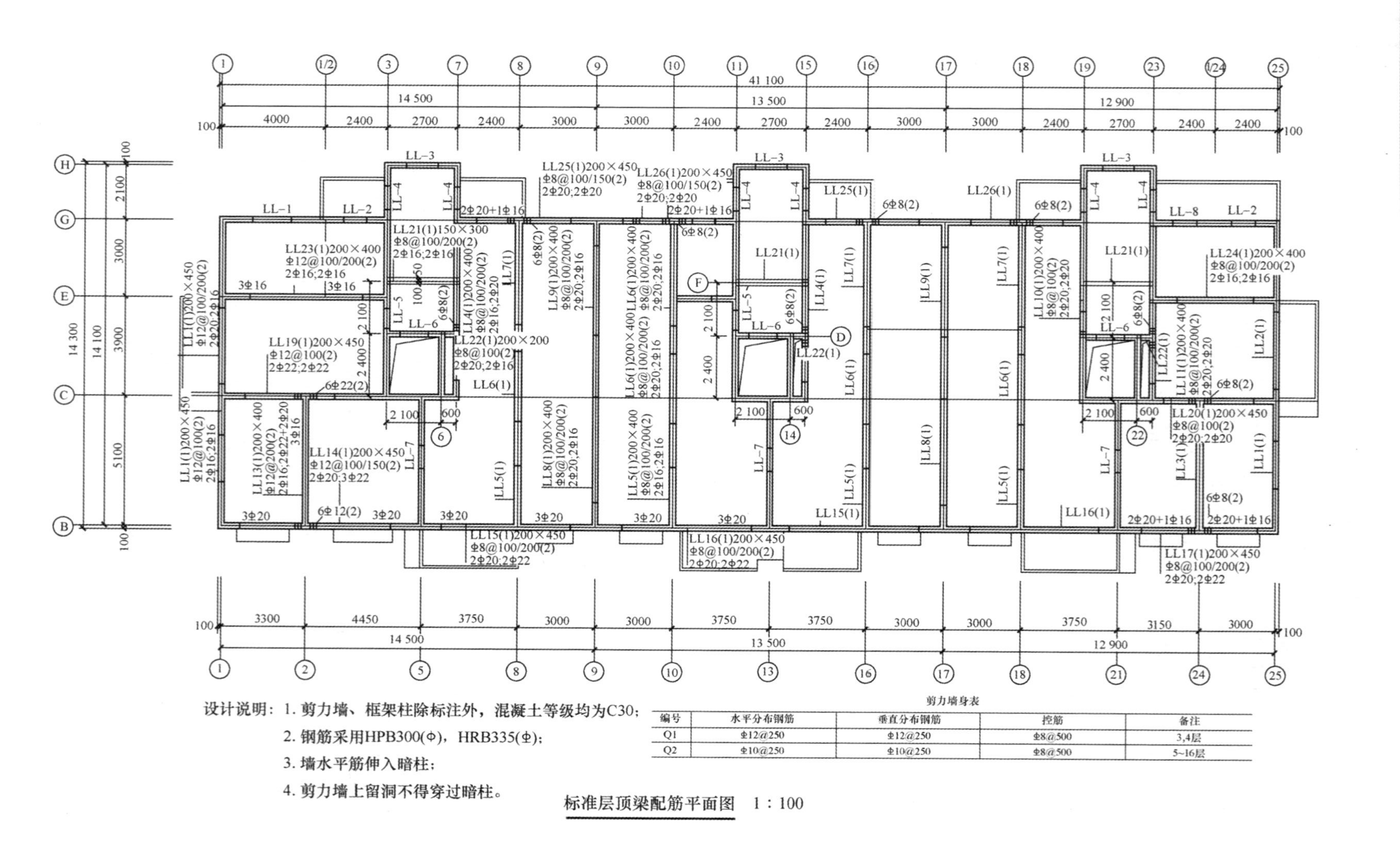

设计说明：1. 剪力墙、框架柱除标注外，混凝土等级均为C30；
2. 钢筋采用HPB300(Φ)，HRB335(Φ)；
3. 墙水平筋伸入暗柱；
4. 剪力墙上留洞不得穿过暗柱。

剪力墙身表

编号	水平分布钢筋	垂直分布钢筋	拉筋	备注
Q1	Φ12@250	Φ12@250	Φ8@500	3,4层
Q2	Φ10@250	Φ10@250	Φ8@500	5~16层

标准层顶梁配筋平面图　1：100

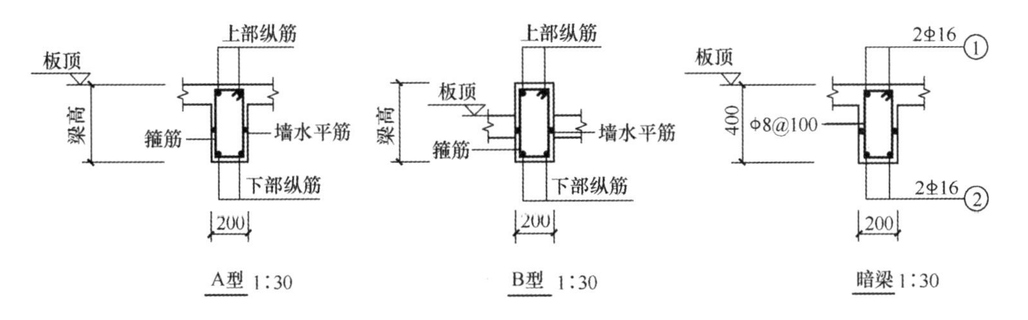

连接类型和连梁表

梁号	类型	上部纵筋	下部纵筋	梁箍筋	梁宽	跨度	梁高	梁底标高（相对本层顶板结构标高，下沉为正）
LL-1	B	2Φ25	2Φ25	Φ8@100	200	1500	1400	450
LL-2	A	2Φ18	2Φ18	Φ8@100	200	900	450	450
LL-3	B	2Φ25	2Φ25	Φ8@100	200	1200	1300	1800
LL-4	B	4Φ20	4Φ20	Φ8@100	200	800	1800	0
LL-5	A	2Φ18	2Φ18	Φ8@100	200	900	750	750
LL-6	A	2Φ18	2Φ18	Φ8@100	200	1100	580	580
LL-7	A	2Φ18	2Φ18	Φ8@100	200	900	750	750
LL-8	B	2Φ25	2Φ25	Φ8@100	200	900	1800	1350

图 1-37　某教学楼现浇板平法施工图

八、构件详图识读

梁、板、柱、剪力墙施工平面图等主体结构施工图只表示出了一些常规构件的设计信息，但对于一些特殊的构件或者在结构平面图中无法表示清楚的构件，尚需单独绘制详图来表达。

构件详图是用来表示特殊构件的尺寸、位置、材料和配筋情况的施工图，主要包括楼梯结构详图和建筑造型的有关节点详图等。

1. 楼梯平面图

1）楼梯类型见表 1-17。

表 1-17　楼梯类型

<table>
<tr><th rowspan="2">梯板代号</th><th colspan="2">适用范围</th><th rowspan="2">是否参与结构整体抗震计算</th></tr>
<tr><th>抗震构造措施</th><th>适用结构</th></tr>
<tr><td>AT</td><td rowspan="2">无</td><td rowspan="2">框架、剪力墙、砌体结构</td><td rowspan="2">不参与</td></tr>
<tr><td>BT</td></tr>
</table>

续表 1–17

梯板代号	适用范围		是否参与结构整体抗震计算
	抗震构造措施	适用结构	
CT	无	框架、剪力墙、砌体结构	不参与
DT			
ET	无	框架、剪力墙、砌体结构	不参与
FT			
GT	无	框架结构	不参与
HT		框架、剪力墙、砌体结构	
ATa	有	框架结构	不参与
ATb			不参与
ATc			不参与

注：1. ATa 低端设滑动支座支承在梯梁上；ATb 低端设滑动支座支承在梯梁的挑板上。

2. ATa、ATb、ATc 均用于抗震设计，设计者应指定楼梯的抗震等级。

2）注写方式：平面注写方式是在楼梯平面布置图上注写截面尺寸和配筋具体数值来表达楼梯施工图的方式。包括集中标注和外围标注。

楼梯集中标注的规定如下：

①梯板类型代号与序号，如 AT××。

②梯板厚度，注写为 h=×××。当为带平板的梯板且梯段板厚度和平板厚度不同时，可在梯段板厚度后面括号内以字母 P 打头注写平板厚度。

③踏步段总高度和踏步级数之间以“/”分隔。

④梯板支座上部纵筋和下部纵筋之间以“；”分隔。

⑤梯板分布筋，以 F 打头注写分布钢筋具体值，该项也可在图中统一说明。

楼梯外围标注的内容包括楼梯间的平面尺寸、楼层结构标高、层间结构标高、楼梯的上下方向、梯板的平面几何尺寸、平台板配筋、梯梁及梯柱配筋等。

各类型梯板的平面注写要求见“AT ～ HT、ATa、ATb、ATc 型楼梯平面注写方式与适用条件”。

2. 楼梯剖面图

1）剖面注写方式需在楼梯平法施工图中绘制楼梯平面布置图和楼梯剖面图，注写方式分平面注写、剖面注写两部分。

2）楼梯平面布置图注写内容，包括楼梯间的平面尺寸、楼层结构标高、层间结构标高、楼梯的上下方向、梯板的平面几何尺寸、梯板类型及编号、平台板配筋、梯梁及梯柱配筋等。

3）楼梯剖面图注写内容，包括梯板集中标注、梯梁梯柱编号、梯板水平及竖向尺寸、楼层结构标高、层间结构标高等。

4）梯板集中标注的内容有四项，具体规定如下：

（1）梯板类型及编号，如 AT××。

（2）梯板厚度，注写为 h=×××。当梯板由踏步段和平板构成，且踏步段梯板厚度和平板厚度不同时，可在梯板厚度后面括号内以字母 P 打头注写平板厚度。

（3）梯板配筋：注明梯板上部纵筋和梯板下部纵筋，用“；”将上部与下部纵筋的配筋值分隔开来。

（4）梯板分布筋，以 F 打头注写分布钢筋具体值，该项也可在图中统一说明。

【示例】

1. 楼梯平面图

某住宅楼楼梯平面图如图 1-38 所示。

1）图中，“280 × 7=1960”表示楼梯踏面宽度为 280 mm，踏步数为 7，楼梯梯板净跨度为 1960 mm。

2）图中“PTB1*h*=80”表示编号为 1 的平台板，平台板厚度为 80 mm。“④ Φ8@200”表示 1 号平台板中编号为④的负筋（工地施工人员通常称之为爬筋或扣筋），钢筋直径为 8 mm，钢筋强度等级为 HPB300 级，钢筋间距为 200 mm。

3）图中“⑤ Φ8@150”表示 1 号平台板中编号为⑤的板底正筋（工地施工人员通常称之为底筋），钢筋长度为板的跨度值，钢筋强度等级为 HPB300 级，钢筋直径为 8 mm，钢筋间距为 150 mm。

4）图中“−0.030（标高符号）”表示 1 号平台板顶面结构标高值为 −0.030 m（相对建筑标高为 ± 0.000）。

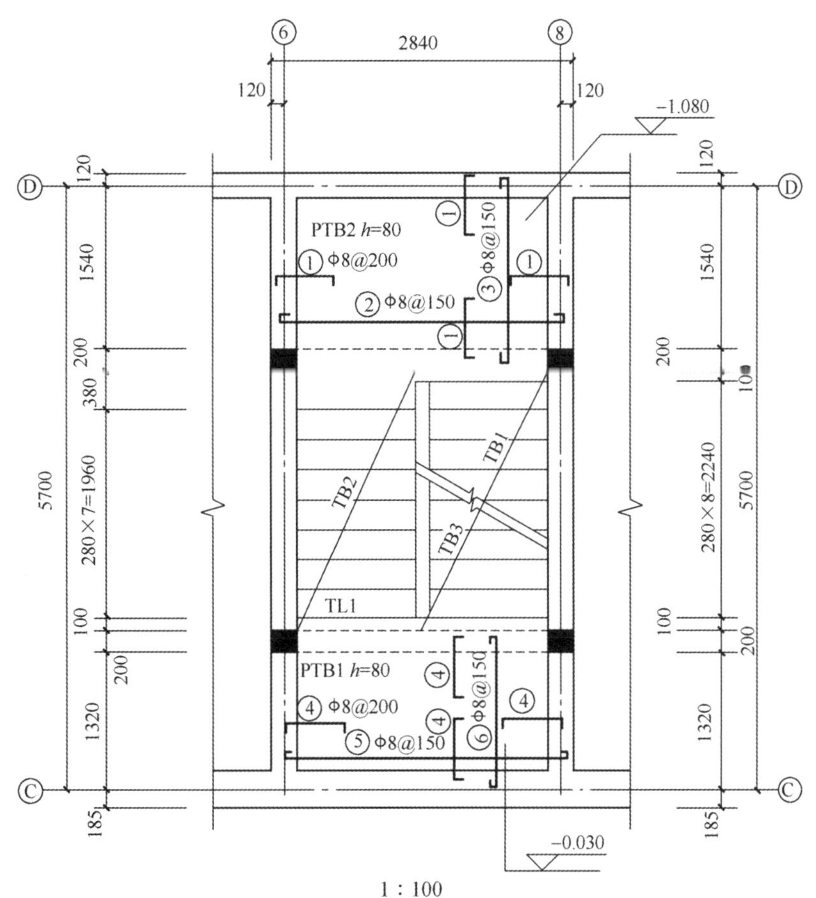

图 1-38　某住宅楼楼梯平面图

5）图中“⑥ Φ8@150”表示 1 号平台板短向跨度板底编号为⑥的正筋。钢筋强度等级为 HPB300 级，钢筋直径为 8 mm，钢筋间距为 150 mm，沿板长跨方向均匀布置。

2. 楼梯剖面图

某住宅楼楼梯剖面图如图 1-39 所示。

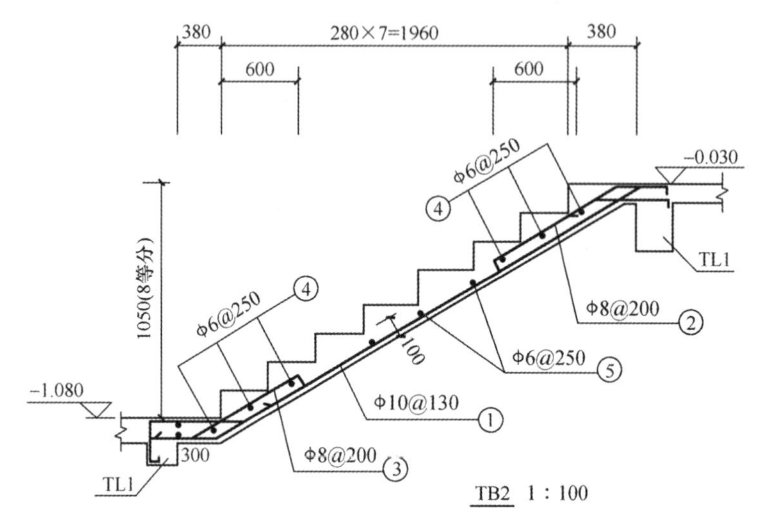

图 1-39 某住宅楼楼梯剖面图

1）图中“280 × 7=1960”表示楼梯梯段踏步宽度为 280 mm，踏步数为 7 踏，楼梯段净跨值为 1960 mm。

2）图中楼梯段梯板板底筋“Φ10@130”表示钢筋强度等级为 HPB300 级，钢筋直径为 10 mm，钢筋间距为 130 mm，钢筋编号为①。

3）图中楼梯段梯板分布钢筋“Φ6@250”表示梯板板底筋沿板跨方向全跨均匀布置，分布钢筋直径为 6 mm，钢筋强度等级为 HPB300 级，钢筋间距为 250 mm，钢筋编号为④。

4）楼梯板顶部支座处钢筋：编号为②，钢筋直径为 8 mm，钢筋强度等级为 HPB300 级，钢筋间距为 200 mm。伸入楼梯板净跨的水平长度为 600 mm。

5）楼梯板中部注写值“100”表示楼梯板最小厚度值为 100 mm。

识图小知识

螺栓、孔及电焊、铆钉图例

将螺栓、孔及电焊、铆钉图例汇总于表1-18。

表1-18 螺栓、孔及电焊、铆钉图例

名称	图示方法	说明
永久螺栓	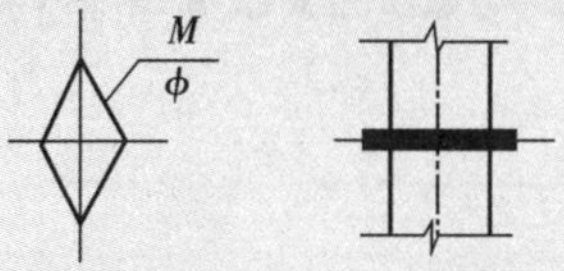	（1）细“+”线表示定位线。 （2）M表示螺栓型号。 （3）φ 表示螺栓孔直径。 （4）d表示膨胀螺栓、电焊、铆钉直径。 （5）采用引出线标注螺栓时，横线上标注螺栓规格，横线下标注螺栓孔直径。
高强螺栓	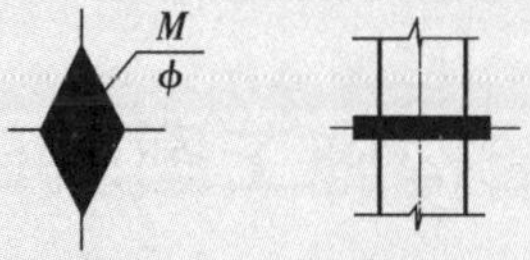	
安装螺栓	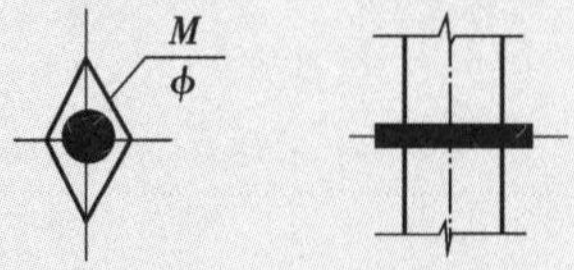	
胀锚螺栓	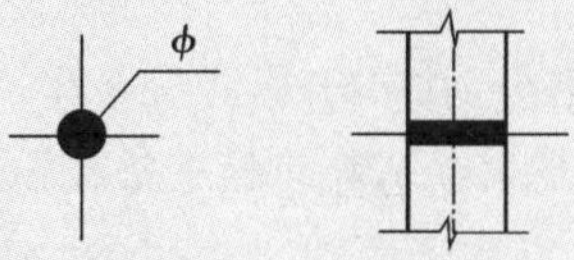	
圆形螺栓孔	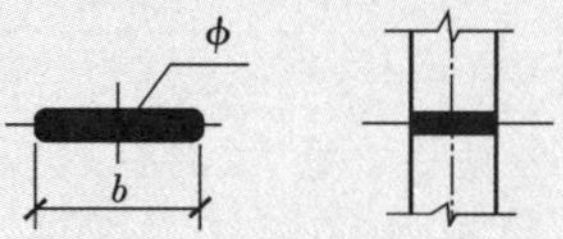	
长圆形螺栓孔	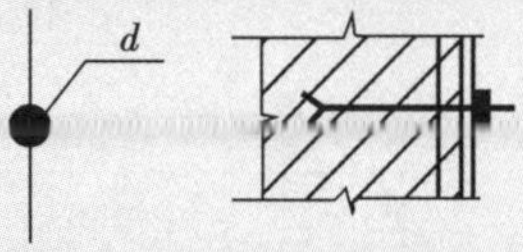	
电焊、铆钉	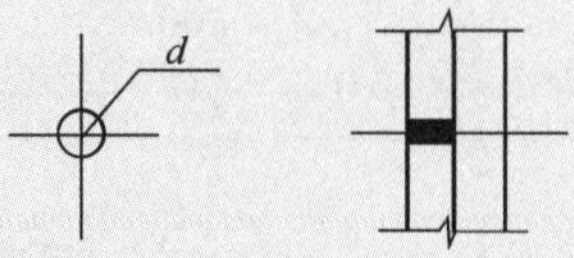	

第二章

砌体结构施工图识读

第一节　砌体结构施工图基础知识

一、砌筑材料

1. 砌筑用砖

砌体结构中所采用的砖块称为砌筑用砖，按其组成成分及生产工艺的不同，通常分为烧结多孔砖、蒸压灰砂砖、烧结空心砖，以及非烧结普通黏土砖和粉煤灰砖等。

1）烧结多孔砖是以黏土、页岩和煤石等为原料，经过焙烧而成的砖块，又称多孔砖，主要应用于承重墙体之中。

多孔砖的外形为直角六面体，根据外观尺寸分为“M”类和“P”类两种，其规格尺寸详见表 2-1。

表 2-1　多孔砖的规格

代号	长 /mm	宽 /mm	高 /mm
M	190	190	90
P	240	115	90

常用的多孔砖的强度等级有 MU30、MU25、MU20、MU15、MU10、MU7.5 六个强度等级。多孔砖按其外观质量、强度等级、物理性能和尺寸偏差等因素分为优等品、一等品和合格品三个质量等级。

2）蒸压灰砂砖是以石灰和砂为主要原料，经过坯料准备、压制成型和蒸压养护而成的块体，是一种实心砖，俗称为灰砂砖。外观形状为长方体，长为 240 mm，宽为 115 mm，厚为 53 mm。常见的强度等级有 MU25、MU20、MU15、MU10 四个强度等级，可以应用于承重墙体之中，但不得使用在长期受热达 200℃以上或受急冷急热的建筑中，也不得使用在有酸性介质侵蚀的建筑部位。

蒸压灰砂砖按其外观质量和尺寸偏差情况，可以分为优等品、一等品和合格品三个质量等级。

3）烧结空心砖是以黏土、页岩、煤矸石为主要原料，经过焙烧而成的砖块，简称为空心砖，主要用在非承重的墙体中。空心砖形体为直角六面体，在砌筑的灰缝接触面上（或称为接合面上）预留有 1 mm 深的凹线槽，用于提高接合面的连接。其规格有两种，一种其长度、宽度、高度分别为 290 mm、190 mm、140（90）mm；另一种其长度、宽度、高度分别为 240 mm、180（175）mm 和 115 mm。空心砖孔壁厚度应大于 100 mm，肋厚应大于 7 mm。孔洞形状为矩形条孔、圆形条孔或其他孔形，所有的条孔均平行于空心砖的大面和条形面。

空心砖按其密度大小分为 800 级、900 级、1100 级三个密度等级，每个密度级别的空心砖根据孔洞及其排数、尺寸偏差、外观质量、强度等级和物理性能，分为优等品、一等品和合格品三个类别。按其强度大小分为 MU5、MU3、MU2 三个强度等级。

4）非烧结普通黏土砖，简称免烧砖，是以黏土为主要原料，掺加少量的胶凝材料，经过粉碎、拌合、压制成型和自然养护而成的砖块。主要用在一般房屋建筑中的墙体。免烧砖的外观形体为长方体，其长度、宽度、高度为 240 mm、115 mm、53 mm。

免烧砖按其强度大小分为 MU7.5、MU10、MU15 三个强度等级，按其外观质量、尺寸偏差和强度等级，分为一等品和合格品两类。

5）粉煤灰砖是以粉煤灰、石灰为主要原料，掺入适量的石膏和骨料，经过坯料准备、压制成型，在常压或高压下经蒸汽养护而成的砖块。一般可用于工业与民用建筑的墙体和基础之中，但若用在基础中或用于易受冻融和干湿交替的建筑中，则必须选用优等砖或一等砖。粉煤灰砖不得用于长期受热在 200℃以上，或受急冷急热和有酸性介质侵蚀的建筑部位上。

粉煤灰砖的外观形状为长方体，其长为 240 mm，宽为 115 mm，厚为 53 mm。粉煤灰砖按其抗压强度和抗折强度的大小分为 MU20、MU15、MU10、MU7.5 四个强度等级。同时，按其外观质量、抗冻性能、干缩收缩和强度大小分为优等品、一等品和合格品三大类别。

2. 砌筑用小型砌块

在砌体建筑中，用于砌筑的小型砌块有混凝土小型空心砌块、轻骨料混凝土小型空心砌块、蒸压加气混凝土砌块等。

1）混凝土小型空心砌块即普通混凝土小型空心砌块，它是以水泥、石子、砂和水为主要原料，经过搅拌、浇注成型、振捣和养护而成的块体，简称混凝土小砌块，可用于一般的砌体建筑中。

混凝土小砌块有多种规格尺寸，最常用的规格尺寸为：长 × 宽 × 高 =390 mm × 190 mm × 190 mm。混凝土小砌块按其强度大小分为 MU20、MU15、MU10、MU7.5、MU5、MU 3.5 六个强度等级。按其外观质量分为一等品和二等品两类。

2）轻骨料混凝土小型空心砌块简称轻骨料小砌块，它是以水泥、轻骨料和水为主要原料，经过搅拌、浇注成型、振捣和养护而成的块体。其中轻骨料的种类有浮石、煤渣、陶粒、火山渣和天然煤矸石等。它主要用于有保温要求的自承重外墙和非承重隔墙。

轻骨料小砌块的外观形状为长方体，其长为 390 mm，宽为 190 mm，高为 190 mm。按其强度大小分为 MU7.5、MU5、MU3.5 三个强度等级，按其外观质量分为一等品和二等品两个质量等级。

3）蒸压加气混凝土砌块。蒸压加气混凝土砌块简称加气混凝土砌块，它是以水泥和轻骨料为主要原料，经过加水拌合，并加入铝粉使之发生化学反应，形成均匀分布的微小气泡，然后进行蒸压养护而成的砌块。可应用于工业与民用建筑的墙体中，也可作为保温隔热材料。

加气混凝土砌块按其强度大小分为 MU10、MU25、MU35、MU50、MU75 五个等级，按其干体积密度分为 B03、B04、B05、B06、B07、B08 六个重量级别。按其容重和尺寸偏差分为优等品、一等品和合格品三种。

3. 砌筑用石

在石砌体建筑中，砌筑用石分为毛石和料石两大类，其中毛石又分为平毛石和乱毛石两种。乱毛石是指外观形状不规则的石块；平毛石则指其外观形状虽不规则，但有两个大致平行平面的石块。料石按其加工面的平整程度又分为细料石、半细料石、粗料石和毛料石等。砌筑用石可用于工业与民用建筑的墙体之中，也适用于砌体建筑的基础，但不得采用风化石材。

砌筑用石按其强度大小分为 MU100、MU80、MU60、MU50、MU40、MU30、MU20、MU15、MU10 九个强度等级。

4. 砌筑用砂浆

砌筑用砂浆是由胶结料、细集料、掺加料和水按一定的配合比拌合而成的，在建筑工程的砌体结构中起着粘结、衬垫和传递应力的作用。通过砌筑将施工用砖、砌块和石等粘结成为砌体。

在砌体工程中，砌筑用的砂浆分为两类，一为水泥砂浆，二为水泥混合砂浆。其中水泥砂浆是由水泥、细集料和水，经过配制而成的砂浆；水泥混合砂浆则是由水泥、细集料、掺加料和水，经过配制而成的砂浆。

砌筑用砂浆按其抗压强度的大小，分为 M20、M15、M10、M7.5、M5、M2.5 共六个强度等级，强度等级值即为其抗压强度值，单位为 MPa，砂浆的抗压强度是 70 mm × 70 mm × 70 mm 立方体砂浆试块在 20℃时养护 28d 后的抗压强度值。

二、砌体类型

砌体是由不同尺寸和形状的砖石或块体同砂浆经砌筑而成的整体。在砌筑时必须做到上下错缝，这样才能使砌体较均匀地承受外力。这在设计说明中都应有说明和要求。

砌体结构按其组成可分为无筋砌体、配筋砌体和墙板砌体三大类型。其中无筋砌体又分为砖砌体、砌块砌体和石砌体等三种，配筋砌体又分为横向配筋砌体和纵向配筋砌体两种以及组合砌体。

1. 砖砌体

砖砌体是砌体结构中最常见的砌体形式，主要用于内外承重墙体、围护墙体或隔墙，其厚度由设计人员确定，主要取决于承载力及高厚比的要求。砖砌体一般采用实心砌法，有时也可砌成空心的砌体。

实心砖砌体通常采用一顺一丁、梅花丁和三顺一丁的砌合方法，如图 2-1 所示。

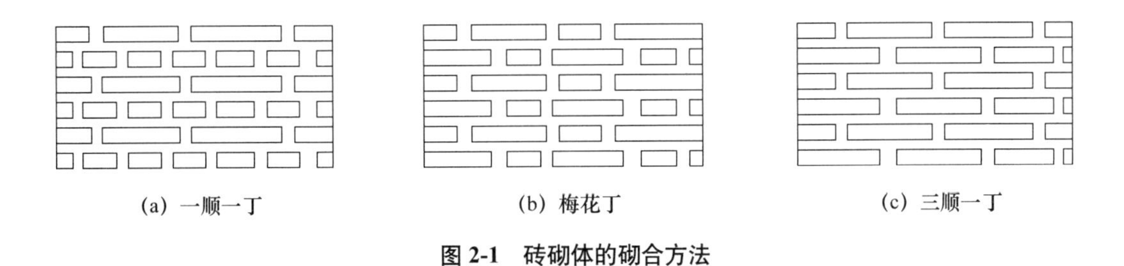

(a) 一顺一丁　　(b) 梅花丁　　(c) 三顺一丁

图 2-1　砖砌体的砌合方法

实心标准砖砌体的厚度一般为 120 mm（即半砖厚）（图 2-2）、240 mm（即 1 砖厚）（图 2-3）、370 mm（即 $1\frac{1}{2}$砖厚）（图 2-4）、490 mm（即 2 砖厚）（图 2-5）、620 mm（即 $2\frac{1}{2}$砖厚）、740 mm（3 砖厚）等。

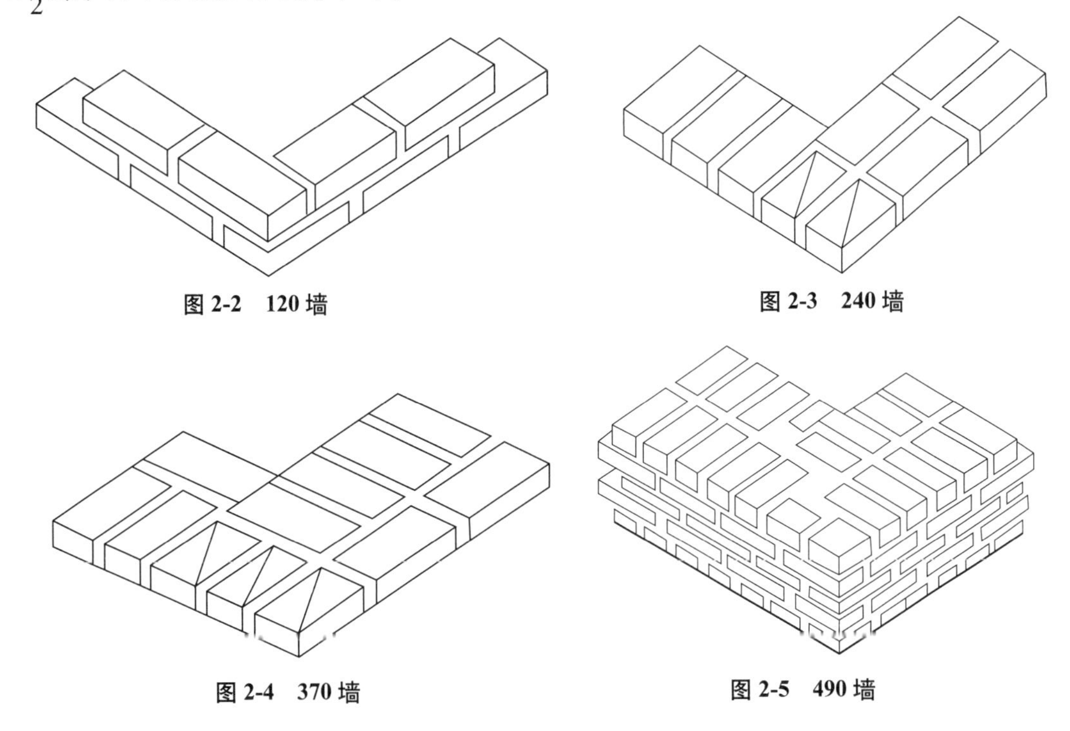

图 2-2　120 墙

图 2-3　240 墙

图 2-4　370 墙

图 2-5　490 墙

因墙体厚度的需要，其厚度不是按半砖（120 mm）进位，而是按$\frac{1}{4}$砖（60 mm）进位，那么需在一砖墙侧加砌一块侧砖而使墙厚度为 180 mm，如图 2-6 所示。同理，也有 300 mm 墙（图 2-7）以及 420 mm 墙等。

当砌体砌成空心时即成为空心砖砌体，其中的砖块将部分或全部立砌，中间留有空斗（洞），通常采用的空斗墙分为一眠一斗、一眠多斗和无眠多斗墙（图 2-8），墙体厚度一般为 240 mm（图 2-9）和厚度为 300 mm（图 2-10）。空心墙一般用于非地震设防地区中 1 ～ 3 层的一般民用房屋的墙或非承重的隔墙。

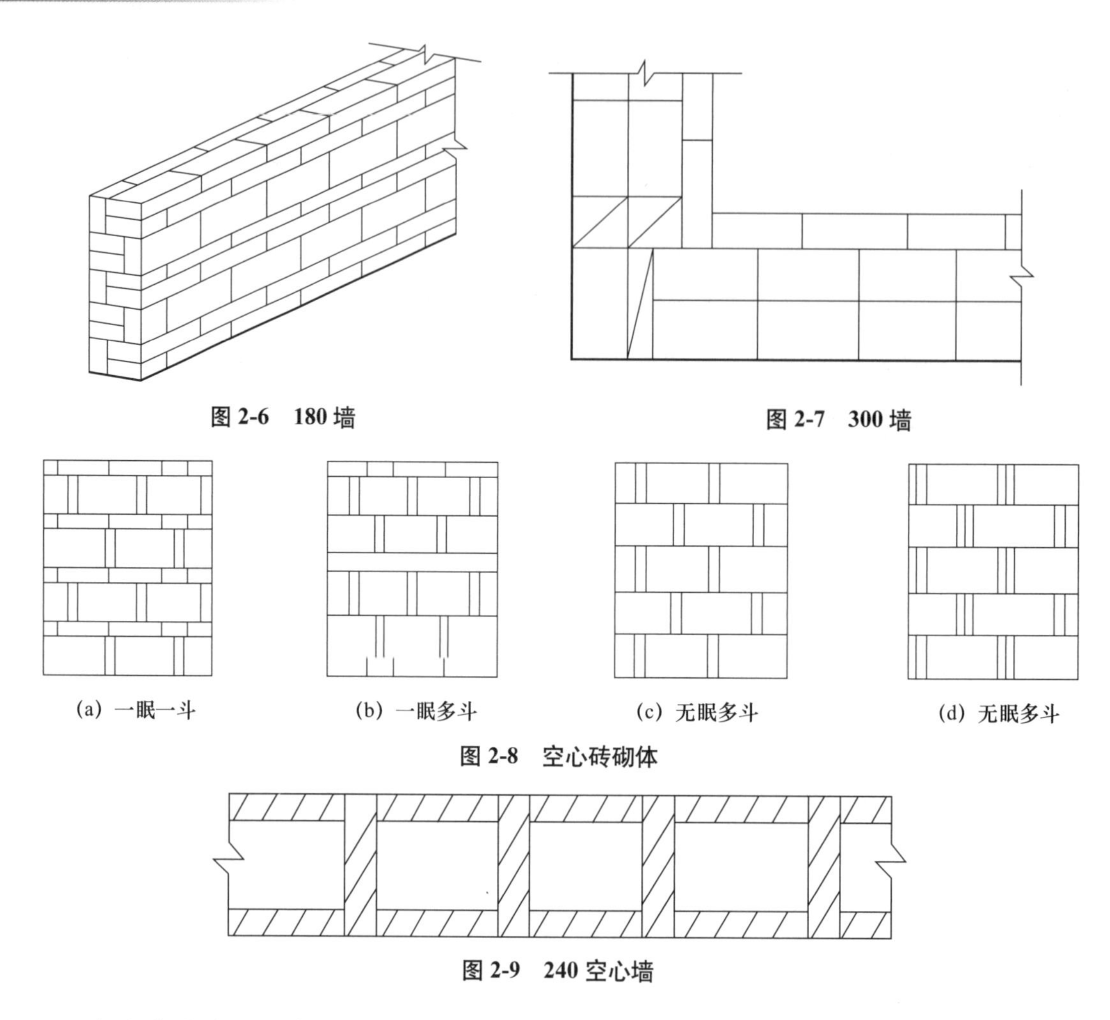

图 2-6　180 墙

图 2-7　300 墙

(a) 一眠一斗　(b) 一眠多斗　(c) 无眠多斗　(d) 无眠多斗

图 2-8　空心砖砌体

图 2-9　240 空心墙

当设计时采用的砖为烧结多孔砖时，墙体的厚度一般为 90 mm、120 mm、190 mm、240 mm 和 370 mm 等几种。

2. *砌块砌体*

砌块砌体具有自重轻、保温隔热性能好、施工进度快、经济效益高等优点，因此采用砌块建筑是墙体改革的一项重要措施。设计中在确定砌块的规格尺寸和型号时，设计人员既要考虑承重能力，又要考虑与房屋的建筑设计相协调，使得所选用的砌块类型数量尽量少，并能满足砌筑时的搭砌要求。砌块砌体主要用于宿舍、办公楼、学校和一般工业建筑的承重墙或围护墙。

砌块的规格、种类很多，较常见的有混凝土中型空心砌块，如图 2-11（a）所示，其中小立柱设置在门洞旁边作为水平梁的支承。图 2-11（b）为该砌块砌体外墙立面示意图，当用于隔热时，可在孔洞中填塞隔热材料。

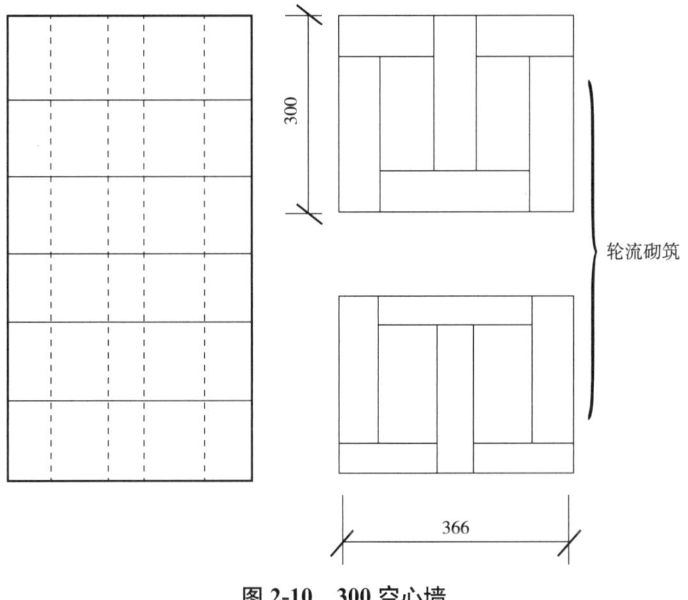

图 2-10　300 空心墙

在砌体结构中，作为墙体的材料也有的采用混凝土小型空心砌块。采用小型或中型砌块的墙体，均可砌成 240 mm 或 200 mm 厚的墙体。

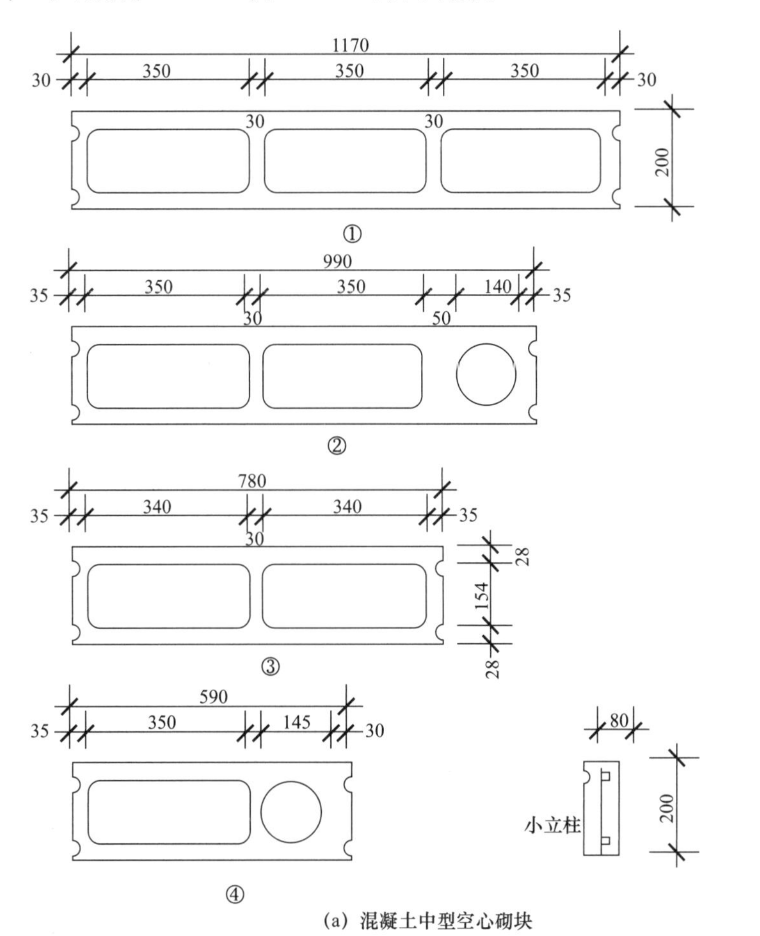

（a）混凝土中型空心砌块

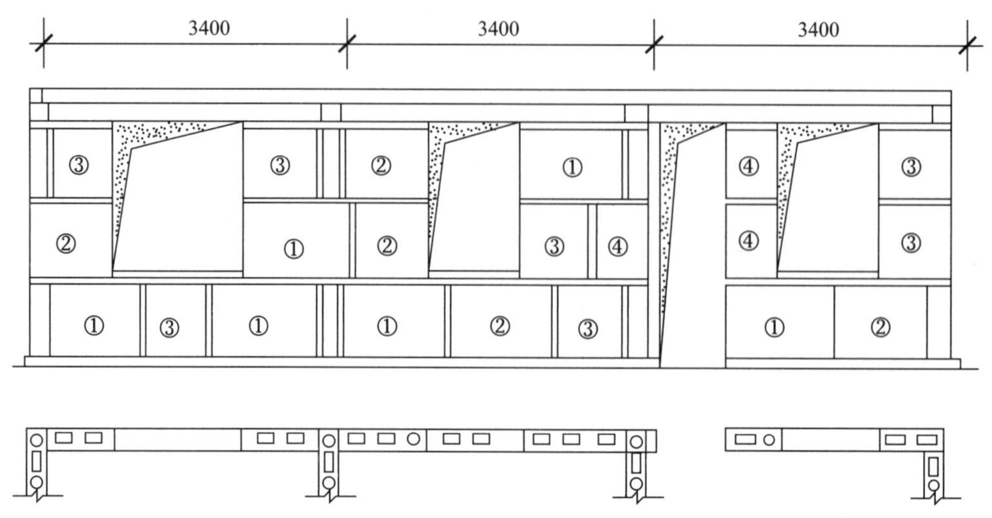

(b) 砌体外墙立面示意图

图 2-11　混凝土中型空心砌块及其墙体示意图

3. *石砌体*

石砌体是由石材和砂浆或石材和混凝土经砌筑而成的整体结构，一般分为料石砌体、毛石砌体和毛石混凝土砌体，如图 2-12 所示。

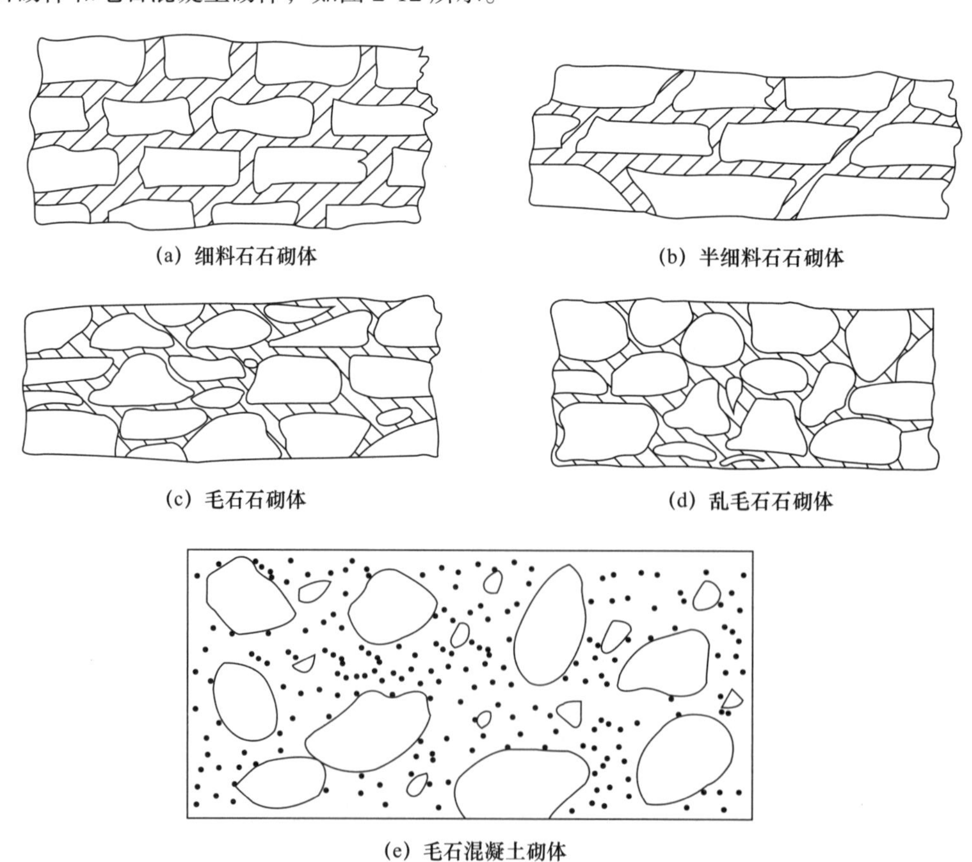

(a) 细料石石砌体　(b) 半细料石石砌体

(c) 毛石石砌体　(d) 乱毛石石砌体

(e) 毛石混凝土砌体

图 2-12　石砌体示意图

石砌体具有就地取材、经济效益高等优点，广泛应用于产石地区。其中料石砌体可用作一般民用房屋的承重墙体、柱子和基础，还可用于石拱桥、石坎和涵洞等。

4. 配筋砌体

配筋砌体是指在砌体中配置一定数量的钢筋的砌体，从而提高砌体的强度，减小构件的截面尺寸，提高砌体的整体性，改善砌体的变形能力。具体分为横向配筋砌体、纵向配筋砌体和组合砌体三种。

1）横向配筋砌体是指在砌体的水平灰缝内设置钢筋网片的砌体，如图 2-13 所示。这是目前采用较多的配筋砌体的形式，主要用作轴心受压或小偏心受压的墙体和柱子。

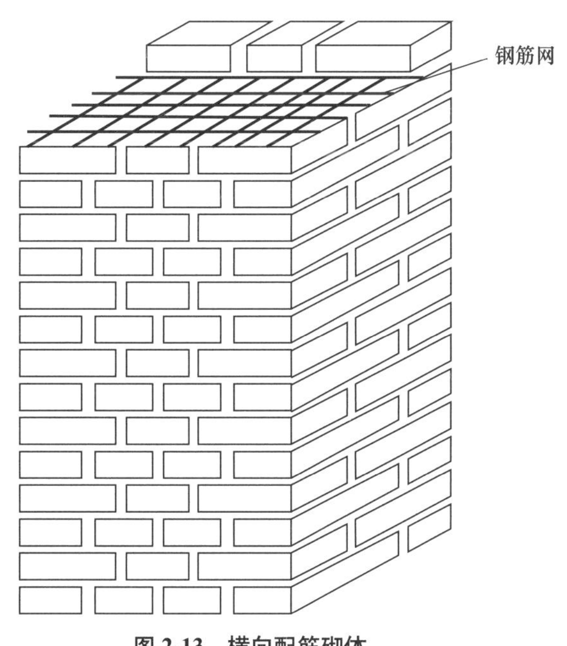

图 2-13　横向配筋砌体

2）纵向配筋砌体是指在砌体的纵向灰缝或砌块的孔洞内配置一定数量纵向钢筋的砌体，如图 2-14 所示。这种砌体可用于条形式或点式的住宅建筑中。有时为进一步确保配筋砌体的整体性，沿墙体高度每隔一段距离，在其水平灰缝内设置形如桁架式的水平钢筋网，如图 2-15 所示。

3）组合砌体是指由砖砌体和钢筋混凝土或钢筋砂浆构成的砌体，一般以钢筋混凝土或钢筋砂浆作为砖砌体的面层，约束砖砌体，改善原来砖砌体的受力性能，这种砌体主要用于偏心距较大的受压墙体或柱子，如图 2-16 所示。若在两层砖砌体中间的空腔内配置竖向和横向钢筋，并且浇注混凝土的砌体，即为复合砌体，如图 2-17 所示。

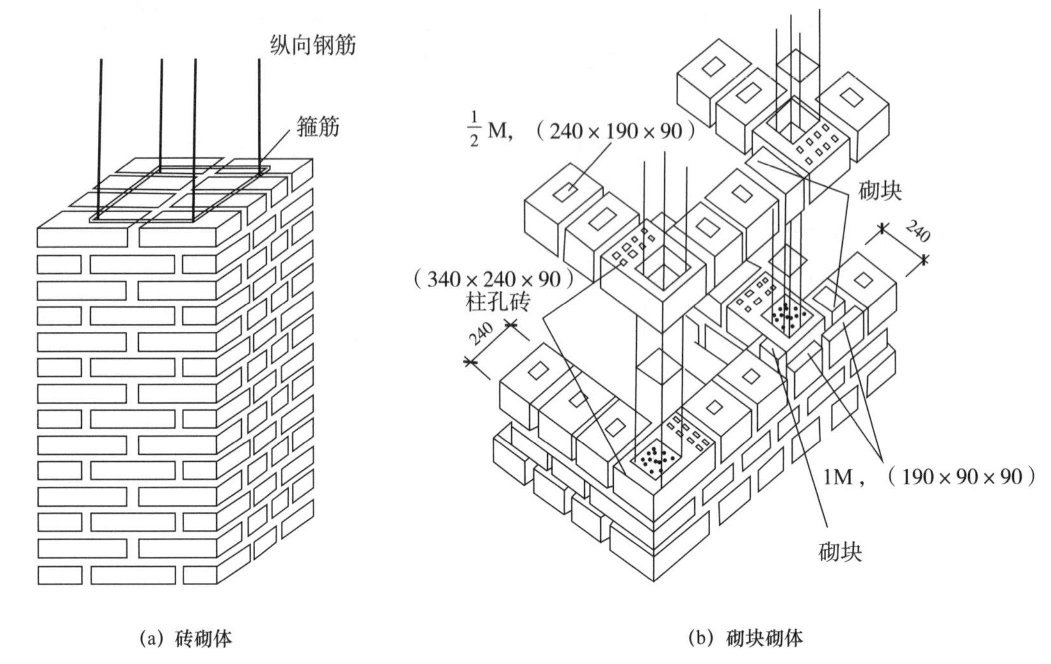

图 2-14 纵向配筋砌体

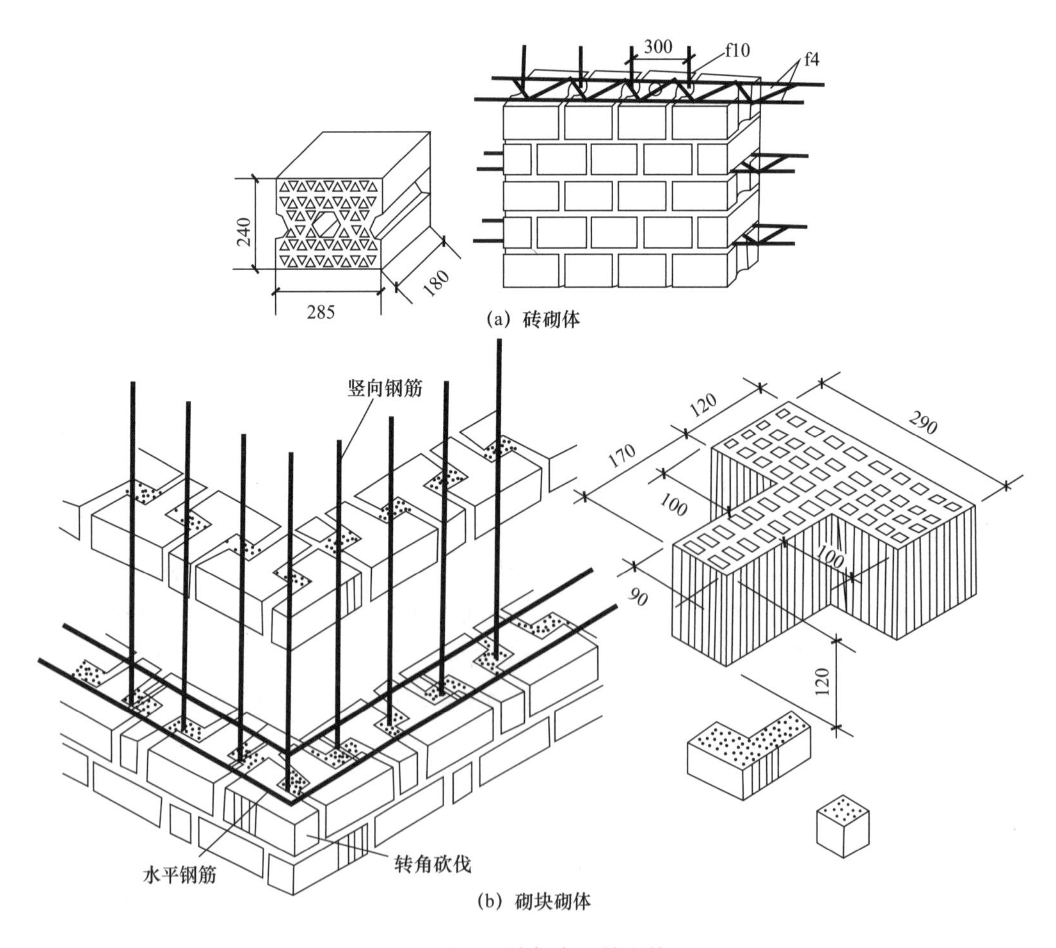

图 2-15 两种复合配筋砌体

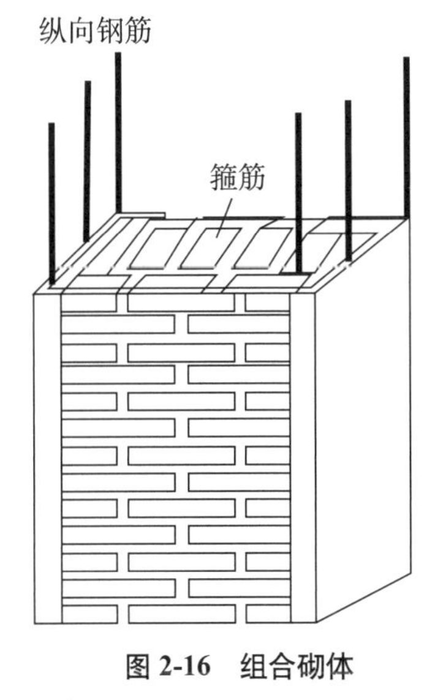

图 2-16　组合砌体

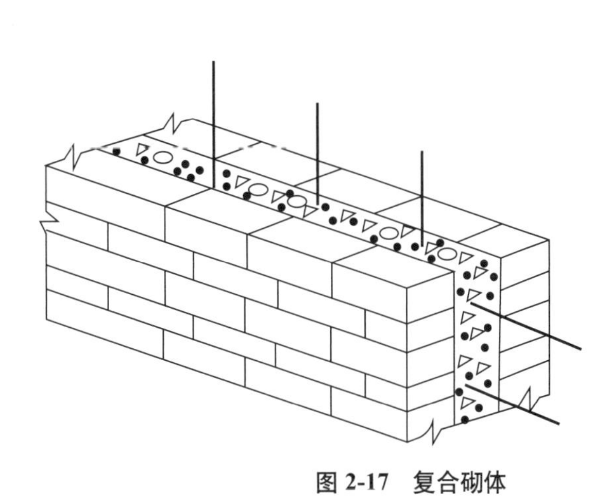

图 2-17　复合砌体

5. 墙板

墙板又称为大型墙板，是一种特大型的砌块，其高度一般为房屋的层高，宽度即为房屋中房间的进深尺寸或开间尺寸。其优点为工业化和机械化程度高、生产效益好。墙板是一种富有发展前途的墙体砌块，是墙体改革的又一重要方向。

墙板既可采用单一材料制成，如预制混凝土空心墙板（图 2-18）、矿渣混凝土墙板和整体现浇混凝土墙板等；也可采用约束砌体材料制成，如图 2-19 所示的大型振动砖墙板；还可以采用空心砖和实心砌块制作。

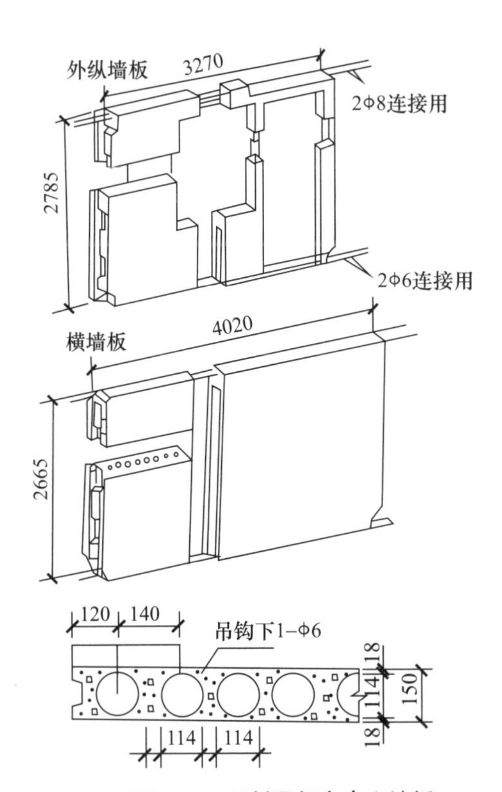

图 2-18　预制混凝土空心墙板

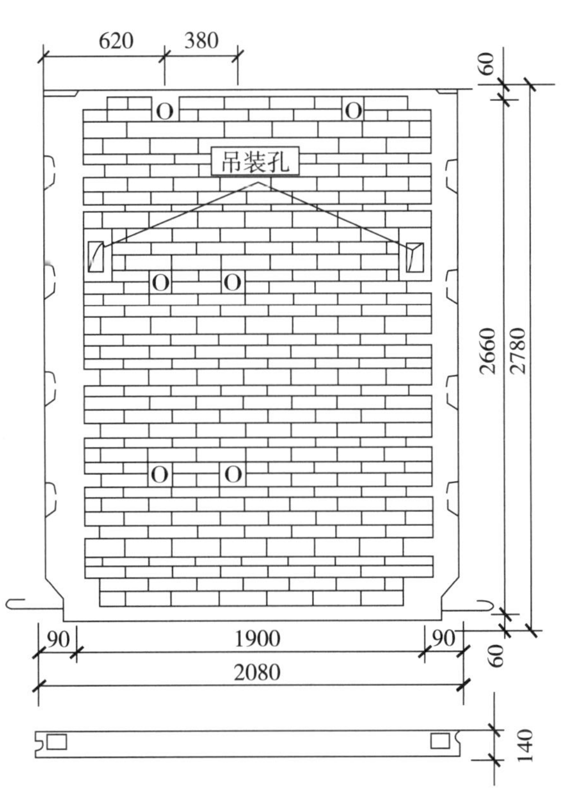

图 2-19　大型振动砖墙板

第二节　基础结构施工图识读

1. 材料及技术要求

1）混凝土：

（1）基础垫层：采用 100 mm 厚 C10 素混凝土。

（2）构造柱、压顶梁、过梁、栏板、楼梯等除图中注明外均采用 C20。

（3）梁柱节点钢筋较密的部位，必须采用同强度等级的细石混凝土振捣密实。

2）保护层：

（1）室内正常环境下，受力钢筋的保护层最小厚度（从钢筋的外边缘算起）见表 2-2，且该厚度不小于受力钢筋的直径。

（2）基础、承台等底部钢筋的保护层厚度不应小于 70 mm，当设有素混凝土垫层时，保护层厚为 35 mm。

（3）当有其他使用要求时，保护层厚度另行说明。

表 2-2　保护层最小厚度

构件类别	板墙壳		梁		柱	
	≤ C20	C25 ～ C45	≤ C20	C25 ～ C45	≤ C20	C25 ～ C45
保护层最小厚度 /mm	20	15	30	25	30	30

2. 梁与板

1）阳台板、卫生间板比相应楼板低 50 mm；

2）未注明的钢筋：吊筋为 2 ф 14，板筋见结构施工图；

3）板和次梁中受力钢筋可采用搭接接头，位置应相互错开，从任一接头的中心算起至 1.3LL 或 1.3L1 的区段内，有接头的受拉钢筋截面面积不得超过受拉钢筋总面积的 25%；有接头的受压钢筋截面面积不得超过受压钢筋总面积的 50%。

4）外露现浇的女儿墙、通长阳台栏板，每隔 3 m 左右设置温度缝，缝宽 2 mm。

5）板中小于 300 × 300 的洞口，在施工时应与有关图纸配合预留。

6）楼板中板筋表示如图 2-20 所示。

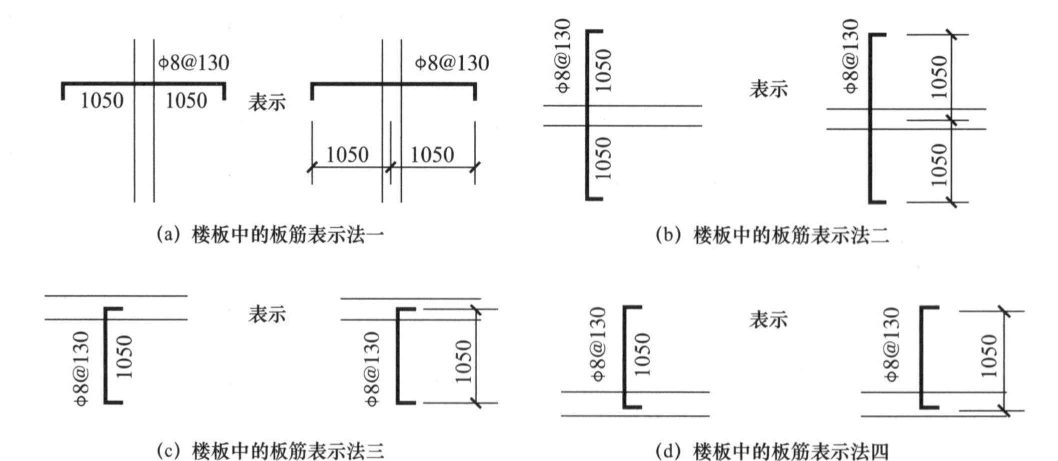

(a) 楼板中的板筋表示法一

(b) 楼板中的板筋表示法二

(c) 楼板中的板筋表示法三

(d) 楼板中的板筋表示法四

图 2-20　楼板中的板筋表示法

7）外挑悬臂梁大样如图 2-21 所示：

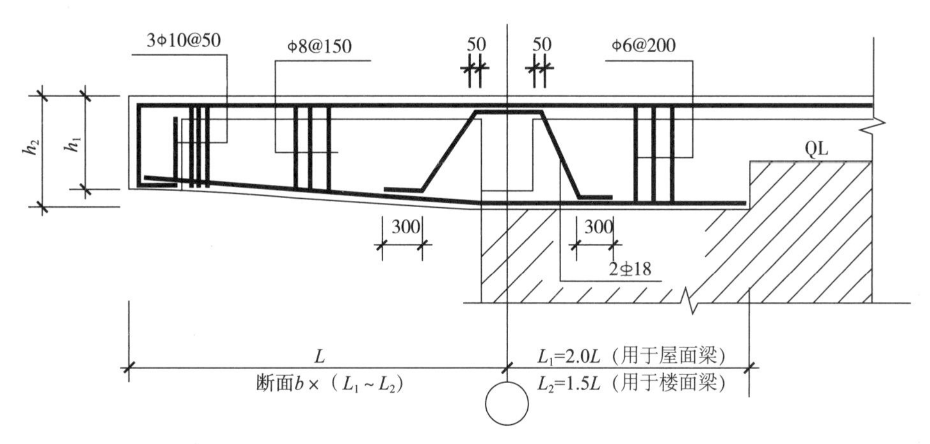

图 2-21　外挑悬臂梁表示法

8）板中负筋长度取法如图 2-22 所示：

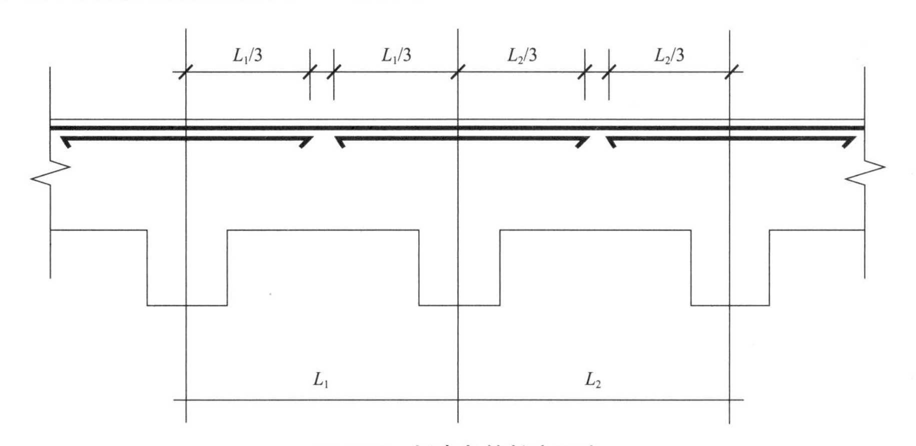

图 2-22　板中负筋长度取法

9）门窗洞口过梁可根据其跨度选用相应的预制过梁（图 2-23），过梁支承长度应大于或等于 240 mm。当洞口边为构造或过梁支承长度不足时，不能采用预制过梁，应改用现浇过梁，其断面、构造、配筋详见表 2-3。

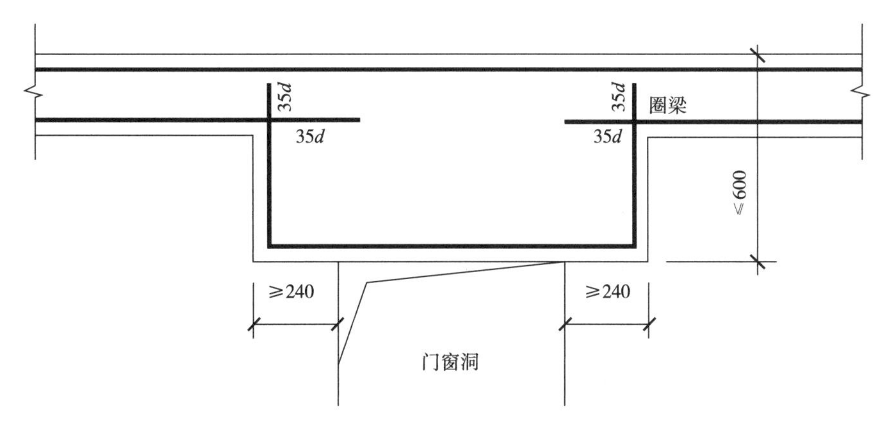

图 2-23　门窗洞口过梁的设置

表 2-3　现浇过梁选用表

梁号	梁长 *L*/*mm*	梁宽 *b*/*mm*	梁高 *h*/*mm*	下部筋	上部筋	箍筋
L6-2	600	240	120	3Φ8	2Φ6	4Φ6
L9-2	900	240	120	3Φ10	2Φ6	5Φ6
L10-2	1000	240	120	3 ⏀12	2Φ6	6Φ6
L12-2	1200	240	120	3 ⏀12	2Φ6	7Φ6
L15-2	1500	240	120	3 ⏀14	2Φ6	9Φ6
L18-2	1800	240	120	3 ⏀14	2Φ6	10Φ6
L30-2	3000	240	120	4 ⏀14	2Φ6	16Φ6

10）梁搁置长度要求如图 2-24 所示：

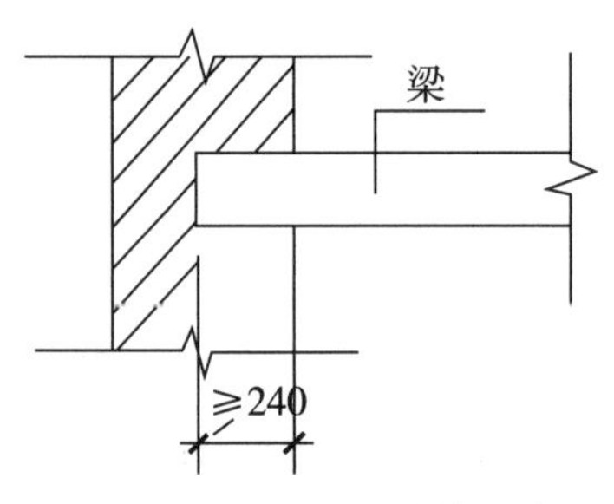

图 2-24　梁搁置长度的要求

11）圈梁、地圈梁在转角处大样如图 2-25 所示：

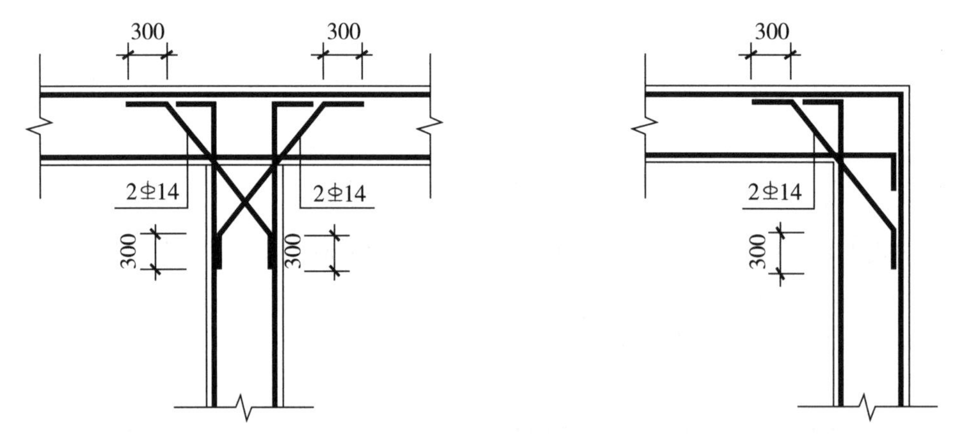

图 2-25　圈梁、地圈梁转角大样

实例：砖基础施工图实例如图 2-26 所示。

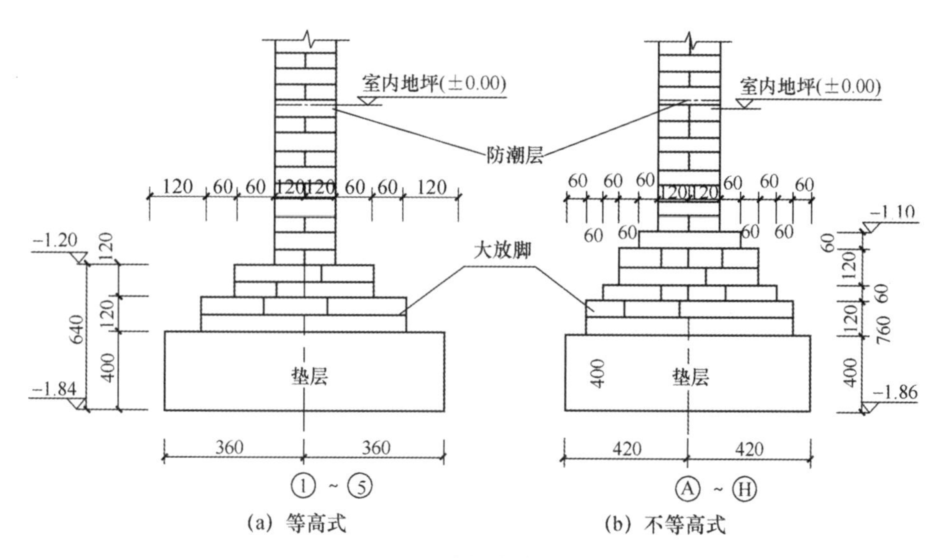

图 2-26　砖基础详图实例

3. 砖基础施工图实例讲解

1）普通砖基础采用烧结普通砖与砂浆砌成，由墙基和大放脚两部分组成，其中墙基（即 ±0.000 以下的砌体）与墙身同厚，大放脚即墙基下面的扩大部分，按其构造不同，分为等高式和不等高式两种。

2）等高式大放脚是每两皮一收，每收一次两边各收进 1/2 砖（即 120 mm）长；不等高式大放脚是两皮一收与一皮一收相间隔，每收一次两边各收进 1/4 砖长。

3）大放脚的底宽应根据设计而定。大放脚各皮的宽度应为半砖长（即 120 mm 长）的整倍数（包括灰缝宽度在内）。在大放脚下面应做砖基础的垫层，垫层一般采用灰土、碎砖三合土或混凝土等材料。

4）在墙基上部（室内地面以下 1 ～ 2 层砖处）应设置防潮层，防潮层一般采用 1 : 2.5（质量比）的水泥砂浆加入适量的防水剂铺浆而成，主要按设计要求而定，其厚度一般为 20 mm。

5）从图中可以看到，砖基础详图中有其相应的图名、构造、尺寸、材料、标高、防潮层、轴线及其编号，当遇见详图中只有轴线而没有编号时，表示该详图对于几个轴线而言均为适合。

6）编号为Ⓐ～Ⓗ表明在Ⓐ～Ⓗ轴之间各轴上均有该详图。

第三节　主体结构施工图识读

实例：某砌体结构平面图如图 2-27 所示。

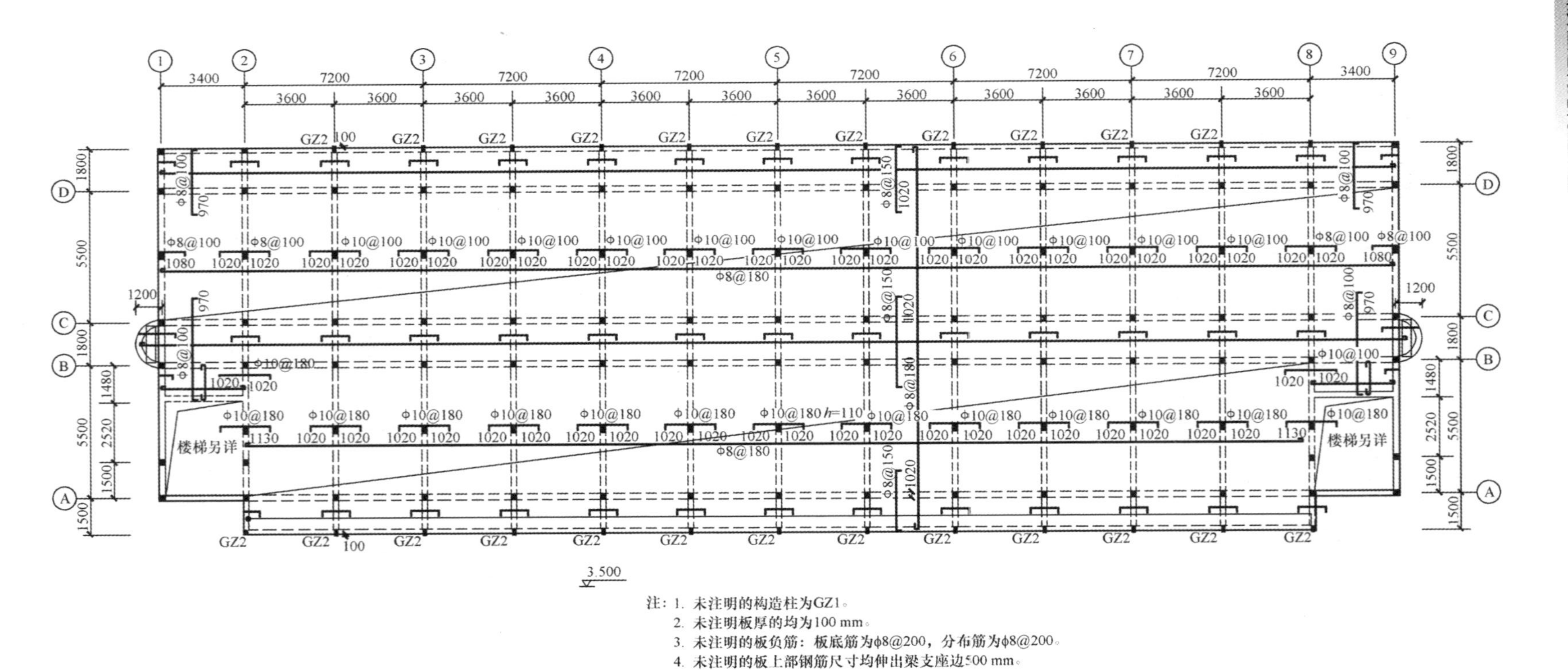

注：1. 未注明的构造柱为GZ1。
2. 未注明板厚的均为100 mm。
3. 未注明的板负筋：板底筋为ф8@200，分布筋为ф8@200。
4. 未注明的板上部钢筋尺寸均伸出梁支座边500 mm。

（a）构造柱平面布置图 1：100

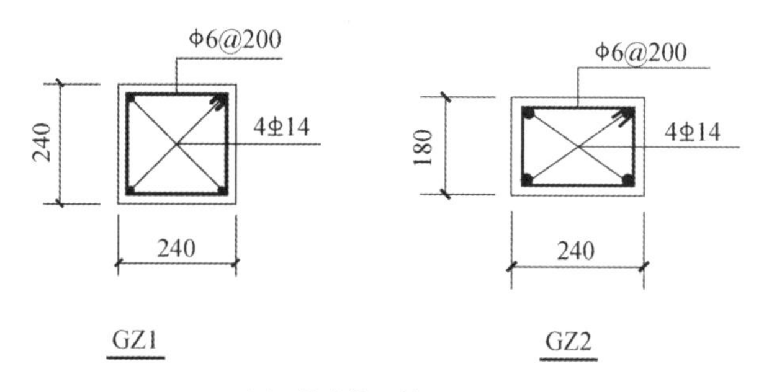

(b) 构造柱配筋图　1∶50

图 2-27　某砌体结构平面图

1）如图 2-27 所示，南北端构造柱类型为 GZ2，其余构造柱未标明型号，根据图中注可知，均为 GZ1。

2）根据 GZ1 配筋图可知，该类型构造柱尺寸为 240 mm × 240 mm，纵筋为布置在构造柱四角四根直径为 14 mm 的 HRB335 级别的钢筋，箍筋采用直径为 6 mm 的 HPB300 级别的钢筋，间距为 200 mm。

3）根据 GZ2 配筋图可知，该类型构造柱尺寸为 180 mm × 240 mm，纵筋为布置在构造柱四角的四根直径为 14 mm 的 HRB335 级别的钢筋，箍筋采用直径为 6 mm 的 HPB300 级别的钢筋，间距为 200 mm。

第四节　特殊砌体结构施工图识读

一、烟囱施工图识读

1）烟囱结构平面图如图 2-28 所示：

2）烟囱结构平面图实例讲解：

（1）烟囱外形图：

①从图 2-28 可以看出，烟囱高度从地面作为 ± 0.000 点算起有 120 m 高。± 0.000 以下为基础部分，另有基础图纸，囱身外壁为 3% 的坡度，外壁为钢筋混凝土筒体，内衬为耐热混凝土，上部内衬由于烟气温度降低采用机制黏土砖。

②囱身分为若干段，如图 2-28 上标出的尺寸，有 15 m 段及 20 m 段两种尺寸。分段处的节点构造用圆圈画出，另绘详图说明。

③壁与内衬之间填放隔热材料，而不是空气隔热层。在囱身底部有烟道入口位置和落灰斗和下部的出灰口等，可以结合注解把外形图看明白。

（2）烟囱基础图：

①从图 2-28 中可知，底板的埋深为 4 m，基础底的直径为 18 m，底板下有 10 cm 素混凝土垫层，桩基头伸入底板 10 cm，底板厚度为 2 m。

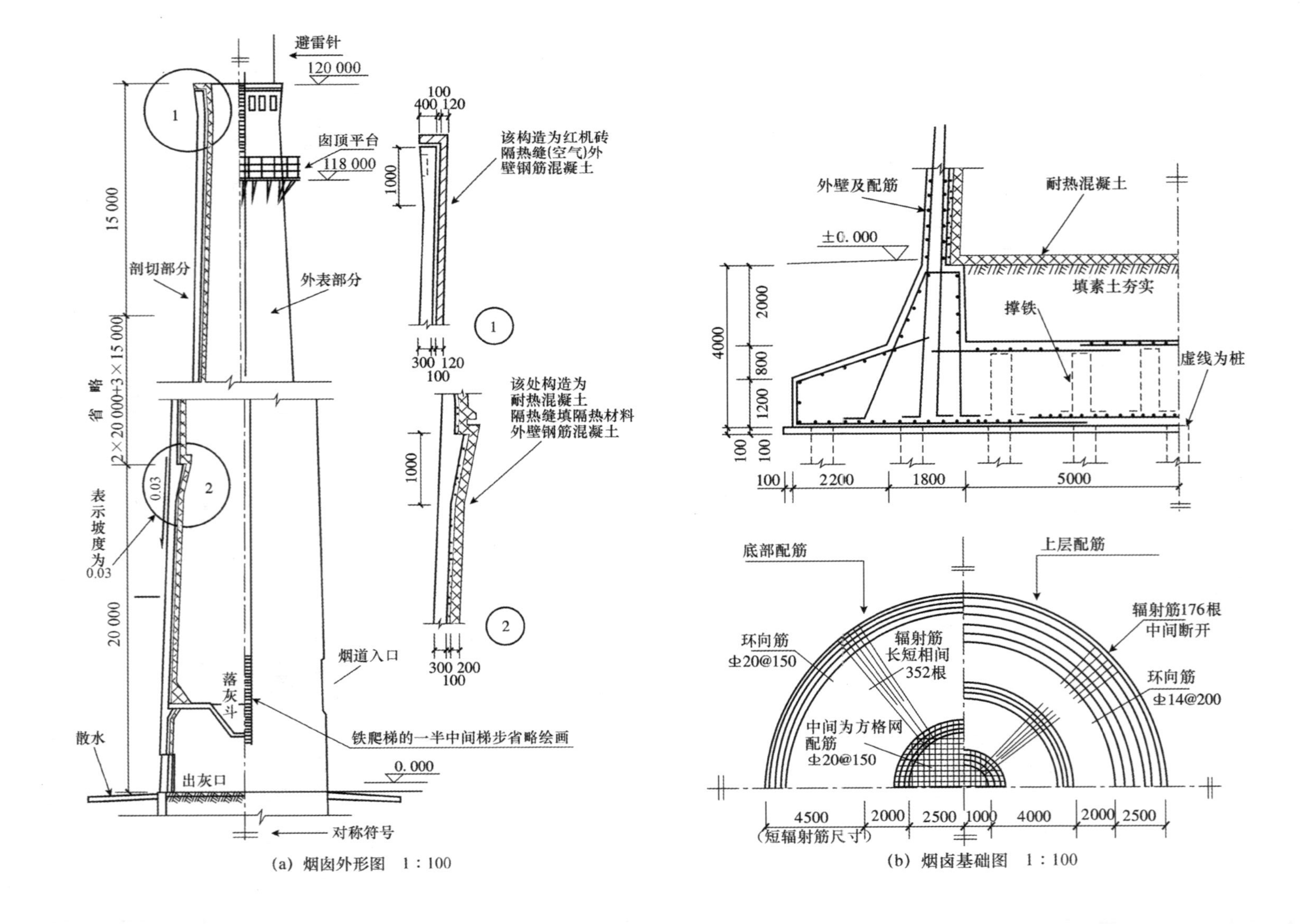

(a) 烟囱外形图 1：100

(b) 烟囱基础图 1：100

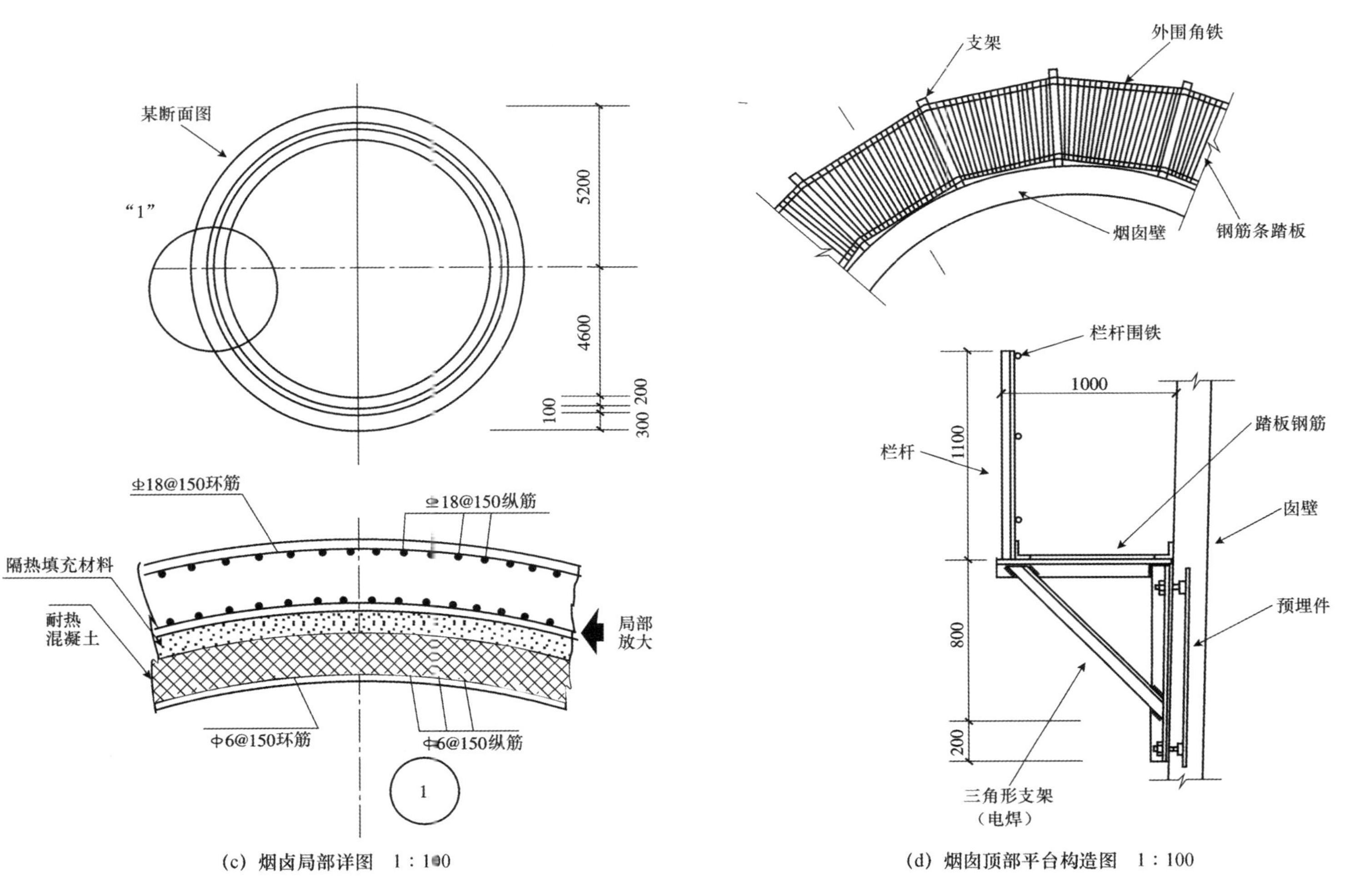

（c）烟囱局部详图　1∶100

（d）烟囱顶部平台构造图　1∶100

图 2-28　烟囱结构平面图实例

②可以看出底板和基筒以及筒外伸肢底板等处的配筋构造。

③可以看出底板配筋分为上下两层。且分为环向配筋和辐射向配筋两种。具体配筋的规格及间距如图上的注解，可见图上的标注。

④竖向剖面图可以看出烟壁处的配筋和向上伸入上部筒体的插筋。同时可以看出伸出肢的外挑处的配筋。其使用钢筋的等级、规格及间距图上也做了标注。

（3）局部详图：

①该横断面外直径为 10.4 m，外壁厚为 30 cm，中间为 10 cm 隔热层，内侧为 20 cm 的耐热混凝土。

②外壁为双层双向配筋，环向内外两层钢筋；纵向也是内外两层配筋。配筋的规格和间距图上均已注明。应注意的是在内衬耐热混凝土中，也配置了一层竖向和环向的构造钢筋，以防止耐热混凝土产生裂缝。

③在这里要说明的是该图仅截取其中某一高度的水平剖切面的情形，实际施工图往往是在每一高度段都有一个水平剖面图，来说明该处的囱身直径、壁厚、内衬的尺寸和配筋情况。

（4）顶部平台构造图：

①从图 2-28 中可知，平面图由支架、烟囱壁、外围角铁和钢筋条踏板组成。

②构造图中标明了各部分的详细尺寸，施工时照此施工即可。

二、水塔施工图识读

1）水塔施工图实例如图 2-29 所示：

2）水塔施工图实例讲解：

（1）水塔立面图：

①从图 2-29 可以看出水塔构造比较简单，顶部为水箱，底标高为 28.000 m，中间是相同构造的框架（柱和拉梁），用折断线省略绘制相同部分。

②在相同部位的拉梁处用 3.250 m、7.250 m、11.250 m、15.250 m、19.250 m、23.600 m 标高标注，说明这些高度处构造相同。下部基础埋深为 2 m，基底直径为 9.60 m。

③此外还标志出爬梯位置，休息平台，水箱顶上有检查口（出入口），周围栏杆等。

④在图上用标志线作了各种注解，说明各部位的名称和构造。

（2）水塔基础图：

①图中表明底板直径、厚度、环梁位置和配筋构造。可以读出直径为 9.6 m，厚度为 1.10 m，四周有坡台，坡台从环梁边外伸 2.05 m，坡台下厚 30 cm，坡高 50 cm。上部还有 30 cm 台高才到底板上平面。这些都是木工支模时应记住的尺寸。

②底板和环梁的配筋，由于配筋及圆形的对称性，用 1/4 圆表示基础底板的上层配筋构造，是 Φ12 间距 20 cm 的双向方格网配筋，范围在环梁以内，钢筋伸入环梁锚固。钢筋长度随环梁外周直径变化而变化。另外 1/4 圆表示下层配筋，这是由中心方格网 Φ14@200 和外部环向筋 Φ14（在环梁内间距 20 cm，外部间距 15 cm）、辐射筋 Φ16（长的 72 根和短的 72 根相间）组成了底部配筋布置。

③图上还绘有环梁构造的横断面配筋图和柱子配筋断面图，根据它们的尺寸可以支模和配置钢筋施工。

（3）水塔支架构造图：

①从图 2-29 可以看出框架的平面形状，它是立面图上 1—1 剖面的投影图。这个框架是六边形的，有 6 根柱子，6 根拉梁，柱与对称中心的连线在相邻两柱间为 60° 角。图上还表示了中间休息平台的位置，尺寸和铁爬梯位置等。

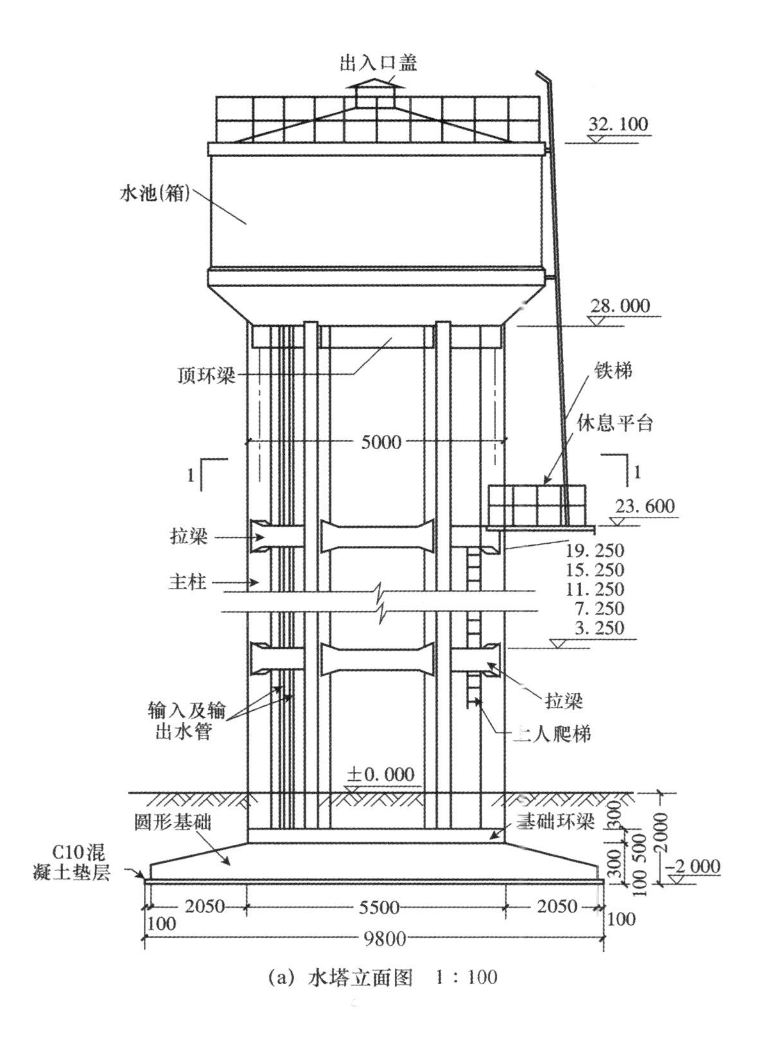

(a) 水塔立面图 1 : 100

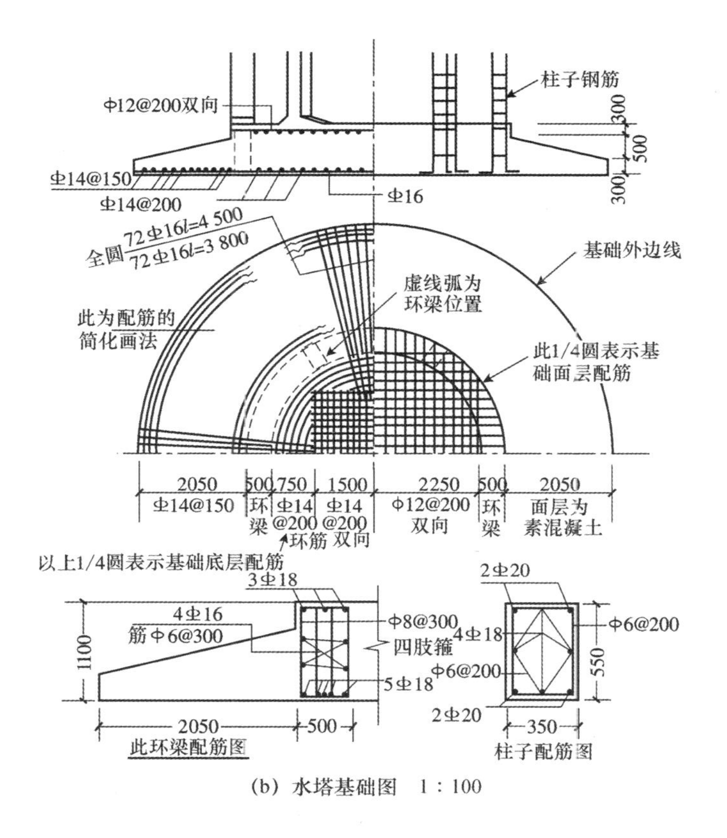

(b) 水塔基础图 1 : 100

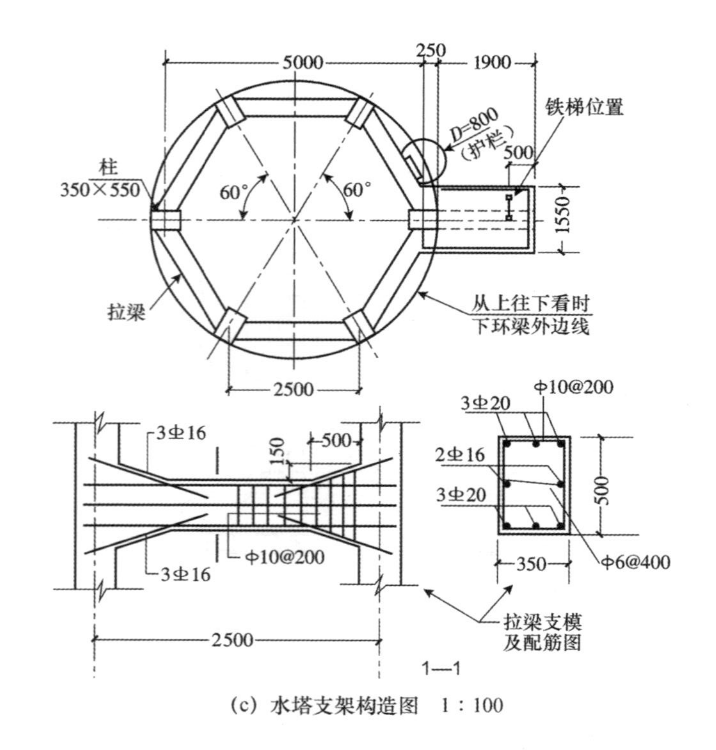

(c) 水塔支架构造图 1:100

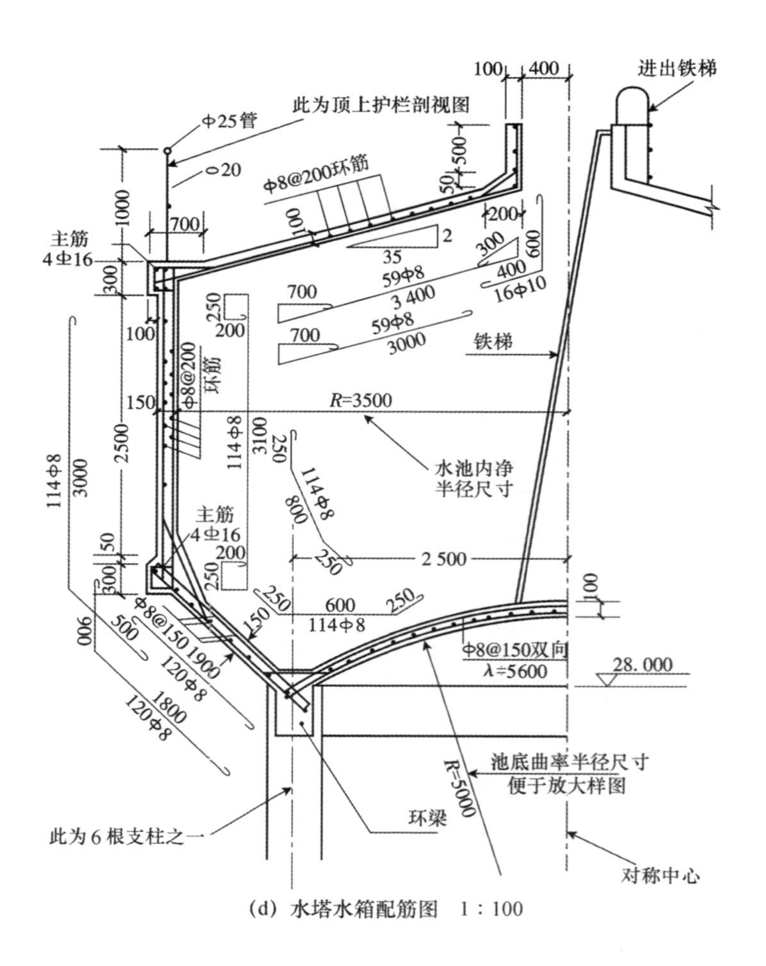

(d) 水塔水箱配筋图 1:100

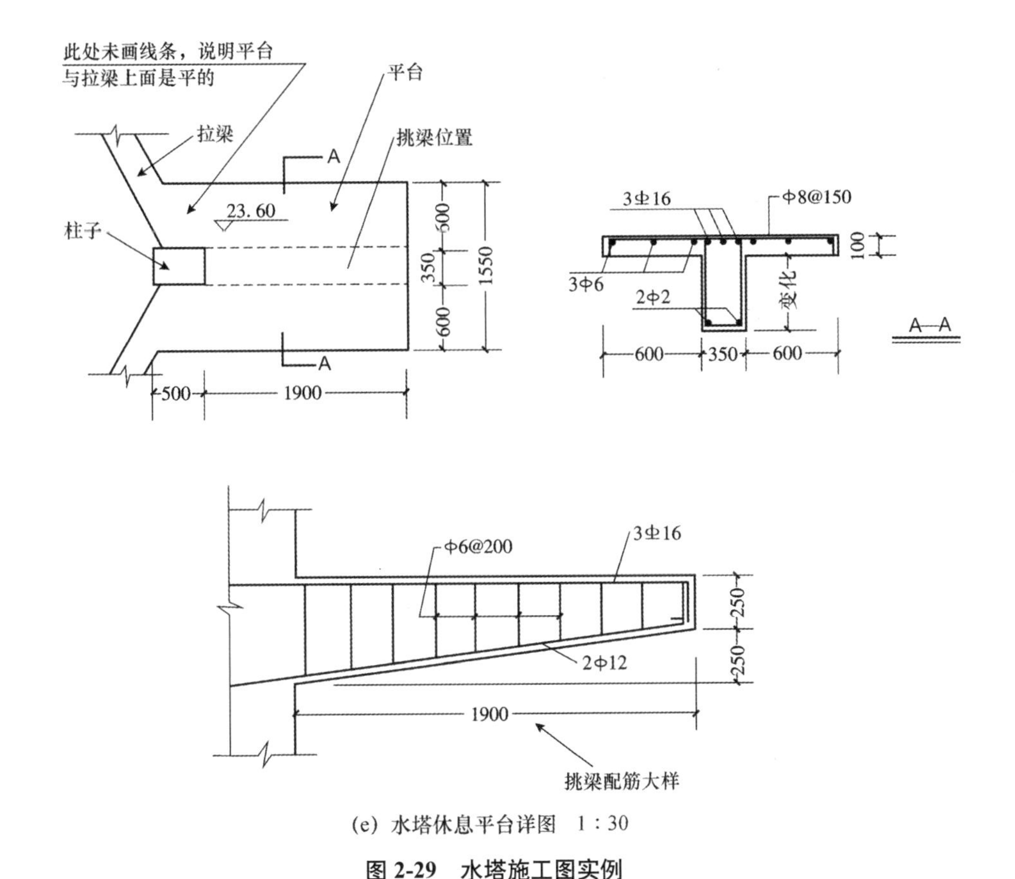

(e) 水塔休息平台详图　1 : 30

图 2-29　水塔施工图实例

②拉梁的配筋构造图，表明拉梁的长度、断面尺寸、所用钢筋规格。图上还可看出拉梁两端与柱连接处的断面有变化，在纵向呈八字形，因此在支模时应考虑模板的变化。

（4）水塔水箱配筋图：

①从图 2-29 可以看到水箱内部铁梯的位置、周围栏杆的高度以及水箱外壳的厚度、配筋等情况。

②从图 2-29 可以看出水箱是圆形的，内部净尺寸用 R=3500 mm 表示；它的顶板为斜的，底板是圆拱形的，外壁是折线形的，由于圆形的对称性，所以结构图只绘了一半水箱大小。

③图上可以看出顶板厚 10 cm，底下配有 Φ8 钢筋。水箱立壁是内外两层钢筋，均为 Φ8 规格，图上根据它们不同形状绘在立壁内外，环向钢筋内外层均为 Φ8 间距 20 cm。在立壁上下各有一个环梁加强筒身，内配 4 根 ⏀16 钢筋。底板配筋为两层双向 Φ8 间距 20 cm 的配筋，对于底板的曲率，应根据图上给出的 R=5000 mm 放出大样，才能算出模板尺寸配置形式和钢筋的确切长度。

④水塔图纸中，水箱部分是最复杂的地方，钢筋和模板不是通过简单的看图就可以配料和安装，必须全部看明白图纸后，再经过计算或放实体大样，才能准确备料并进行施工。

（5）水塔休息平台详图：

①图中的平台大样图主要告诉我们平台的大小、挑梁的尺寸以及它们的配筋。

②从图中可以看出平台板与拉梁上标高一样，因此连接部分拉梁外侧线图上就没有了。平台板厚 10 cm，悬挑在挑梁的两侧。

③平台配筋是 Φ8 间距为 150 mm；挑梁是柱子上伸出的，长 1.9 m，断面由 50 cm 高

变为 25 cm 高，上部是主筋用 3Φ16，下部是架立钢筋用 2Φ12；箍筋为 Φ6 间距 200 mm，随断面变化尺寸。

三、蓄水池施工图识读

1）蓄水池施工图实例如图 2-30 所示：

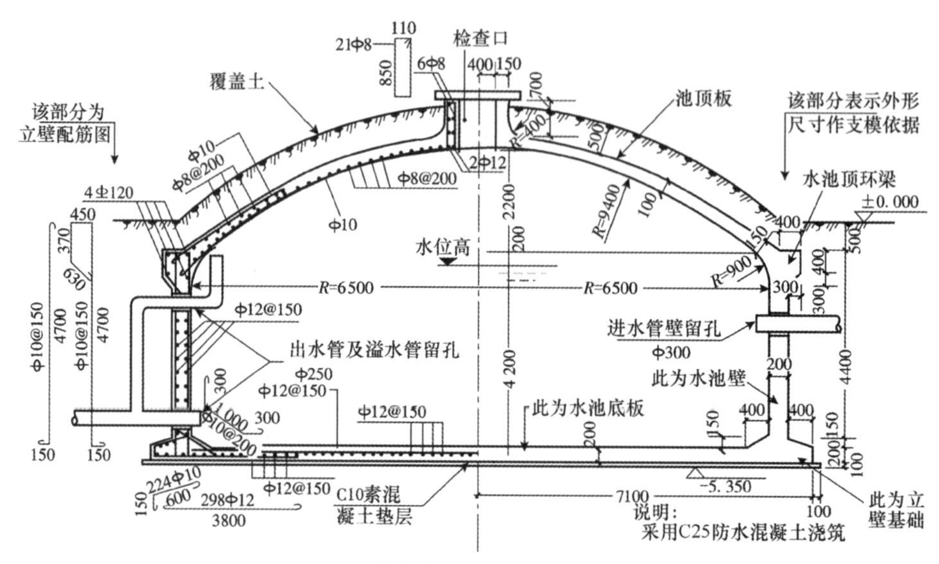

(a) 蓄水池竖向剖面图 1∶100

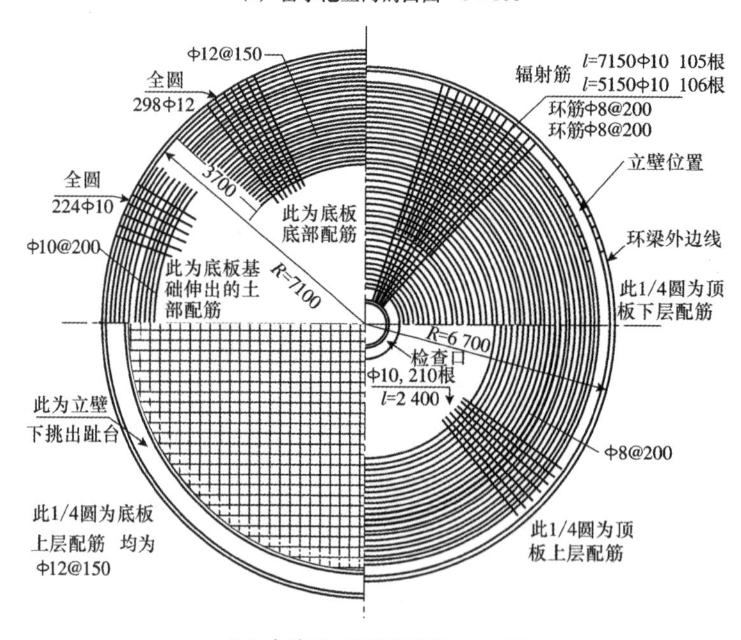

(b) 水池顶、顶板配筋图 1∶100

图 2-30 蓄水池施工图实例

2）蓄水池施工图实例讲解：

（1）蓄水池竖向剖面图：

① 从图 2-30（a）可以看出水池内径是 13.00 m，埋深是 5.350 m，中间最

大净高度是 6.60 m，四周外高度是 4.85 m。底板厚度为 20 cm，池壁厚也是 20 cm，圆形拱顶板厚为 10 cm。立壁上部有环梁，下部有趾形基础。顶板的拱度半径是 9.40 m（图上 R=9400 mm）。以上这些尺寸都是支模、放线应该了解的。

②该图左侧显示了立壁、底板、顶板的配筋构造。主要具体标出立壁、立壁基础、底板坡角的配筋规格和数量。

③立壁的竖向钢筋为 ϕ10 间距 15 cm，水平环向钢筋为 ϕ12 间距 15 cm。由于环向钢筋长度在 40 m 以上，因此配料时必须考虑错开搭接，这是看图时应想到的。其他图上均有注写，读者可以自行理解。

④图纸右下角还注明采用 C25 防水混凝土进行浇筑，这样我们施工时就能知道浇筑的混凝土不是普通的混凝土，而是具有防水性能的 C25 混凝土。

（2）水池顶、顶板配筋图：

①从图 2-30（b）可以看到左半圆是底板的配筋，分为上下两层，结合剖面图可以看出。底板下层中部没有配筋，仅在立壁下基础处有钢筋，沿周长分布。基础伸出趾的上部环向配筋为 ϕ10 间距 20 cm，从趾的外端一直放到立壁外侧边，辐射钢筋为 ϕ10，其形状在剖面图上像个横写的丁字，全圆共用辐射钢筋 224 根，长度是 0.75 m。立壁基础底层钢筋也分为环向钢筋，用的是 ϕ12 间距 15 cm，放到离外圆 3.7 m 为止。辐射钢筋为 ϕ12，其形状在剖面图上呈一字形，全圆共用辐射钢筋 298 根，长度是 3.80 m。

②底板的上层钢筋，在立壁以内均为 ϕ12 间距 15 cm 的方格网配筋。

③图 2-30（b）右半面半个圆是顶板配筋图。其看图原理是一样的。应注意的是顶板像一只倒扣的碗，因此辐射钢筋的长度，不能只从这张配筋平面图上简单地按半径计算，而应考虑到它的曲度的增长值。

四、料仓施工图识读

1）料仓施工图实例如图 2-31 所示：

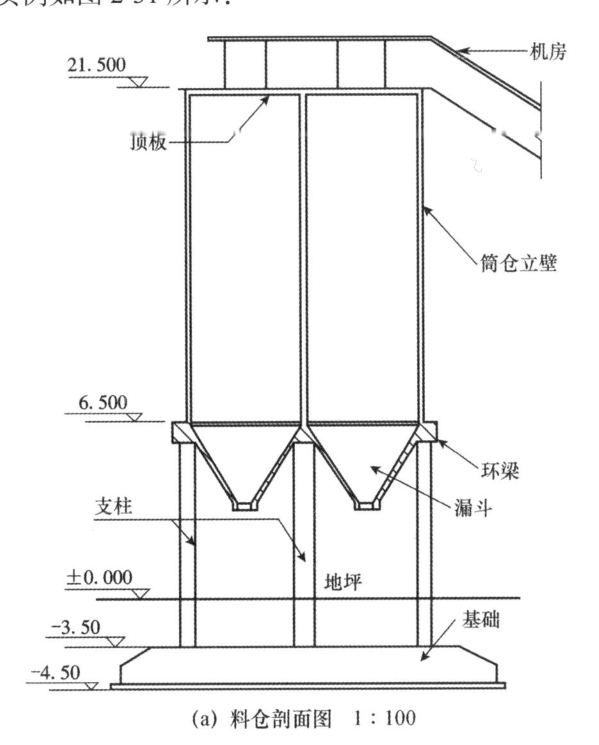

(a) 料仓剖面图　1 : 100

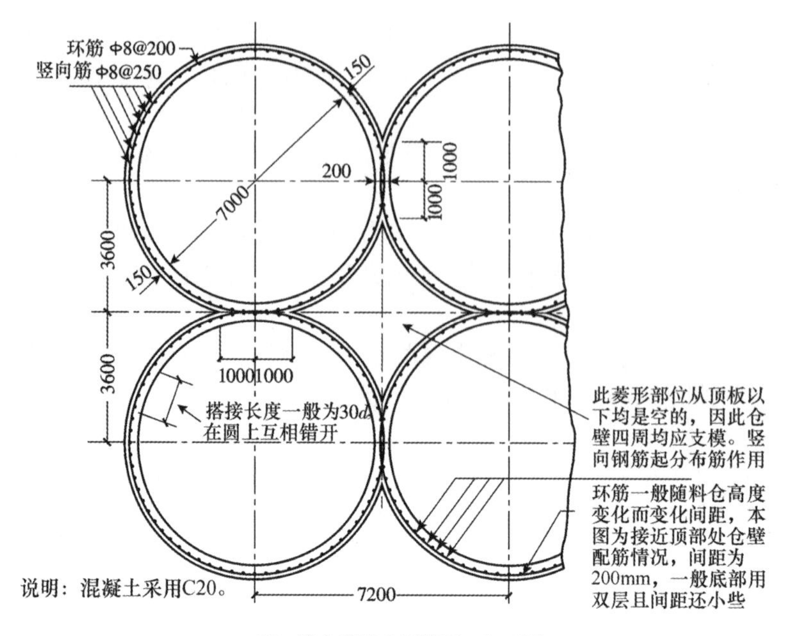

(b) 筒仓壁部分配筋图 1∶100

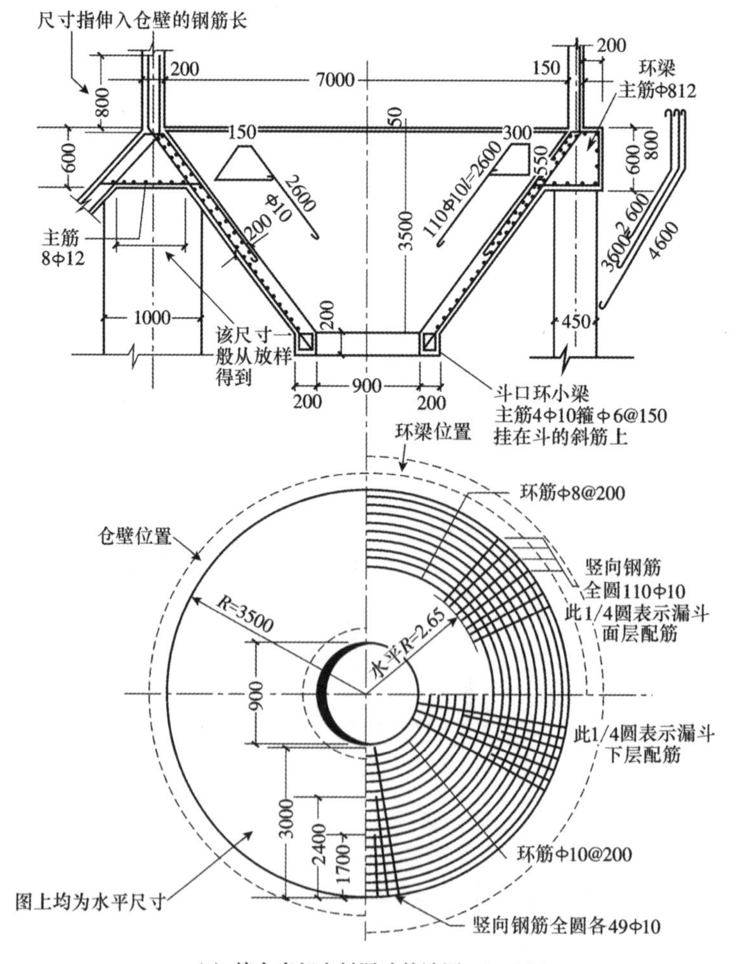

(c) 筒仓底部出料漏斗构造图 1∶100

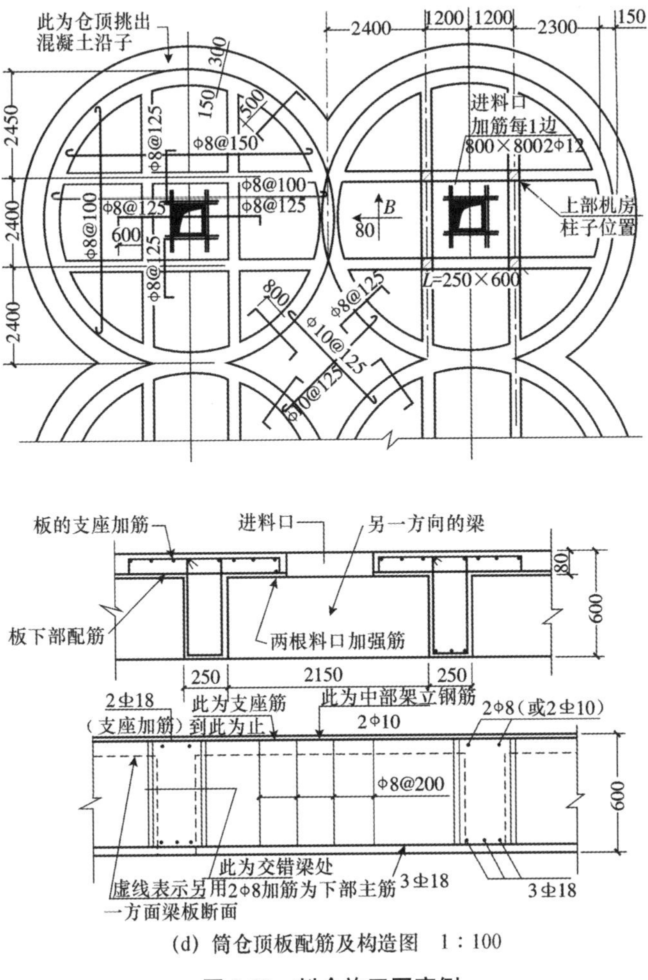

(d) 筒仓顶板配筋及构造图　1∶100

图 2-31　料仓施工图实例

2）料仓施工图实例讲解：

（1）料仓剖面图：

①从图中可以看出仓的外形高度——顶板上标高是 21.50 m，环梁处标高是 6.50 m，基础埋深是 4.50 m，基础底板厚为 1 m。还可以看出筒仓的大致构造，顶上为机房，15 m 高的筒体是料库，下部是出料的漏斗，这些部件的荷重通过环梁传给柱子，再传到基础。

②看出筒仓和环梁仅在相邻处有连接，其他处均为各自独立的筒体。因此看了图就应考虑放线和支模时应特别注意的地方。

（2）筒仓壁部分配筋图：

①从图中可以看出筒仓的尺寸大小，如内径为 7.0 m，壁厚为 15 cm，两个仓相连部分的水平距离是 2 m，相邻筒仓中心之间尺寸是 7.20 m，这些尺寸给放线和制作安装模板提供了依据。

②看配筋构造，配筋有竖直方向和水平环向的，从图上可以看到的是环筋是圆形黑线有部分搭接，竖向钢筋被剖切成一个个圆点。图上都标有间距、尺寸和规格。由于选取的是仓壁上部的剖面图，钢筋仅在外围单层配筋；如选取下部剖面图，一般在壁内有双层配筋，钢筋比较多，也稍复杂些，但看图原理是一样的。

③应考虑竖向钢筋在长度上的搭接、互相错开的位置和数量，同时也可以想像得出整个钢筋绑完后，就像一个巨大的圆形笼子。

（3）筒仓底部出料漏斗构造图：

①图中显示漏斗深度为 3.55 m，结合立面图可以算出漏斗出口底标高为 2.75 m。这个高度可以使一般翻斗汽车开进去装料，否则就应作为看图的疑问提出对环梁标高，或漏斗深度尺寸是否正确的怀疑。从图中可看出漏斗上口直径为 7.00 m，出口直径是 90 cm，漏斗壁厚为 20 cm，漏斗上部吊挂在环梁上，环梁高度为 60 cm。根据这些尺寸，可以算出漏斗的坡度，各有关处圆周直径尺寸可作为计算模板的依据，或作为木工放大样的依据。

②从漏斗构造图可以看出各部位钢筋的配置。漏斗钢筋分为两层，图纸采用竖向剖面和水平投影平面图对钢筋配置做了标注。上层仅上部半段有竖向钢筋 ф10 共 110 根，环向钢筋 ф8 间距 20 cm。下层钢筋在整个斗壁上分布，竖向钢筋是 ф10，分为 3 种长度，每种全圆上共 49 根，环向钢筋是 ф10 间距 20 cm。漏斗口为一个小的环梁加强斗口。环向主筋是 4 根 ф10，小钢箍 15 cm × 15 cm，间距是 15 cm。斗上下层的竖筋钩住下面的一根主筋，使小环梁与斗壁形成一个整体。

（4）筒仓顶板配筋及构造图：

①如图 2-31（d）所示，每仓顶板由 4 根梁组成井字，支架在筒壁上。梁的上面是一块圆形并带 30 cm 出沿的钢筋混凝土板。

②梁的横断面尺寸是宽 25 cm、高 60 cm。梁的井字中心是 2.40 m 见方，梁中心到仓壁内侧的尺寸是 2.30 m。板的厚度是 8 cm，钢筋是双向配置。图上用十字符号表示双向，B 表示板，80 表示厚度。

③板中间有一 80 cm 见方进料孔，施工时必须留出，还有洞边各边加 2ф10 钢筋也需放置。

④板的配筋在外围几块，由于圆周的变化，钢筋长度也是变化的，配料时需计算。

⑤梁的配筋在两梁交叉处要加双箍，这在配料绑扎时应注意。

⑥梁上有钢筋切断处的标志点，以便计算梁上支座钢筋的长度，但本图上未注写支座到切断点的尺寸，可将其作为看图后向设计人员提出的地方。不过根据一般经验，它的支座钢筋的一边长度可以按该边梁净跨的 1/3 长计算，总长度为两边梁长的和的 1/3 加梁座宽。

⑦图上在井字梁交点处的阴线部位注出上面机房柱子位置，因此看图时就应去查机房的图，以便在筒仓顶板施工时做好准备，如插柱子、插筋等。

第三章

钢筋混凝土结构施工图识读

第一节　钢筋混凝土结构施工图基础知识

一、混凝土结构形式

1. 钢筋的一般表示方法

1）普通钢筋的一般表示方法应符合表 3-1 的规定。预应力钢筋的表示方法应符合表 3-2 的规定。钢筋网片的表示方法应符合表 3-3 的规定。钢筋的焊接接头的表示方法应符合表 3-4 的规定。

表 3-1　普通钢筋

续表 3-1

名称	图例	说明
名称	图例	说明
钢筋横断面	•	—
无弯钩的钢筋端部		表示长、短钢筋投影重叠时，短钢筋的端部为 45° 斜画线
带半圆形弯钩的钢筋端部		—
带直钩的钢筋端部		—
带丝扣的钢筋端部		—
无弯钩的钢筋搭接		—
带半圆弯钩的钢筋搭接		—
带直钩的钢筋搭接		—
花篮螺栓钢筋接头		—
机械连接的钢筋接头		用文字说明机械连接的方式（如冷挤压或直螺纹等）

表 3-2　预应力钢筋

名称	图例
预应力钢筋或钢绞线	
后张法预应力钢筋断面 无黏结预应力钢筋断面	
预应力钢筋断面	
张拉端锚具	
固定端锚具	
锚具的端视图	
可动连接件	
固定连接件	

表 3-3　钢筋网片

名称	图例
一片钢筋网平面图	W-1
一行相同的钢筋网平面图	3W-1

注：用文字注明焊接网或绑扎网片。

表 3-4　钢筋的焊接接头

名称	接头形式	标注方法
单面焊接的钢筋接头		
双面焊接的钢筋接头		
用帮条单面焊接的钢筋接头		
用帮条双面焊接的钢筋接头		
接触对焊的钢筋接头（闪光焊、压力焊）		
坡口平焊的钢筋接头	60° b	60° b
坡口立焊的钢筋接头	b 45°	45° b
用角钢或扁钢做连接板焊接的钢筋接头		
钢筋或螺（锚）栓与钢板穿孔塞焊的接头		

2）钢筋的画法应符合表 3-5 的规定。

表 3-5　钢筋的画法

说明	图例
在结构楼板中配置双层钢筋时，低层钢筋的弯钩应向上或向左，顶层钢筋的弯钩则向下或向右	(底层) (顶层)
钢筋混凝土墙体配双层钢筋时在配筋立面图中，远面钢筋的弯钩应向上或向左，而近面钢筋的弯钩向下或向右（JM 近面，YM 远面）	JM YM JM YM JM YM JM YM
在断面图中不能表达清楚的钢筋布置，应在断面图外增加钢筋大样图（如钢筋混凝土墙、楼梯等）	
图中所表示的箍筋、环筋等若布置复杂时，可增加钢筋大样图及说明	
每组相同的钢筋、箍筋或环筋，可用一根粗实线表示，同时用一两端带斜短画线的横穿细线表示其钢筋及起止范围	

3）钢筋、钢丝束及钢筋网片应按下列规定进行标注：

（1）钢筋、钢丝束的说明应给出钢筋的代号、直径、数量、间距、编号及所在位置，其说明应沿钢筋的长度标注或标注在相关钢筋的引出线上。

（2）钢筋网片的编号应标注在对角线上，网片的数量应与网片的编号标注在一起。

（3）钢筋、杆件等编号宜采用直径 5 ～ 6 mm 的细实线圆表示，其编号应采用阿拉伯数字按顺序编写（简单的构件、钢筋种类较少可不编号）。

4）钢筋在平面、立面、剖（断）面中的表示方法应符合下列规定：

（1）钢筋在平面图中的配置应按图 3-1 所示的方法表示。当钢筋标注的位置不够时，可采用引出线标注。引出线标注钢筋的斜短画线应为中实线或细实线。

（2）当构件布置较简单时，结构平面布置图可与板配筋平面图合并绘制。

（3）平面图中的钢筋配置较复杂时，其表示方法如图 3-2 所示。

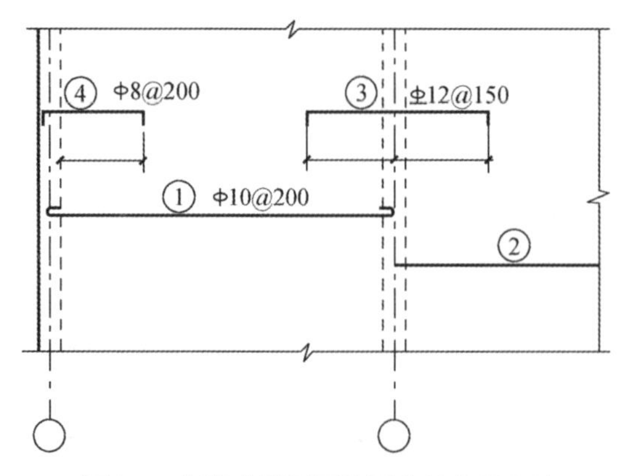

图 3-1　钢筋在楼板配筋图中的表示方法

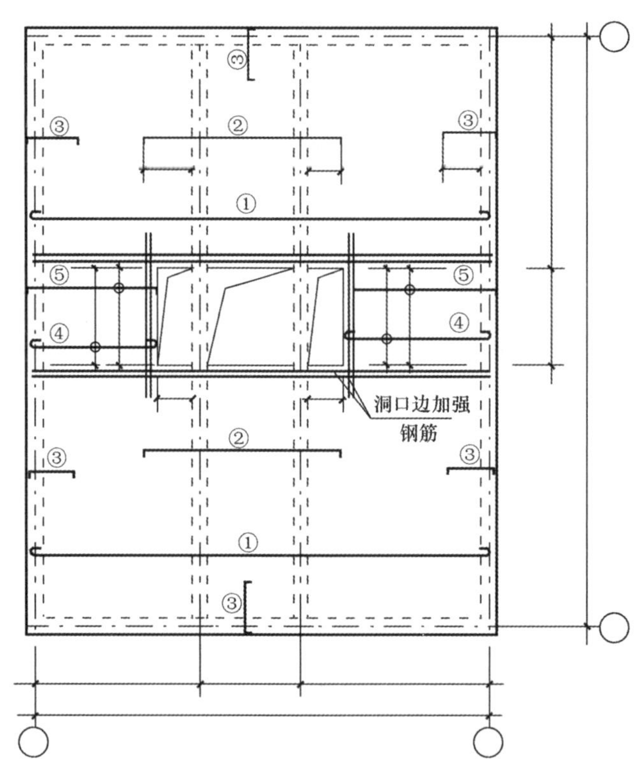

图 3-2　楼板配筋较复杂时的表示方法

（4）钢筋在梁纵、横断面图中的配置应按图 3-3 所示的方法表示。

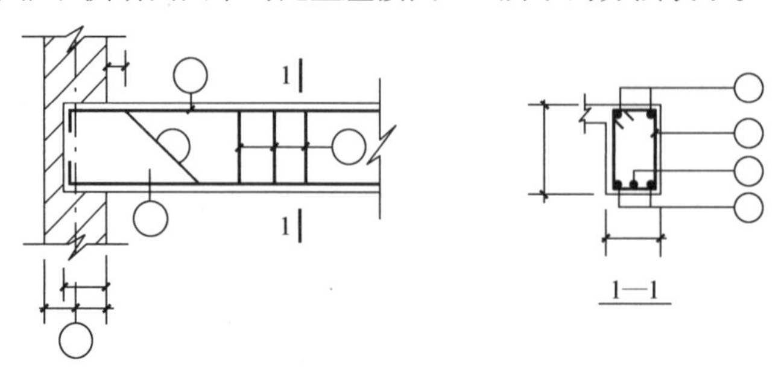

图 3-3　梁纵、横断面图中钢筋表示方法

5）构件配筋图中箍筋的长度尺寸应指箍筋的里皮尺寸。弯起钢筋的高度尺寸应指钢筋的外皮尺寸，如图 3-4 所示。

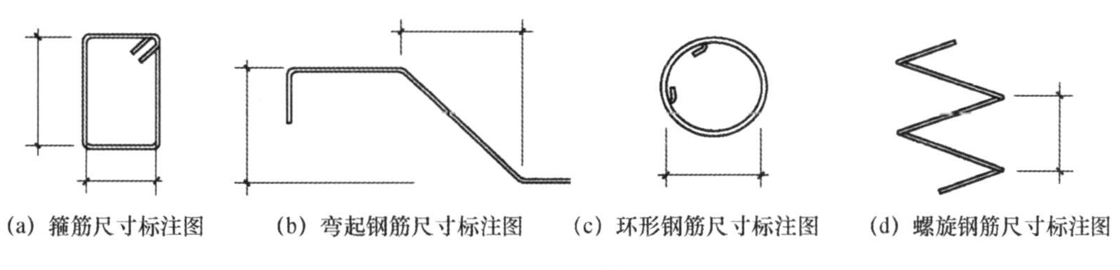

(a) 箍筋尺寸标注图　(b) 弯起钢筋尺寸标注图　(c) 环形钢筋尺寸标注图　(d) 螺旋钢筋尺寸标注图

图 3-4　钢箍尺寸标注法

2. 钢筋的简化表示方法

1）当构件对称时，采用详图绘制构件中的钢筋网片可按图 3-5 所示的方法用一半或 1/4 表示。

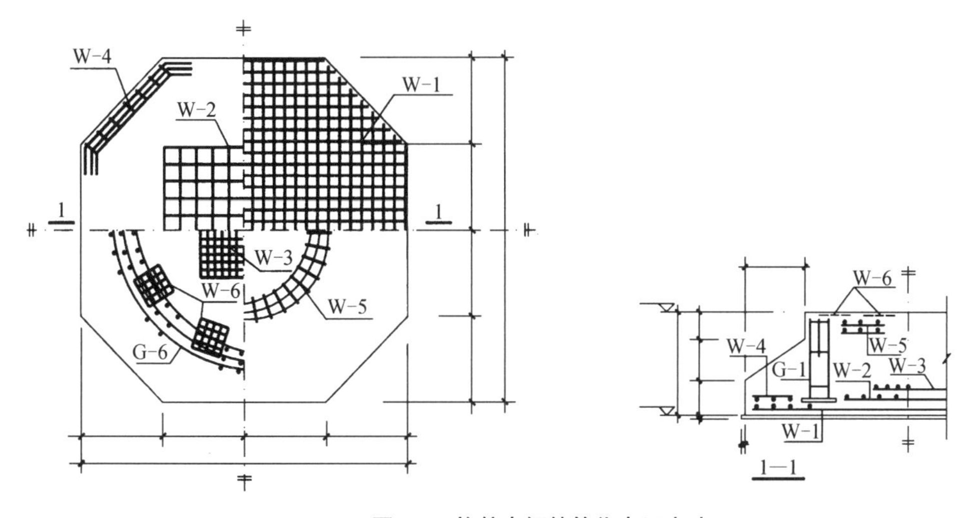

图 3-5　构件中钢筋简化表示方法

2）钢筋混凝土构件配筋较简单时，宜按下列规定绘制配筋平面图：

（1）独立基础宜按图 3-6（a）所示在平面模板图左下角绘出波浪线，绘出钢筋并标注钢筋的直径、间距等。

（2）其他构件宜按图 3-6（b）所示在某一部位绘出波浪线，绘出钢筋并标注钢筋的直径、间距等。

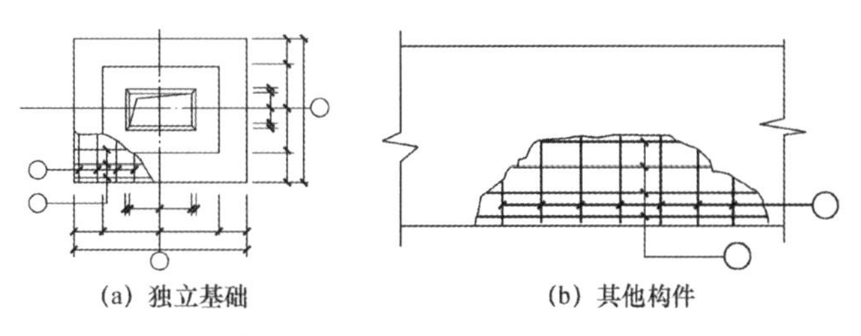

(a) 独立基础　(b) 其他构件

图 3-6　构件配筋简化表示方法

3）对称的混凝土构件，宜按图 3-7 所示在同一图样中一半表示模板，另一半表示配筋。

3. 文字注写构件的表示方法

1）在现浇混凝土结构中，构件的截面和配筋等数值可采用文字注写方式表达。

2）在按结构层绘制的平面布置图中，可直接用文字表达各类构件的编号（编号中含有构件的类型代号和顺序号）、断面尺寸、配筋及有关数值。

3）混凝土柱可采用列表注写和在平面布置图中截面注写的方式，并应符合下列规定：

（1）列表注写应包括柱的编号、各段的起止标高、断面尺寸、配筋、断面形状和箍筋的类型等有关内容。

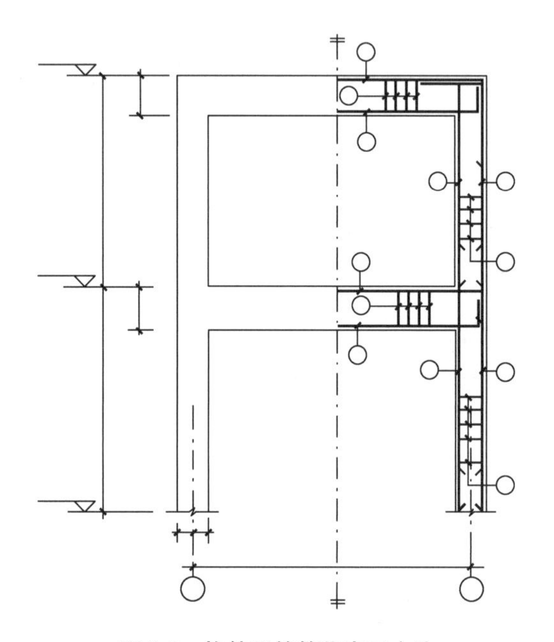

图 3-7　构件配筋简化表示方法

（2）截面注写可在平面布置图中，选择同一编号的柱截面，直接在截面中引出断面尺寸、配筋的具体数值等，并应绘制柱的起止高度表。

4）混凝土剪力墙可采用列表和截面注写方式，并应符合下列规定：

（1）列表注写分别在剪力墙柱表、剪力墙身表及剪力墙梁表中，按编号绘制截面配筋图并注写断面尺寸和配筋数值等。

（2）截面注写可在平面布置图中按编号，直接在墙柱、墙身和墙梁上注写断面尺寸、配筋等具体数值的内容。

5）混凝土梁可采用在平面布置图中平面注写和截面注写的方式，并应符合下列规定：

（1）平面注写可在梁平面布置图中，分别在不同编号的梁中选择一个，直接注写编号、断面尺寸、跨数、配筋的具体数值和相对高差（无高差可不注写）等内容。

（2）截面注写可在平面布置图中，分别在不同编号的梁中选择一个，用剖面号引出截面图形并在其上注写断面尺寸、配筋的具体数值等。

6）重要构件或较复杂的构件，不宜采用文字注写方式表达构件的截面尺寸和配筋等有关数值，宜采用绘制构件详图的表示方法。

7）基础、楼梯、地下室结构等其他构件，当采用文字注写方式绘制图纸时，可在平面布置图上直接注写有关具体数值，也可采用列表注写的方式进行说明。

8）用文字注写构件的尺寸、配筋等数值的图样，应绘制相应的节点做法及标准构造详图。

4. 预埋件、预留孔洞的表示方法

1）在混凝土构件上设置预埋件时，可按图 3-8 所示，在平面图或立面图上表示。引出线指向预埋件，并标注预埋件的代号。

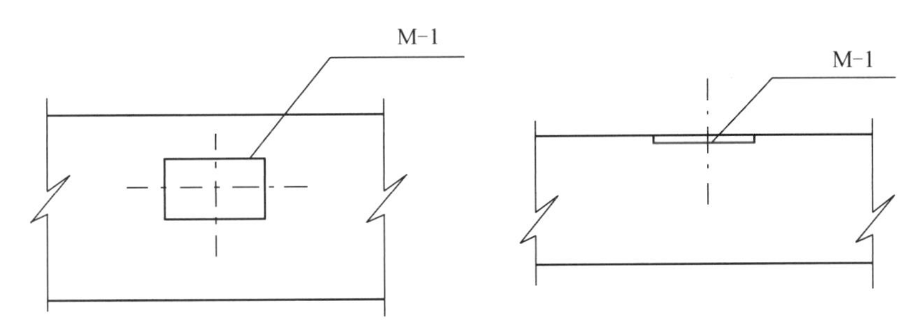

图 3-8　预埋件的表示方法

2）在混凝土构件的正、反面同一位置均设置相同的预埋件时，可按图 3-9 所示，引出一条实线和一条虚线并指向预埋件，同时在引出横线上标注预埋件的数量及代号。

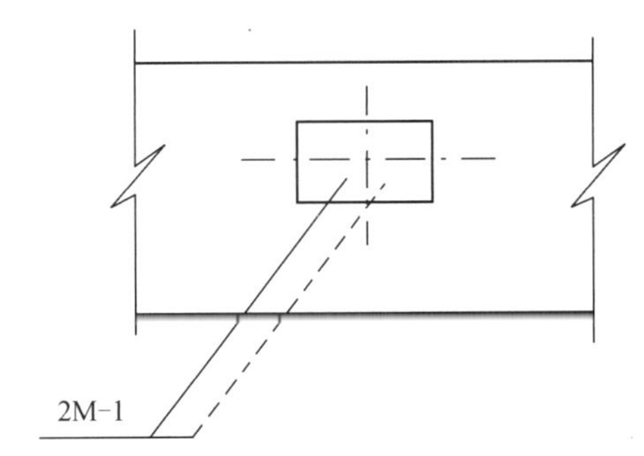

图 3-9　同一位置正、反面预埋件相同的表示方法

3）在混凝土构件的正、反面同一位置设置编号不同的预埋件时，可按图 3-10 所示，引一条实线和一条虚线并指向预埋件。引出横线上标注正面预埋件代号，引出横线下标注反面预埋件代号。

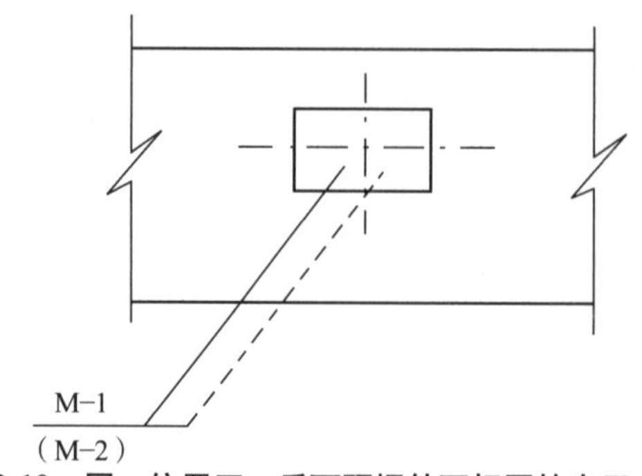

图 3-10　同一位置正、反面预埋件不相同的表示方法

4）在构件上设置预留孔、洞或预埋套管时，可按图 3-11 所示，在平面或断面图中表示。引出线指向预留（埋）位置，引出横线上方标注预留孔、洞的尺寸和预埋套管的外径。横线下方标注孔、洞（套管）的中心标高或底标高。

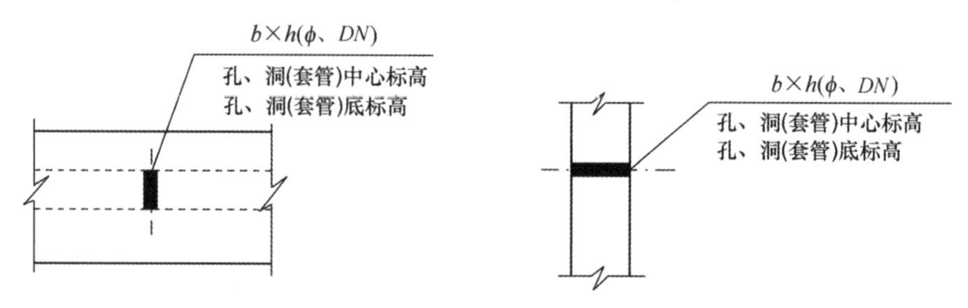

图 3-11　预留孔、洞及预埋套管的表示方法

二、钢筋的分类

1. 主钢筋

主钢筋又称纵向受力钢筋，可分为受拉钢筋和受压钢筋两类。

受拉钢筋配置在受弯构件的受拉区和受拉构件中，承受拉力；受压钢筋配置在受弯构件的受压区和受压构件中，与混凝土共同承受压力。

一般在受弯构件受压区配置主钢筋是不经济的，只有在受压区混凝土不足以承受压力时，才在受压区配置受压主钢筋以补强。

受拉钢筋在构件中的位置如图 3-12 所示。

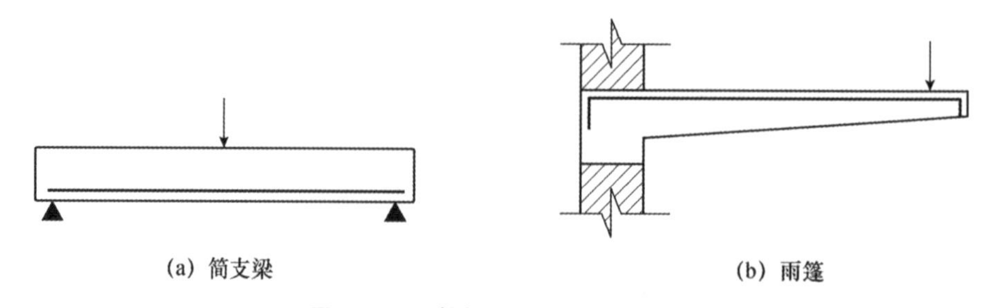

图 3-12　受拉钢筋在构件中的位置

受压钢筋是通过计算用以承受压力的钢筋，一般配置在受压构件中。虽然混凝土的抗压强度较大，然而钢筋的抗压强度远大于混凝土的抗压强度，在构件的受压区配置受压钢

筋，帮助混凝土承受压力，就可以减小受压构件或受压区的截面尺寸。

受压钢筋在构件中的位置如图 3-13 所示。

2. 弯起钢筋

弯起钢筋是受拉钢筋的一种变化形式。在简支梁中，为抵抗支座附近由于受弯和受剪而产生的斜向拉力，就将受拉钢筋的两端弯起来，承受这部分斜拉力。但在连续梁和连续板中，经实验证明受拉区是变化的：跨中受拉区在连续梁、板的下部；到接近支座的部位时，主要受拉区移到梁、板的上部。为了适应这种受力情况，受拉钢筋到一定位置就须弯起。

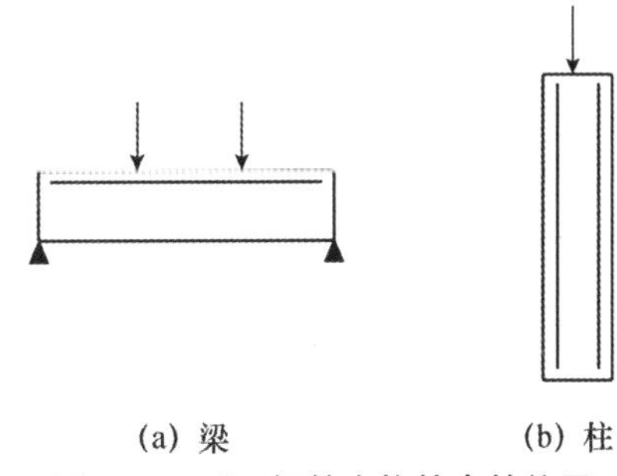

（a）梁　　（b）柱

图 3-13　受压钢筋在构件中的位置

弯起钢筋在构件中的位置如图 3-14 所示。

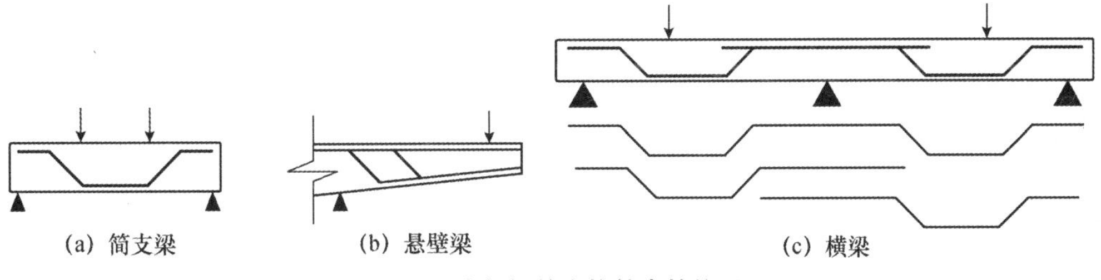

（a）简支梁　　（b）悬壁梁　　（c）横梁

图 3-14　弯起钢筋在构件中的位置

斜钢筋一般由主钢筋弯起，当主钢筋长度不够弯起时，也可采用吊筋，如图 3-15 所示，但不得采用浮筋。

3. 架立钢筋

架立钢筋能够固定箍筋，并与主筋等一起连成钢筋骨架，保证受力钢筋的设计位置，使其在浇筑混凝土过程中不发生移动。

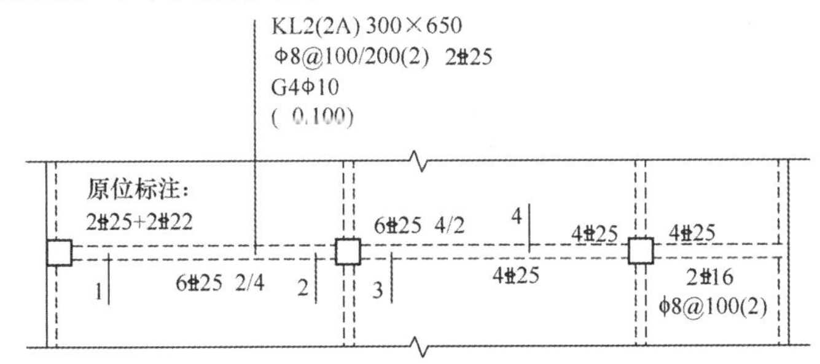

（a）平面注写方式（标高单位为m）　1：50

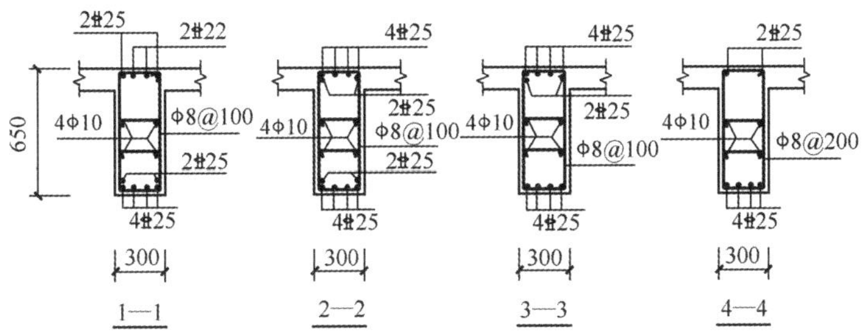

（b）传统的梁筋截面表达方式　1：50

图 3-15　吊筋布置图

架立钢筋的作用是使受力钢筋和箍筋保持在正确位置，以形成骨架。但当梁的高度小于 150 mm 时，可不设箍筋，在这种情况下，梁内也不设架立钢筋。

架立钢筋的直径一般为 8 ～ 12 mm。架立钢筋在钢筋骨架中的位置，如图 3-16 所示。

4. 箍筋

箍筋除了可以满足斜截面抗剪强度外，还有使连接的受拉主钢筋和受压区的混凝土共同工作的作用。此外，亦可用于固定主钢筋的位置而使梁内各种钢筋构成钢筋骨架。

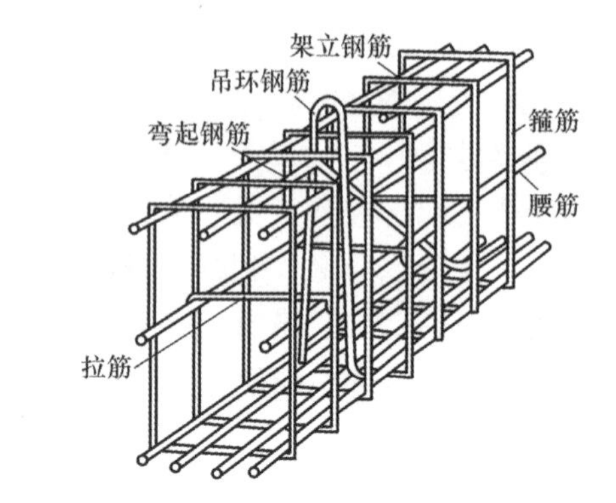

图 3-16　架立筋、腰筋等在钢筋骨架中的位置

箍筋的主要作用是固定受力钢筋在构件中的位置，并使钢筋形成坚固的骨架，同时箍筋还可以承担部分拉力和剪力等。

箍筋的形式主要有开口式和闭口式两种。闭口式箍筋有三角形、圆形和矩形等多种形式。单个矩形闭口式箍筋也称双肢箍；两个双肢箍拼在一起称为四肢箍。在截面较小的梁中可使用单肢箍；在圆形或有些矩形的长条构件中也有使用螺旋形箍筋的。

箍筋的构造形式，如图 3-17 所示。

5. 腰筋与拉筋

腰筋的作用是防止梁太高时，由于混凝土收缩和温度变化导致梁变形而产生的竖向裂缝，同时亦可加强钢筋骨架的刚度。腰筋用拉筋连系，如图 3-18 所示。

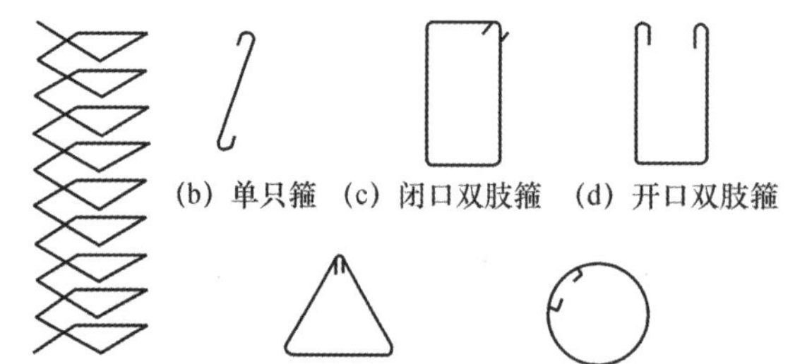

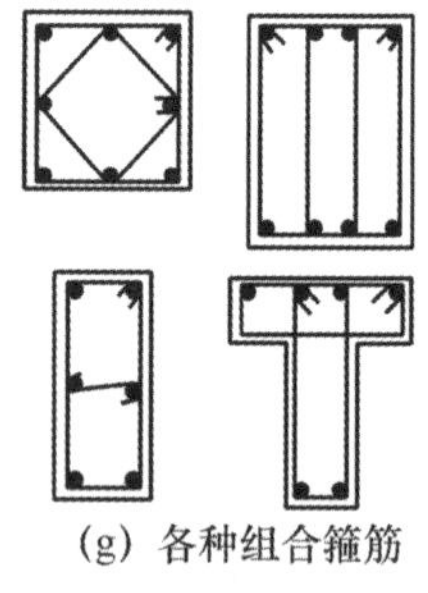

图 3-17　箍筋的构造形式

当梁的截面高度超过 700 mm 时，为了保证受力钢筋与箍筋整体骨架的稳定，以及承受构件中部混凝土收缩或温度变化所产生的拉力，在梁的两侧面沿高度每隔 300 ～ 400 mm 设置一根直径不小于 10 mm 的纵向构造钢筋，称为腰筋。腰筋要用拉筋连系，拉筋直径为 6 ～ 8 mm。由于安装钢筋混凝土构件的需要，在预制构件中，根据构件体形和质量，在一定位置设置有吊环钢筋。在构件和墙体连接处，部分还预埋有锚固筋等。

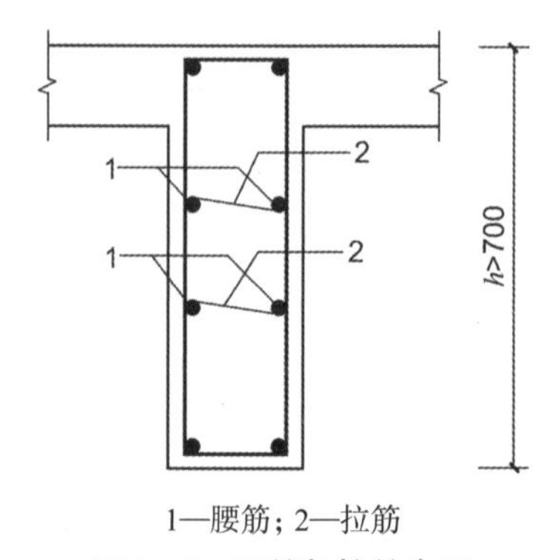

图 3-18　腰筋与拉筋布置

6. 分布钢筋

分布钢筋是指在垂直于板内主钢筋方向上布置的构造钢筋。其作用是将板面上的荷载更均匀地传递给受力钢筋，也可在施工中通过绑扎或点焊来固定主钢筋的位置，还可抵抗温度应力和混凝土收缩应力。

分布钢筋在构件中的位置如图 3-19 所示。

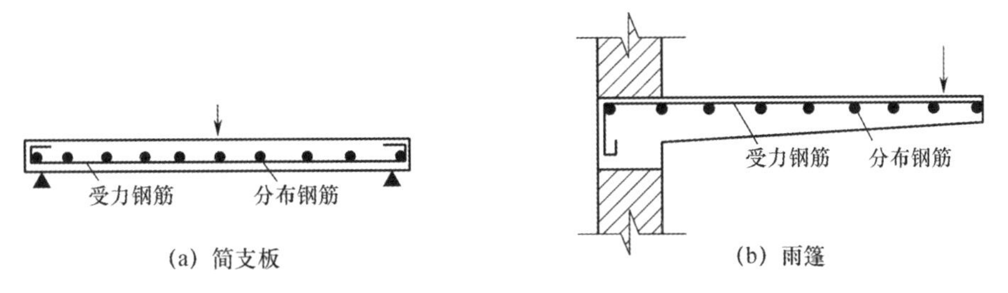

图 3-19　分布钢筋在构件中的位置

三、混凝土的强度等级

混凝土按其抗压强度的不同分为不同的强度等级。

混凝土强度等级分为 C7.5、C10、C15、C20、C25、C30、C35、C40、C45、C50、C55 和 C60 十二个等级，数字越大，表示混凝土的抗压强度越高。

四、混凝土结构平法识图

1. 认识平法设计

“平法”是“建筑结构平面整体设计方法”的简称。应用平法设计方法，就对结构设计的结果——“建筑结构施工图”的结果表现有了大的变革。

结构施工图可表达钢筋混凝土结构中钢筋和混凝土两种材料的具体配置。设计文件由设计图样和文字说明组成。

从传统结构设计方法的设计图样，到平法设计方法的设计图样，其演进情况，如图 3-20 所示。传统结构施工图中的平面图及断面图上的构件平面位置、截面尺寸及配筋信息，演变为平法施工图的平面图；传统结构施工图中剖面上的钢筋构造，演变为国家标准构造即《混凝土结构施工图平法整体表示方法制图规则和构造详图》(16G101)。

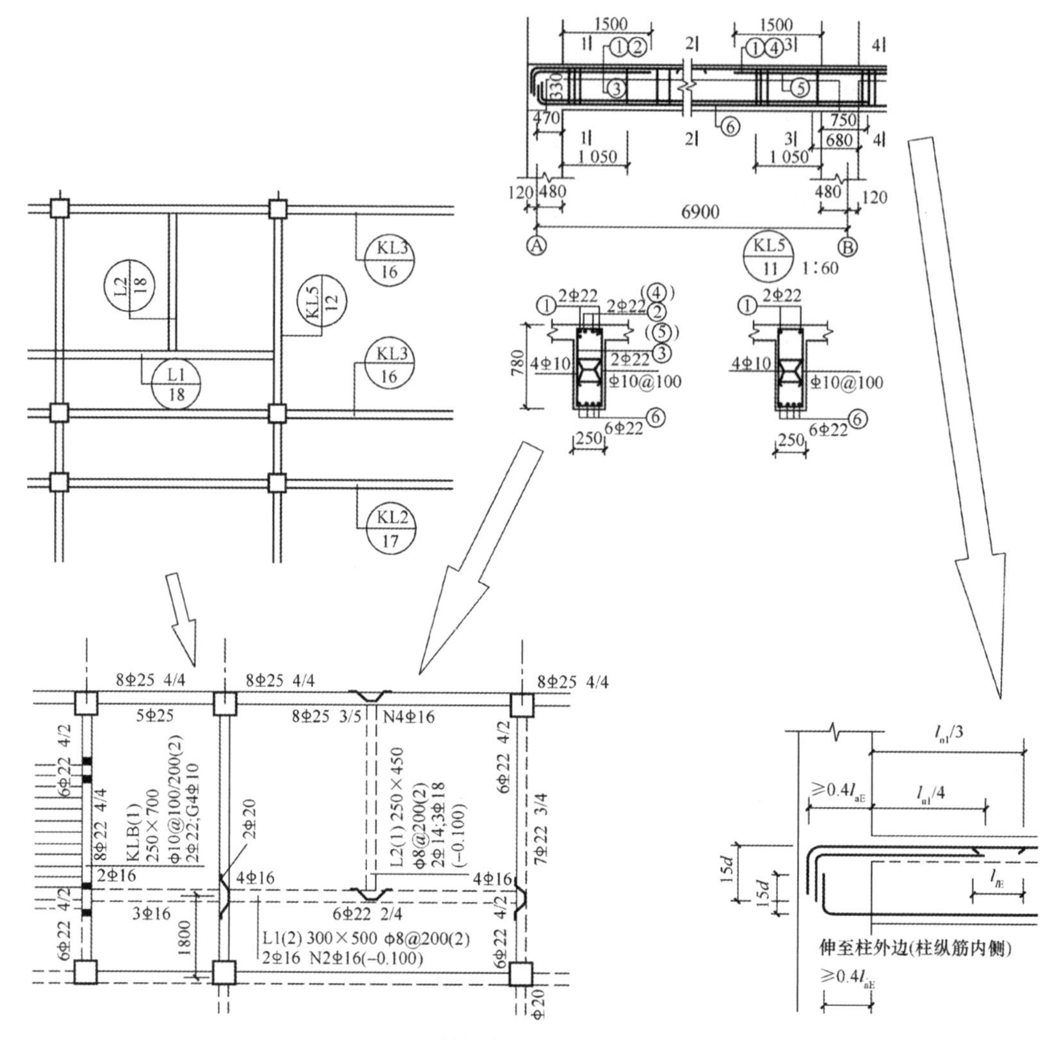

图 3-20　结构施工图设计图样的演进

应用平法设计方法，就取消了传统设计方法中的“钢筋构造标注”，将钢筋构造标准形成《混凝土结构施工图平法整体表示方法制图规则和构造详图》(16G101)系列国家标准构造图集。

2. 平法工作内容

平法设计方式下，设计、造价、施工等工程相关人员有相应的学习及工作内容，工程造价人员在钢筋算量过程中，针对平法设计方式下的结构施工图设计文件需要学习的内容，见表 3-6。

表 3-6　平法学习内容

项目	目的	内容
学习识图	能看懂平法施工图	学习《混凝土结构施工图平法整体表示方法制图规则和构造详图》(16G101)系列平法图集的“制图规则”

续表 3-6

项目	目的	内容
理解标准构造	理解平法设计各构件钢筋的锚固、连接、根数等构造知识	学习《混凝土结构施工图平法整体表示方法制图规则和构造详图》(16G101)系列平法图集的“构造详图”
整理出钢筋算量的具体计算公式	在理解平法设计的钢筋构造基础上，整理出具体的计算公式，比如 KL 上部通长钢筋端支座弯锚长度 =hc−c+15d	对《混凝土结构施工图平法整体表示方法制图规则和构造详图》(16G101)系列平法图集按照系统思考的方法进行整理

3. 理解平法理论

通过前面的认知，已经能够在平法设计方式下完成各自的工作了，在此基础上，追溯到平法设计方法产生的根源，逐渐理解平法设计方法带来的行业演变。

平法是一种结构设计方法，它最先影响的是设计系统，然后影响到平法设计的应用，最后影响到下游的造价、施工等环节。

平法设计方法对结构设计的影响包括：

1）浅层次的影响，平法设计将大量传统设计的重复性劳动变成标准图集，推动结构工程师更多地做其应该做的创新性劳动。

2）更深层次的影响是对整个设计系统的变革。

第二节　基础结构施工图识读

一、平面图识读

示例：某疗养院基础平面图如图 3-21 所示。

1）基础布置平面图中的定位轴线的编号与尺寸都与建筑施工图中的平面图保持一致。定位轴线是施工现场放线的依据，是基础布置平面图中的重要内容。

2）定位轴线两侧的粗线是墙身被剖切到的断面轮廓线。两墙外侧的细实线是可见但未被剖到的可见的基础底部的轮廓线，它也是基础的边线，是基坑开挖的依据。为了使图面简洁，一般基础的细部投影都省略不画，基础大放脚的投影轮廓线在基础详图中具体表示。

3）基础圈梁及基础梁。有时为了增加基础的整体性，防止或减轻不均匀沉降，需要设置基础圈梁（JQL）。该基础平面图中虽没有表现出基础圈梁，但在后面基础详图的剖面图中反映出了其结构，在基础布置平面图中沿墙身轴线用粗点划线表示基础圈梁的中心位置；同时在旁边标注的 JQL 也特别指出这里布置了基础圈梁，这因设计单位的习惯不同而异。

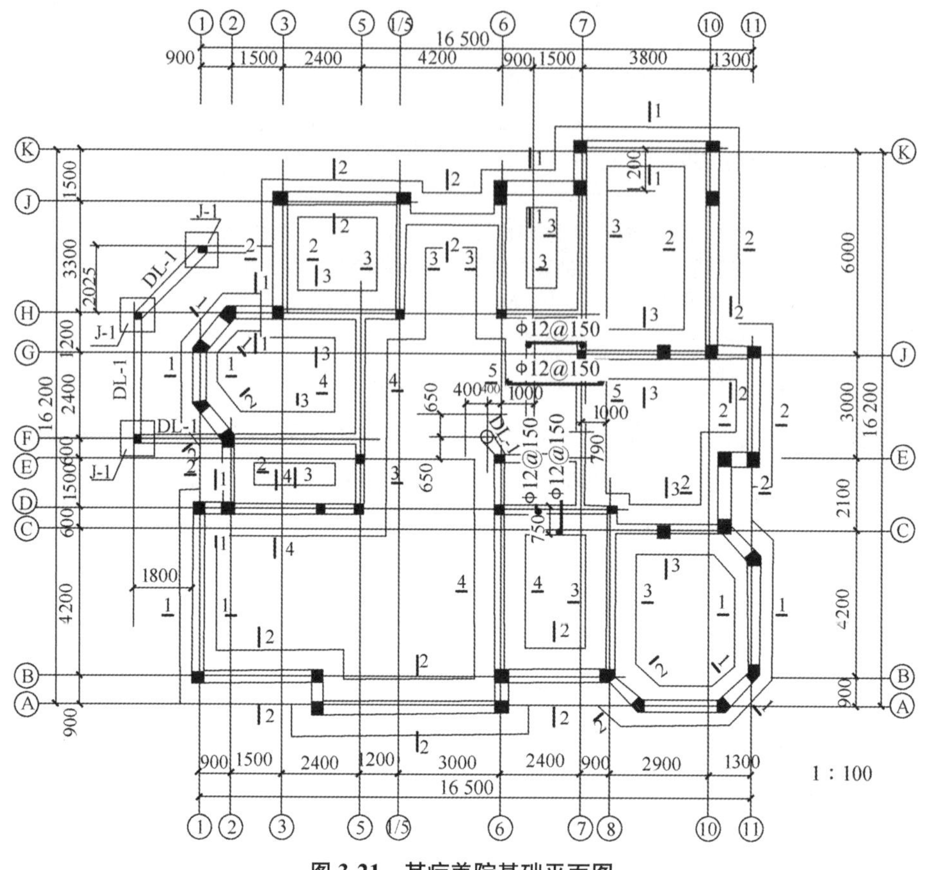

图 3-21　某疗养院基础平面图

4）该图中涂黑的矩形或块状部分表示被剖切到的建筑物构造柱。构造柱通常从基础梁和基础圈梁的上面开始设置并伸入地梁内。它是为了满足抗震设防的要求，按照《建筑抗震设计规范》（GB 50011—2010）的有关规定设置的。

5）该图中出现的符号、代号。如 DL-1，DL 表示地梁，“1”为编号，图中有许多个“DL-1”，表明它们的内部构造相同。类似的如“J-1”，表示编号为 1 的由地梁连接的柱下条形基础。

二、详图识读

示例：某柱下条形基础详图如图 3-22 所示。

1）柱下条形基础纵向剖面图：

（1）从该剖面图中可以看到基础梁沿长向的构造，首先我们看出基础梁的两端有一部分挑出，长度为 1000 mm，由力学知识可以知道，这是为了更好地平衡梁在框架柱处的支座弯矩。

（2）基础梁的高度是 1100 mm，基础梁的长度为 17 600 mm，即跨距 7800 × 2 加上柱轴线到梁边的 1000 mm，故总长为 7800 × 2+1000 × 2=17 600 mm。

（3）弄清楚梁的几何尺寸之后，主要是看懂梁内钢筋的配置。从图中我们可以看到，竖向有三根柱子的插筋，长向有梁的上部主筋和下部的受力主筋，根据力学的基本知识我们可以知道，基础梁承受的是地基土向上的反力，它的受力就好比是一个翻转 180° 的上

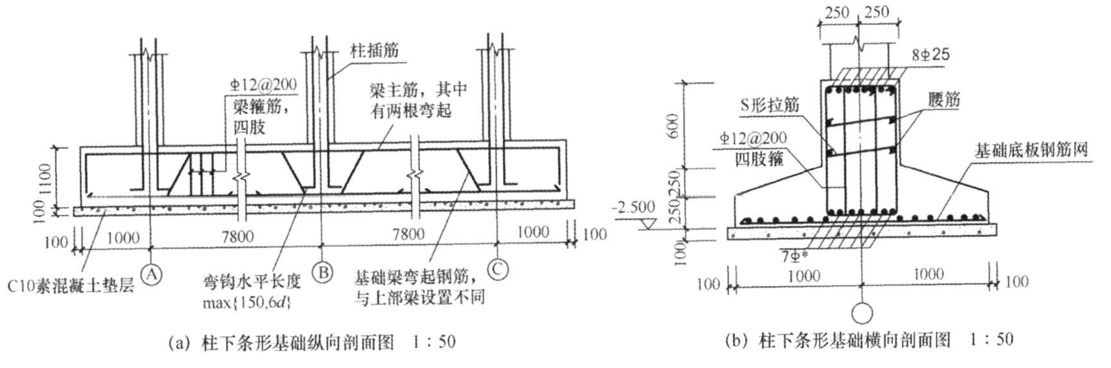

(a) 柱下条形基础纵向剖面图　1：50

(b) 柱下条形基础横向剖面图　1：50

图 3-22　柱下条形基础剖面图

部结构的梁，因此跨中上部钢筋配置得少而支座处下部钢筋配置得多，而且最明显的是如果设弯起钢筋时，弯起钢筋在柱边支座处斜的方向和上部结构的梁的弯起钢筋斜的方向相反。这些在看图时和施工绑扎钢筋时必须弄清楚，否则就要造成错误，如果检查忽略而浇注了混凝土那就会成为质量事故。此外，上下的受力钢筋用钢箍绑扎成梁，图中注明了箍筋采用直径为 12 mm 的 HRB335 钢，并且是四肢箍。

2）柱下条形基础横向剖面图：

（1）从该剖面图中可以看到基础梁沿短向的构造，从图中可以看到，基础宽度为 2.00 m，基础底有 100 mm 厚的素混凝土垫层，底板边缘厚为 250 mm，斜坡高亦为 250 mm，梁高与纵剖面一样为 1100 mm。

（2）从基础横向剖面图上还可以看出的是地基梁的宽度为 500 mm。

（3）应该在横向剖面图上看梁及底板的钢筋配置情况，从图中可以看出底板在宽度方向上的钢筋是主要受力钢筋，它摆放在底下，断面上一个一个的黑点表示长向钢筋，一般是分布筋。板钢筋上面是梁的配筋，可以看出上部主筋有 8 根，下部配置有 7 根。

（4）柱下条形基础纵向剖面图提到的四肢箍是由两个长方形的钢箍组成的，上下钢筋由四肢钢筋连接在一起，这种形式的箍筋称为四肢箍。另外，由于梁高较高，一般在梁的两侧设置侧向钢筋加强，俗称腰筋，并采用 S 形拉结筋勾住以形成整体。

第三节　主体结构施工图识读

一、梁施工图识读

示例：梁的原位标注施工图实例如图 3-23 所示。

梁的原位标注施工图实例讲解：

1）图 3-23（a）中“6 Φ 22 4/2”表示梁支座上部自上而下第一排放置 4 Φ 22，第二排放置 2 Φ 22。

2）图 3-23（b）中，若梁上部同排纵筋内钢筋规格不同时，不同规格的钢筋之间用“+”相连。

3）图 3-23（c）中，梁中间支座两边的上部纵筋配置不同时，必须在梁支座两边分别注明；当梁中间支座两边的纵筋配置相同时，可以仅在梁支座的某一边标注纵筋的规格及数量，另一边省略不注。

4）图 3-23（d）中，“6Φ22 2/4”表示楼层框架梁下部配置两排纵筋，上一排配筋为 2Φ22，下一排配筋为 4Φ22，上下两排纵筋全部伸入支座内。

5）图 3-23（e）中，梁下部注写“6Φ20 2（－2）/4”表示梁底上排放置纵筋 2Φ20，并且不伸入支座，下排纵筋 4Φ20 全部伸入支座。

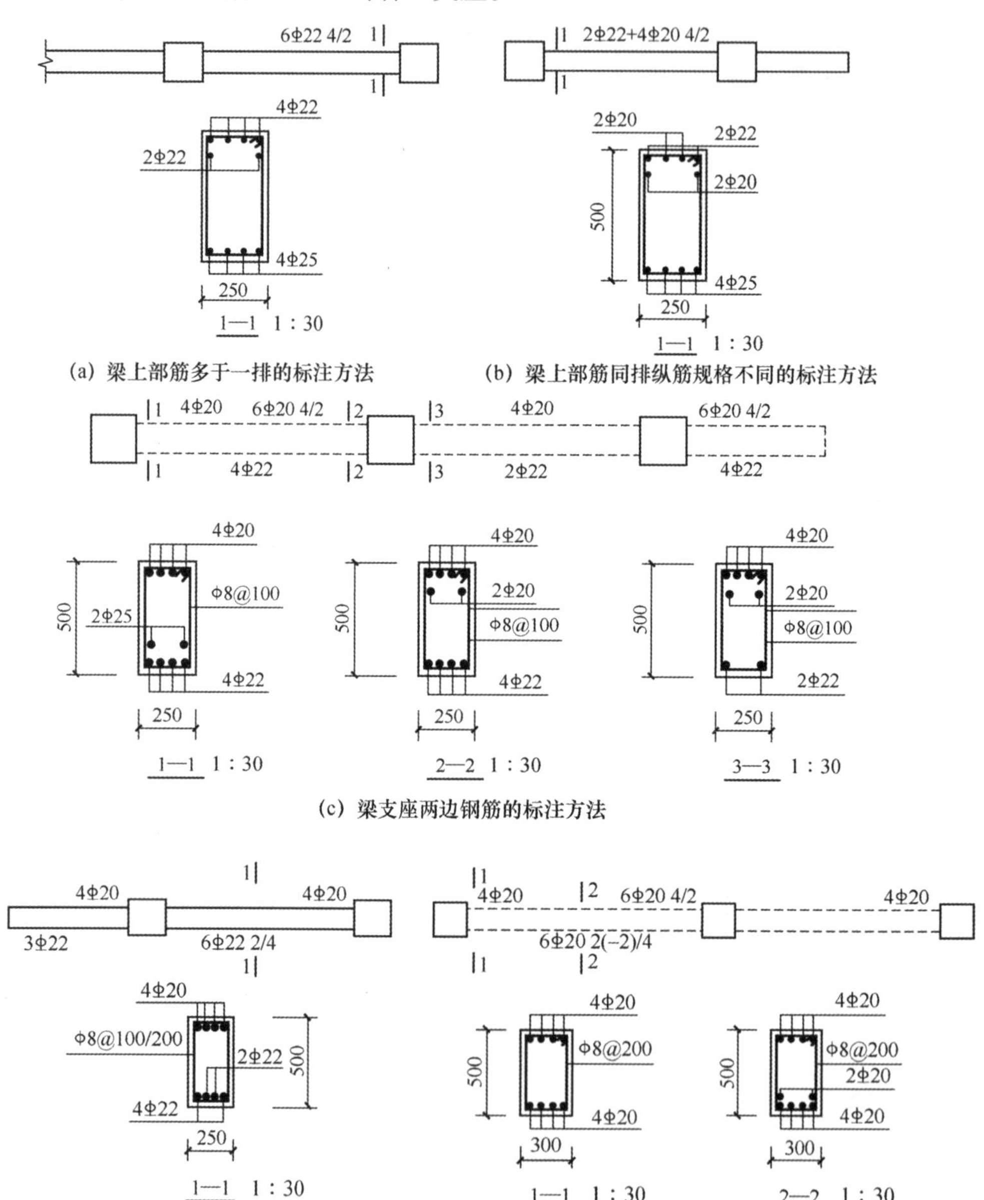

图 3-23 梁的原位标注施工图实例

二、柱施工图识读

示例：某办公楼柱平法施工图如图 3-24 所示。

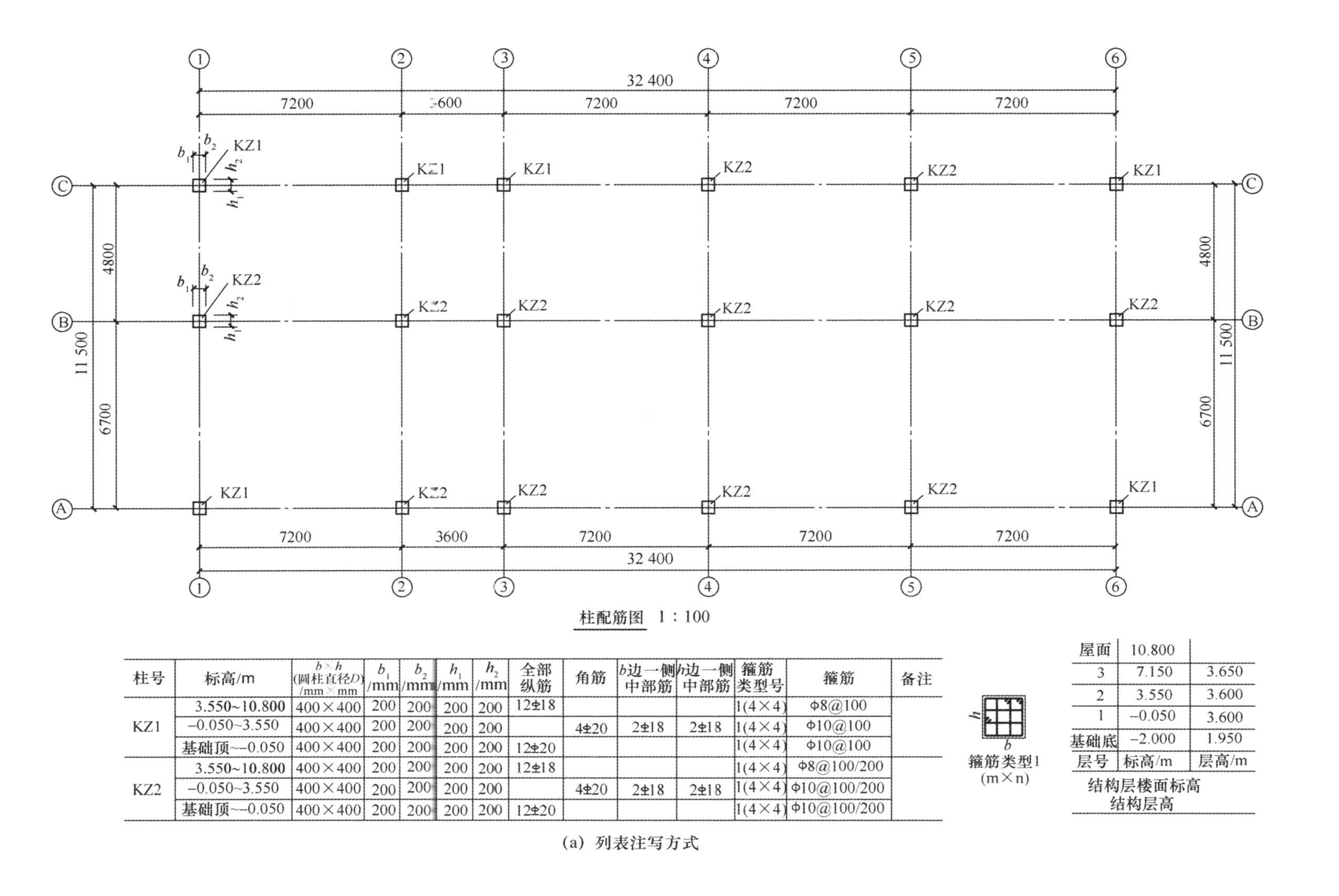

柱配筋图　1∶100

柱号	标高/m	$b\times h$（圆柱直径D）/mm×mm	b_1/mm	b_2/mm	h_1/mm	h_2/mm	全部纵筋	角筋	b边一侧中部筋	h边一侧中部筋	箍筋类型号	箍筋	备注
KZ1	3.550~10.800	400×400	200	200	200	200	12Φ18				1(4×4)	Φ8@100	
	−0.050~3.550	400×400	200	200	200	200		4Φ20	2Φ18	2Φ18	1(4×4)	Φ10@100	
	基础顶~−0.050	400×400	200	200	200	200	12Φ20				1(4×4)	Φ10@100	
KZ2	3.550~10.800	400×400	200	200	200	200	12Φ18				1(4×4)	Φ8@100/200	
	−0.050~3.550	400×400	200	200	200	200		4Φ20	2Φ18	2Φ18	1(4×4)	Φ10@100/200	
	基础顶~−0.050	400×400	200	200	200	200	12Φ20				1(4×4)	Φ10@100/200	

箍筋类型1
(m×n)

层号	标高/m	层高/m
屋面	10.800	
3	7.150	3.650
2	3.550	3.600
1	−0.050	3.600
基础底	−2.000	1.950

结构层楼面标高
结构层高

（a）列表注写方式

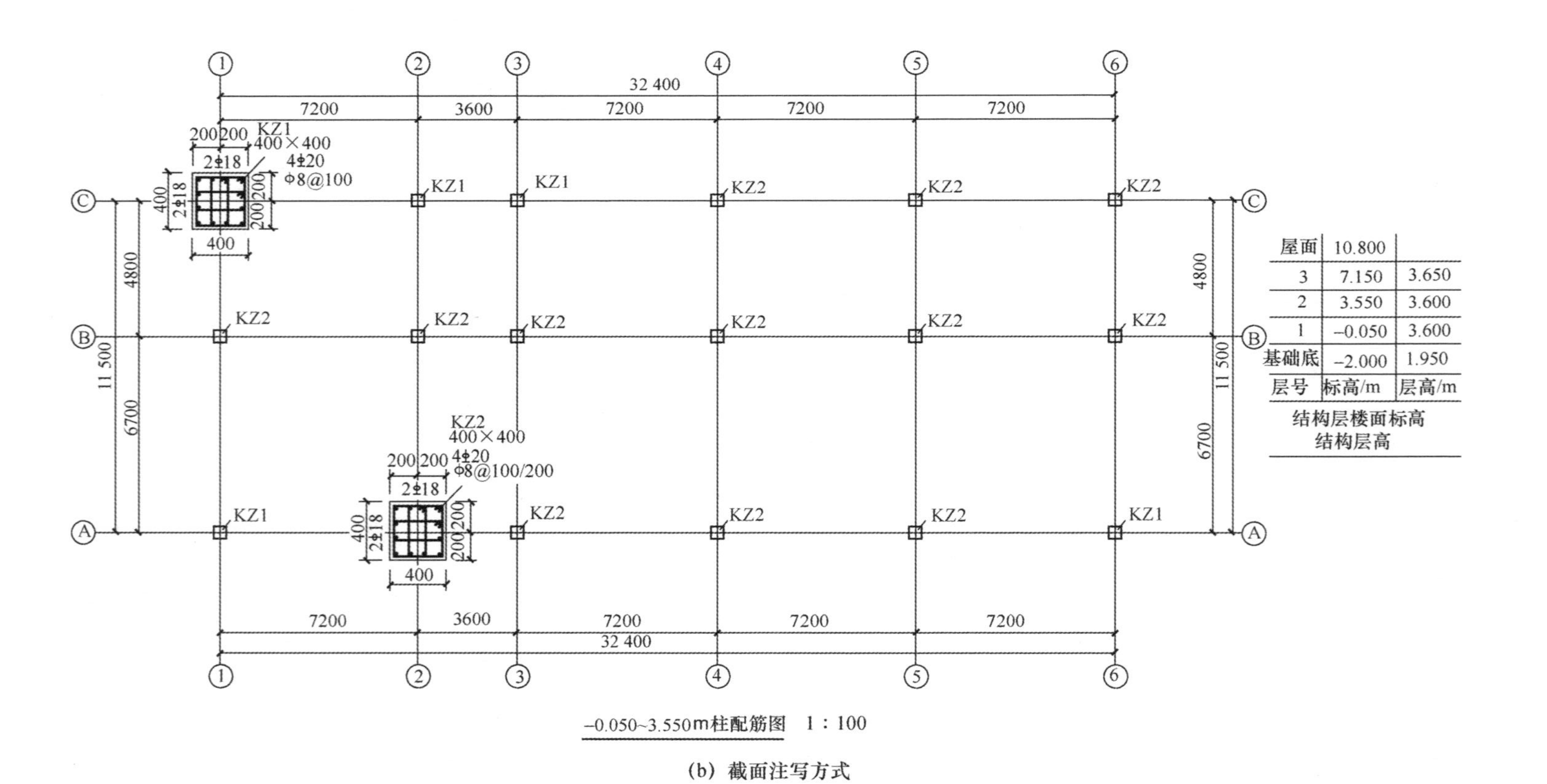

屋面	10.800	
3	7.150	3.650
2	3.550	3.600
1	-0.050	3.600
基础底	-2.000	1.950
层号	标高/m	层高/m

结构层楼面标高
结构层高

-0.050~3.550m柱配筋图　1∶100

（b）截面注写方式

图 3-24　某办公楼柱平法施工图

1）图 3-24（a）采用列表注写方式表示某办公楼框架柱平法施工图，该办公楼框架柱共有两种：KZ1 和 KZ2，而且 KZ1 和 KZ2 的纵筋相同，仅箍筋不同。

2）图 3-24（a）显示纵筋均分为三段，第一段从基础顶到标高 -0.050 m，纵筋为 12Φ20；第二段为标高 -0.050 m 到 3.550 m，即第一层的框架柱，纵筋为角筋 4Φ20，每边中部 2 Φ 18；第三段为标高 3.550 m 到 10.800 m，即二、三层框架柱，纵筋为 12Φ18。

3）图 3-24（a）显示不同标高箍筋不同，KZ1 箍筋：标高 3.550 m 以下为 Φ10@100，标高 3.550 m 以上为 Φ8@100。KZ2 箍筋为：标高 3.550 m 以下为 Φ10@100/200，标高 3.550 m 以上为 Φ8@100/200。它们的箍筋形式均为类型 1，箍筋肢数为 4 × 4。

4）图 3-24（b）采用断面注写方式表示柱配筋图，表示的是从标高 -0.050 m 到 3.550 m 的框架柱配筋图，即一层的柱配筋图。

5）图 3-24（b）中共有两种框架柱，即 KZ1 和 KZ2，它们的断面尺寸相同，均为 400 mm × 400 mm，它们与定位轴线的关系均为轴线居中。

6）图 3-24（b）中框架柱的纵筋相同，角筋均为 4 Φ 20，每边中部钢筋均为 2 Φ 18，KZ1 箍筋为 Φ8@100，KZ2 箍筋为 Φ8@100/200。

第四章

钢结构施工图识读

第一节　钢结构施工图基础知识

一、钢结构的表示方法

1. 常用焊缝的表示方法

焊接钢构件的焊缝除应按《焊缝符号表示法》(GB/T 324—2008)有关规定执行外，还应符合下述规定。

(1)单面焊缝的标注方法应符合下列规定：

①当箭头指向焊缝所在的一面时，应将图形符号和尺寸标注在横线的上方，如图 4-1(a)所示；当箭头指向焊缝所在另一面(相对应的那面)时，应将图形符号和尺寸标注在横线的下方，如图 4-1(b)所示。

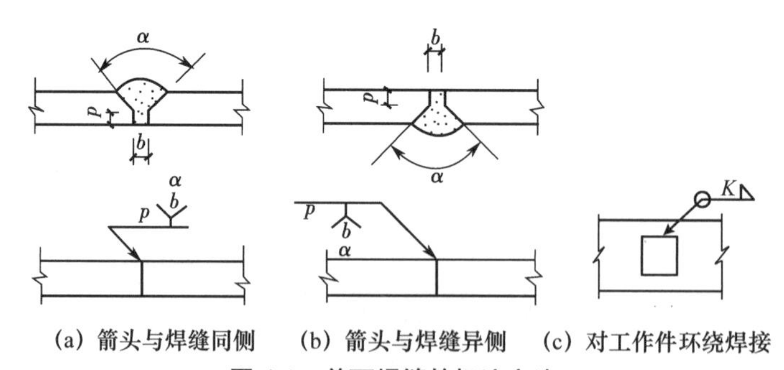

(a) 箭头与焊缝同侧　(b) 箭头与焊缝异侧　(c) 对工作件环绕焊接

图 4-1　单面焊缝的标注方法

②表示环绕工作件周围的焊缝时，应按图 4-1(c)所示标注，其围焊焊缝符号为圆圈，绘在引出线的转折处，并标注焊角尺寸 K。

(2)双面焊缝的标注应在横线的上、下都标注符号和尺寸。上方表示箭头一面的符号和尺寸，下方表示另一面的符号和尺寸，如图 4-2(a)所示；当两面的焊缝尺寸相同时，只需在横线上方标注焊缝的符号和尺寸，如图 4-2(b)、(c)、(d)所示。

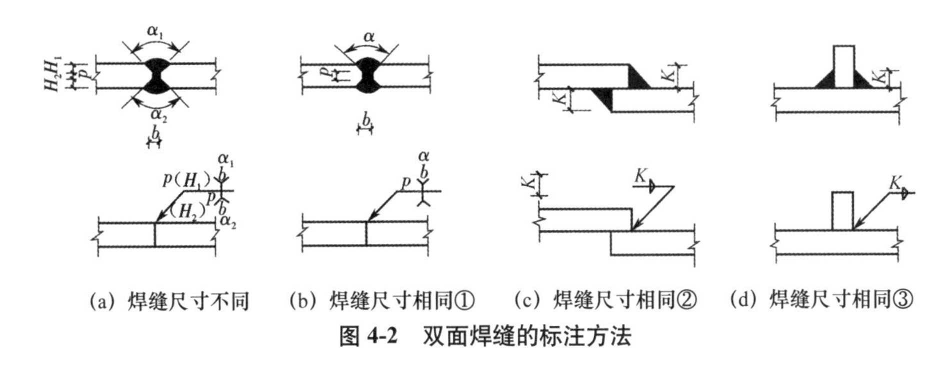

(a) 焊缝尺寸不同　(b) 焊缝尺寸相同①　(c) 焊缝尺寸相同②　(d) 焊缝尺寸相同③

图 4-2　双面焊缝的标注方法

（3）3 个和 3 个以上的焊件相互焊接的焊缝，不得作为双面焊缝标注。其焊缝符号和尺寸应分别标注，如图 4-3 所示。

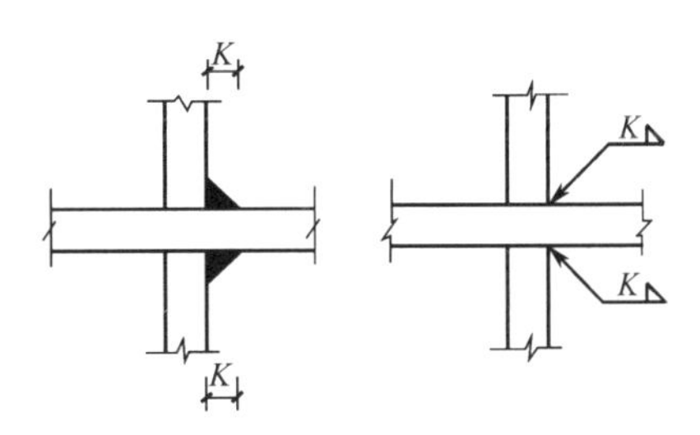

图 4-3　3 个及以上焊件的焊缝标注方法

（4）相互焊接的 2 个焊件中。当只有一个焊件带坡口时（如单面 V 形），引出线箭头必须指向带坡口的焊件，如图 4-4 所示。

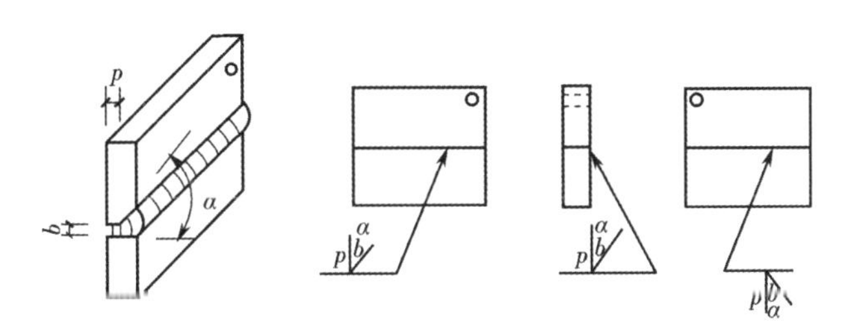

图 4-4　一个焊件带坡口的焊缝标注方法

（5）相互焊接的 2 个焊件，当为单面带双边不对称坡口焊缝时，应按图 4-5 所示，引出线箭头应指向较大坡口的焊件。

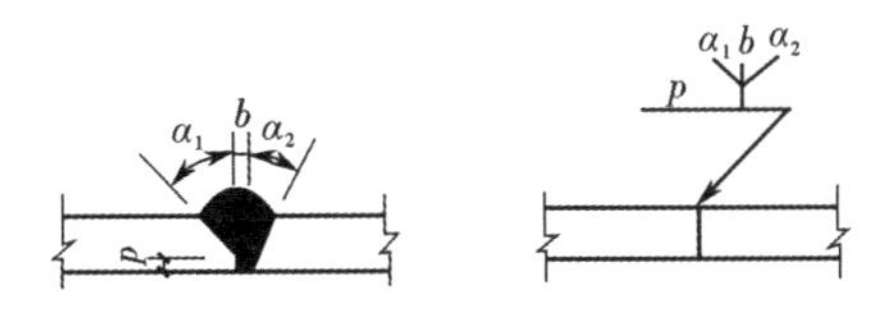

图 4-5　不对称坡口焊缝的标注方法

（6）当焊缝分布不规则时，在标注焊缝符号的同时，可按图 4-6 所示，宜在焊缝处加中实线（表示可见焊缝），或加细栅线（表示不可见焊缝）。

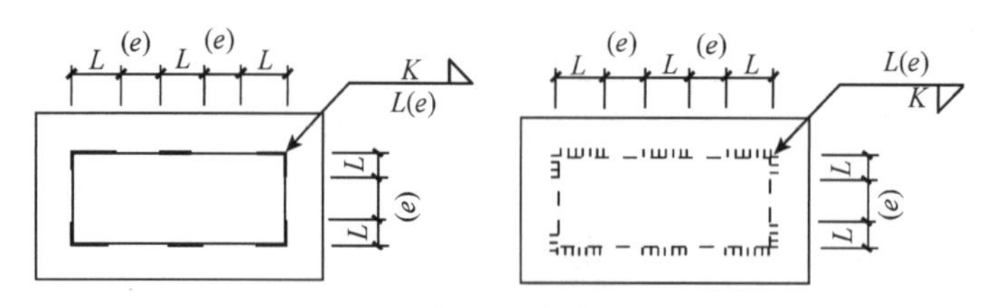

图 4-6　不规则焊缝的标注方法

（7）相同焊缝应按下列方法标注：

①在同一图形上，当焊缝形式、断面尺寸和辅助要求均相同时，应按图 4-7（a）所示，选择一处标注焊缝的符号和尺寸，并加注“相同焊缝符号”，相同焊缝符号为 3/4 圆弧，绘在引出线的转折处。

②在同一图形上，当有数种相同的焊缝时，宜按图 4-7（b）所示，将焊缝分类编号标注。在同一类焊缝中可选择一处标注焊缝符号和尺寸。分类编号采用大写的拉丁字母 A、B、C。

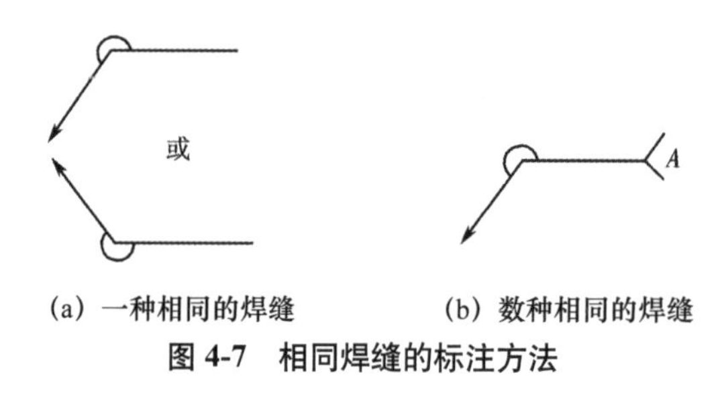

（a）一种相同的焊缝　　（b）数种相同的焊缝

图 4-7　相同焊缝的标注方法

（8）需要在施工现场进行焊接的焊件焊缝，应按图 4-8 所示标注“现场焊缝”符号。现场焊缝符号为涂黑的三角形旗号，绘在引出线的转折处。

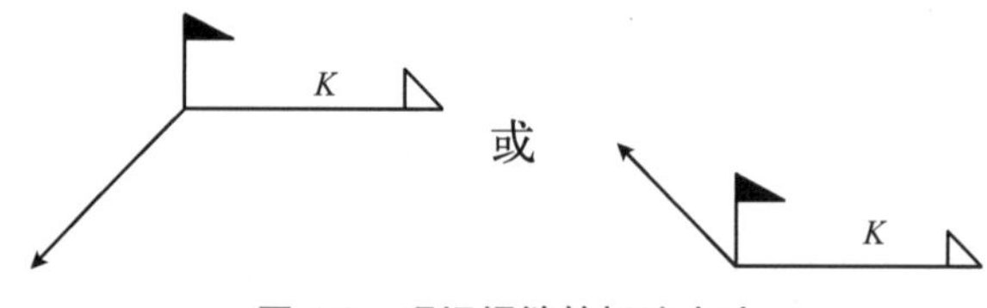

图 4-8　现场焊缝的标注方法

（9）当需要标注的焊缝能够用文字表述清楚时，也可采用文字表达的方式。

2. 尺寸标注

（1）两构件的两条很近的重心线，应按图 4-9 所示在交汇处将其各自向外错开。

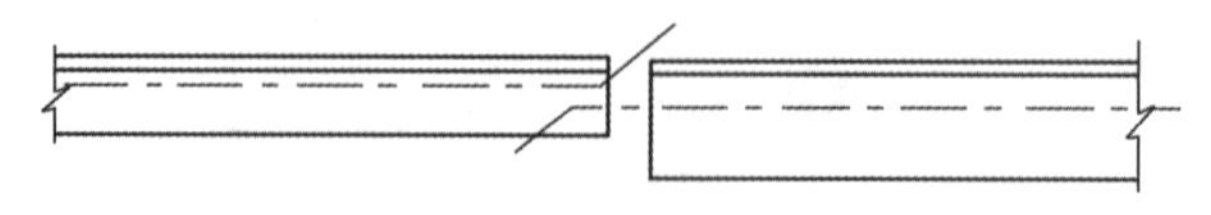

图 4-9　两构件重心不重合的表示方法

（2）弯曲构件的尺寸应按图 4-10 所示沿其弧度的曲线标注弧的轴线长度。

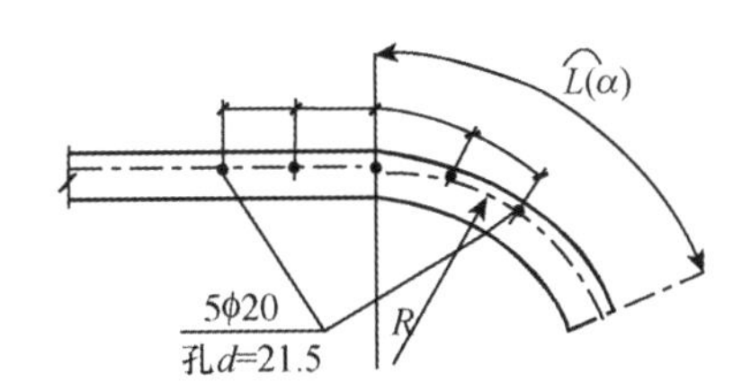

图 4-10　弯曲构件尺寸的标注方法

（3）切割的板材，应按图 4-11 所示标注各线段的长度及位置。

（4）不等边角钢构件，应按图 4-12 所示标注出角钢一肢的尺寸。

（5）节点尺寸的标注，应按图 4-12、图 4-13 所示，注明节点板的尺寸和各杆件螺栓孔中心或中心距，以及杆件端部至几何中心线交点的距离。

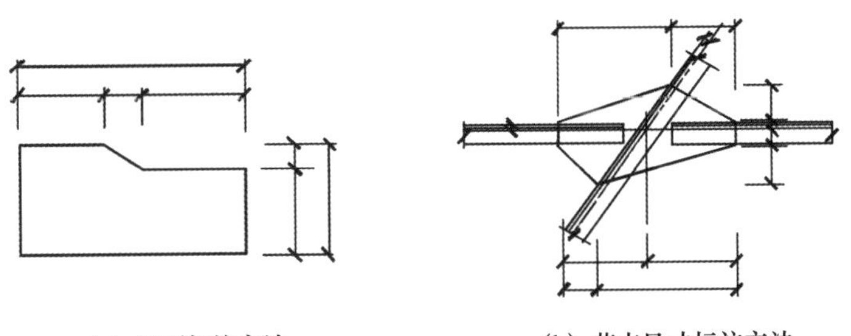

(a) 平面标注方法　　(b) 节点尺寸标注方法

图 4-11　切割板材尺寸的标注方法

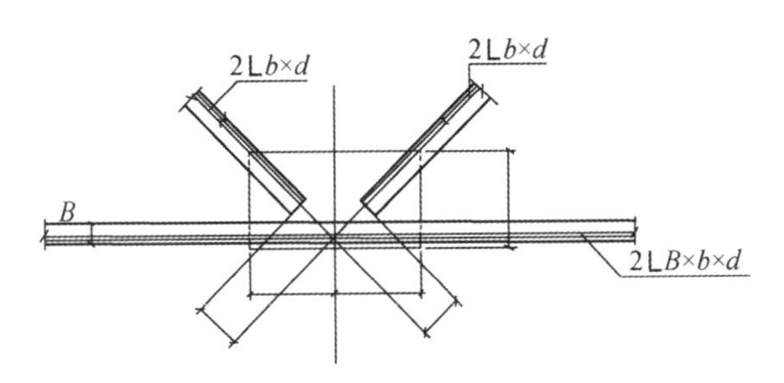

图 4-12　节点尺寸及不等边角钢的标注方法

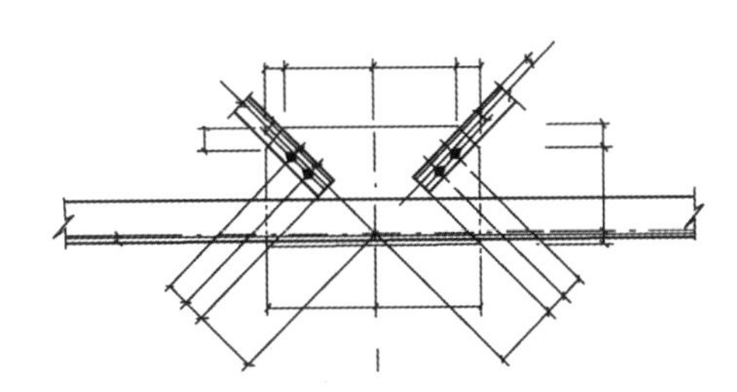

图 4-13　节点尺寸的标注方法

（6）双型钢组合截面的构件，应按图 4-14 所示注明缀板的数量及尺寸。引出横线上方标注缀板的数量及缀板的宽度、厚度，引出横线下方标注缀板的长度尺寸。

（7）非焊接的节点板，应按图 4-15 所示注明节点板的尺寸和螺栓孔中心与几何中心线交点的距离。

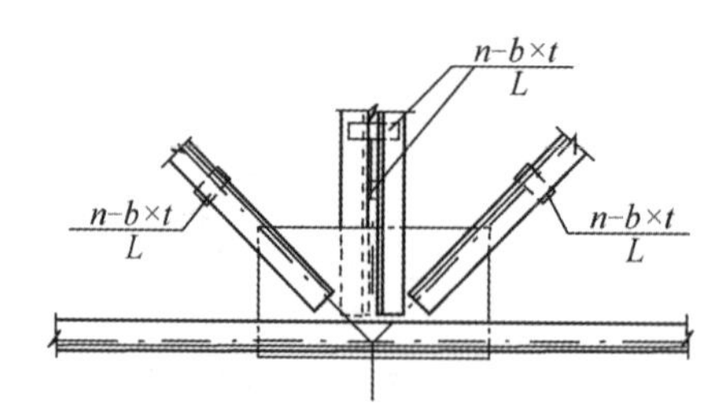

图 4-14　缀板的标注方法

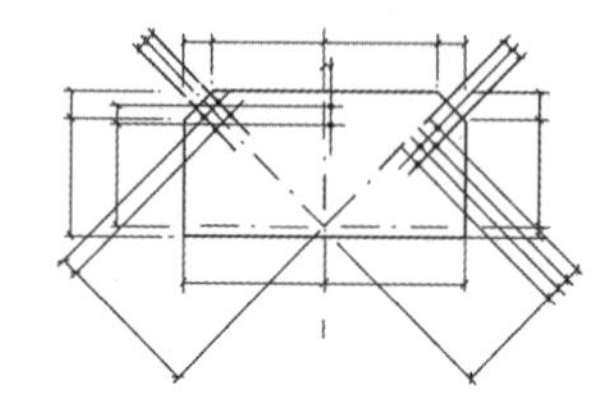

图 4-15　非焊接节点板尺寸的标注方法

3. 钢结构制图的一般要求

（1）钢结构布置图可采用单线表示法、复线表示法及单线加短构件表示法，并应符合下列规定：

①单线表示时，应使用构件重心线（细点画线）定位，构件采用中实线表示；非对称截面应在图中注明截面摆放方式。

②复线表示时，应使用构件重心线（细点画线）定位，使用细实线表示构件外轮廓，细虚线表示构件腹板或肢板。

③单线加短构件表示时，应使用构件重心线（细点画线）定位，构件采用中实线表示；短构件使用细实线表示外轮廓，细虚线表示腹板或肢板；短构件长度一般为构件实际长度的 1/3 ～ 1/2。

④为方便表示，非对称截面可采用外轮廓线定位。

（2）构件断面可采用原位标注或编号后集中标注的方法，并应符合下列规定：

①平面图中主要标注内容为梁、水平支撑、栏杆、铺板等平面构件。

②剖、立面图中主要标注内容为柱、支撑等竖向构件。

（3）构件连接应根据设计深度的不同要求，采用如下表示方法：

①制造图的表示方法，要求有构件详图及节点详图。

②索引图加节点详图的表示方法。

③标准图集的方法。

4. 复杂节点详图的分解索引

（1）从结构平面图或立面图引出的节点详图较复杂时，可按图 4-16（b）所示，将图 4-16（a）的复杂节点分解成多个简化的节点详图进行索引。

（2）由复杂节点详图分解的多个简化节点详图有部分或全部相同时，可按图 4-17 所示简化标注索引。

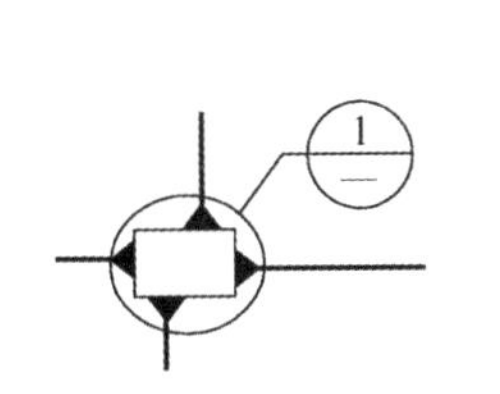

(a) 复杂节点详图的索引

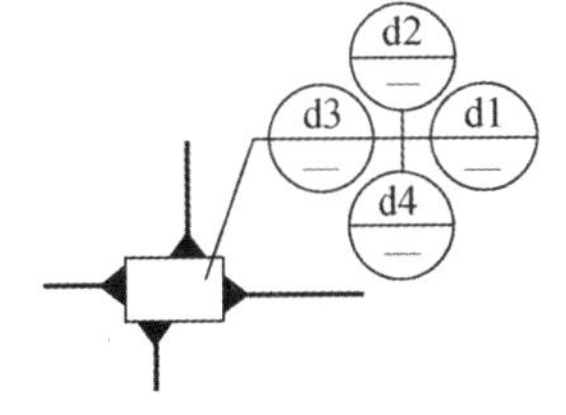

(b) 分解为简化节点详图的索引

图 4-16　节点详图较复杂的索引

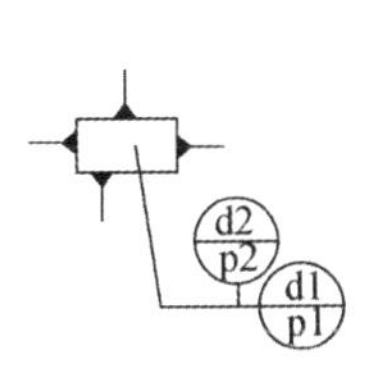

(a) 同方向节点相同

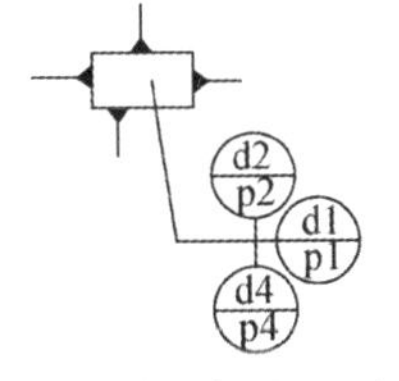

(b) d1与d2相同，d2与d4不同

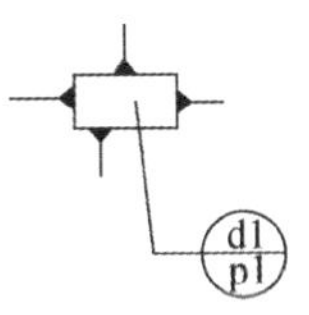

(c) 所有节点相同

图 4-17　节点详图分解索引的简化标注

二、钢结构的结构形式

1. 工业厂房常用的结构形式

工业厂房是指由一系列的平面承重结构通过支撑构件连接而成的空间整体。

这种结构形式的特点是外荷载主要由平面承重结构承担，纵向水平荷载由支撑承受和传递。而常见的平面承重结构有横梁与柱刚接的门式刚架和横梁与柱铰接的排架等。

2. 大跨度房屋的结构形式

（1）网架结构。主要有平板网架、网壳、球状网壳等，这种结构形式目前已经在单层工业房屋中广泛应用。

（2）空间桁（刚）架。目前，经常使用的管桁架结构就属于空间桁架体系，如图 4-18 所示。

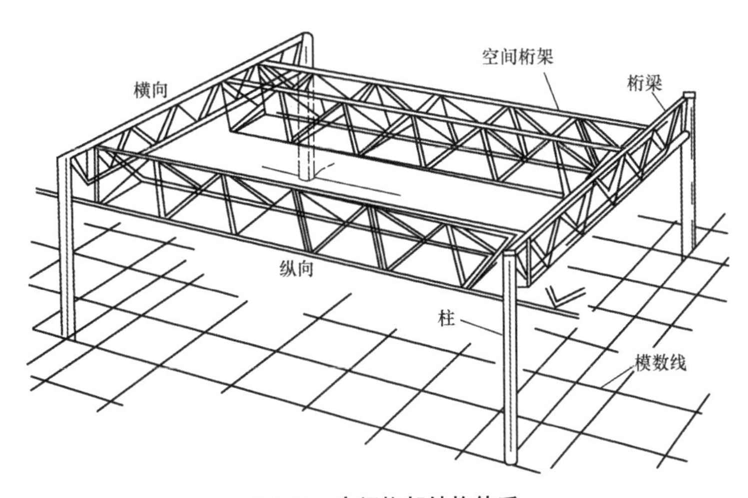

图 4-18　空间桁架结构体系

（3）悬索结构。悬索结构形式多种多样，如图 4-19 所示，为预应力鞍形索网体系。

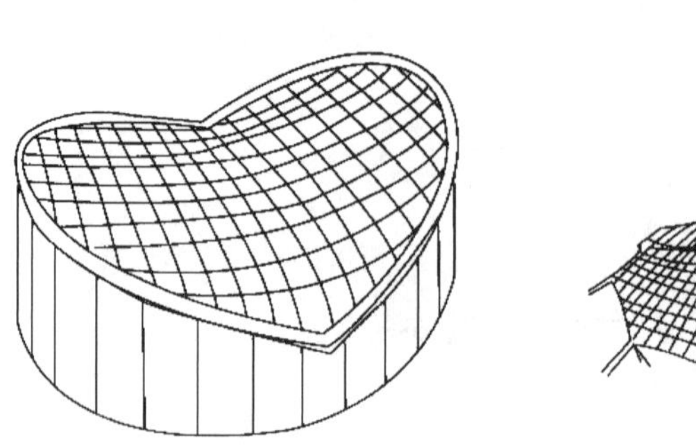
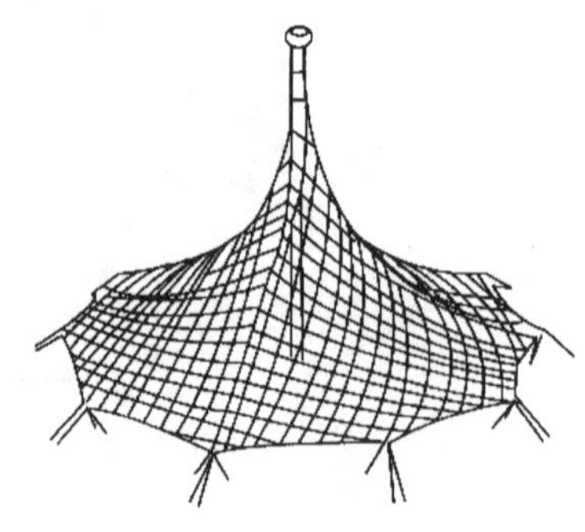

图 4-19　悬索结构

（4）张拉集成结构。张拉集成结构是指少数间断受压构件与一组连续的受拉单元组成的由预应力提供刚度并自支承、自平衡的空间结构体系。此种结构形式可以跨越较大空间，是目前空间结构中跨度最大的结构。

（5）索膜结构。索膜结构由索和膜组成，自重轻，体形灵活多样，多用于大跨度公共建筑。

3. 多层、高层及超高层建筑结构形式

（1）框架结构。梁和柱刚性连接形成多层多跨框架，如图 4-20（a）所示，用以承受竖向和水平荷载。在一般的多层钢结构民用建筑中，采用得较多，它的构造组成与普通的钢筋混凝土刚架结构相似，只是发生了材料的变化。

（2）框架 - 支撑结构。由框架和支撑体系（包括抗剪桁架、剪力墙和核心筒）组成。图 4-20（b）所示为框架 - 抗剪桁架结构。由于钢材的轻质高强，使得钢结构体系的整体刚度较小，从而结构体系和局部构件的水平位移较大。为了控制较大的水平位移，在钢框架结构体系中往往需要增加支撑体系，尤其是在一些钢结构的高层建筑中。

（3）框筒、筒中筒、束筒等筒体结构。如图 4-20（c）所示，为一束筒结构形式。在高层和超高层建筑中，由于建筑物高度的增加，导致建筑物承担的水平荷载增大，从而加大了整个结构体系的水平位移。又因为钢刚架结构体系的自身刚度较小，因此常采用筒体结构来抵抗较大的水平力。筒体的常见形式为钢筋混凝土筒体，在钢结构中还可以采用密布钢柱形成筒体。

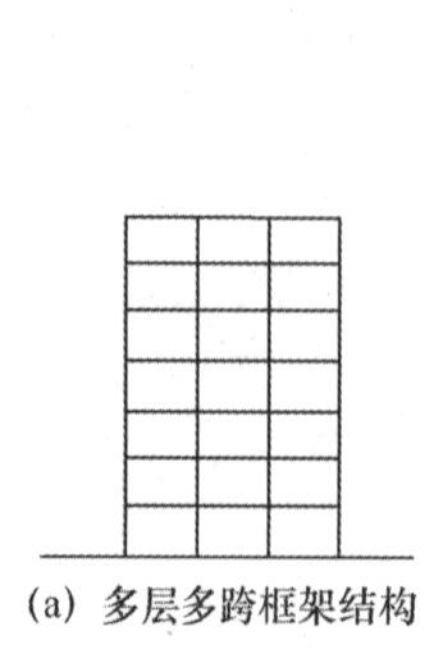

(a) 多层多跨框架结构

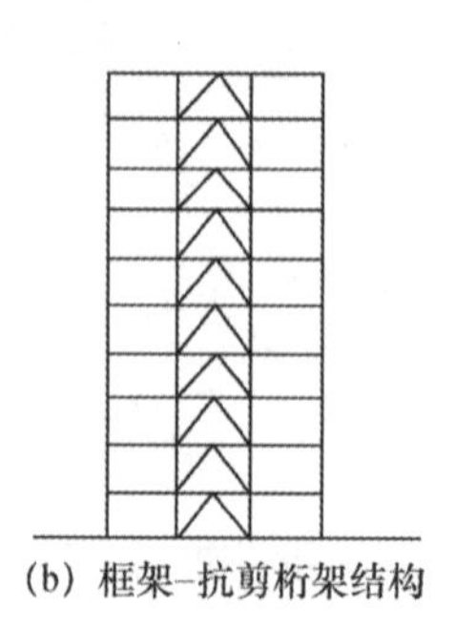

(b) 框架–抗剪桁架结构

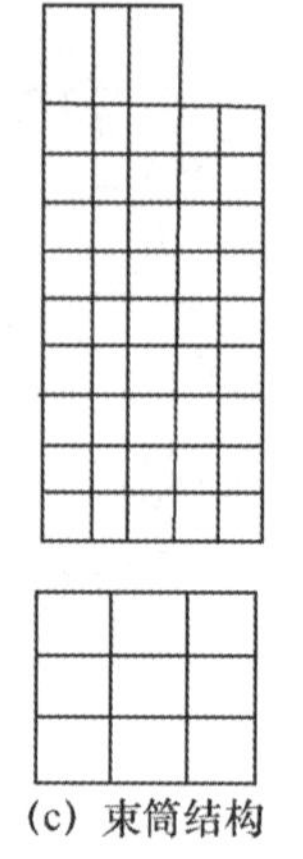

(c) 束筒结构

图 4-20　多层、高层及超高层建筑结构形式

识图小知识

网架的上弦网格数和跨高比

网架形式	钢筋混凝土屋面体系		钢檩条屋面体系	
	网格数	跨高比	网格数	跨高比
正放抽空四角锥网架、两向正交正放网架、正放四角锥网架	（2～4）+0.2L	10～14	（6～8）+0.07L	（13～17）+0.03L
两向正交斜放网架、棋盘形四角锥网架、斜放四角锥网架、星形四角锥网架	（6～8）+0.08L			

注：① L 为网架短向跨度，单位是 m。

② 当跨度在 18 m 以下时，网格数可适当减小。

第二节 门式刚架施工图识读

一、刚架基础施工图识读

轻钢门式刚架厂房结构基础平面图及详图实例如图 4-21 所示。

1）识读基础平面布置图可知，该建筑物的基础为柱下独立基础，共有两种类型，分别为 JC-1 和 JC-2，图中显示出的 JC-1 共 12 个，JC-2 共 2 个。

2）识读基础详图可知，JC-1 的基底尺寸为 1700 × 1200 mm，基础底部的分布筋为直径 8 mm 的 HPB300 级钢筋，受力筋为直径 10 mm 的 HPB300 级钢筋，间距均为 200 mm，基础上短柱的平面尺寸为 550 × 550 mm，短柱的纵筋为 12 根直径为 20 mm 的 HRB335 级钢筋，箍筋为直径 8 mm，间距 200 mm 的 HPB300 级钢筋。

3）识读基础详图可知，JC-2 的基底尺寸为 1600 × 1100 mm，基础底部的分布筋为直径 8 mm 的 HPB300 级钢筋，受力筋为直径 8 mm 的 HPB300 级钢筋，间距均为 200 mm。基础上短柱的平面尺寸为 500 mm × 450 mm，短柱的纵筋为 12 根直径为 20 mm 的 HRB335 级钢筋，箍筋为直径 8 mm，间距 200 mm 的 HPB300 级钢筋。

4）从详图可知，该基础下部设有 100 mm 厚的垫层，基础的底部标高为 −1.55 m。

注意：识读基础平面布置图及其详图时，需要注意图中写出的施工说明，这往往是图中不方便表达的或没有具体表达的部分，因此读图者一定要特别注意，另外，需要注意观察每一个基础与定位轴线的相对位置关系，此处最好一起看一下柱子与定位轴线的关系，从而确定柱子与基础的位置关系，以保证安装的准确性。

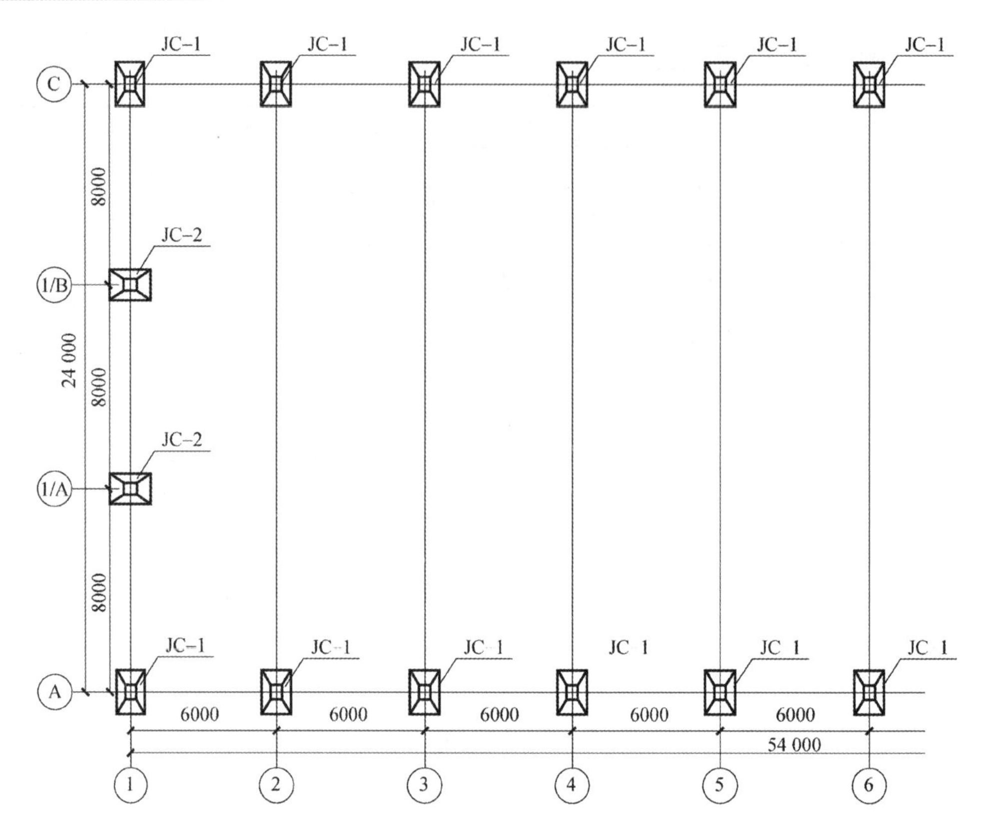

(a) 基础平面布置图 1∶100

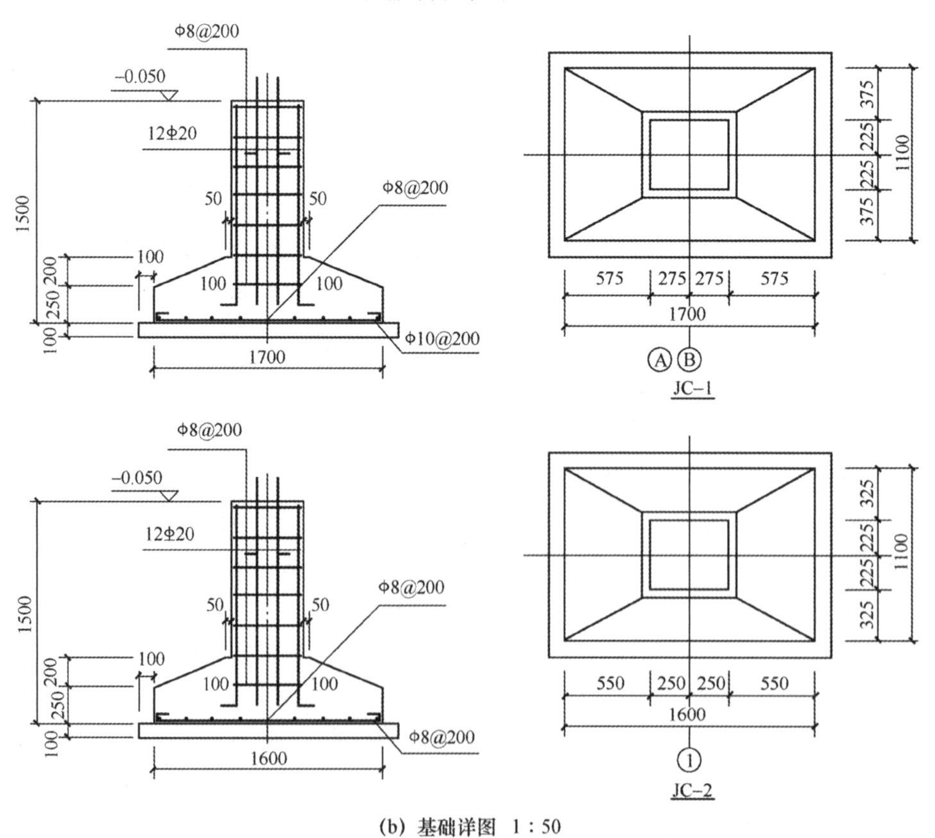

(b) 基础详图 1∶50

图 4-21 轻钢门式刚架厂房结构基础平面图及详图实例

二、柱脚锚栓施工图识读

轻钢门式刚架厂房结构柱脚锚栓布置图如图 4-22 所示。

1）从锚栓平面布置图中可知，共有两种柱脚锚栓形式，分别为刚架柱下的 DJ-1 和抗风柱下的 DJ-2，并且二者的方向是相互垂直的。另外还可以看到纵向轴线和横向轴线都恰好穿过柱脚锚栓群的中心位置，且每个柱脚下都是 4 个锚栓。

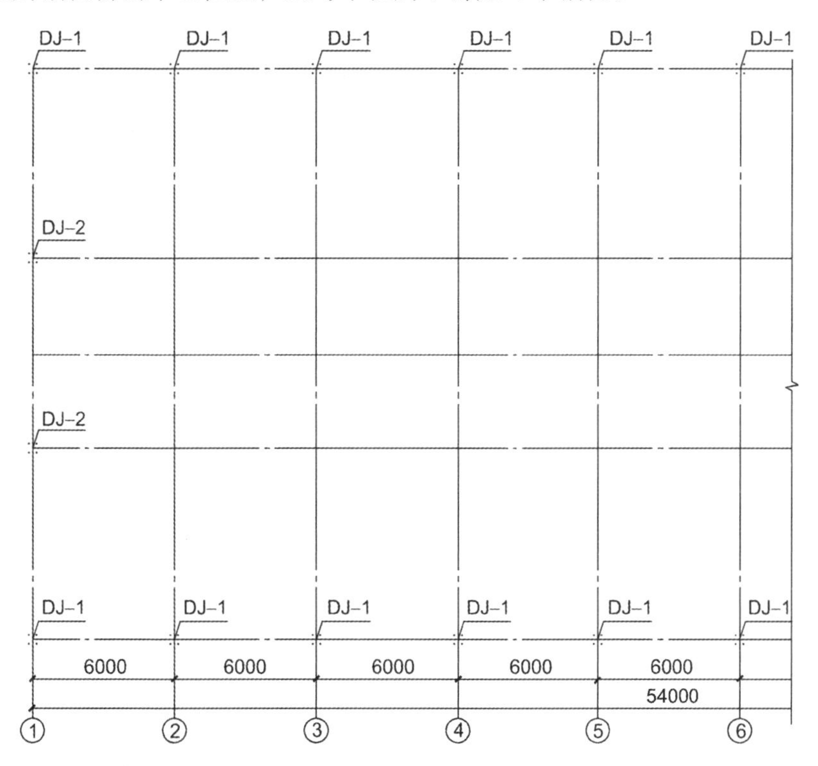

（a）锚栓平面布置图　1∶100

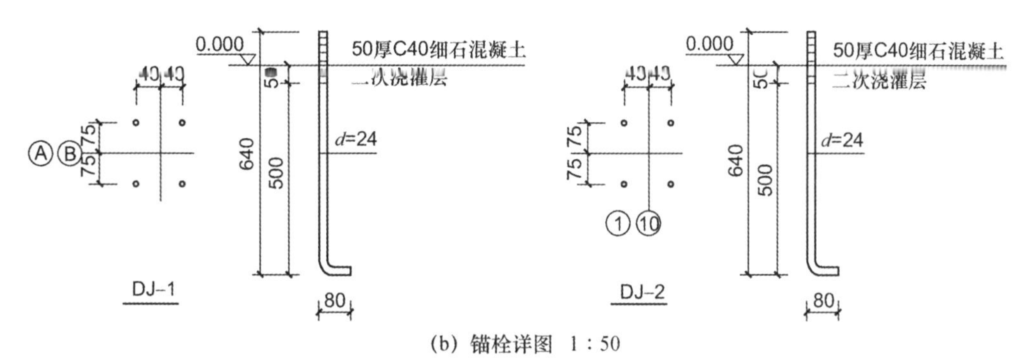

（b）锚栓详图　1∶50

图 4-22　轻钢门式刚架厂房结构柱脚锚栓布置图

2）从锚栓详图中可以看到 DJ-1 和 DJ-2 所用锚栓均为直径 24 mm 的锚栓，锚栓的锚固长度都是在二次浇灌层底面以下 500 mm，柱脚底板的标高为 ±0.000。

3）DJ-1 的锚栓间距为沿纵向轴线为 150 mm，沿横向定位轴线的距离为 86 mm，DJ-2 的锚栓间距为沿纵向轴线为 100 mm，沿横向定位轴线的距离为 100 mm。

三、支撑布置图识读

轻钢门式刚架厂房结构支撑布置图如图 4-23 所示。

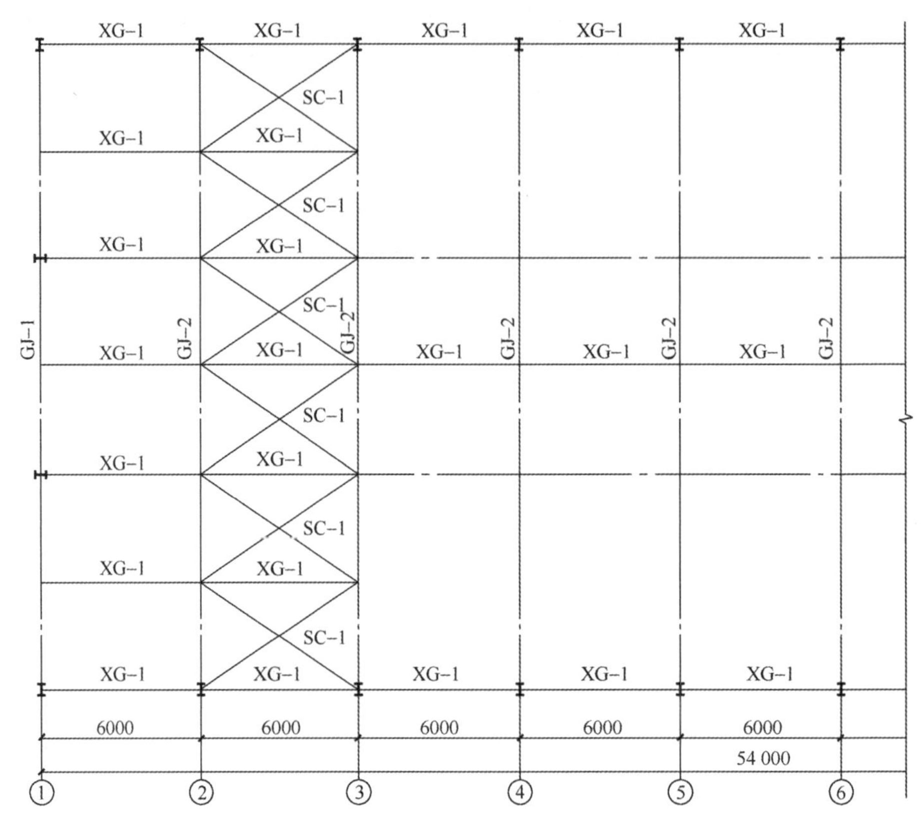

(a) 屋面结构布置图 1 : 100

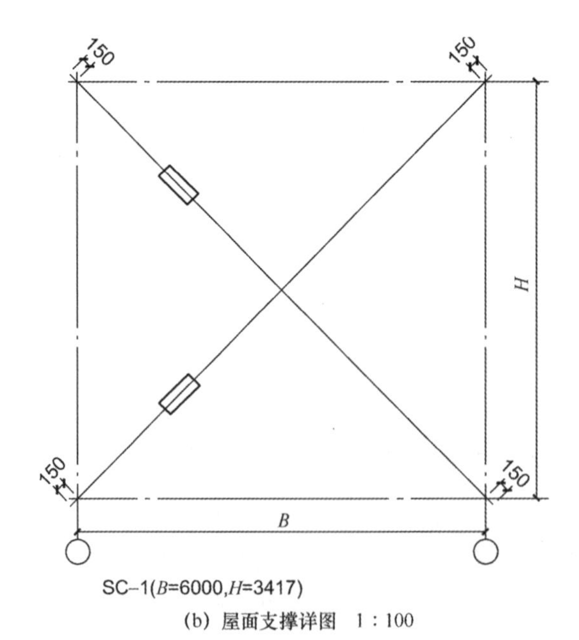

(b) 屋面支撑详图 1 : 100

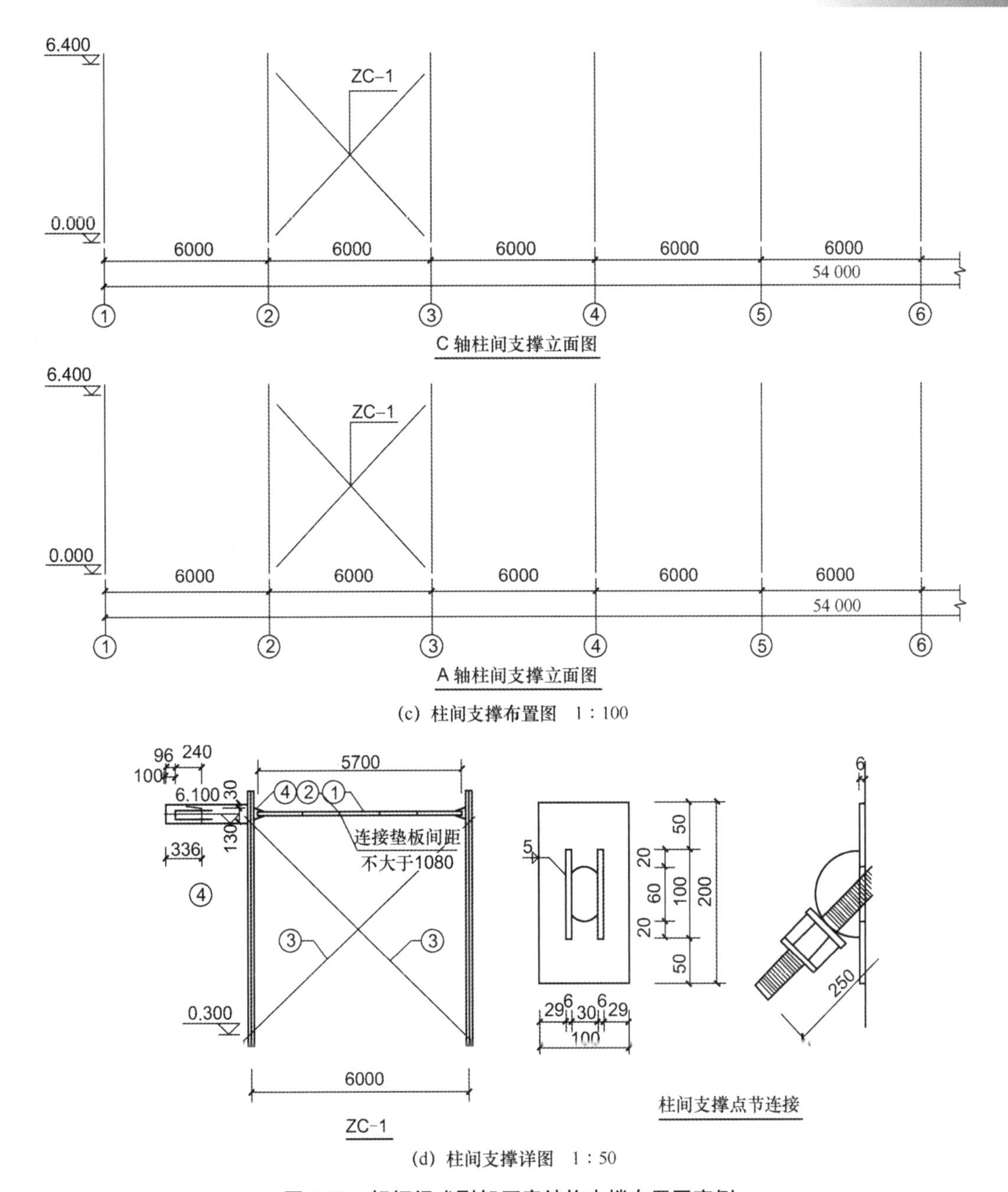

(c) 柱间支撑布置图　1 : 100

(d) 柱间支撑详图　1 : 50

图 4-23　轻钢门式刚架厂房结构支撑布置图实例

1）从图 4-23 中可知，屋面支撑（SC-1）和柱间支撑（ZC-1）均设置在第二个开间，即②～③轴线间。

2）在每个开间内柱间支撑只设置了一道，而屋面支撑每个开间内设置了 6 道支撑，主要是为了能够使支撑的角度接近 45°。

3）从柱间支撑详图中可知，柱间支撑的下标高为 0.300 m，柱间支撑的顶部标高为 6.400 m，而每道屋面支撑在进深方向的尺寸为 3417 mm。

四、檩条布置图识读

轻钢门式刚架厂房结构檩条布置图实例如图 4-24 所示。

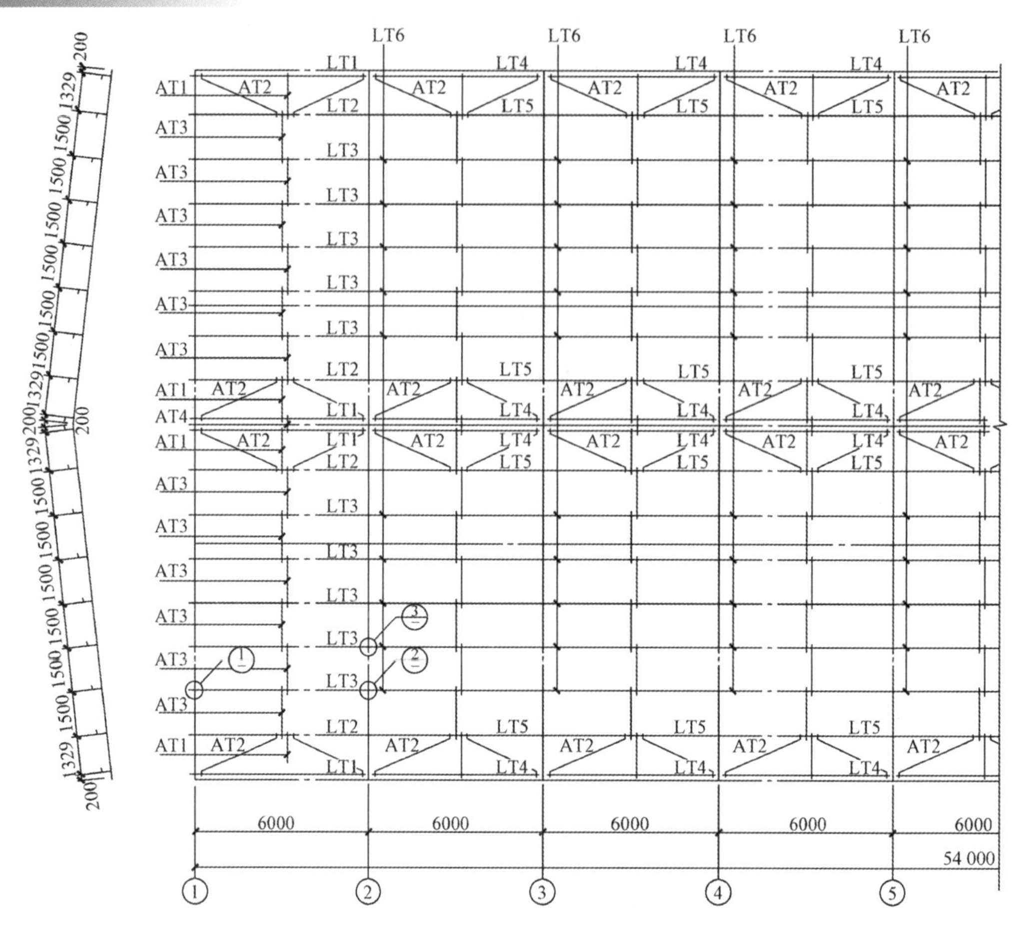

(a) 屋面檩条布置图 1：100

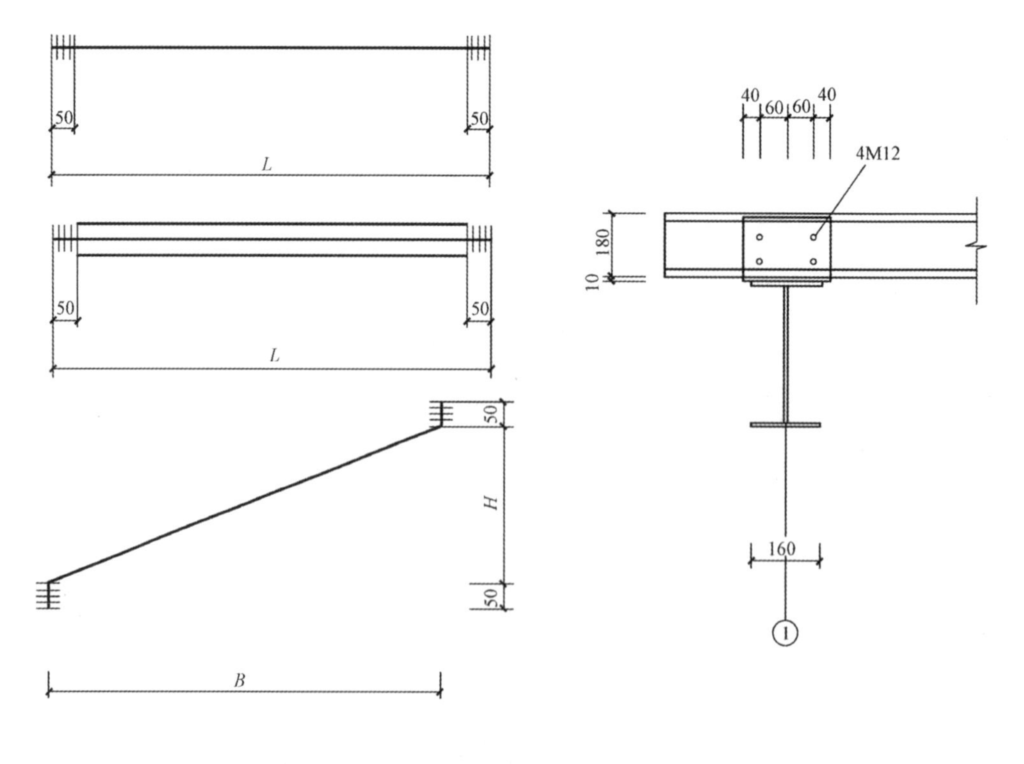

(b) 檩条与钢架梁的连接 1：100

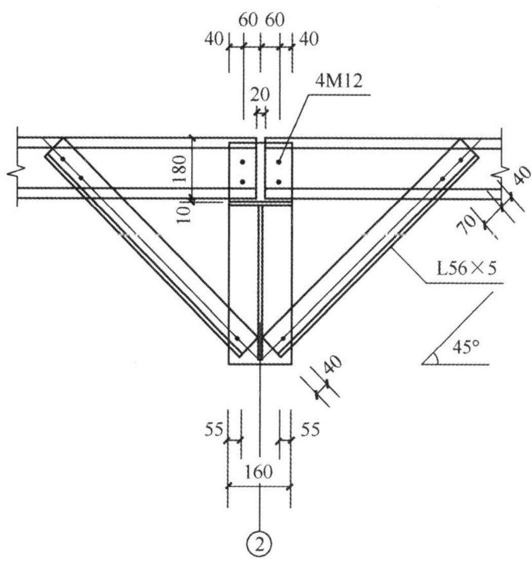

(c) 檩条隅撑节点图　1 : 100

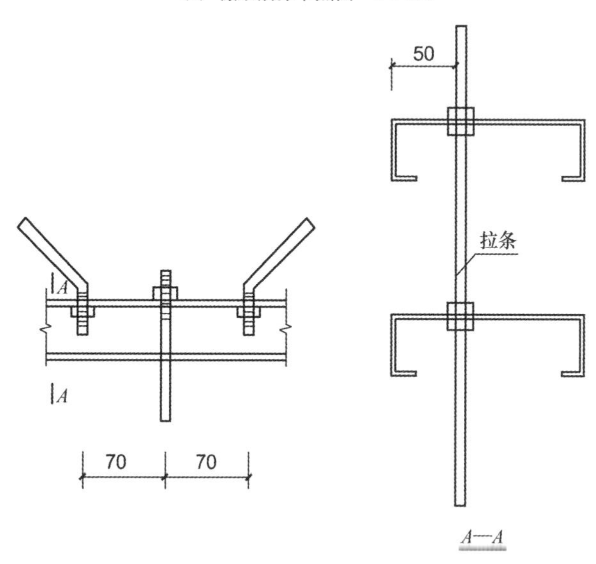

(d) 拉条与檩条的连接　1 : 100

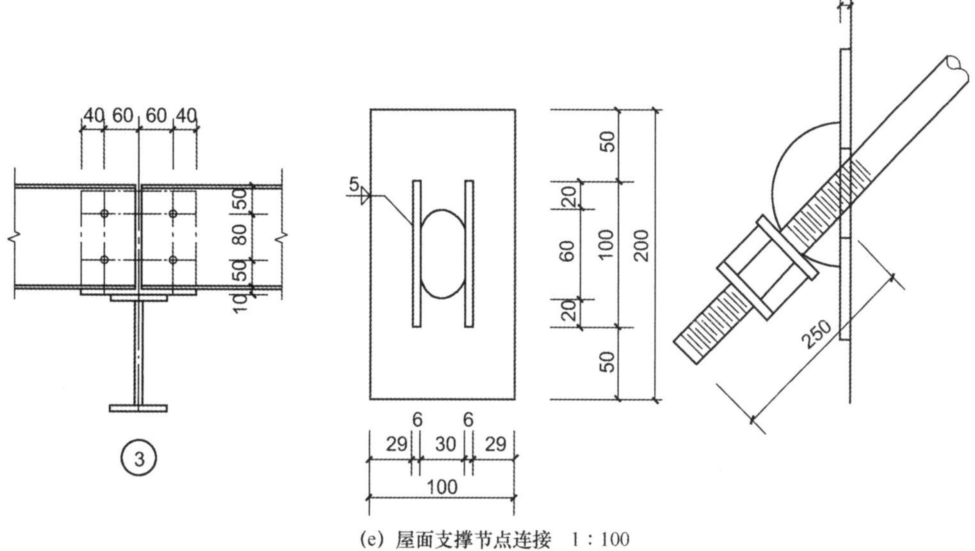

(e) 屋面支撑节点连接　1 : 100

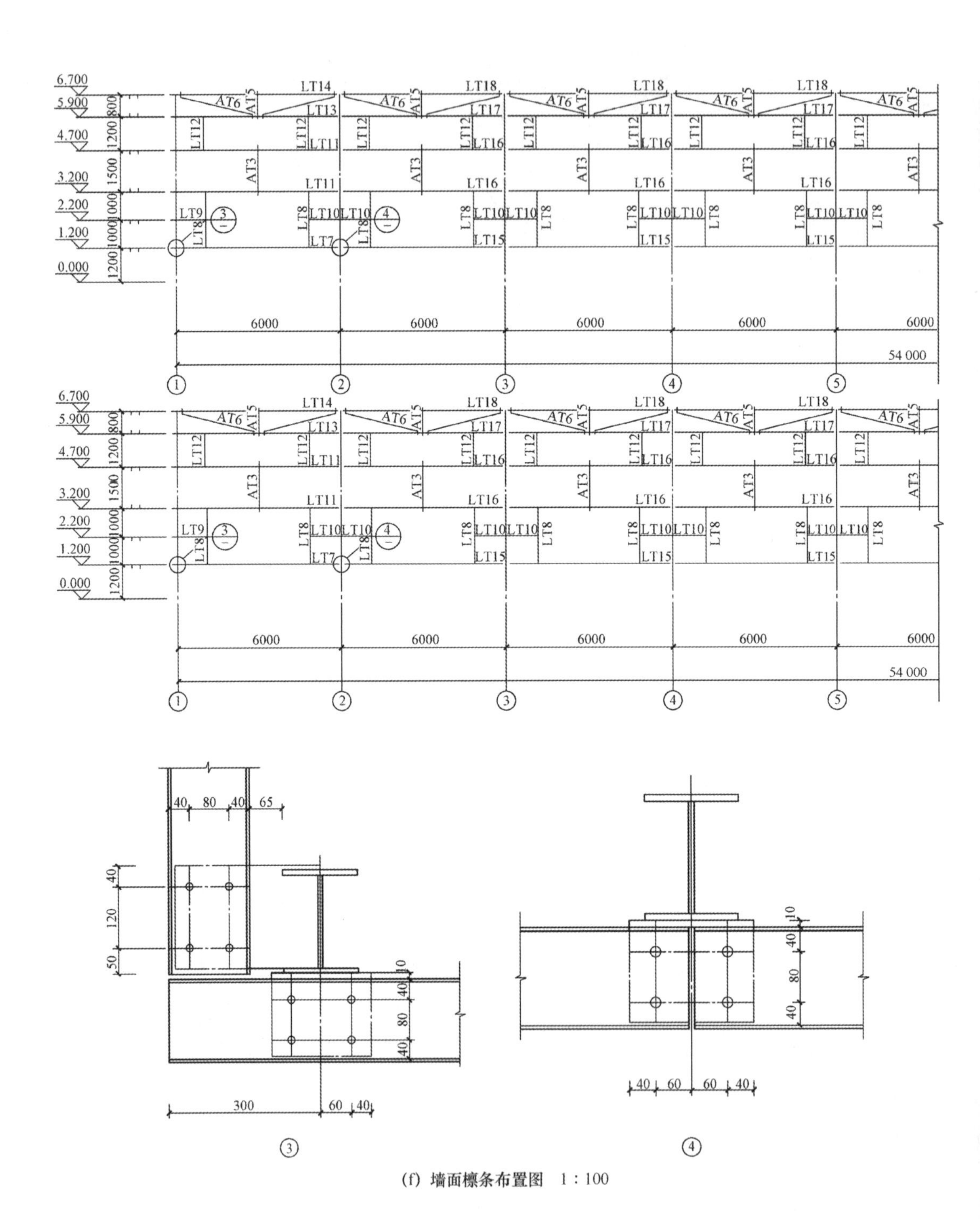

(f) 墙面檩条布置图 1∶100

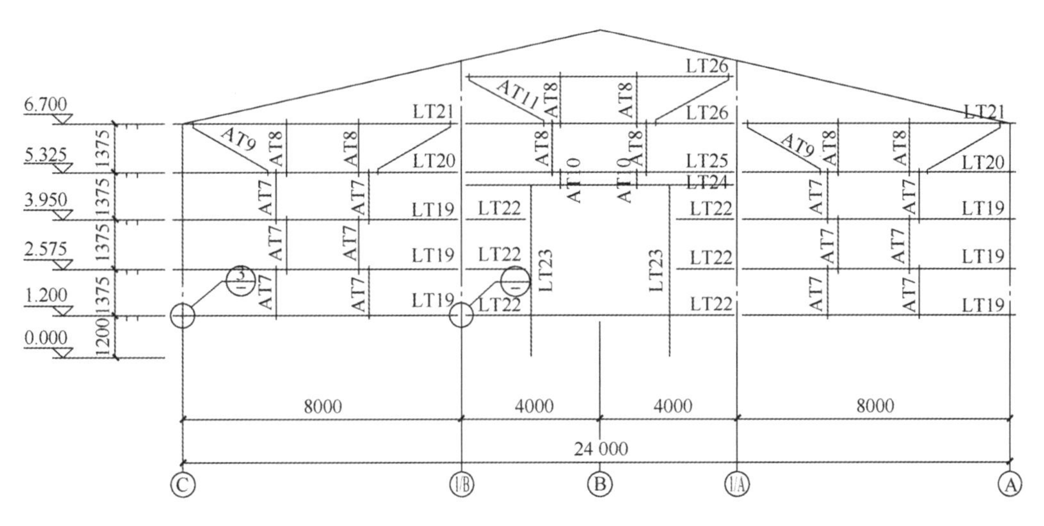

(g) 山墙檩条布置图　1：100

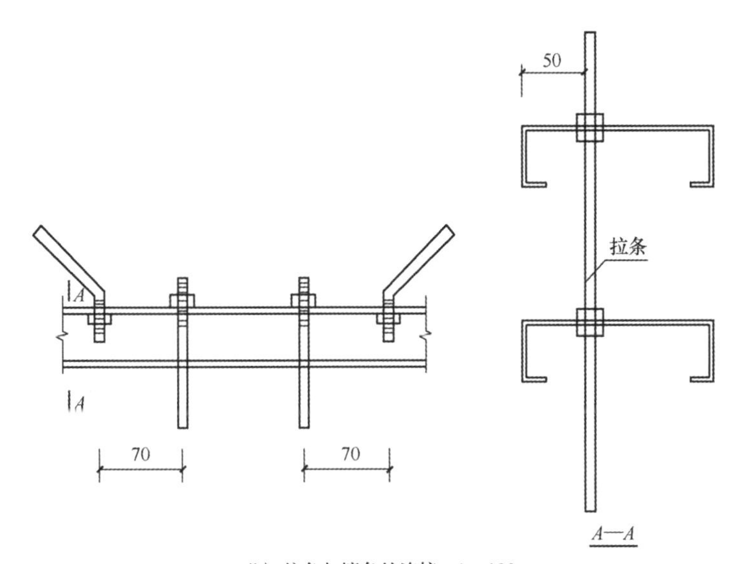

(h) 拉条与檩条的连接　1：100

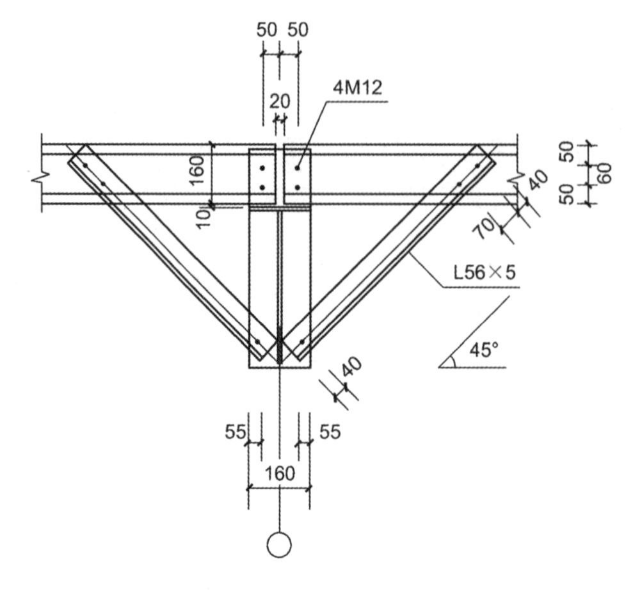

(i) 墙梁隅撑节点图 1 : 50

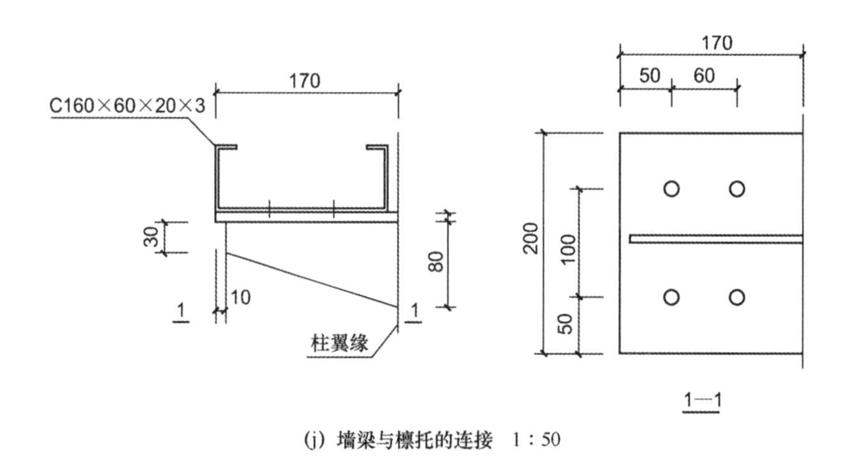

(j) 墙梁与檩托的连接 1 : 50

图 4-24 轻钢门式刚架厂房结构檩条布置图实例

1）图中檩条采用 LT×（×为编号）表示，直拉条和斜拉条都采用 AT×（×为编号）表示，隅撑采用 YC×（×为编号）表示，这也是较为通用的一种做法。

2）要清楚每种檩条的所在位置和截面做法，檩条的位置主要根据檩条布置图上标注的间距尺寸和轴线来判断，尤其要注意墙面檩条布置图，由于门窗的开设使得墙梁的间距很不规则，至于截面可以根据编号到材料表中查询。

3）结合详图弄清檩条与刚架的连接构造、檩条与拉条连接构造、隅撑的做法等内容。

五、主刚架图、节点详图识读

轻钢门式刚架厂房结构主刚架图及节点详图实例如图 4-25 所示。

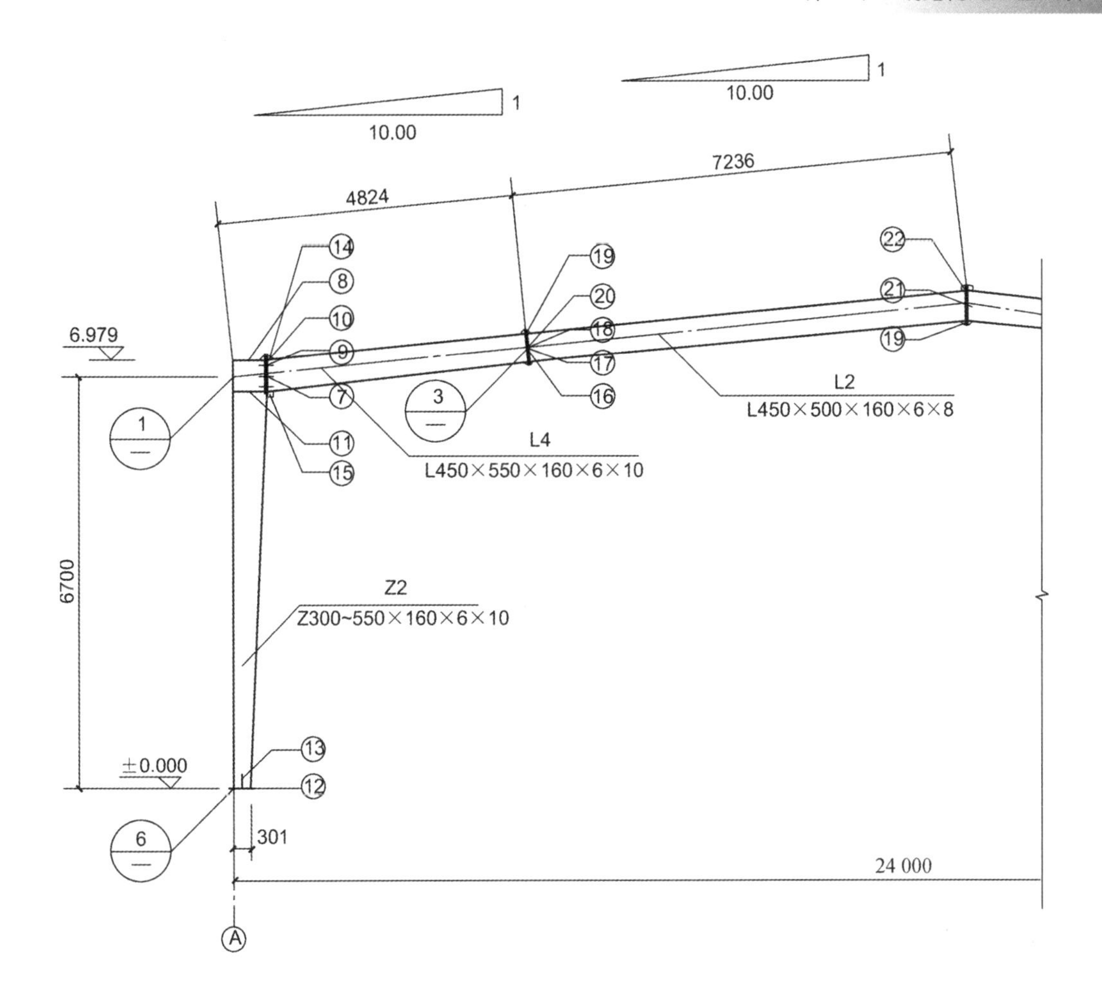

(a) 主刚架图　1：50

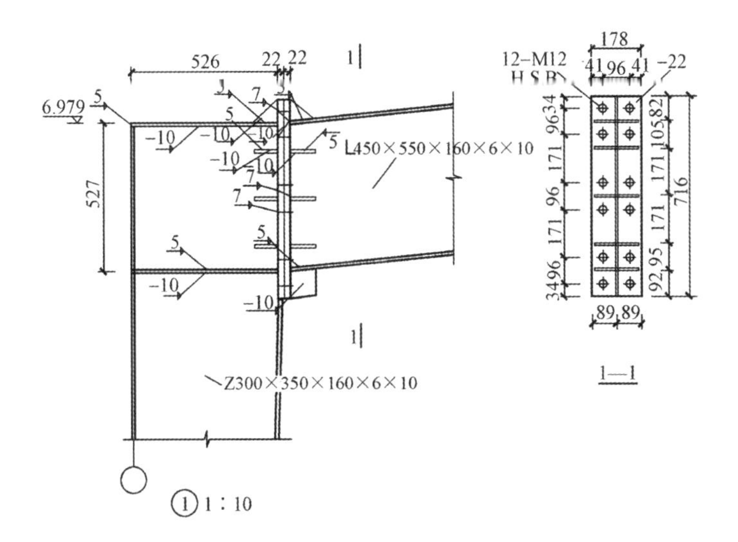

①1：10

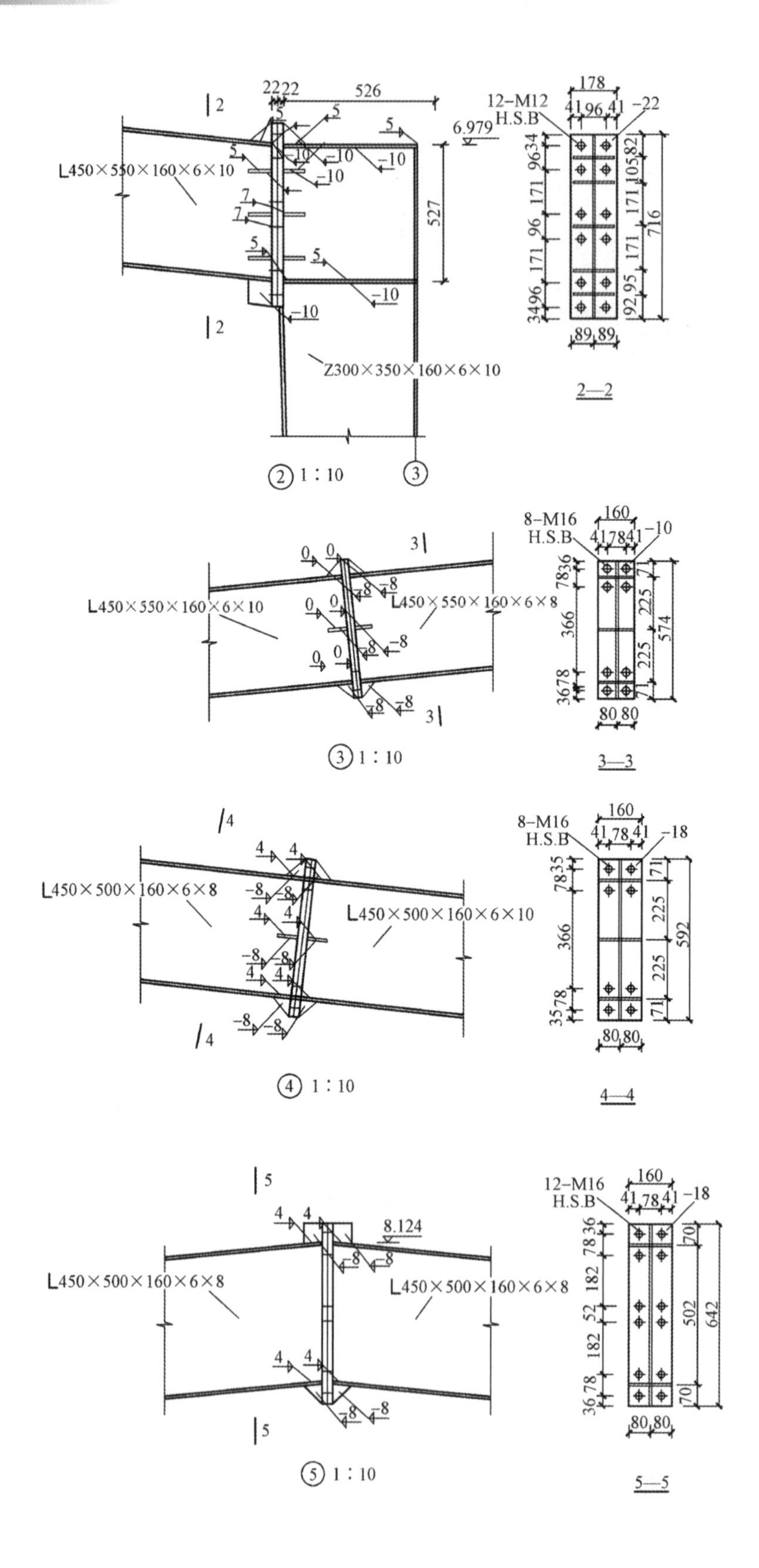
L450×550×160×6×10
Z300×350×160×6×10
6.979
12-M12
H.S.B
2—2
② 1∶10
L450×550×160×6×10
L450×550×160×6×8
8-M16
H.S.B
3—3
③ 1∶10
L450×500×160×6×8
L450×500×160×6×10
8-M16
H.S.B
4—4
④ 1∶10
L450×500×160×6×8
L450×500×160×6×8
8.124
12-M16
H.S.B
5—5
⑤ 1∶10

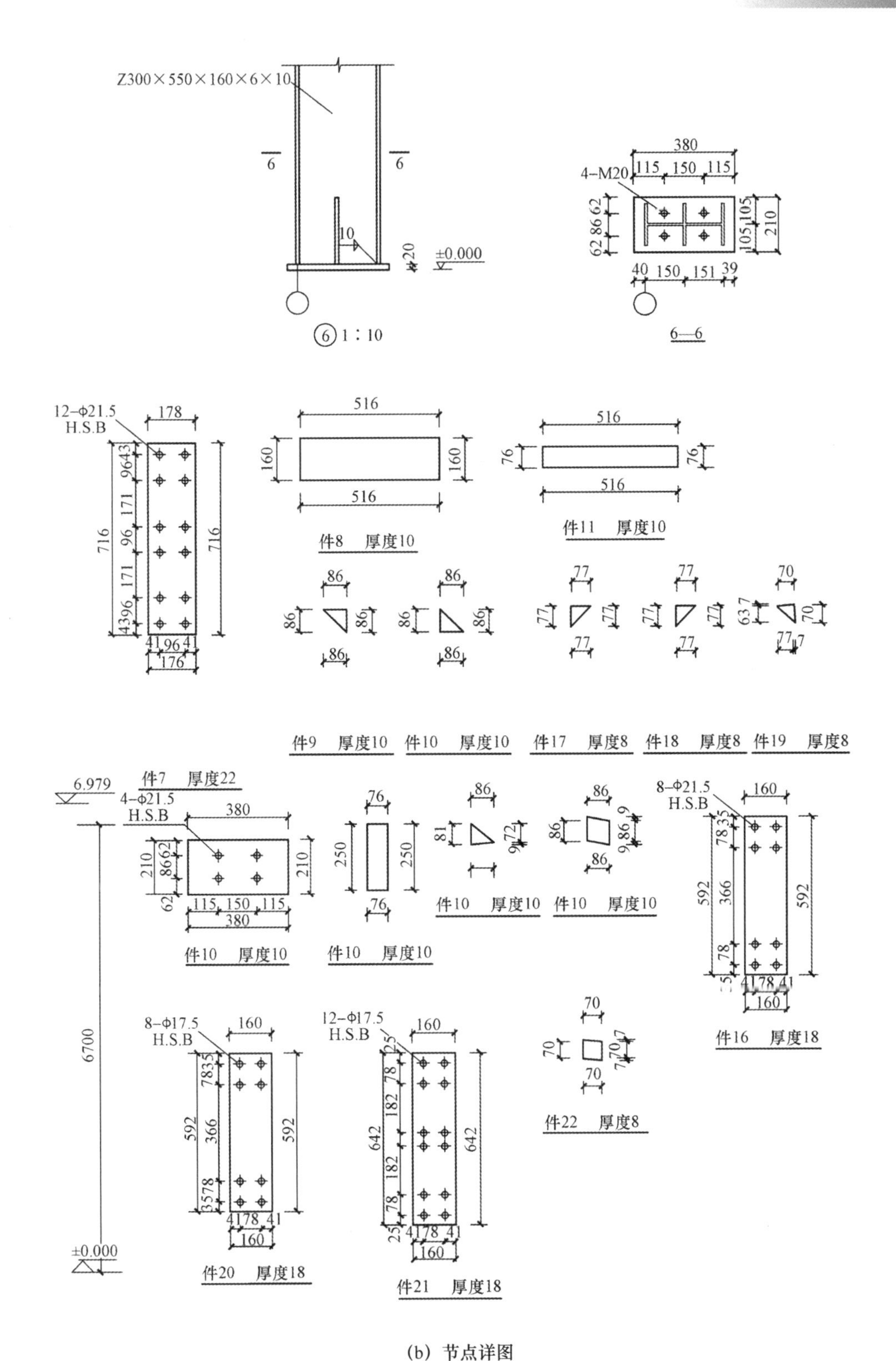

(b) 节点详图

图 4-25　轻钢门式刚架厂房结构主刚架图及节点详图实例

1）主刚架图中，通过详图符号和索引符号的对应关系可以找到：①号节点详图是主刚架图中左侧梁梁节点的详图，那么由此可以进一步明确①号节点详图中所画的两个主要构件都是刚架梁，梁截面为⌊450×550×160×6×10。

2）为了实现梁、梁刚接，在梁的连接端部各用了一块端板与梁端焊接，端板的厚度为22 mm，然后用12个直径12 mm的高强摩擦螺栓对梁、梁进行了连接。

3）端板两侧梁翼缘上下和腹板中间各设三道加劲肋。

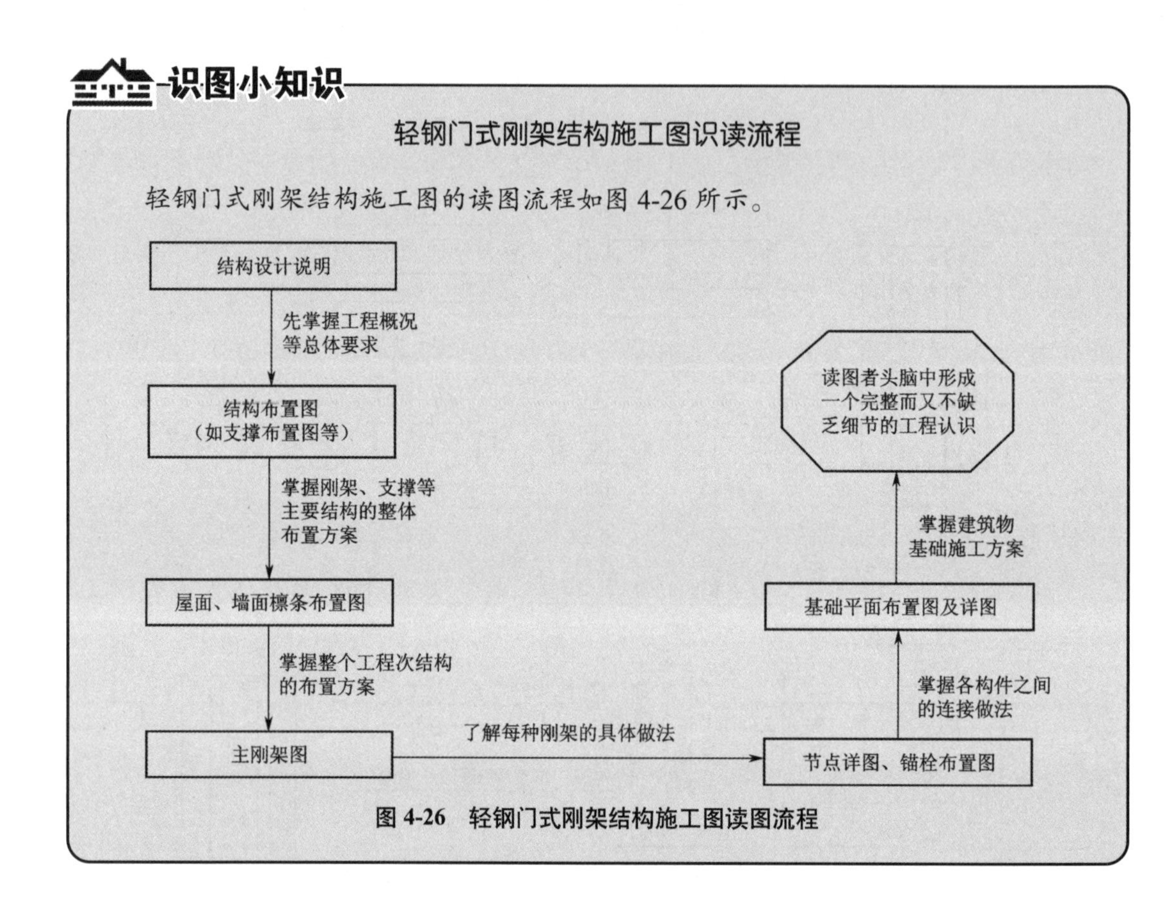

图4-26 轻钢门式刚架结构施工图读图流程

第三节 钢网架结构施工图识读

一、网架平面布置图识读

钢结构网架平面布置图实例如图4-27所示。

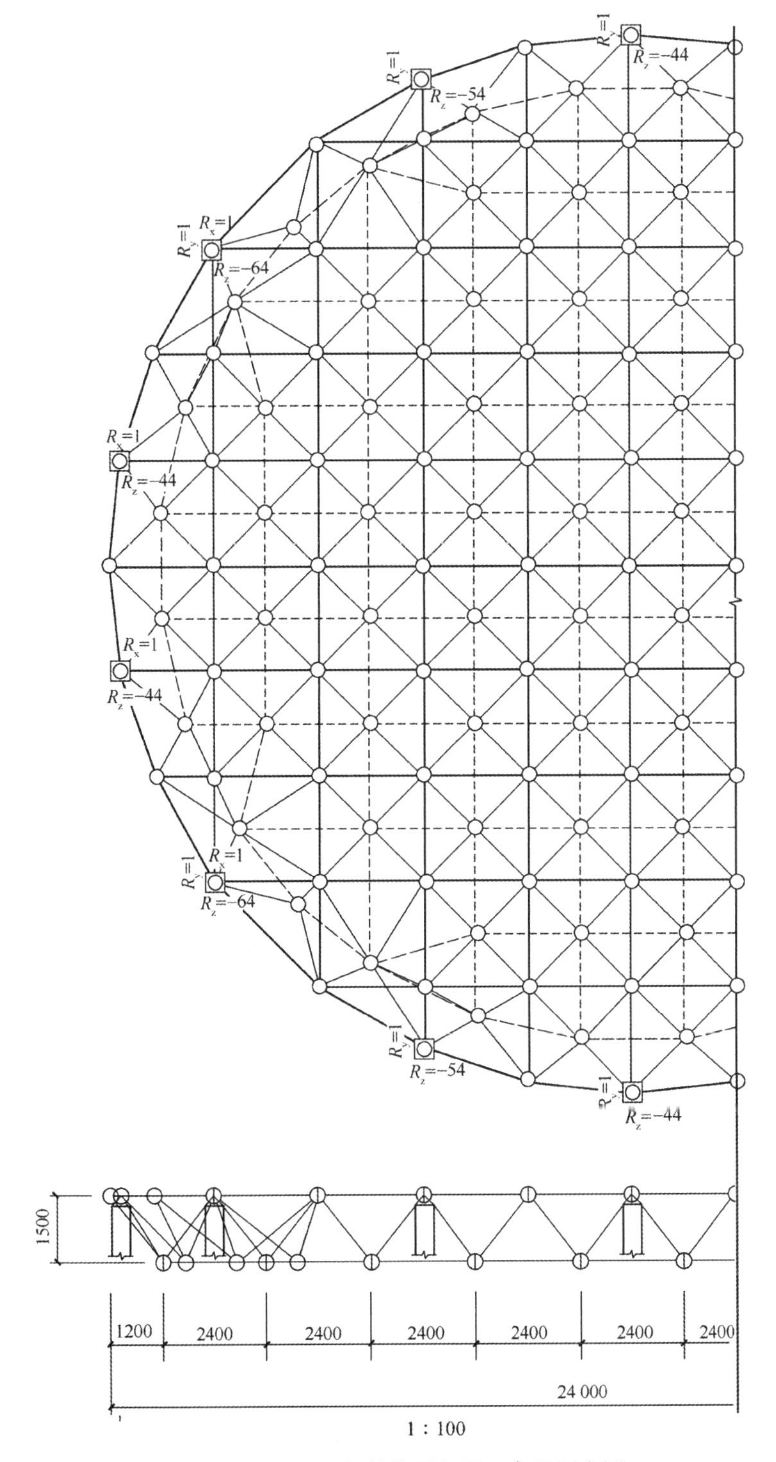

图 4-27　钢结构网架平面布置图实例

1）图中最下方的一个支座上（该支座内力为 R_y=1，R_z=−44）的节点球，由于它处于实线的交点上，因此它属于上弦节点球。它的平面位置：东西方向可以从平面图下方的剖面图中读出，处于距最西边 12 m 的位置；南北方向可以从图中看出，处于最南边的位置。

2）从图中还可以看出网架的类型为正方四角锥双层平板网架，网架的矢高为 1.5 m（由剖面图可以读出），以及每个网架支座的内力。

二、网架安装图识读

钢结构网架安装图实例如图 4-28 所示。

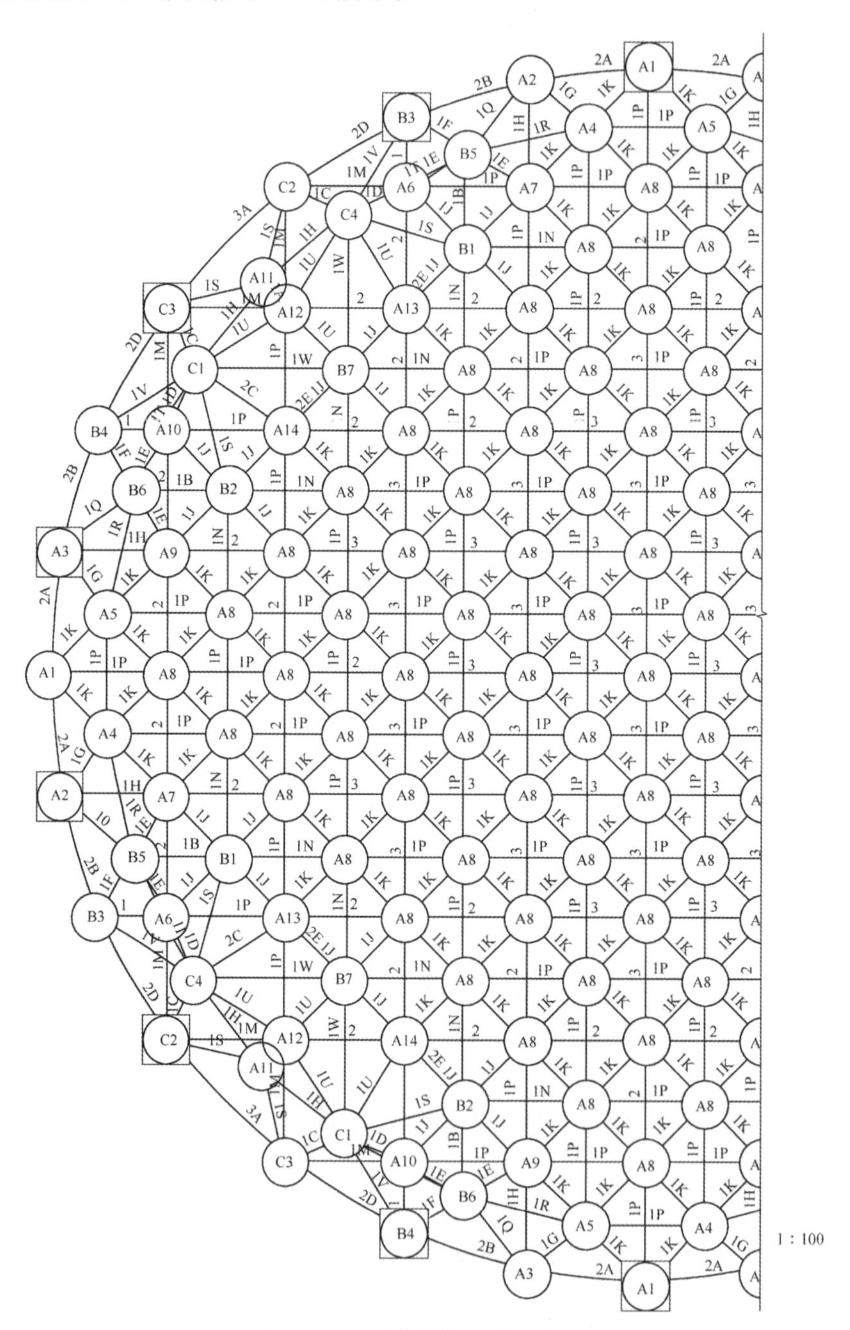

图 4-28　钢结构网架安装图实例

1）图 4-28 中共有 3 种球径的螺栓球，分别用 A、B、C 表示，其中 A 类球、B 类球、C 类球又分成了不同类型。

2）图共有 3 种断面的杆件，分别为 1、2、3，其中每一种断面类型的杆件根据其长度不同又分为不同种类。

注意：这张图对于初学者来说最大的难点在于如何判断哪些是上层的节点球，哪些是下层的节点球，哪些是上弦杆，哪些是下弦杆。这里需要特别强调一种识图的方法，那就是把两张图纸或多张图纸对应起来看。这也是初学者容易忽视的一种方法。对于这张图，要想搞清上面所说的问题，就必须采用这一方法。为了弄清楚各种编号的杆件和球的准确位置，就必须与“网架平面布置图”结合起来看。在平面布置图中粗实线一般表示上弦杆，细实线一般表示腹杆，而下弦杆则用虚线来表示，与上弦杆连接在一起的球自然就是上层的球，而与下弦杆连在一起的球则为下层的球。而网架平面布置图中的构件和网架安装图的构件又是一一对应的，为了施工方便可以考虑将安装图上的构件编号直接在平面布置图上标出，这样一来就可以做到一目了然了。

三、球加工图及支座详图识读

1）钢结构球加工图实例如图 4-29 所示。

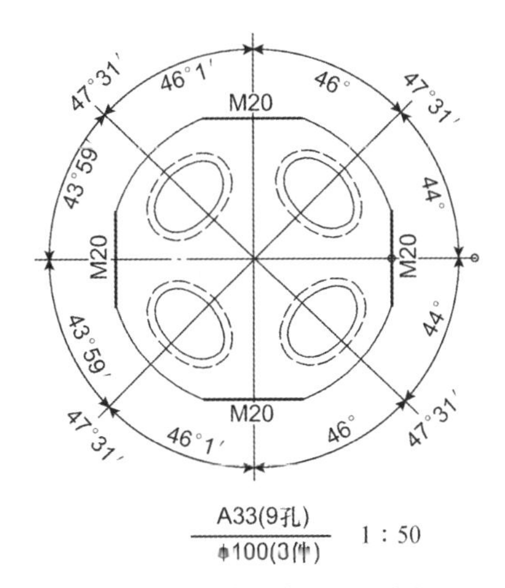

图 4-29　钢结构球加工图实例

（1）图 4-29 中所示为编号 A33 的节点球的加工图，此类型的球共有 3 个。

（2）该球共 9 个孔，球直径为 100 mm。

注意：该图纸的作用主要是用来校核由加工厂运来的螺栓球的编号是否与图纸一致，以免在安装过程中出现错误，导致返工，这个问题尤其在高空散装法的初期要特别注意。

2）钢结构支座详图实例如图 4-30 所示。

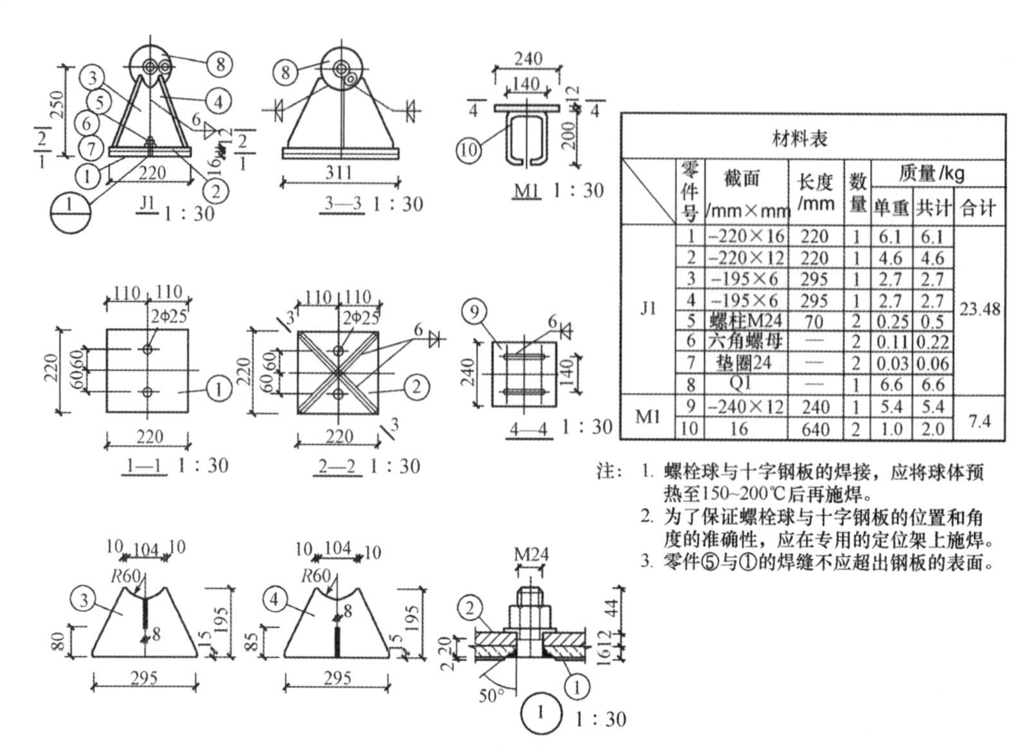

材料表

	零件号	截面 /mm×mm	长度 /mm	数量	质量/kg 单重	质量/kg 共计	质量/kg 合计
J1	1	−220×16	220	1	6.1	6.1	23.48
	2	−220×12	220	1	4.6	4.6	
	3	−195×6	295	1	2.7	2.7	
	4	−195×6	295	1	2.7	2.7	
	5	螺栓M24	70	2	0.25	0.5	
	6	六角螺母	—	2	0.11	0.22	
	7	垫圈24	—	2	0.03	0.06	
	8	Q1	—	1	6.6	6.6	
M1	9	−240×12	240	1	5.4	5.4	7.4
	10	16	640	2	1.0	2.0	

注：1. 螺栓球与十字钢板的焊接，应将球体预热至150~200℃后再施焊。
2. 为了保证螺栓球与十字钢板的位置和角度的准确性，应在专用的定位架上施焊。
3. 零件⑤与①的焊缝不应超出钢板的表面。

图 4-30　钢结构支座详图实例

（1）从 J1 立面图可以看出，共有①～⑧种零件，具体尺寸见材料表。

（2）看清楚剖切的位置，然后与各个剖面图对应识读。

（3）通过识读图中注解，可知施焊的预热温度、施焊要求等内容。

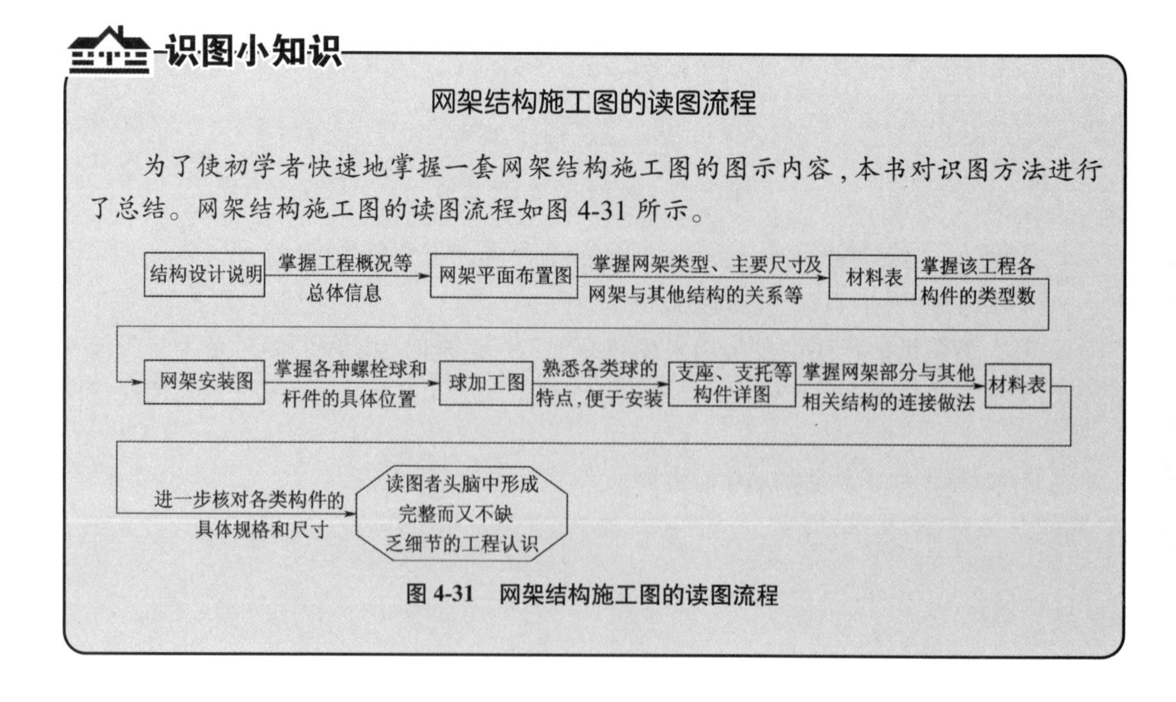

识图小知识

网架结构施工图的读图流程

为了使初学者快速地掌握一套网架结构施工图的图示内容，本书对识图方法进行了总结。网架结构施工图的读图流程如图 4-31 所示。

图 4-31　网架结构施工图的读图流程

第四节　钢框架结构施工图识读

一、底层柱子施工图识读

钢结构底层柱子平面布置图实例如图 4-32 所示。

1）图 4-32 主要表达了底层柱的布置情况，在读图时，首先明确图中一共有几种类型的柱子，各有多少个，以及每一种类型的柱子的截面尺寸。

2）图中共有两种类型的柱子，即未在图中注明的柱子 C1 和图中注明的柱子 C2。

3）从图中查出本层各类柱子的数量分别为多少个。

4）必须弄清楚每一个柱子的具体位置、摆放方向以及它与轴线的关系。钢结构的安装尺寸必须要精确，因此在识读时必须要准确掌握柱子的位置，否则将会影响其他构件的安装。

5）注意柱子的摆放方向，因为这与柱子的受力，以及整个结构体系的稳定性都有直接的关系。图中位于 1 轴线和Ⓑ轴线相交位置处的柱子 C2，长边沿着 1 轴线放置，且柱中与 1 轴线重合，短边沿Ⓑ轴线布置，且柱的南侧外边缘在Ⓑ轴线以南 50 mm 处。

二、钢框架结构平面布置图识读

钢结构平面布置图实例如图 4-33 所示。

1）从图 4-33 可以看到五种型号的梁，编号分别为为 B1、B2、B3、B4、B5、B6。

2）图中显示，所有梁的标高相等。参照图例可以发现绝大多数梁柱节点均为刚性连接，只有边梁和阳台梁与柱的连接采用了铰接连接。

3）对于其他构件的布置情况，由于本工程梁的跨度和梁的间距均不大，因此没有水平支撑和隅撑的布置。

4）图中显示出的洞口在Ⓗ轴线与 1 轴线相交处附近。

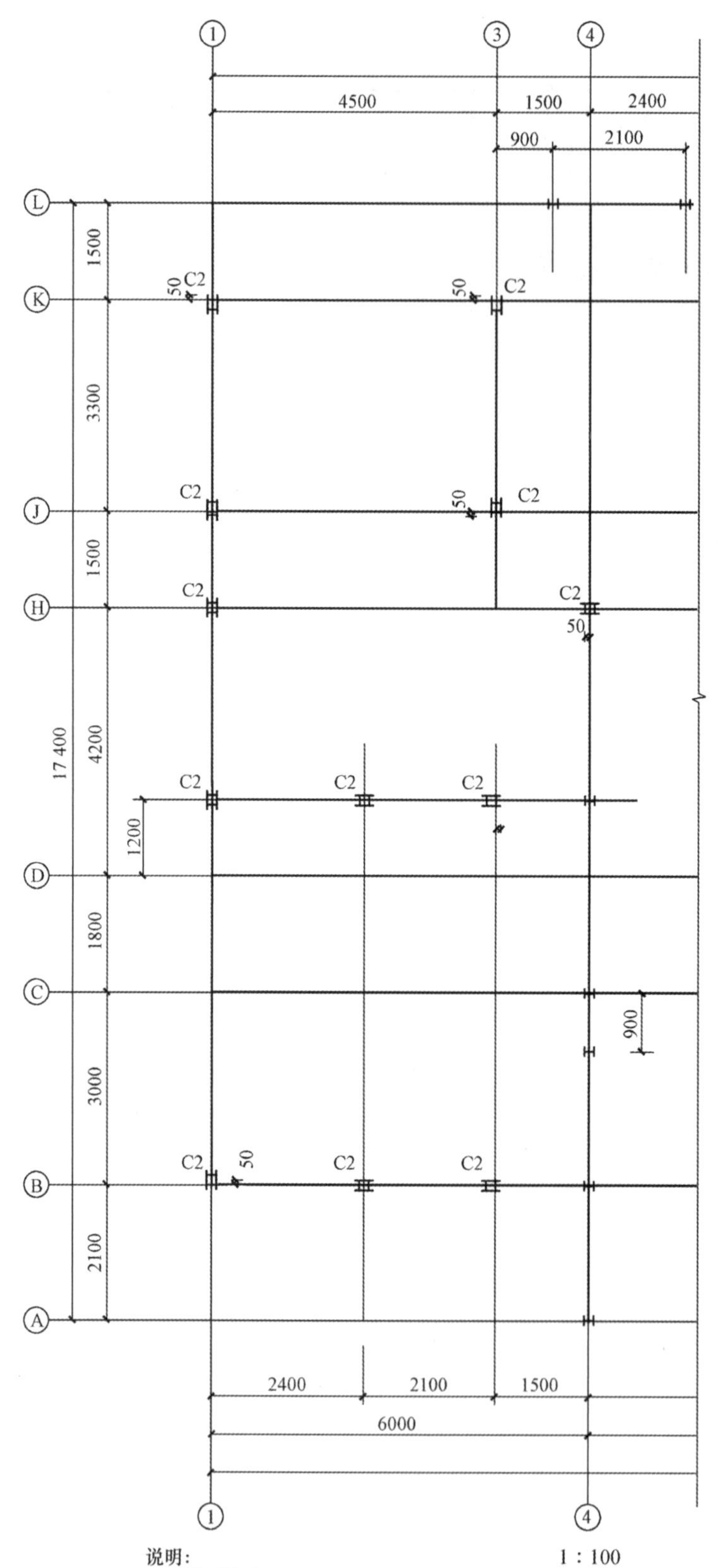

说明：　　　　　　　　　　　　　1：100

1. 未注明柱为C1。
2. 除注明外，梁柱轴线均为轴线对中。

图 4-32　钢结构底层柱子平面布置图实例

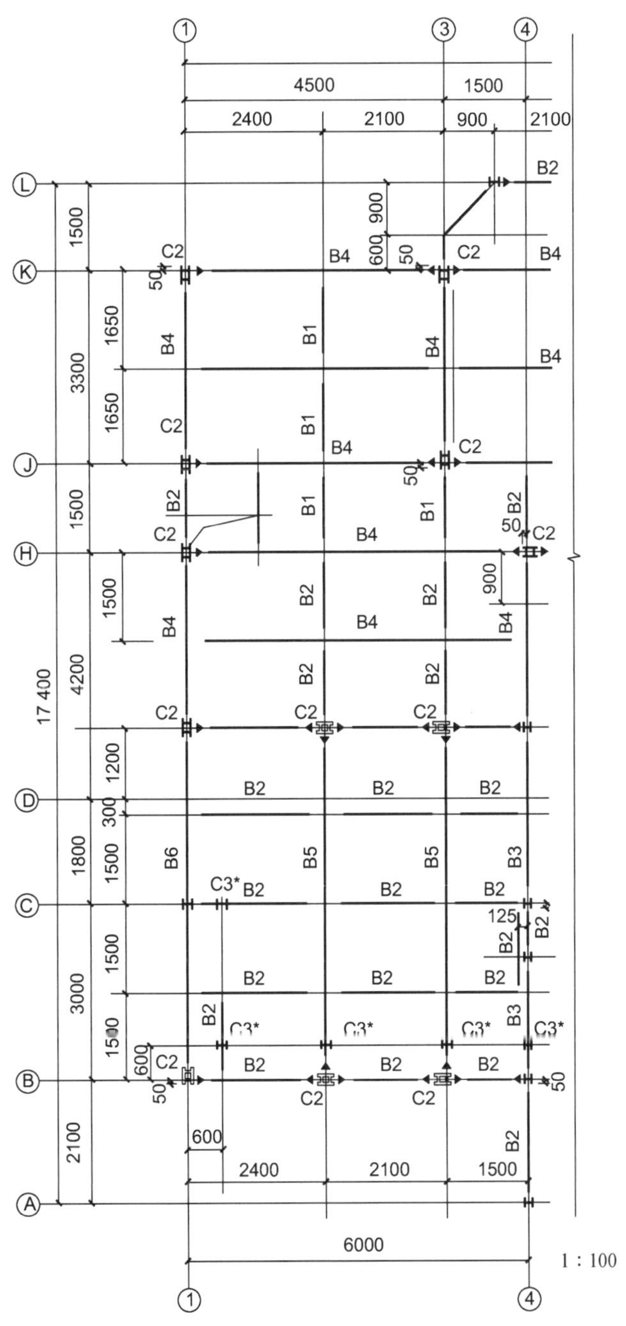

说明：
1. 未注明柱为C1，未注明梁为B3。
2. 除注明外，本层梁顶标高为3.000。
3. 除注明外，梁柱轴线均为轴线对中。
4. C3柱顶标高为3.380。

图 4-33　钢结构平面布置图实例

三、屋面檩条平面布置图识读

钢结构屋面檩条平面布置图实例如图 4-34 所示。

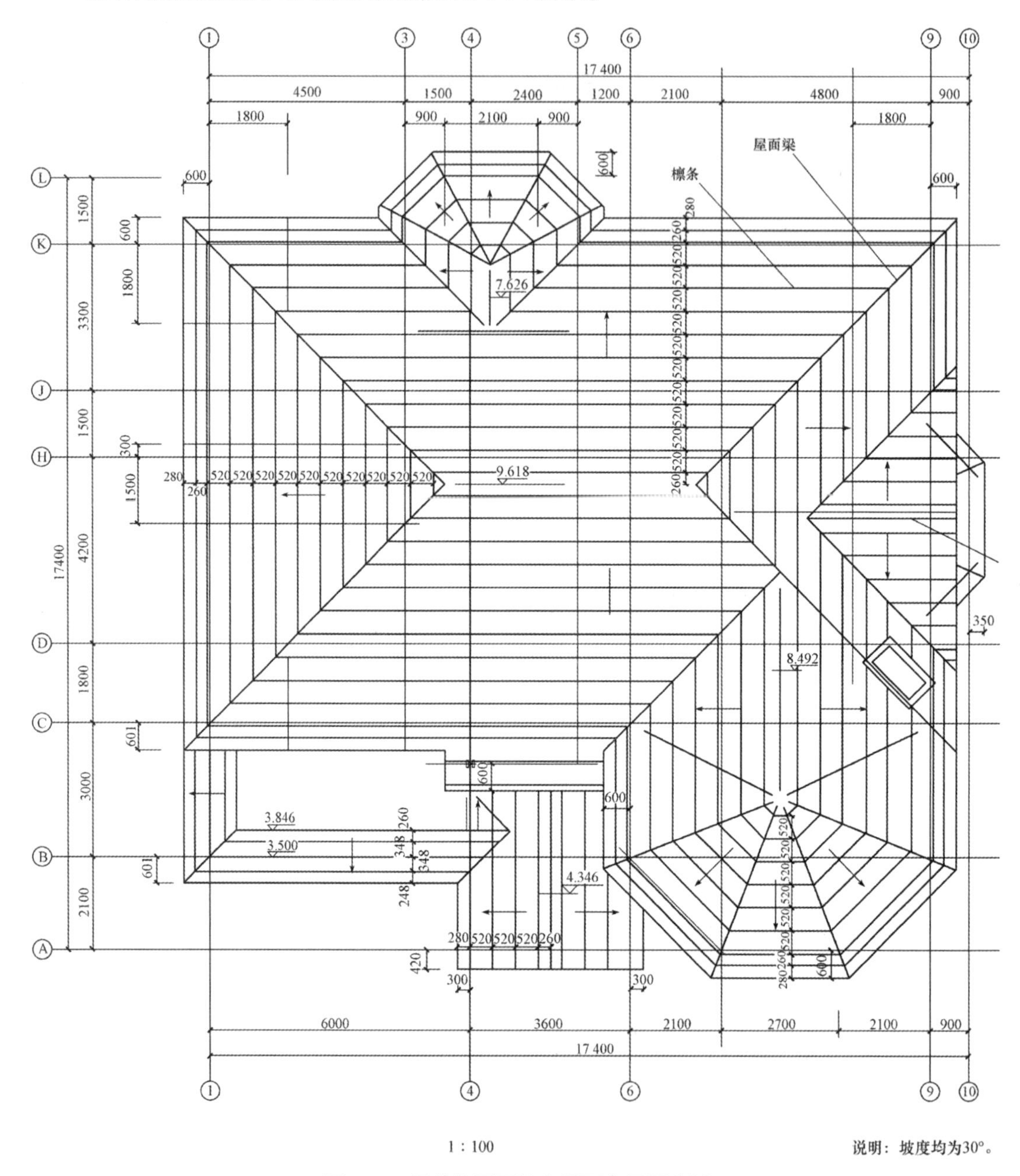

图 4-34　钢结构屋面檩条平面布置图实例

1）要清楚每种檩条的所在位置和截面做法，檩条的位置主要根据檩条布置图上标注的间距尺寸和轴线来判断。

2）注意屋面坡度方向，本图中已经说明坡度均为 30° 。

3）注意屋顶不同位置的标高。

四、钢结构楼梯详图识读

钢结构楼梯施工详图实例如图 4-35 所示。

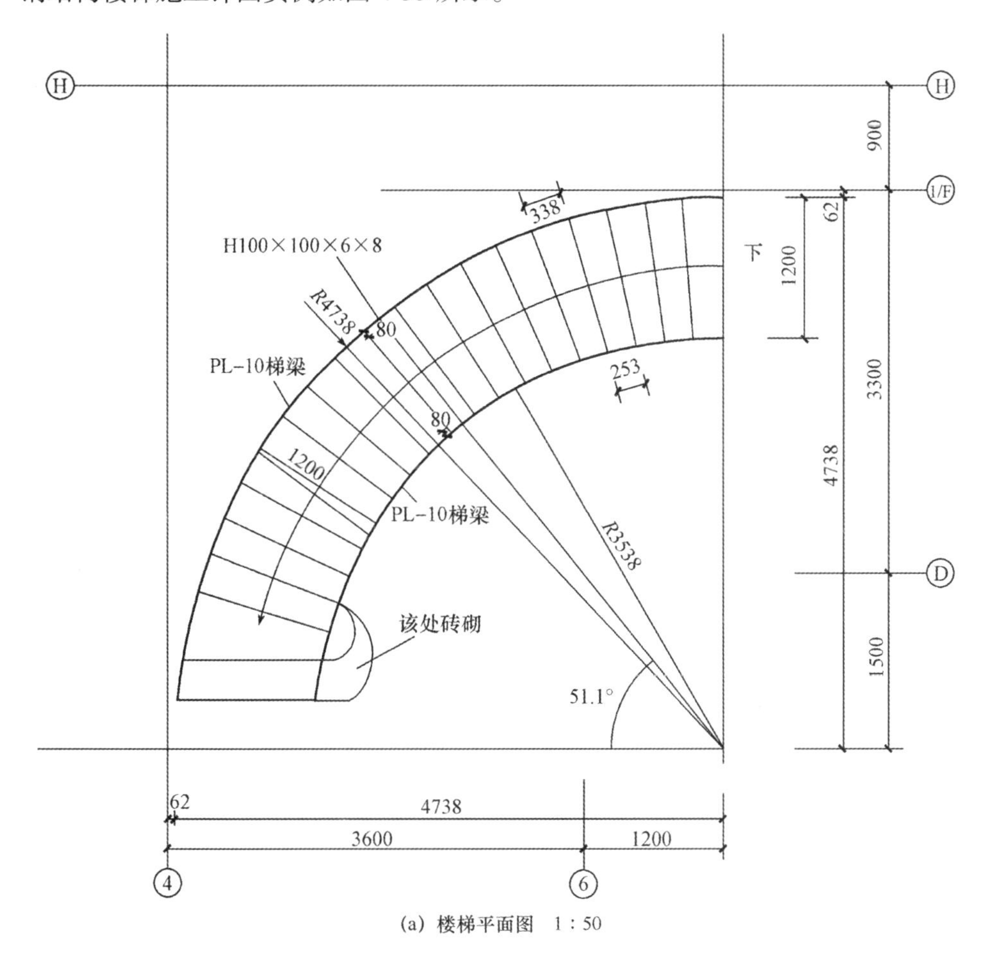

(a) 楼梯平面图　1：50

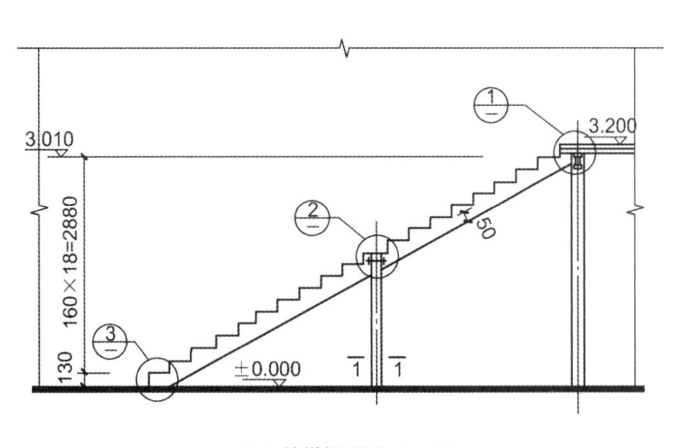

(b) 楼梯剖面图　1：50

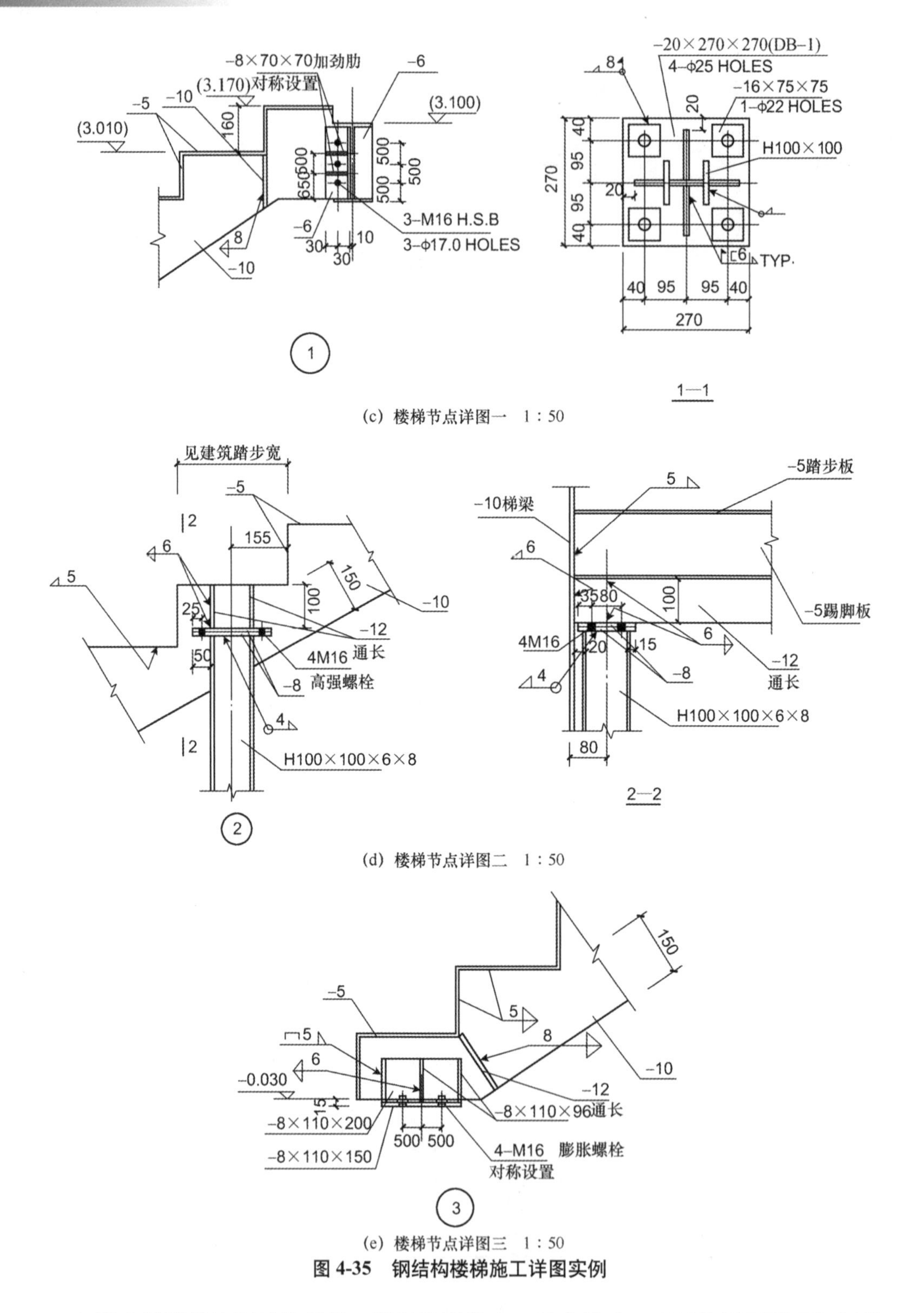

(c) 楼梯节点详图一 1：50

(d) 楼梯节点详图二 1：50

(e) 楼梯节点详图三 1：50

图 4-35 钢结构楼梯施工详图实例

1）图中的楼梯为钢结构楼梯，所以坡度较大、受力较小，而且从平面图可知还是一部旋转楼梯。

2）对于楼梯施工图，首先要弄清楚各构件之间的位置关系，其次要明确各构件之间的连接问题，从各个节点详图中可知各构件的尺寸及做法等。

3）前面提到，钢结构楼梯往往做成梁板式楼梯，因此它的主要构件有：踏步板、梯斜梁、平台梁、平台柱等。

五、钢结构的节点详图识读

钢结构节点详图实例如图 4-36 所示。

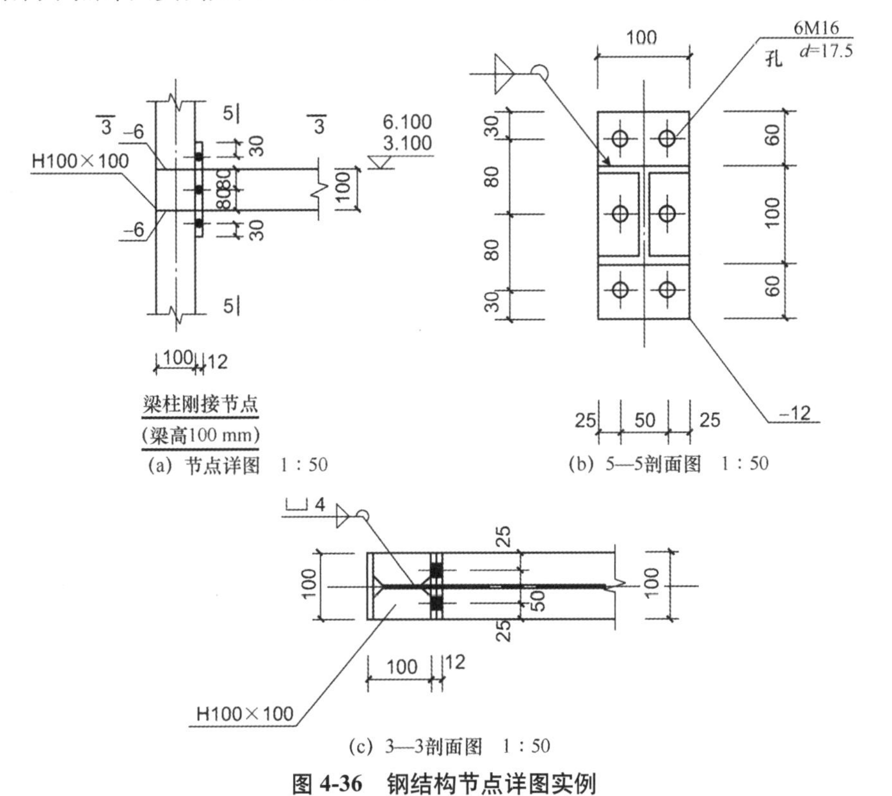

图 4-36　钢结构节点详图实例

1）由节点详图可知该节点是截面为 H100 × 100 柱与截面高为 100 mm 的梁在 3.100 m 和 6.100 m 标高处的一个刚接节点。

2）通过对三个投影方向图的综合阅读，可以知道梁柱的连接方法为：在梁端头焊接一块 100 mm × 220 mm × 12 mm 的钢板作为连接板，然后用 6 个直径为 16 mm 的螺栓将连接板与柱翼缘板连接，为加强节点，还需在柱子腹板两侧沿梁上下翼缘板的高度各设置一道加劲肋，加劲肋厚度为 6 mm。

识图小知识

钢框架结构施工图识读流程

对于钢框架施工图的识读，可以按照如下流程进行（图 4-37），这样对整个工程从整体到细节都能有一个清晰的认识。

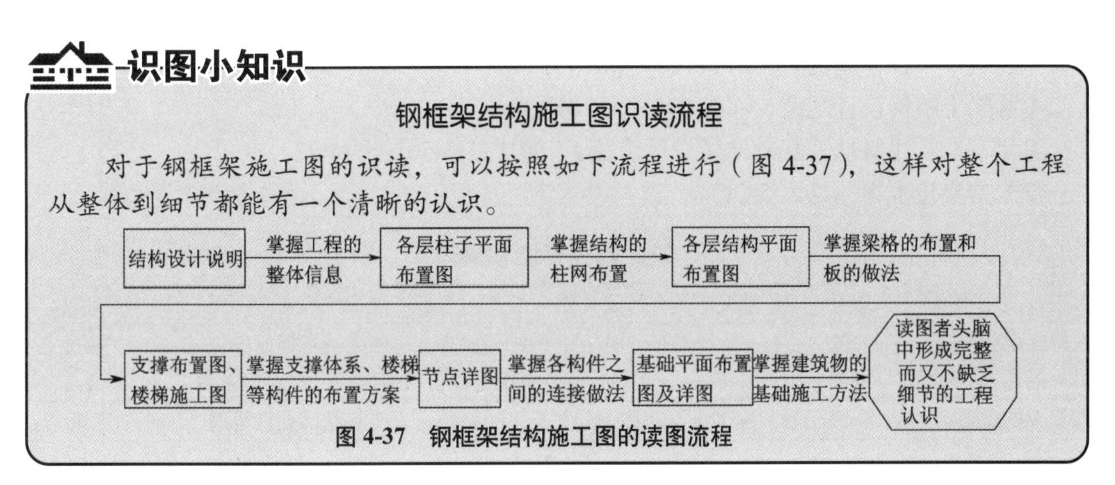

图 4-37　钢框架结构施工图的读图流程

第五章

建筑结构施工图识图综合实例

第一节　综合实例一——社区服务中心工程

1. 工程概况

本工程位于北方 ×× 市，项目概况见表 5-1。

表 5-1　工程概况

地下室层数	地上层数	结构形式	基础类型	人防等级防护类别
—	4	框架结构	筏形基础	—

2. 设计依据

1）本工程设计遵循的主要标准、规范以及技术规定：

《建筑结构可靠度设计统一标准》（GB 50068—2018）；

《建筑工程抗震设防分类标准》（GB 50223—2008）；

《建筑地基基础设计规范》（GB 50007—2011）；

《建筑结构荷载规范》（GB 50009—2012）；

《混凝土结构工程施工质量验收规范》（GB 50204—2015）；

《建筑抗震设计规范》（GB 50011—2010）；

《混凝土结构设计规范》（GB 50010—2010）；

《北京地区建筑地基基础勘察设计规范》（DBJ 11—501—2009）。

2）主要技术指标见表 5-2：

表 5-2　主要技术指标

设计使用年限	50 年	建筑抗震设防分类	乙类	建筑结构安全等级	二级
抗震设防烈度	8 度	设计地震分组	第一组	地震基本加速度值	0.20g
场地类别	Ⅱ类	场地土类型	中硬土	结构构件重要性系数	1
框架抗震等级	一级	标准冻结深度 /m	1.0	地基基础设计等级	三级

续表 5-2

设计使用年限	50 年	建筑抗震设防分类	乙类	建筑结构安全等级	二级
基本风压（kN/m2）	0.45	基本雪压（kN/m2）	0.4	风荷载体型系数	1.3
地面粗糙度类别	B 类	液化判别	不液化	地下水对钢筋混凝土结构腐蚀性	无腐蚀性

3）均布活荷载标准值见表 5-3：

表 5-3　均布活荷载标准值

类别	荷载标准值（kN/m2）	类别	荷载标准值（kN/m2）	类别	荷载标准值（kN/m2）
诊室、体检室、保健室、办公室	2	库房	5	不上人屋面	0.5
手术室	3	消防疏散楼梯	3.5	上人屋面	2
走廊、门厅、餐厅	2.5	口腔室	5	隔墙及填充墙	12
厨房	4	其他房间	2	多功能厅	3

注：1. 施工荷载：楼面为 2.0 kN/m^2，屋面为 2.0 kN/m^2，首层楼面及有高低屋面的低屋面为 4.0 kN/m^2。

2. 施工检修集中荷载：1.0 kN/m^2；栏杆顶部水平荷载：0.5 kN/m^2。

3. 未经技术鉴定或设计许可，不得改变结构的使用用途和使用环境。

4）计算程序：《结构空间有限元分析与设计软件 SAT》（中国建筑科学研究院 PKPMCAD 工程部编制，2011 年 3 月版）。

3. 结构设计

1）结构体系：钢筋混凝土框架结构。因为基础埋深较深，在标高 −0.050 m 处增设一道地梁。

2）根据北京京西建筑勘察设计院 2011 年 5 月提供的岩土工程勘察报告（GK：1121），本建筑物基础形式：钢筋混凝土柱下筏形基础，综合考虑的地基承载力标准值为 f_{ak}=160 kPa。

4. 主要材料

1）混凝土强度等级见表 5-4：

表 5-4　混凝土强度等级

位置	± 0.000 m 以下部分				地上部分			其他
构件名称	基础垫层	筏形基础地梁、柱	框架柱	框架梁	框架柱	框架梁	楼板楼梯	
强度等级	C15	C30	C40	C30	C40	C30	C30	C25

2）混凝土耐久性要求见表 5-5：

表 5-5　混凝土耐久性要求

环境类别	部位	最大水胶比	最大氯离子（%）	最大碱含量 (kg/m3)
一	××	0.6	0.3	不限制

环境类别	部位	最大水胶比	最大氯离子（%）	最大碱含量 (kg/m3)
二 a	××	0.55	0.2	3
二 b	××	0.5	0.15	3

3）钢筋：采用 HPB300（Ⅰ级钢筋）、HRB335（Ⅱ级钢筋）、HRB400（Ⅲ级钢筋）。框架的纵向受力钢筋的抗拉强度实测值与屈服强度实测值的比值不应小于 1.25；钢筋的屈服强度实测值与强度标准值的比值不应大于 1.3，且钢筋在最大拉力下的总伸长率实测值不应小于 9%。钢筋强度标准值应具有不小于 95% 的保值率。

4）钢筋的混凝土保护层厚度见表 5-6：

表 5-6　钢筋的混凝土保护层厚度

构件	基础底板基础梁	地下一层顶板上侧		混凝土板		柱（梁）		混凝土墙、混凝土板的卫生间侧	屋顶板的室外侧
		无覆土	有覆土	室内	露天	卫生间侧	其余部位		
保护层厚度（mm）	40	20	35	15	25	25	25（20）	20	25

注：1. 梁、板、柱节点处一般存在多层纵筋交汇的情况，此时应满足最外层纵筋保护层厚度要求，内层纵筋保护层比表中数值相应增加。

2. 受力钢筋的混凝土保护层厚度应从钢筋的外边缘算起。

3. 当梁、柱、墙的纵筋最大直径 *d* 大于表中数值时，保护层厚取 *d*。

4. 当梁、柱的箍筋直径 $d \geqslant 12$ mm 时，梁、柱的保护层厚度应大于或等于 d'+15 mm。

5. 保护层厚度大于等于 50 mm 时，内设 Φ4@200×200 钢丝网。

5）钢筋连接：

（1）梁、柱内纵向钢筋接头：直径大于等于 16 mm 时采用机械连接（Ⅱ级直螺纹）；其余可以采用绑扎搭接。

（2）楼、屋面板受力钢筋及分布钢筋采用绑扎搭接。

6）预埋件：钢板材质采用 Q300，用于手工电弧焊的焊条型号为 E43 型。

7）围护及填充墙体材料：外围护墙及内隔墙采用轻骨料混凝土砌块，Mb5 混凝土砌块砌筑砂浆砌筑。

8）室内地面回填材料采用素土。要求素土压实系数不小于 0.94。

5. 钢筋混凝土结构构造

1）钢筋的锚固：现浇构件内的钢筋锚固长度按《混凝土结构施工图平面整体表示方法制图规则和构造详图》（16G101-1）的规定确定。

2）钢筋的连接：钢筋接头采用绑扎搭接或机械连接，接头百分率不应大于 50%，连接构造按《混凝土结构施工图平面整体表示方法制图规则和构造详图》（16G101-1）的规定。

3）筏形基础、框架梁柱、现浇楼板与屋面板及楼梯的钢筋构造按《混凝土结构施工图平面整体表示方法制图相应构造详图》（16G101-1）施工。

4）板、墙孔洞应预留，当孔洞尺寸不大于 300 mm 时，将板、墙筋从洞边绕过，不得截断。当孔洞尺寸大于 300 mm 时，应按构造详图放置附加钢筋，待管道安装后用强度等级高一级的微膨胀混凝土灌实孔洞缝隙。板上尺寸小于 300 mm 的孔洞均未在结构图上表示，施工时应与相关专业图纸配合预留。

6. 围护墙及女儿墙

1）围护墙及隔墙位置按建筑施工图确定，墙体结构构造参见《砌体填充墙结构构造》12G614-1。

2）门窗洞口均采用钢筋混凝土过梁，未注明者均按以下规定设置：梁长 L= 洞宽 + 500 mm。过梁截面尺寸及配筋见表 5-7，当支座与柱或墙相碰时，应在柱或墙上预留钢筋，以后浇筑。

表 5-7 过梁截面尺寸及配筋（mm）

洞净宽 L_0	≤ 1200	1200 ～ 2100	2100 ～ 3000	3000 ～ 3500
h	120	180	240	300
A_S 上	2Φ8	2Φ10	2Φ10	2Φ12
A_S 下	2Φ12	2Φ14	2Φ14	2Φ18
箍筋	φ6@100	φ6@150	φ6@200	φ8@100

过梁断面

注：过梁采用 C25 混凝土。

3）填充墙与柱、墙连接处应沿全高每隔 500 mm 设 2φ6 通长拉筋，并锚入柱、墙内 250 mm。填充墙墙体材料详见建筑施工图，砂浆采用 Mb5 混合砂浆。填充墙内门洞口边无构造柱时应设混凝土抱框，抱框做法参见相应的规范或标准图。填充墙长大于 5 m 时，墙顶与梁应有可靠拉结；墙长超过层高 2 倍时，应在中部适当位置（如洞口两侧、纵横墙相交处或每隔 4 m）设置钢筋混凝土构造柱；墙高超过 4 m 时，在半层高或门洞上皮宜设置与柱连接且沿墙全长贯通的钢筋混凝土水平系梁。

4）砌体填充墙应按建施图表示的位置设置钢筋混凝土构造柱。构造柱配筋均为纵筋 4Φ12，箍筋为 φ6@100/200，构造柱与楼面相交处在施工楼面时应留出插筋 4Φ12。

5）楼梯间和人流通道的填充墙应采用 φ4 钢丝网砂浆面层加强。

7. 施工要求

1）施工质量应满足以下标准要求：

《建筑工程施工质量验收统一标准》（GB 50300—2013）。

《混凝土结构工程施工质量验收规范》（GB 50204—2015）。

《砌体结构工程施工质量验收规范》（GB 50203—2011）。

《钢筋机械连接技术规程》（JGJ 107—2016）。

2）结构施工时应与其他专业图纸配合，混凝土中的管线、孔洞、沟槽及预埋件均应按有关图纸预留或预埋。除结构图上注明者外，梁、柱上不得开洞或穿管。施工时发现与其他专业图纸有矛盾时应及时与设计单位联系并协商妥善处理。

8. 图面表达方式

1）基础及上部结构施工图均采用平面整体表示方法绘制，其规则见《混凝土结构施工图平面整体表示方法制图规则和构造详图》（16G101）。

2）平面图采用正投影法绘制，尺寸以 mm 为单位，标高以 m 为单位。

9. 实例详解

1）社区服务中心筏形基础底板配筋图及其讲解，如图 5-1、图 5-2 所示。

2）社区服务中心筏形基础底梁配筋图及其讲解，如图 5-3 ～图 5-6 所示。

3）社区服务中心地梁配筋图及其讲解，如图 5-7 ～图 5-10 所示。

4）社区服务中心框架柱定位图及其讲解，如图 5-11 ～图 5-13 所示。

5）社区服务中心首层、二层、三层、15.900 m 标高结构平面图及其讲解，如图 5-14 ～图 5-31 所示。

6）社区服务中心屋面结构平面图及其讲解，如图 5-32、图 5-33 所示。

7）社区服务中心首层顶板、二层顶板、三层顶板、15.900 m 标高板及屋面板配筋图及其讲解，如图 5-34 ～图 5-46 所示。

8）社区服务中心楼梯详图及其讲解，如图 5-47 ～图 5-50 所示。

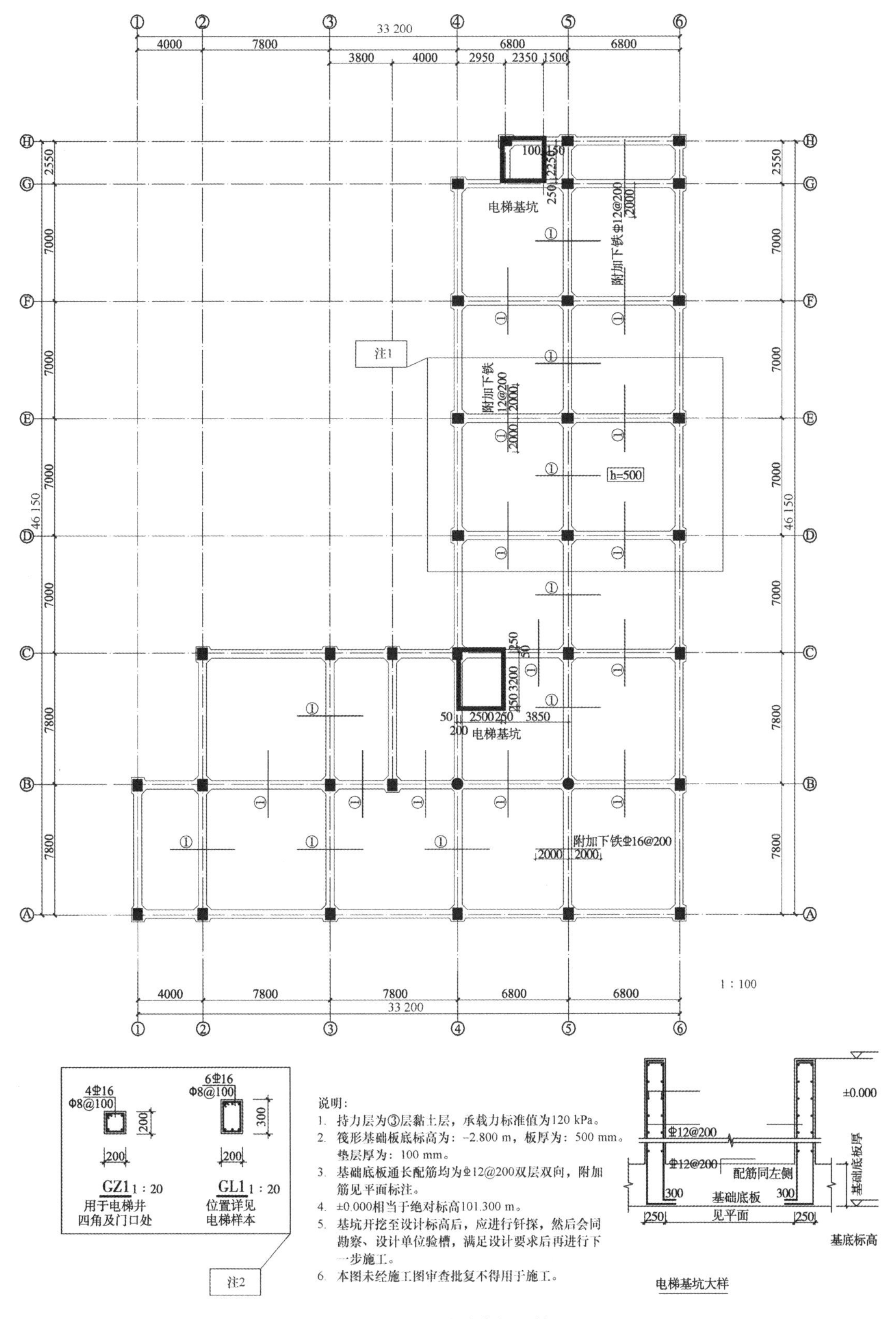
33 200
4000
7800
6800
6800
3800
4000
2950
2350
1500
2550
7000
7000
7000
7000
7800
7800
46 150
电梯基坑
附加下铁⏀12@200
2000
注1
附加下铁
12@200
2000
2000
h=500
附加下铁⏀16@200
2000
2000
1 : 100
4⏀16
Φ8@100
200
200
GZ1 1 : 20
用于电梯井
四角及门口处
6⏀16
Φ8@100
300
200
GL1 1 : 20
位置详见
电梯样本
注2
说明：
1. 持力层为③层黏土层，承载力标准值为120 kPa。
2. 筏形基础板底标高为：−2.800 m，板厚为：500 mm。垫层厚为：100 mm。
3. 基础底板通长配筋均为⏀12@200双层双向，附加筋见平面标注。
4. ±0.000相当于绝对标高101.300 m。
5. 基坑开挖至设计标高后，应进行钎探，然后会同勘察、设计单位验槽，满足设计要求后再进行下一步施工。
6. 本图未经施工图审查批复不得用于施工。
±0.000
⏀12@200
⏀12@200
配筋同左侧
基础底板厚
300
基础底板
300
250
见平面
250
基底标高
电梯基坑大样

图 5-1　筏形基础底板配筋图

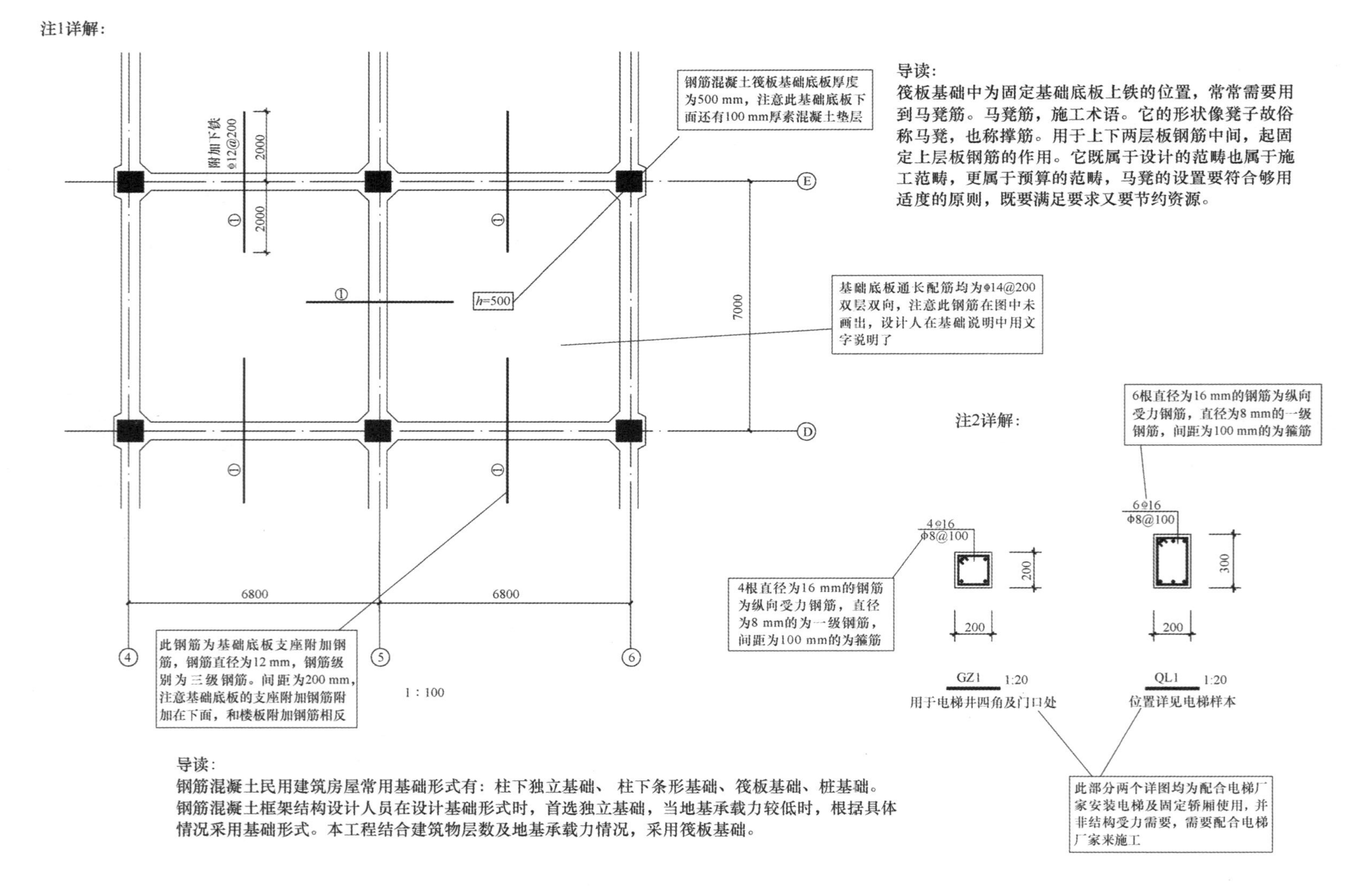
注1详解：
附加下铁
⌀12@200
2000
2000
①
h=500
7000
6800
6800
④
⑤
⑥
Ⓔ
Ⓓ
1：100
钢筋混凝土筏板基础底板厚度为500 mm，注意此基础底板下面还有100 mm厚素混凝土垫层
基础底板通长配筋均为⌀14@200双层双向，注意此钢筋在图中未画出，设计人在基础说明中用文字说明了
此钢筋为基础底板支座附加钢筋，钢筋直径为12 mm，钢筋级别为三级钢筋。间距为200 mm，注意基础底板的支座附加钢筋附加在下面，和楼板附加钢筋相反
注2详解：
6根直径为16 mm的钢筋为纵向受力钢筋，直径为8 mm的一级钢筋，间距为100 mm的为箍筋
4⌀16
Φ8@100
6⌀16
Φ8@100
200
300
4根直径为16 mm的钢筋为纵向受力钢筋，直径为8 mm的为一级钢筋，间距为100 mm的为箍筋
GZ1 1:20
用于电梯井四角及门口处
QL1 1:20
位置详见电梯样本
此部分两个详图均为配合电梯厂家安装电梯及固定轿厢使用，并非结构受力需要，需要配合电梯厂家来施工

导读：

筏板基础中为固定基础底板上铁的位置，常常需要用到马凳筋。马凳筋，施工术语。它的形状像凳子故俗称马凳，也称撑筋。用于上下两层板钢筋中间，起固定上层板钢筋的作用。它既属于设计的范畴也属于施工范畴，更属于预算的范畴，马凳的设置要符合够用适度的原则，既要满足要求又要节约资源。

导读：

钢筋混凝土民用建筑房屋常用基础形式有：柱下独立基础、 柱下条形基础、筏板基础、桩基础。钢筋混凝土框架结构设计人员在设计基础形式时，首选独立基础，当地基承载力较低时，根据具体情况采用基础形式。本工程结合建筑物层数及地基承载力情况，采用筏板基础。

图 5-2　筏形基础底板配筋图讲解

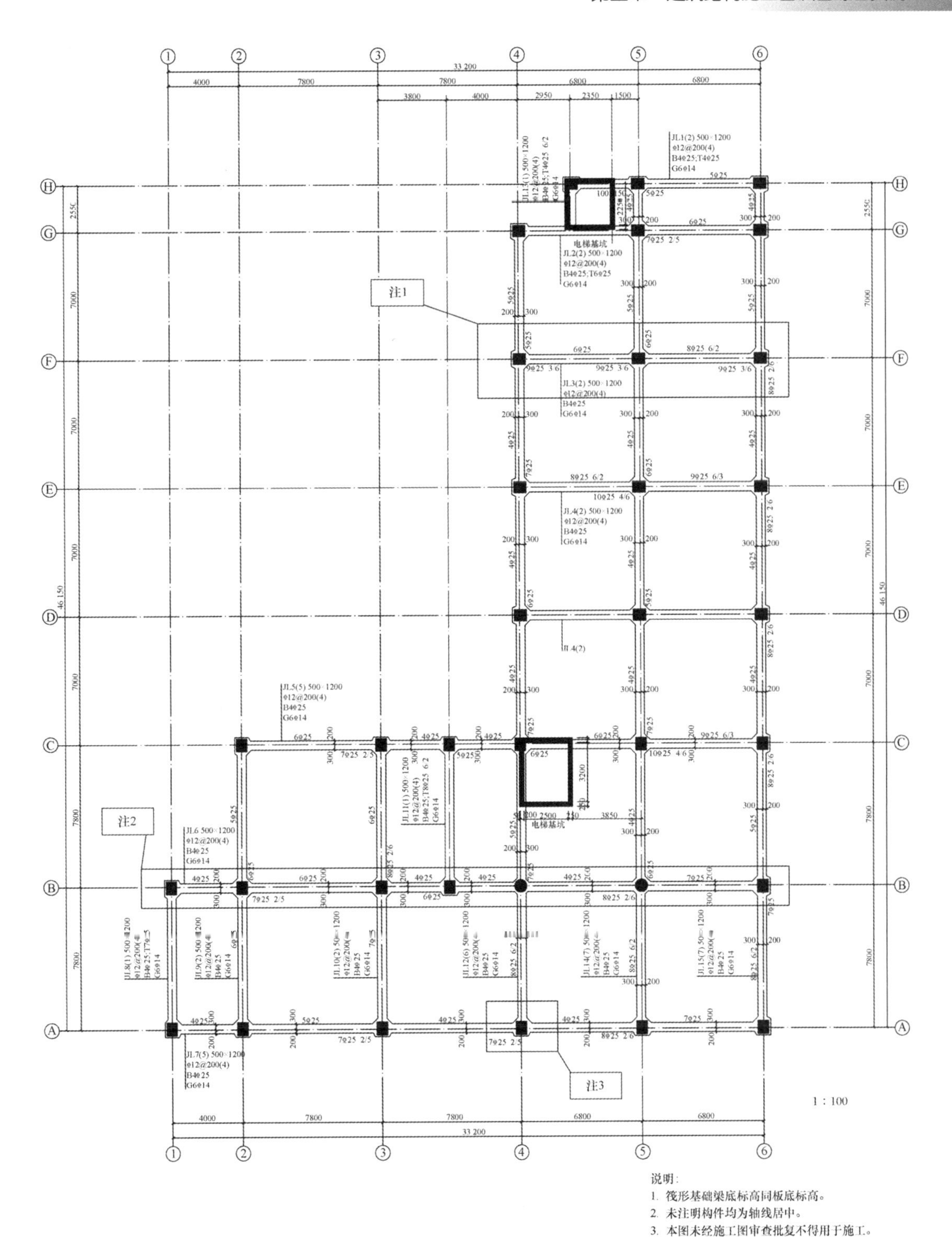

说明：
1. 筏形基础梁底标高同板底标高。
2. 未注明构件均为轴线居中。
3. 本图未经施工图审查批复不得用于施工。

图 5-3　筏形基础梁配筋图

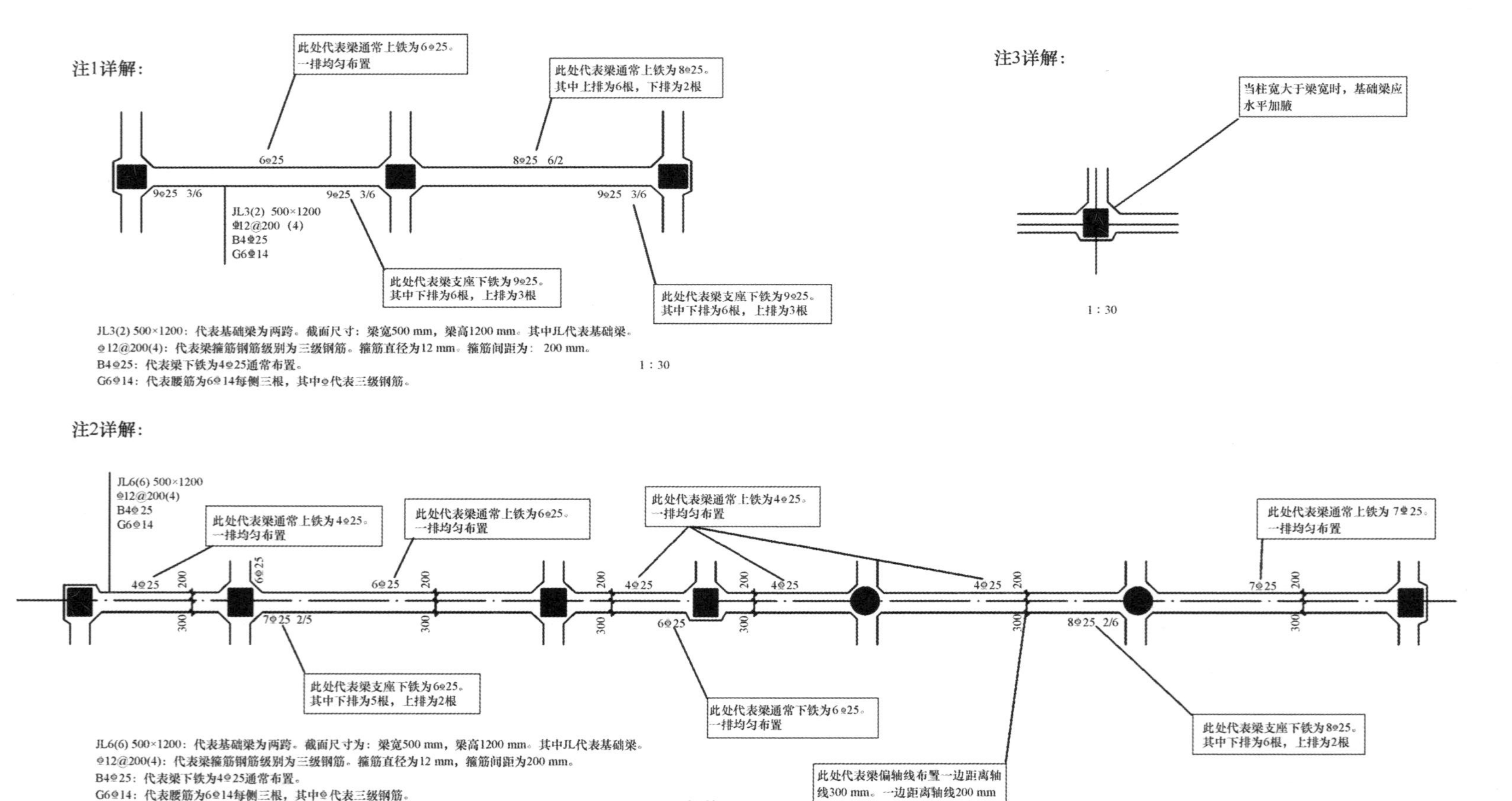

导读：

地基的承载能力特征值不是很高，但可利用其全部(或尽量扩大)面积共同承担，而获得总的承载能力来担负起房屋的重力荷载，这种基础形式叫筏式基础。筏式基础有两种类型：1.仅用足够厚的钢筋混凝土板的“平板式筏基”；2.用钢筋混凝土板和梁构成的“梁板式筏基”。

图 5-4　筏形基础梁配筋图讲解（一）

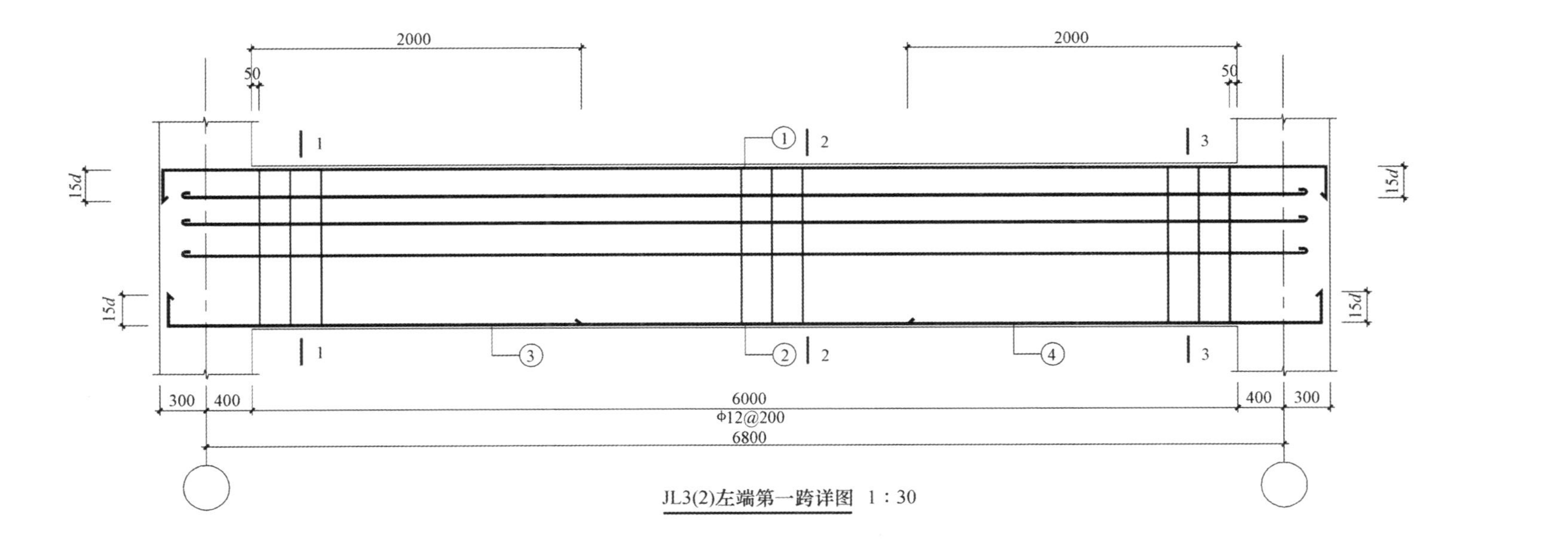

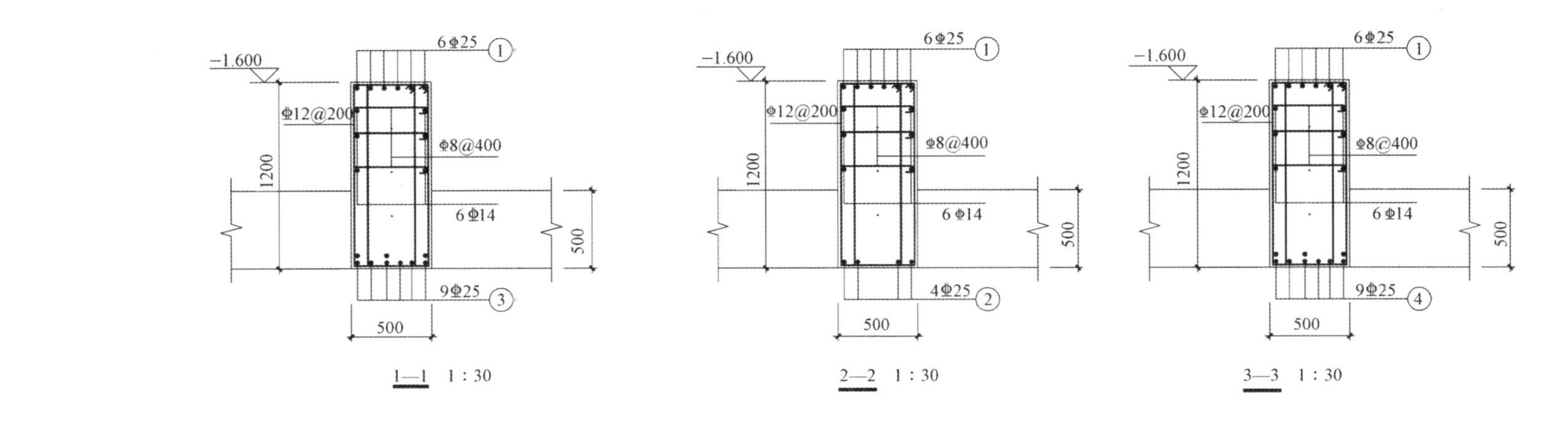

图 5-5　筏形基础梁配筋图讲解（二）

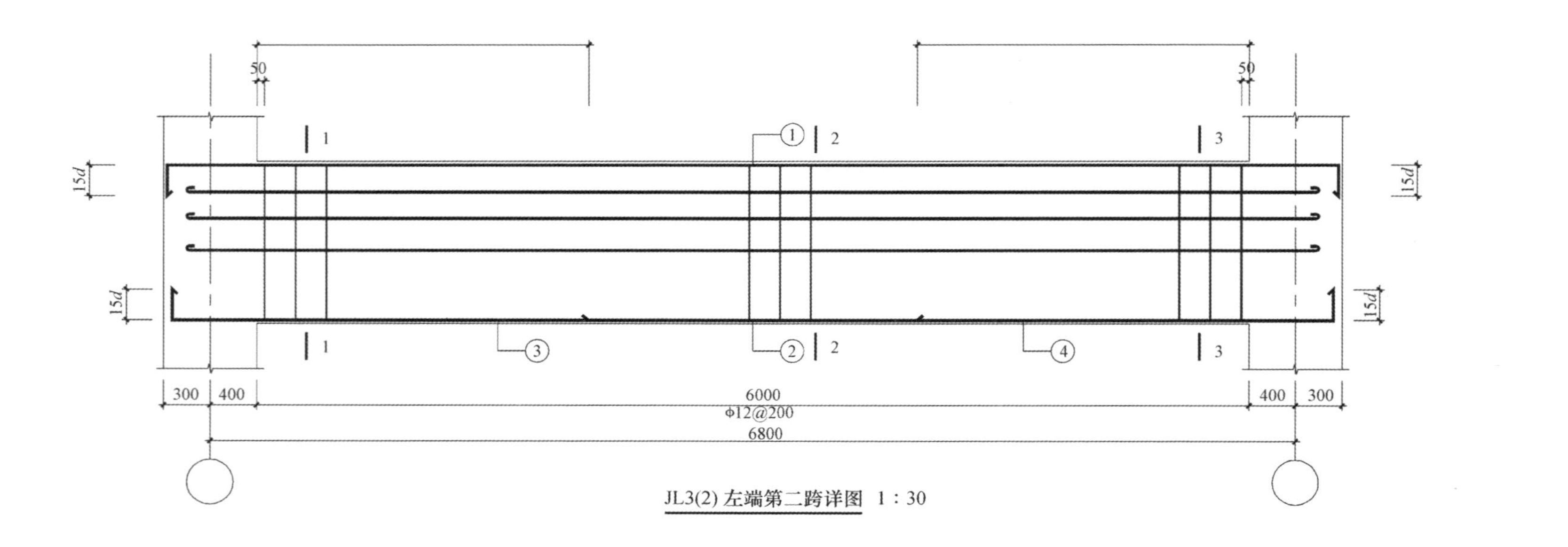

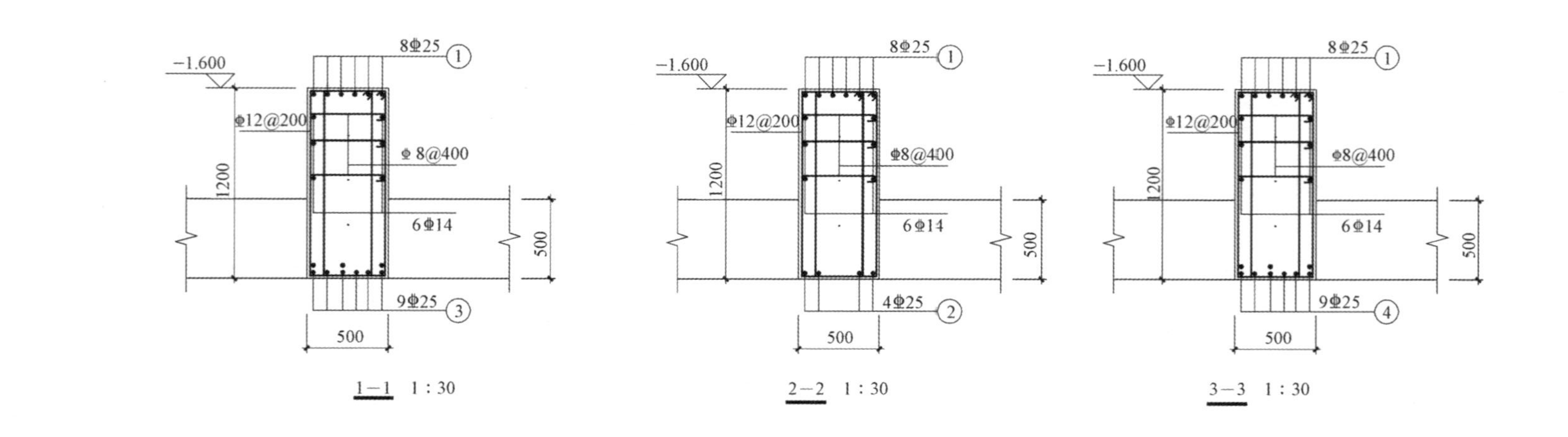

图 5-6　筏形基础梁配筋图讲解（三）

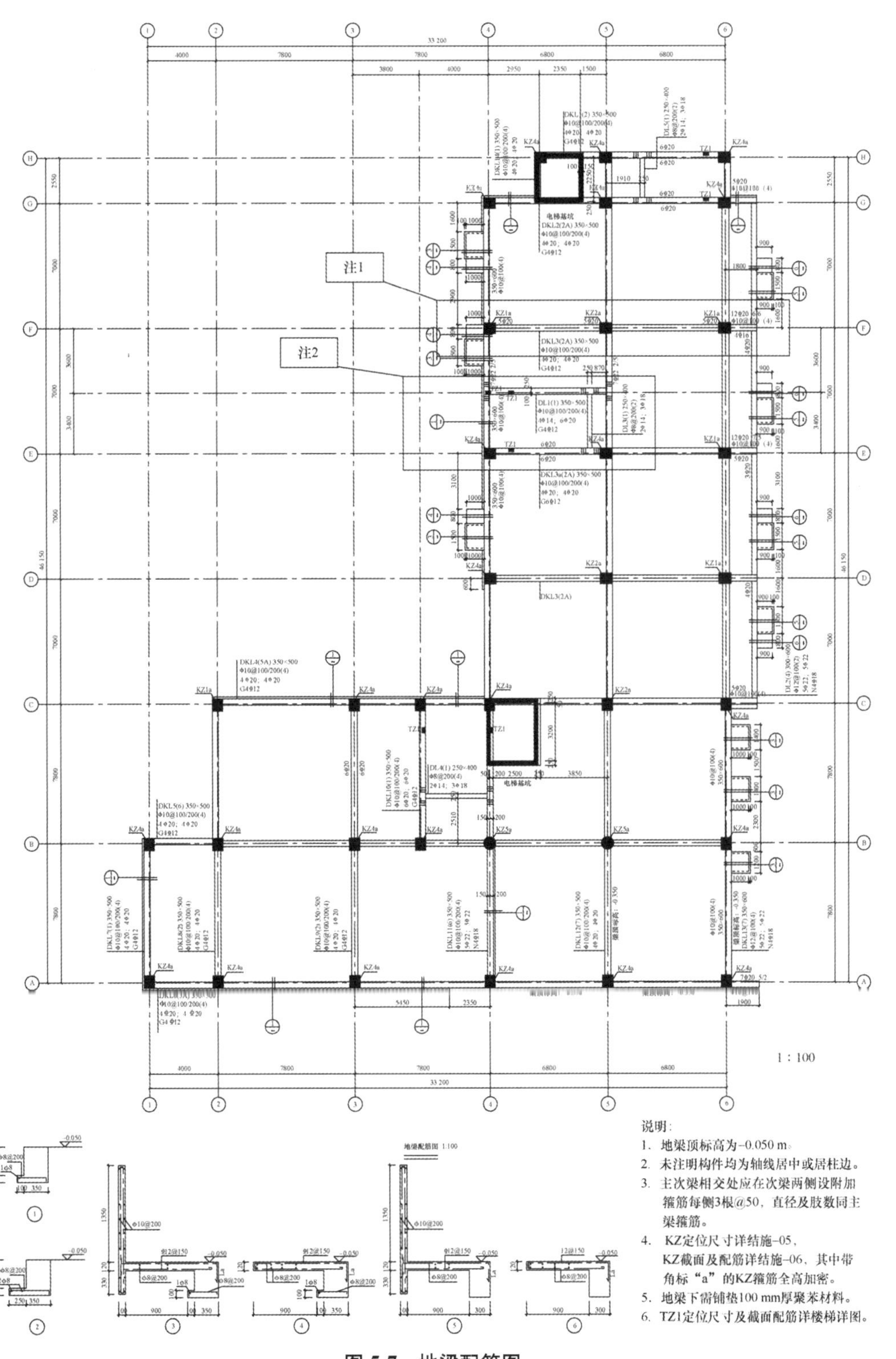
注1
注2
1：100
地梁配筋图 1:100
说明：
1．地梁顶标高为-0.050 m。
2．未注明构件均为轴线居中或居柱边。
3．主次梁相交处应在次梁两侧设附加箍筋每侧3根@50，直径及肢数同主梁箍筋。
4．KZ定位尺寸详结施-05，KZ截面及配筋详结施-06，其中带角标“a”的KZ箍筋全高加密。
5．地梁下需铺垫100 mm厚聚苯材料。
6．TZ1定位尺寸及截面配筋详楼梯详图。

图 5-7　地梁配筋图

注1详解：

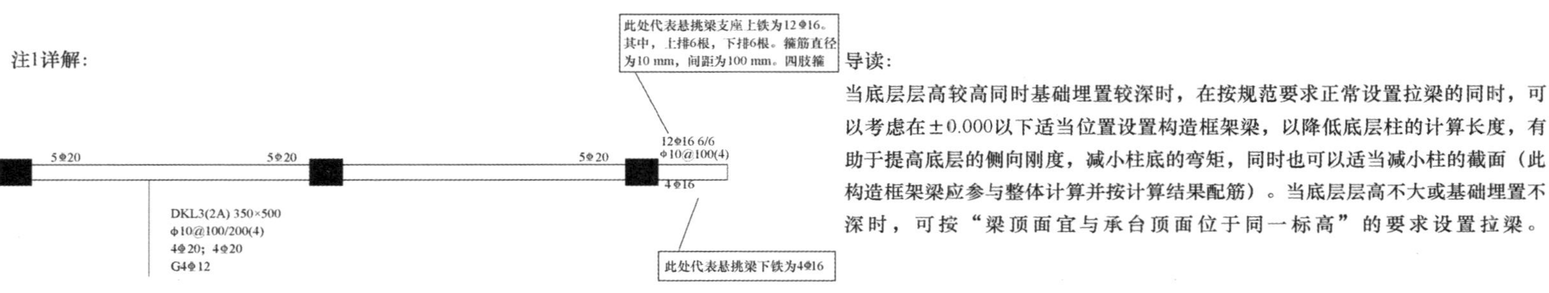
此处代表悬挑梁支座上铁为12⌀16。其中，上排6根，下排6根。箍筋直径为10 mm，间距为100 mm。四肢箍
5⌀20
5⌀20
5⌀20
12⌀16 6/6
⌀10@100(4)
4⌀16
DKL3(2A) 350×500
⌀10@100/200(4)
4⌀20；4⌀20
G4⌀12
此处代表悬挑梁下铁为4⌀16
DKL3(2A) 350×500：代表地框梁为两跨，其中一端悬挑。截面尺寸：梁宽350 mm，梁高500 mm。其中DKL代表地框梁。
⌀10@100/200(4)：代表梁箍筋钢筋级别为一级钢筋。箍筋直径为10 mm。加密区箍筋间距为100 mm。非加密区箍筋间距为200 mm。箍筋肢数为四肢箍。
4⌀20；4⌀20：代表梁上铁为4⌀20通常布置，梁下铁为4⌀20通常布置。
G4⌀12：代表腰筋为4⌀20每侧两根，其中⌀代表HRB400钢筋。
1：30

导读：

当底层层高较高同时基础埋置较深时，在按规范要求正常设置拉梁的同时，可以考虑在±0.000以下适当位置设置构造框架梁，以降低底层柱的计算长度，有助于提高底层的侧向刚度，减小柱底的弯矩，同时也可以适当减小柱的截面（此构造框架梁应参与整体计算并按计算结果配筋）。当底层层高不大或基础埋置不深时，可按“梁顶面宜与承台顶面位于同一标高”的要求设置拉梁。

注2详解：

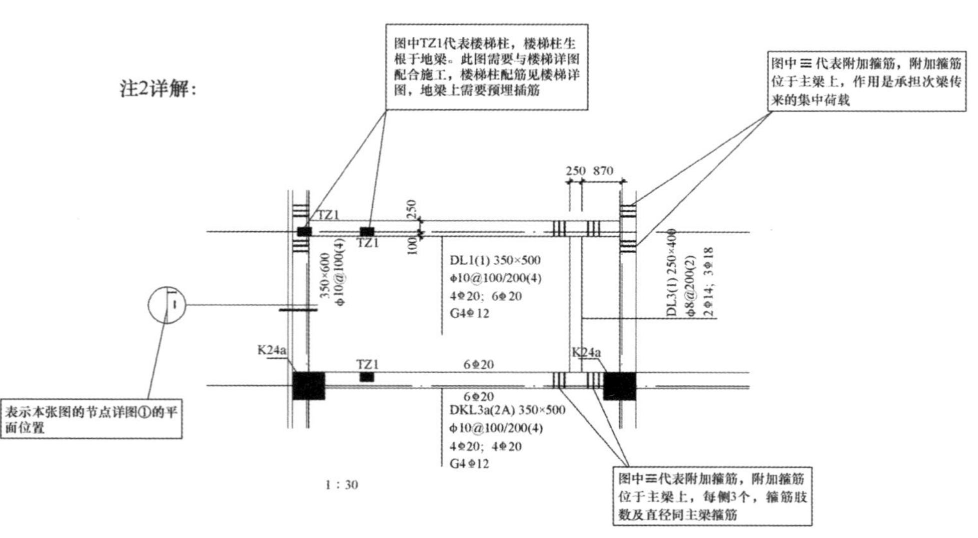
图中TZ1代表楼梯柱，楼梯柱生根于地梁。此图需要与楼梯详图配合施工，楼梯柱配筋见楼梯详图，地梁上需要预埋插筋
图中☰代表附加箍筋，附加箍筋位于主梁上，作用是承担次梁传来的集中荷载
250 870
TZ1
TZ1
250
100
DL1(1) 350×500
⌀10@100/200(4)
4⌀20；6⌀20
G4⌀12
DL3(1) 250×400
⌀8@200(2)
2⌀14；3⌀18
350×600
⌀10@100(4)
K24a
K24a
TZ1
6⌀20
6⌀20
DKL3a(2A) 350×500
⌀10@100/200(4)
4⌀20；4⌀20
G4⌀12
表示本张图的节点详图①的平面位置
1：30
图中☰代表附加箍筋，附加箍筋位于主梁上，每侧3个，箍筋肢数及直径同主梁箍筋

导读：

本图纸中的地梁即为基础拉梁。作用如下：

（1）承受上部墙体的荷载或其他竖向荷载；

（2）在重要的建筑物或地基薄弱处，设置基础拉梁加强基础的整体性，调节各基础间的不均匀沉降，消除或减轻上部结构对沉降的敏感性；

（3）在单桩及两桩承台的短向处，设置拉梁是因为桩身刚度与承台及上部结构刚度相比很小，桩与承台之间设计一般按照铰接考虑。自身不能够用来传递上部的弯矩和剪力，上部柱子的嵌固面往往在承台面处，上部柱子传递的弯矩和剪力必须由拉梁来承担；

（4）对于有抗震设防要求的柱下承台，在地震作用下，建筑物的各桩基承台所受到的地震剪力和弯矩是不确定的，拉梁起到各承台之间的整体协调作用。

图 5-8　地梁配筋图讲解（一）

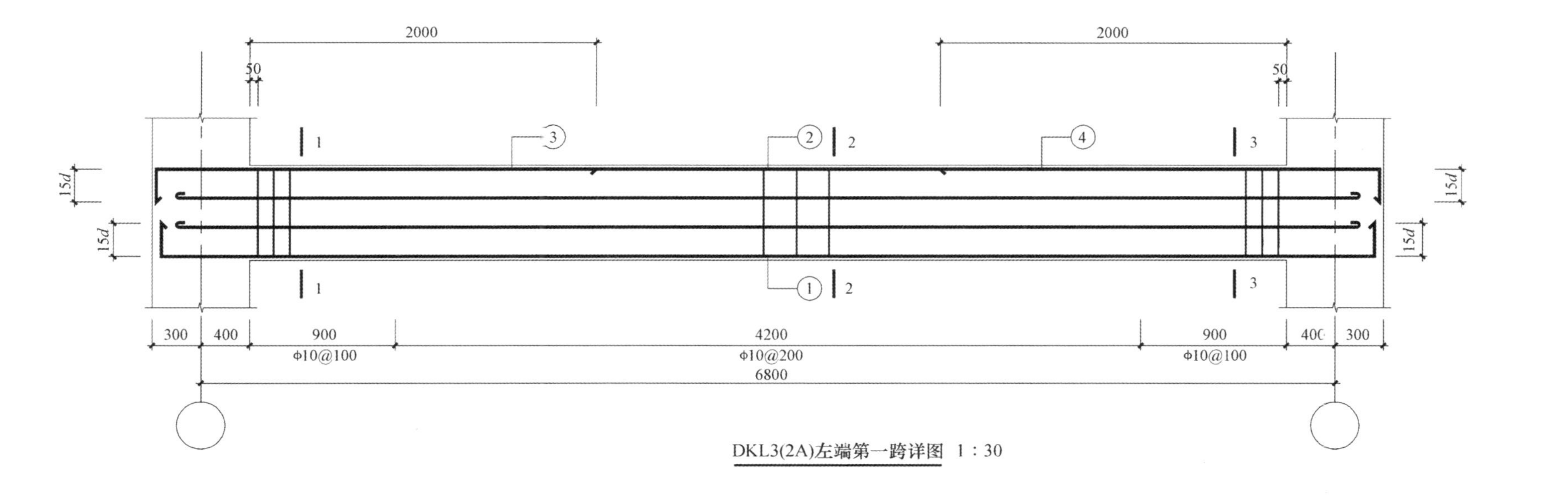

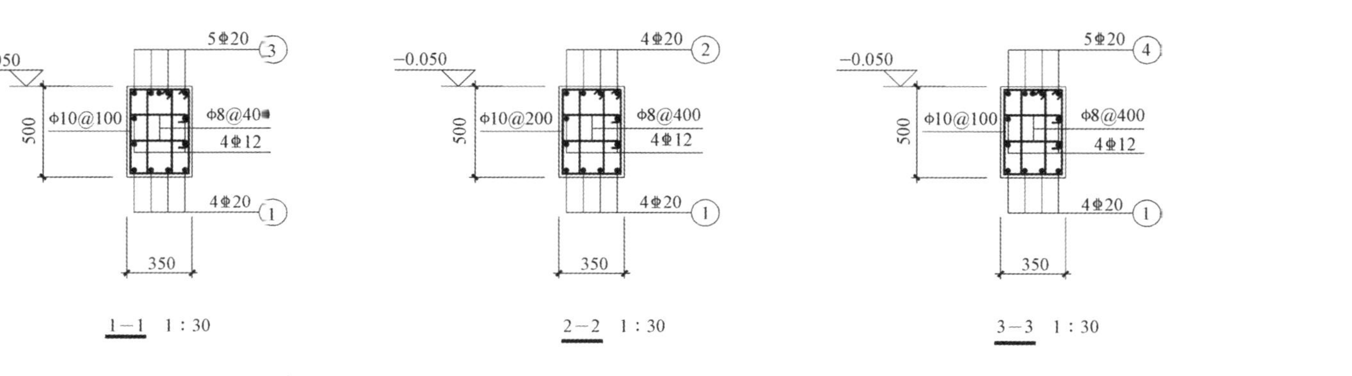

图 5-9　地梁配筋图讲解（二）

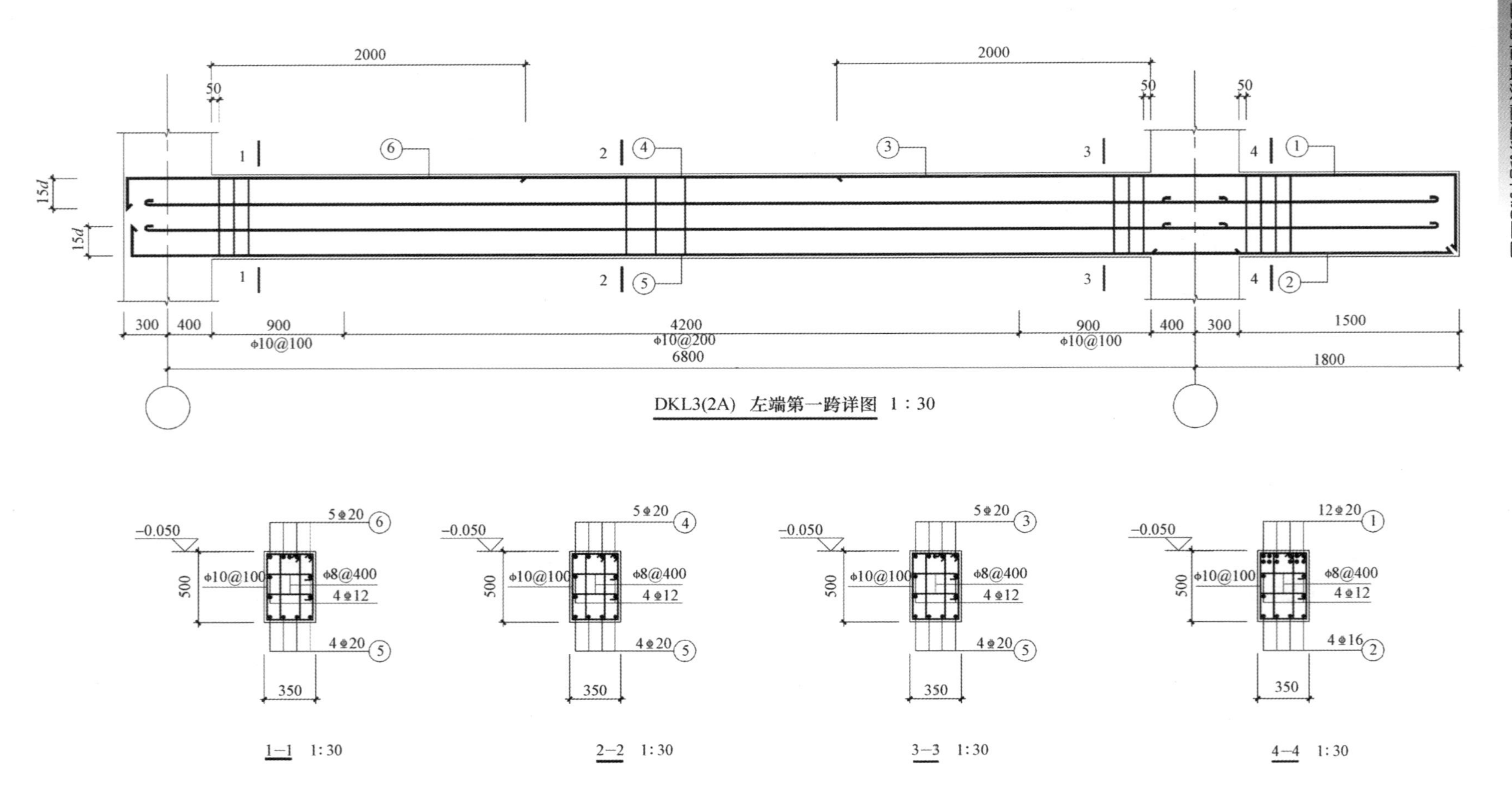

图 5-10 地梁配筋图讲解（三）

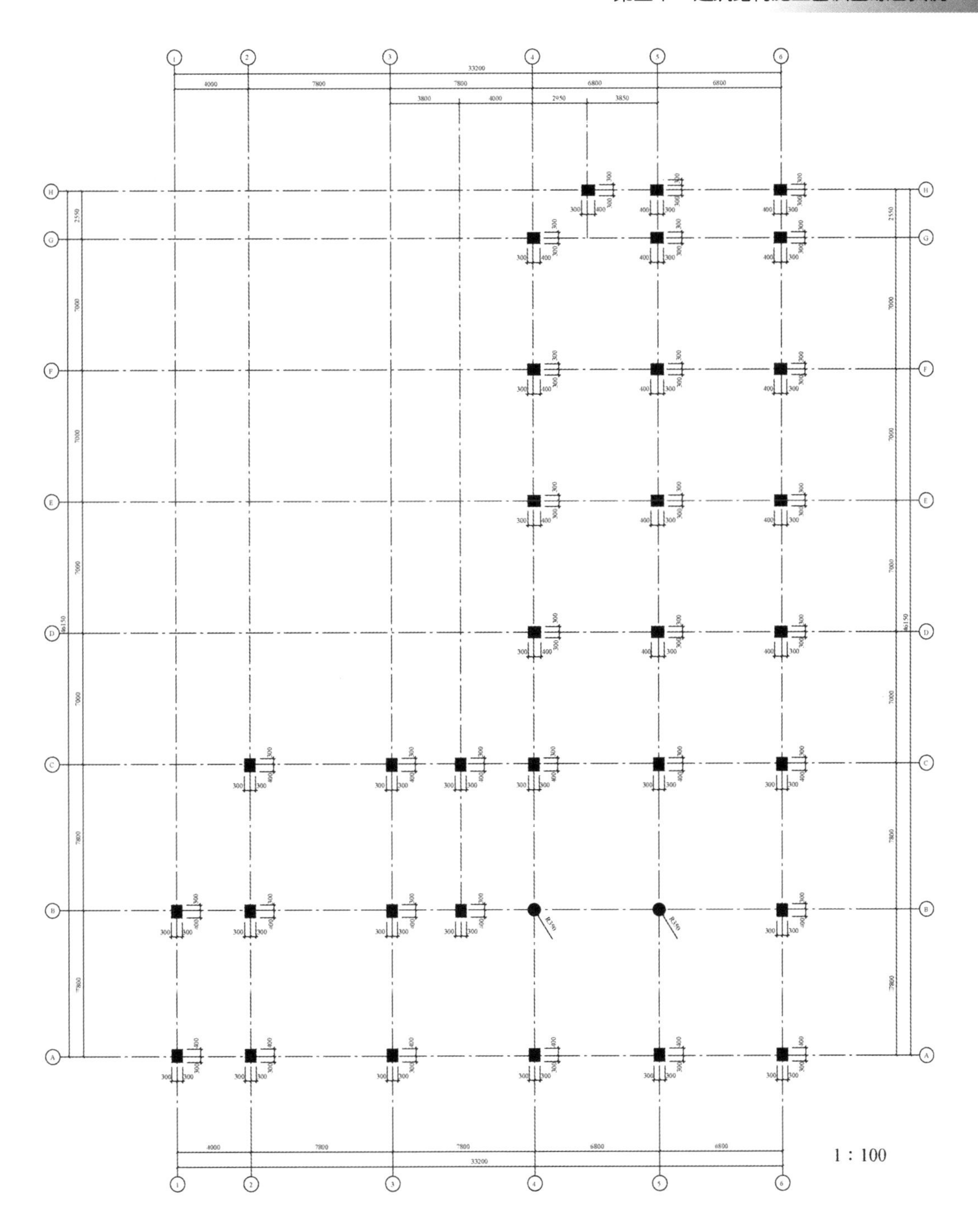

说明：本图仅表示KZ定位尺寸。

图 5-11　框架柱定位图

导读:

框架柱定位图所表示的是框架柱的平面尺寸及相互之间的位置关系。关于框架柱纵向钢筋的连接方法，目前我国规范主要采用三种连接方式。分别是绑扎搭接、机械搭接、焊接搭接。设计人员根据我国的国情，一般指定框架柱均采用机械搭接。下图分别是三种连接形式的构造做法，供大家参考。

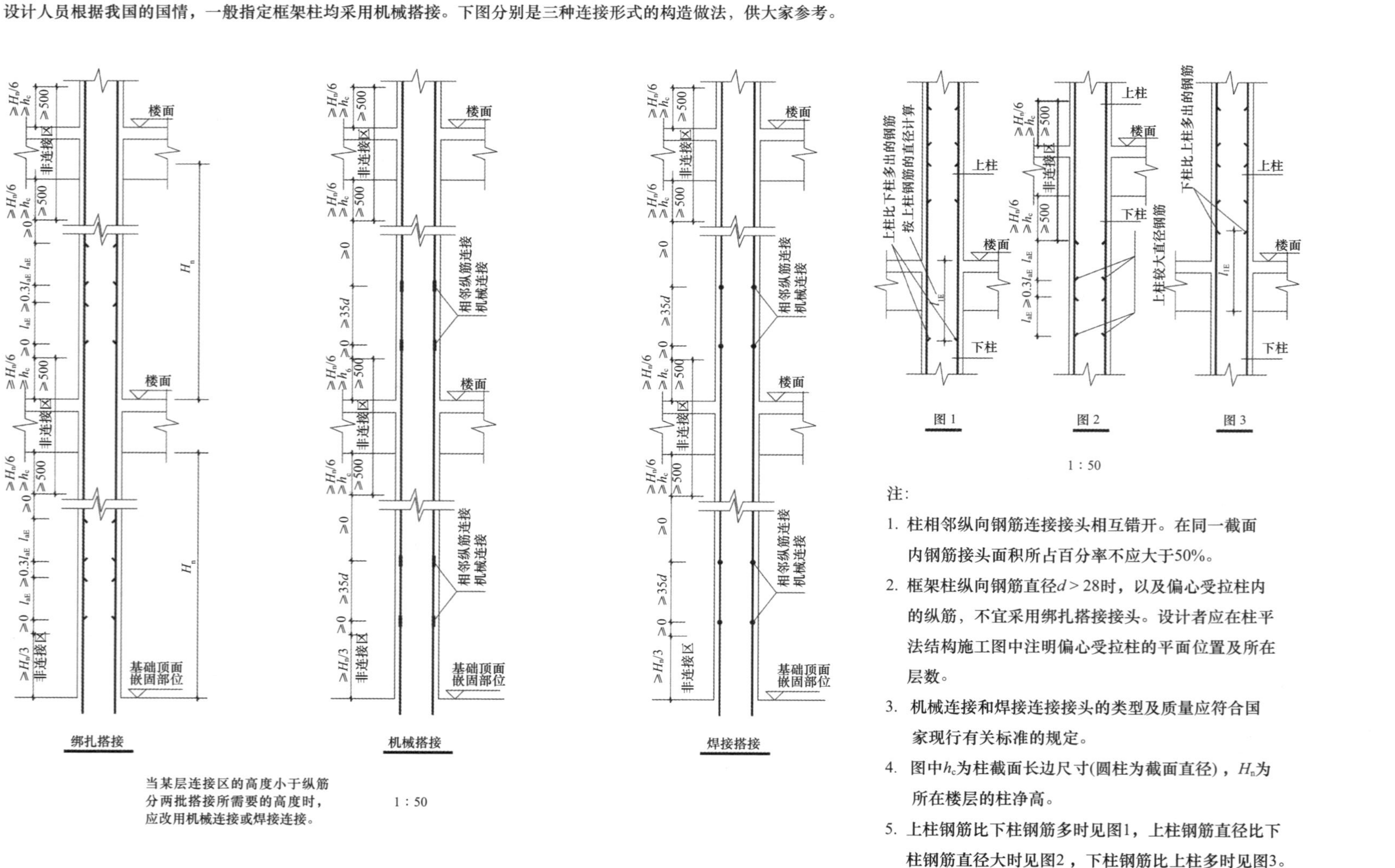

注:

1. 柱相邻纵向钢筋连接接头相互错开。在同一截面内钢筋接头面积所占百分率不应大于50%。
2. 框架柱纵向钢筋直径$d>28$时，以及偏心受拉柱内的纵筋，不宜采用绑扎搭接接头。设计者应在柱平法结构施工图中注明偏心受拉柱的平面位置及所在层数。
3. 机械连接和焊接连接接头的类型及质量应符合国家现行有关标准的规定。
4. 图中h_c为柱截面长边尺寸(圆柱为截面直径)，H_n为所在楼层的柱净高。
5. 上柱钢筋比下柱钢筋多时见图1，上柱钢筋直径比下柱钢筋直径大时见图2，下柱钢筋比上柱多时见图3。

图 5-12　框架柱定位图讲解（一）

导读：

框架结构梁柱之间的连接节点非常重要，施工时，一定要正确理解图纸。下面就框架柱顶与框架梁的连接做法介绍给大家，仅供参考。

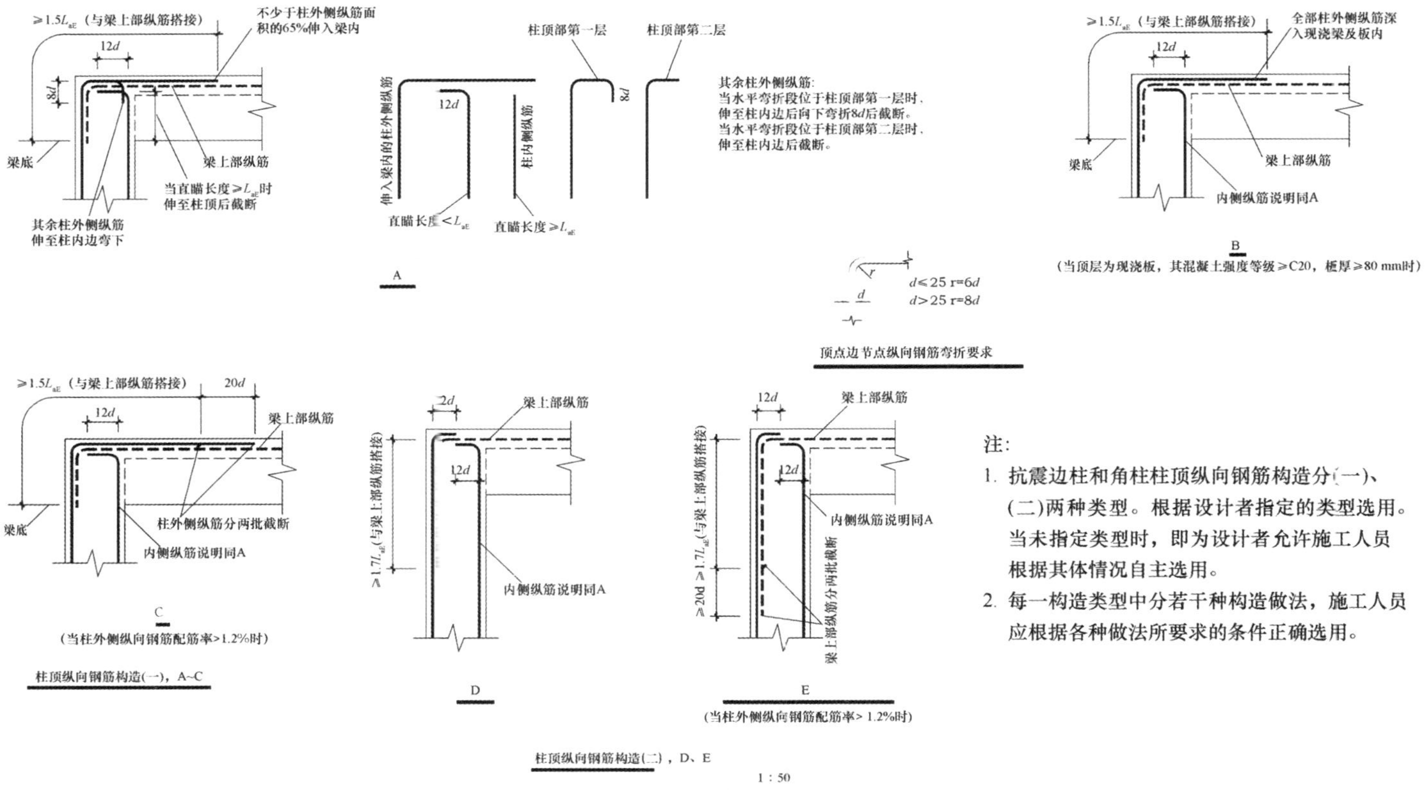

≥1.5L_{aE}（与梁上部纵筋搭接）
不少于柱外侧纵筋面积的65%伸入梁内
12d
8d
梁底
梁上部纵筋
当直锚长度≥L_{aE}时伸至柱顶后截断
其余柱外侧纵筋伸至柱内边弯下

伸入梁内的柱外侧纵筋
12d
柱内侧纵筋
直锚长度<L_{aE}
直锚长度≥L_{aE}
柱顶部第一层
柱顶部第二层
8d

其余柱外侧纵筋：
当水平弯折段位于柱顶部第一层时，伸至柱内边后向下弯折8d后截断。
当水平弯折段位于柱顶部第二层时，伸至柱内边后截断。

A

≥1.5L_{aE}（与梁上部纵筋搭接）
全部柱外侧纵筋深入现浇梁及板内
12d
梁底
梁上部纵筋
内侧纵筋说明同A

B

（当顶层为现浇板，其混凝土强度等级≥C20，板厚≥80 mm时）

$d\leq25$ $r=6d$
$d>25$ $r=8d$

顶点边节点纵向钢筋弯折要求

≥1.5L_{aE}（与梁上部纵筋搭接） 20d
12d
梁上部纵筋
梁底
柱外侧纵筋分两批截断
内侧纵筋说明同A

C

（当柱外侧纵向钢筋配筋率>1.2%时）

柱顶纵向钢筋构造(一)，A~C

2d
梁上部纵筋
12d
≥1.7L_{aE}(与梁上部纵筋搭接)
内侧纵筋说明同A

D

12d
梁上部纵筋
12d
≥1.7L_{aE}(与梁上部纵筋搭接)
≥20d
内侧纵筋说明同A
梁上部纵筋分两批截断

E

（当柱外侧纵向钢筋配筋率> 1.2%时）

柱顶纵向钢筋构造(二)，D、E

1 : 50

注：

1. 抗震边柱和角柱柱顶纵向钢筋构造分(一)、(二)两种类型。根据设计者指定的类型选用。当未指定类型时，即为设计者允许施工人员根据其体情况自主选用。
2. 每一构造类型中分若干种构造做法，施工人员应根据各种做法所要求的条件正确选用。

图 5-13 框架柱定位图讲解（二）

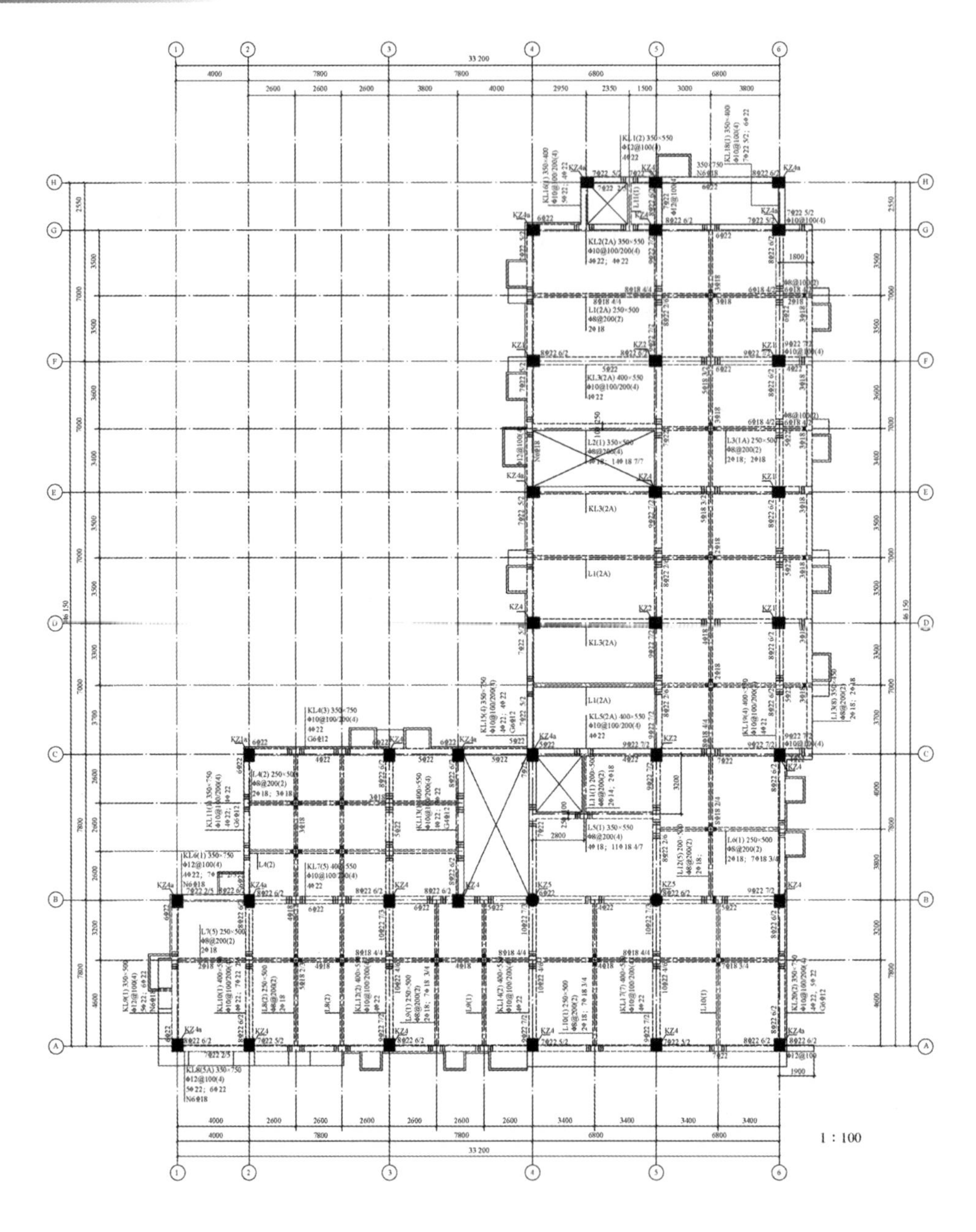

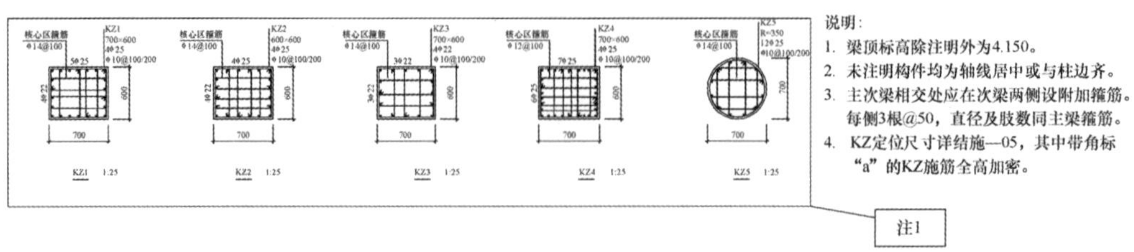

说明：

1. 梁顶标高除注明外为4.150。
2. 未注明构件均为轴线居中或与柱边齐。
3. 主次梁相交处应在次梁两侧设附加箍筋。每侧3根@50，直径及肢数同主梁箍筋。
4. KZ定位尺寸详结施—05，其中带角标“a”的KZ施筋全高加密。

注1

图 5-14　首层结构平面图

注1详解:

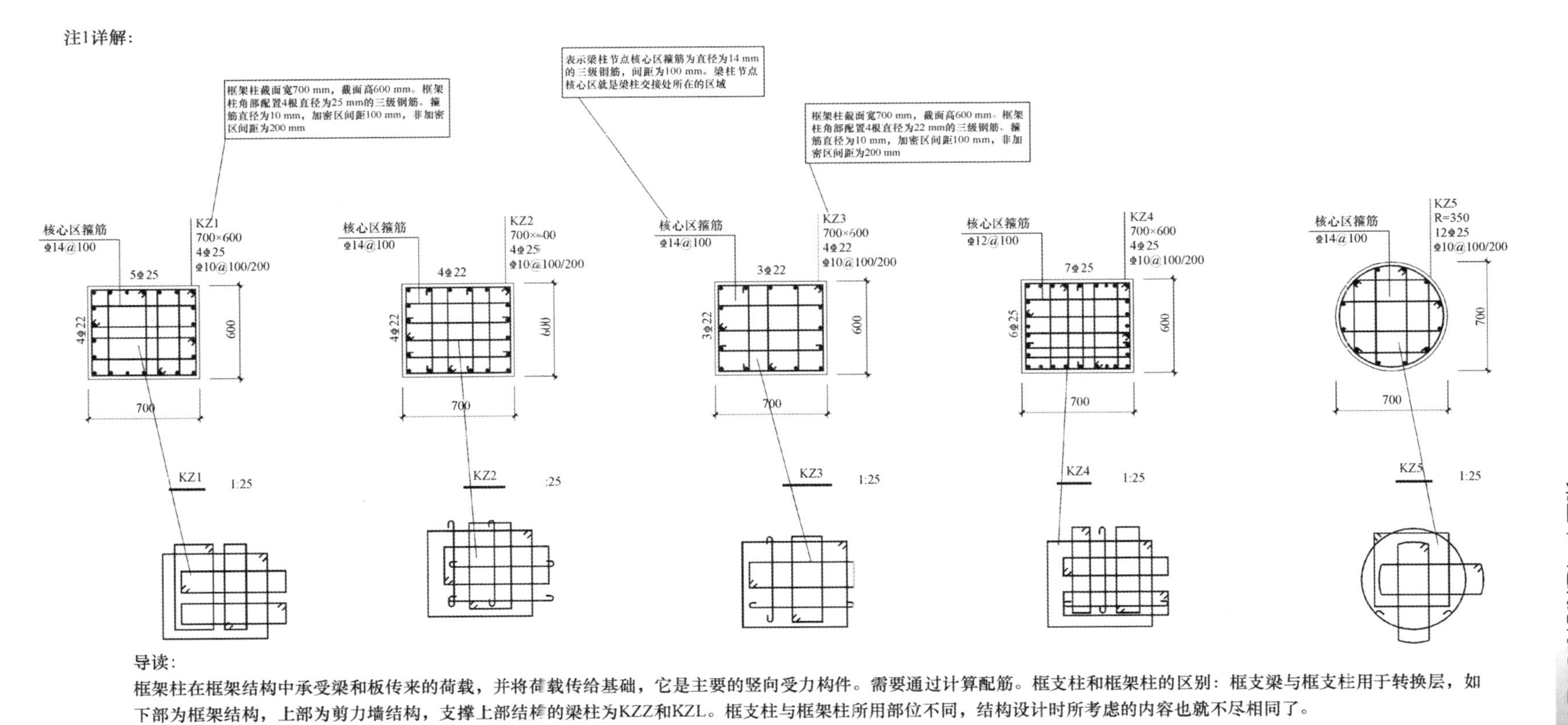

导读:

框架柱在框架结构中承受梁和板传来的荷载，并将荷载传给基础，它是主要的竖向受力构件。需要通过计算配筋。框支柱和框架柱的区别：框支梁与框支柱用于转换层，如下部为框架结构，上部为剪力墙结构，支撑上部结构的梁柱为KZZ和KZL。框支柱与框架柱所用部位不同，结构设计时所考虑的内容也就不尽相同了。

图 5-15　首层结构平面图讲解

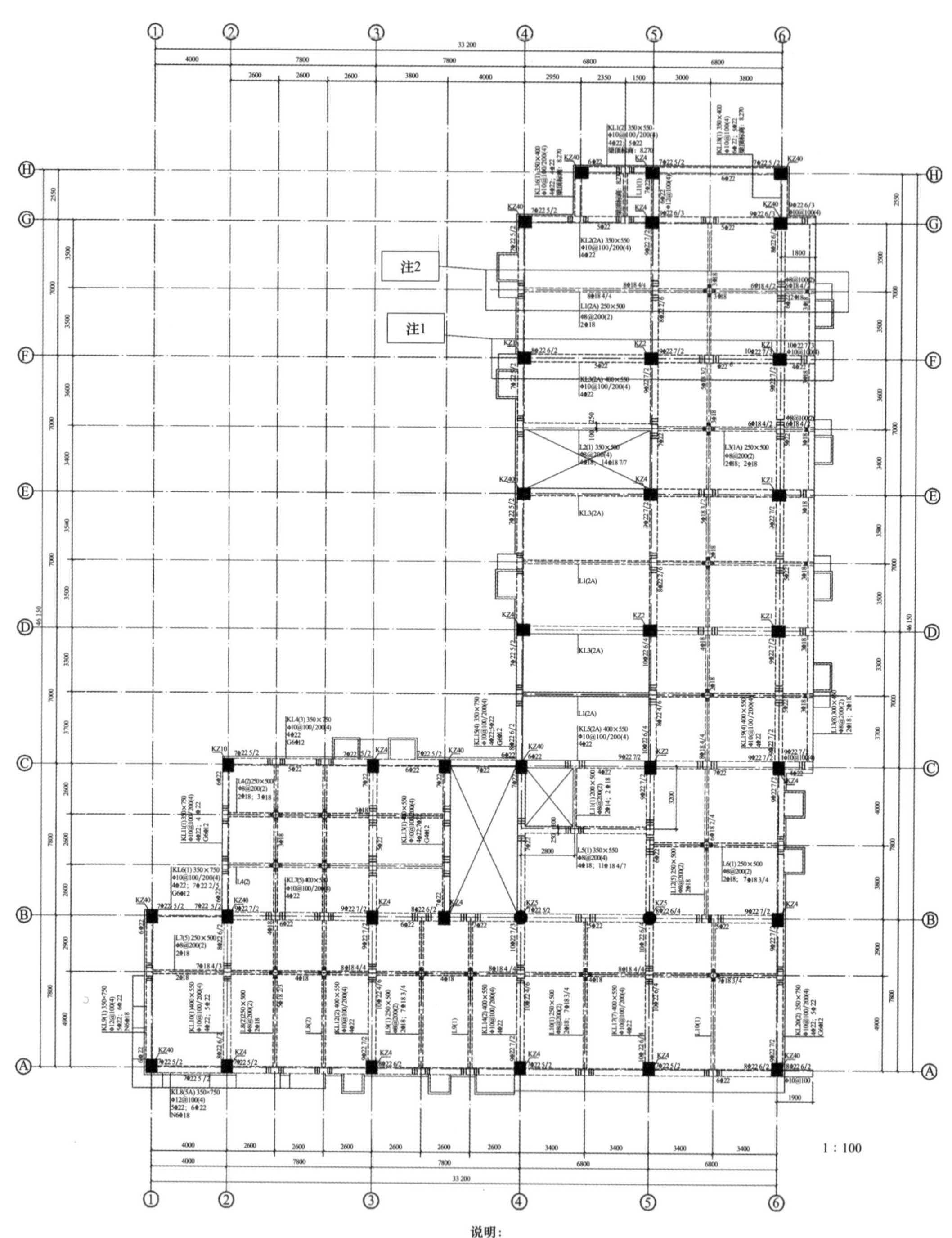

说明：

1. 梁顶标高除注明外为8.050 m。
2. 未注明构件均为轴线居中或与柱边齐。
3. 主次梁相交处应在次梁两侧设附加箍筋，每侧3根@ 50，直径及肢数同主梁箍筋。
4. KZ定位尺寸详结施－50，KZ截面及配筋详结施－06，其中带角标“a”的KZ箍筋全高加密。

图 5-16　二层结构平面图

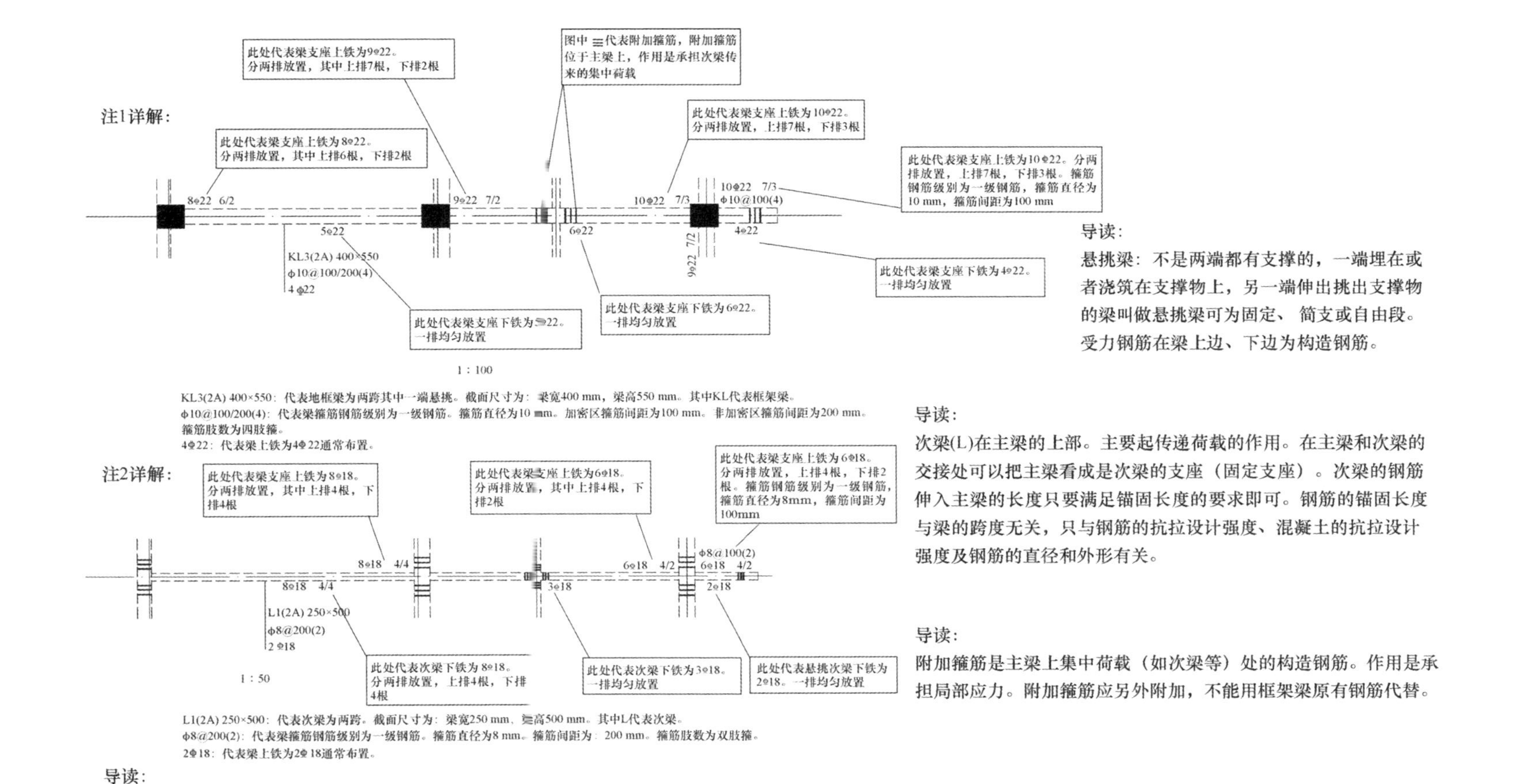
注1详解：
此处代表梁支座上铁为9φ22。分两排放置，其中上排7根，下排2根
图中 ≡ 代表附加箍筋，附加箍筋位于主梁上，作用是承担次梁传来的集中荷载
此处代表梁支座上铁为8φ22。分两排放置，其中上排6根，下排2根
此处代表梁支座上铁为10φ22。分两排放置，上排7根，下排3根
此处代表梁支座上铁为10φ22。分两排放置，上排7根，下排3根。箍筋钢筋级别为一级钢筋，箍筋直径为10 mm，箍筋间距为100 mm
8φ22 6/2
9φ22 7/2
10φ22 7/3
10φ22 7/3
φ10@100(4)
5φ22
6φ22
4φ22
9φ22 7/2
KL3(2A) 400×550
φ10@100/200(4)
4φ22
此处代表梁支座下铁为4φ22。一排均匀放置
此处代表梁支座下铁为6φ22。一排均匀放置
此处代表梁支座下铁为≥22。一排均匀放置
1：100
KL3(2A) 400×550：代表地框梁为两跨其中一端悬挑。截面尺寸为：梁宽400 mm，梁高550 mm。其中KL代表框架梁。
φ10@100/200(4)：代表梁箍筋钢筋级别为一级钢筋。箍筋直径为10 mm。加密区箍筋间距为100 mm。非加密区箍筋间距为200 mm。箍筋肢数为四肢箍。
4φ22：代表梁上铁为4φ22通常布置。
注2详解：
此处代表梁支座上铁为8φ18。分两排放置，其中上排4根，下排4根
此处代表梁支座上铁为6φ18。分两排放置，其中上排4根，下排2根
此处代表梁支座上铁为6φ18。分两排放置，上排4根，下排2根。箍筋钢筋级别为一级钢筋，箍筋直径为8mm，箍筋间距为100mm
8φ18 4/4
8φ18 4/4
6φ18 4/2
φ8@100(2)
6φ18 4/2
3φ18
2φ18
L1(2A) 250×500
φ8@200(2)
2φ18
1：50
此处代表次梁下铁为8φ18。分两排放置，上排4根，下排4根
此处代表次梁下铁为3φ18。一排均匀放置
此处代表悬挑次梁下铁为2φ18。一排均匀放置
L1(2A) 250×500：代表次梁为两跨。截面尺寸为：梁宽250 mm，梁高500 mm。其中L代表次梁。
φ8@200(2)：代表梁箍筋钢筋级别为一级钢筋。箍筋直径为8 mm。箍筋间距为：200 mm。箍筋肢数为双肢箍。
2φ18：代表梁上铁为2φ18通常布置。

导读：

悬挑梁：不是两端都有支撑的，一端埋在或者浇筑在支撑物上，另一端伸出挑出支撑物的梁叫做悬挑梁可为固定、简支或自由段。受力钢筋在梁上边、下边为构造钢筋。

导读：

次梁(L)在主梁的上部。主要起传递荷载的作用。在主梁和次梁的交接处可以把主梁看成是次梁的支座（固定支座）。次梁的钢筋伸入主梁的长度只要满足锚固长度的要求即可。钢筋的锚固长度与梁的跨度无关，只与钢筋的抗拉设计强度、混凝土的抗拉设计强度及钢筋的直径和外形有关。

导读：

附加箍筋是主梁上集中荷载（如次梁等）处的构造钢筋。作用是承担局部应力。附加箍筋应另外附加，不能用框架梁原有钢筋代替。

导读：

框架梁（KL ）是指两端与框架柱（KZ）相连的梁，或者两端与剪力墙相连但跨高比不小于5的梁。现在，结构设计中对于框架梁还有另一种观点，即需要参与抗震的梁。纯框架结构随着高层建筑的兴起而越来越少见，而剪力墙结构中的框架梁主要则是参与抗震的梁。

图 5-17　二层结构平面图讲解（一）

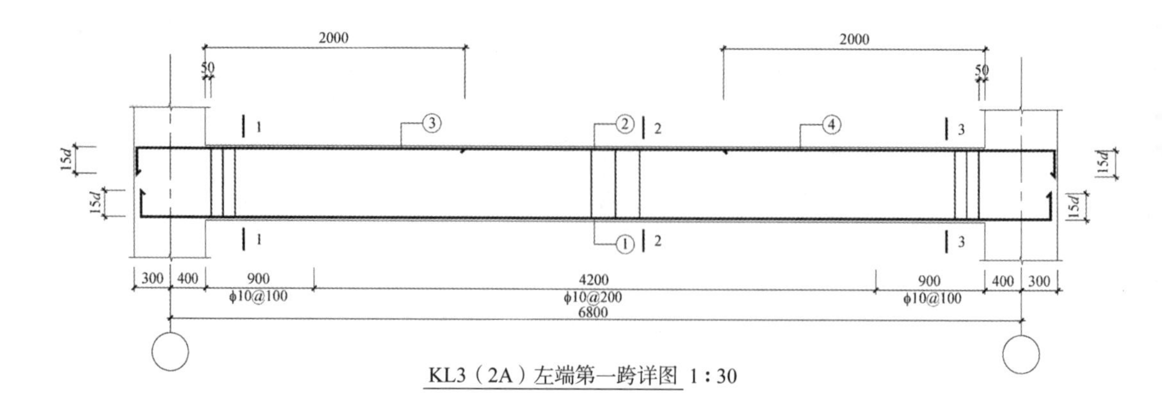

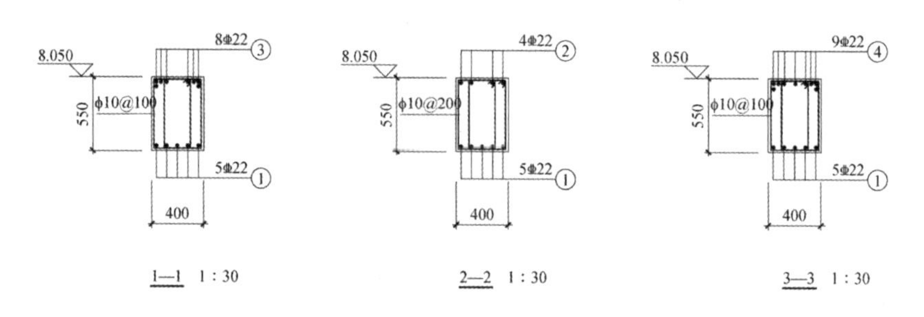

图 5-18　二层结构平面图讲解（二）

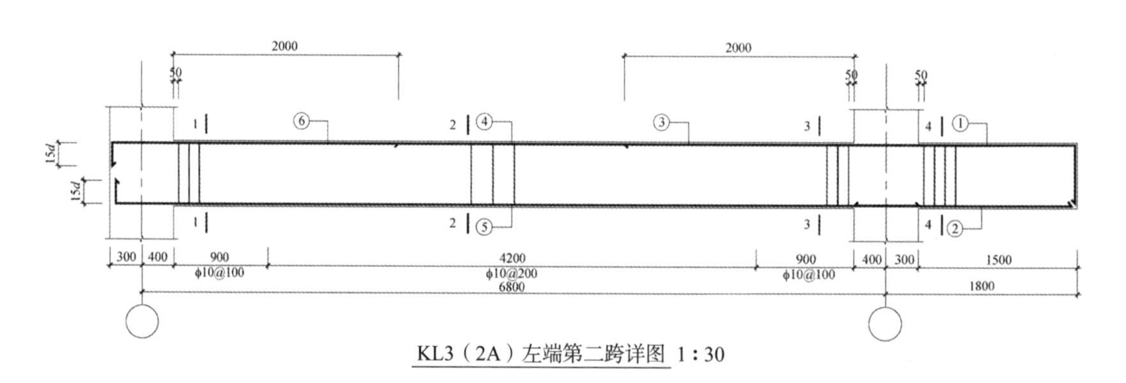

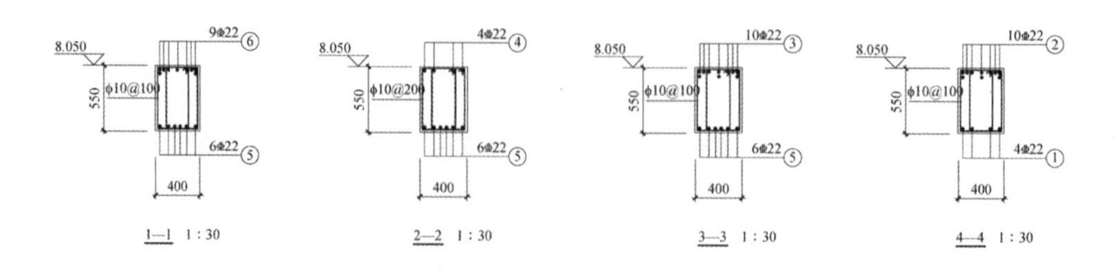

图 5-19　二层结构平面图讲解（三）

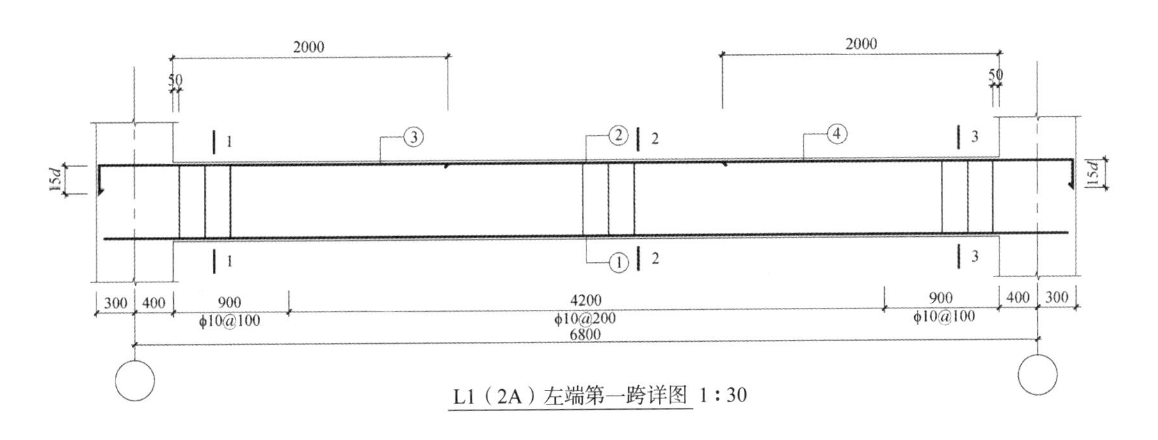

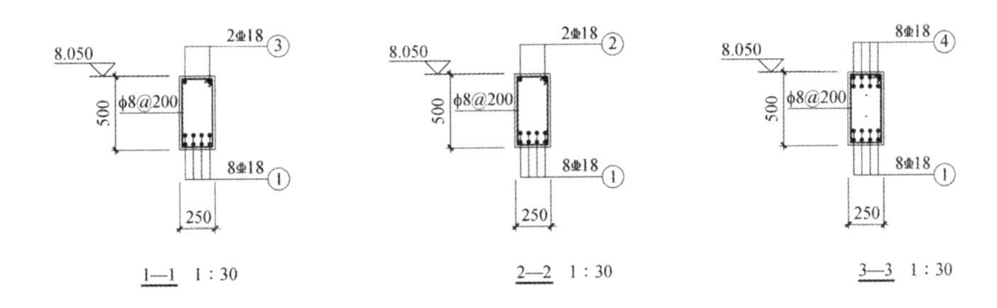

图 5-20　二层结构平面图讲解（四）

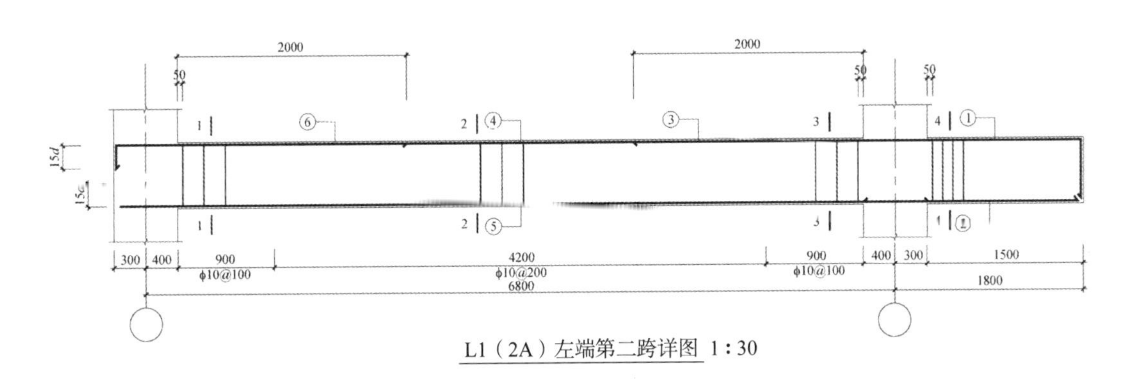

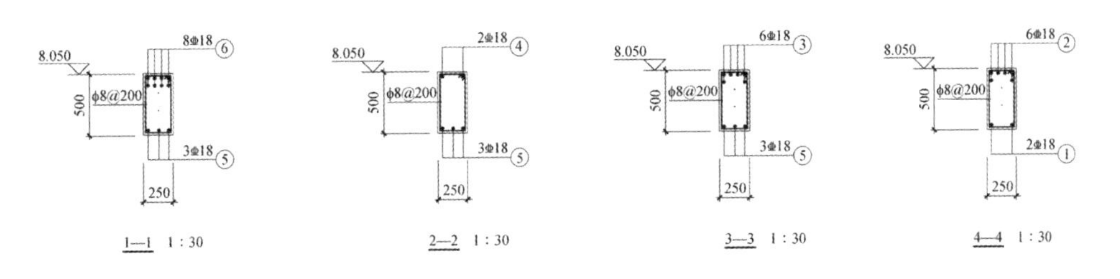

图 5-21　二层结构平面图讲解（五）

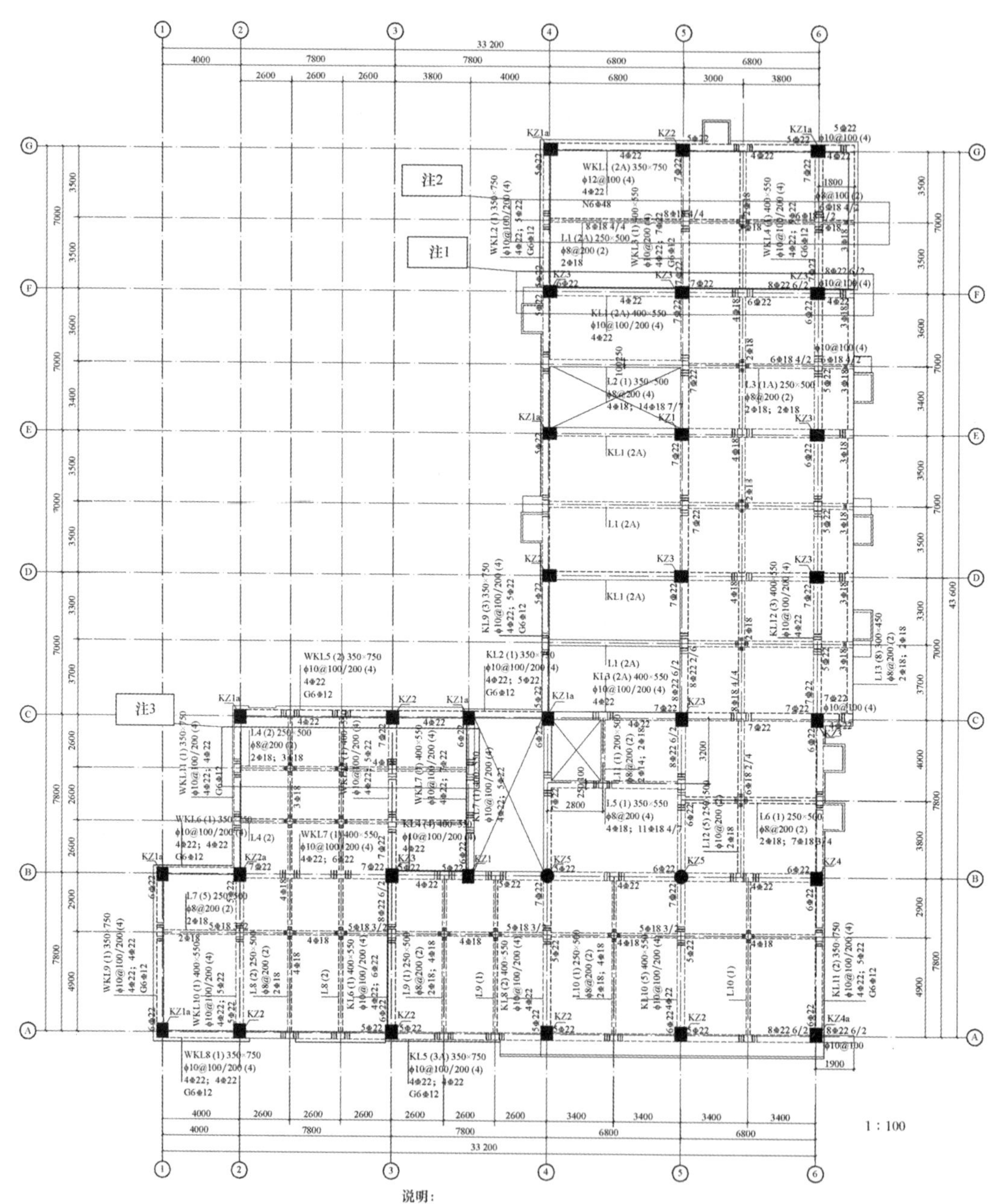

说明：
1. 梁顶标高除注明外为11.950 m。
2. 未注明构件均为轴线居中或与柱边齐。
3. 主次梁相交处应在次梁两侧设附加箍筋，每侧3根@50，直径及肢数同主梁箍筋。
4. KZ定位尺寸详结施—05，KZ截面及配筋详结施—06，其中带角标“α”的KZ箍筋全高加密。

图 5-22　三层结构平面图

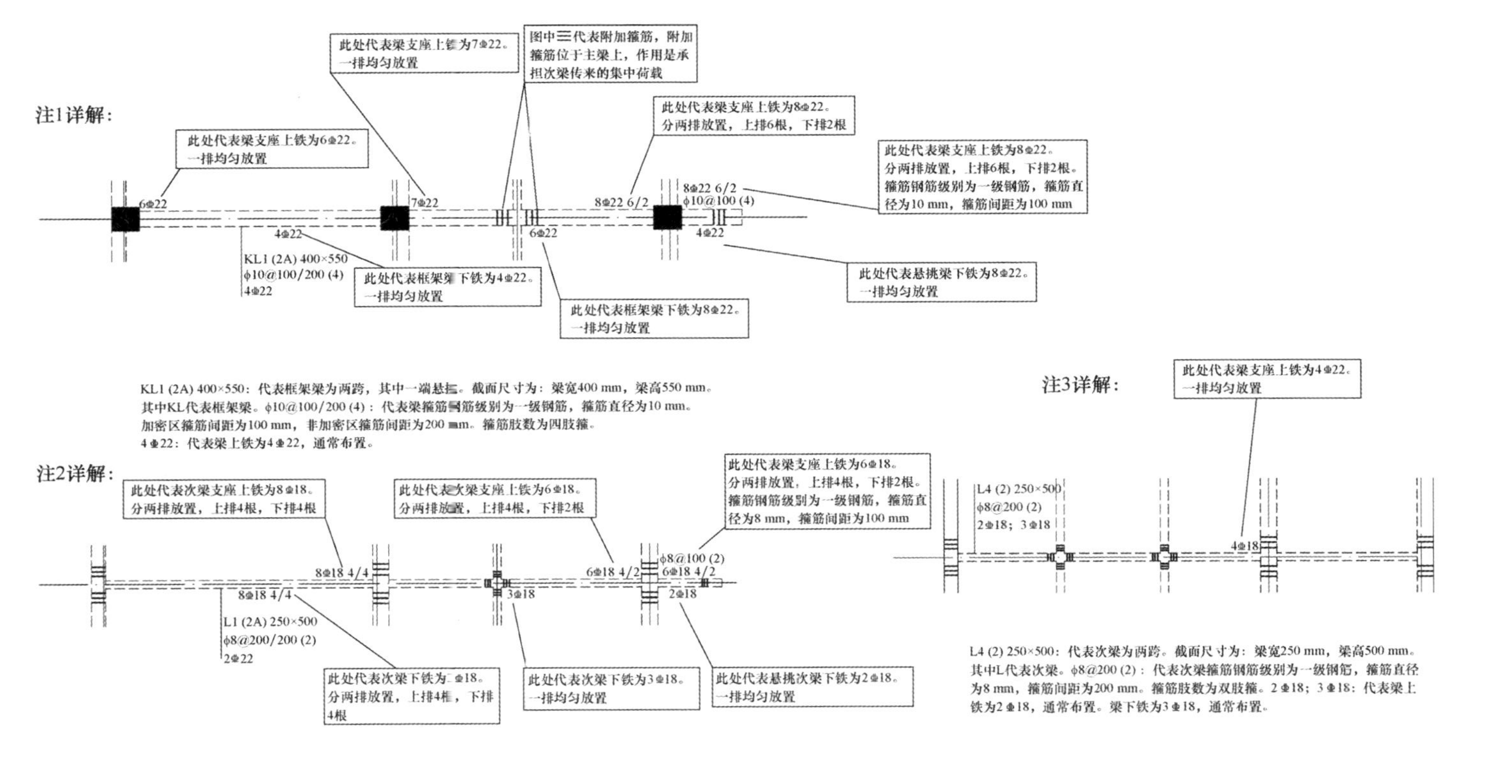

导读：

架立筋的相关知识：

架立筋指梁内起架立作用的钢筋，从字面上理解即可。架立筋主要功能是当梁上部纵筋的根数少于箍筋上部的转角数目时，使箍筋的角部有支承。所以架立筋就是将箍筋架立起来的纵向构造钢筋。架立钢筋与受力箍筋的区别是：架立钢筋是根据构造要求设置，通常直径较小，根数较少；受力钢筋则根据受力要求按计算设置，通常直径较大，根数较多。受压区配有架立钢筋的截面，不属于双筋截面。

图 5-23　三层结构平面图讲解（一）

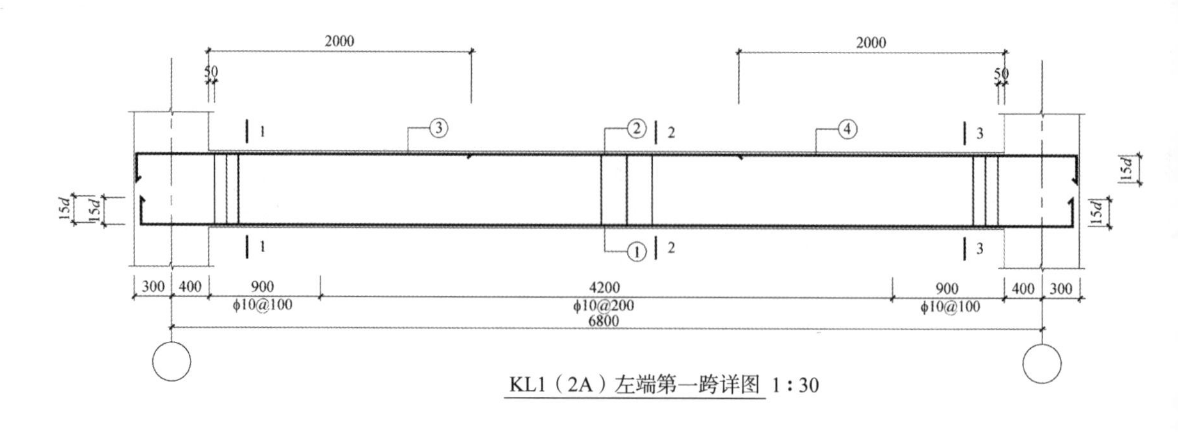

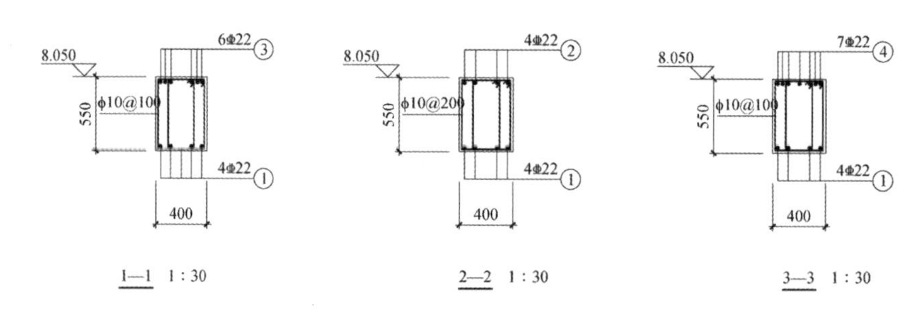

图 5-24 三层结构平面图讲解（二）

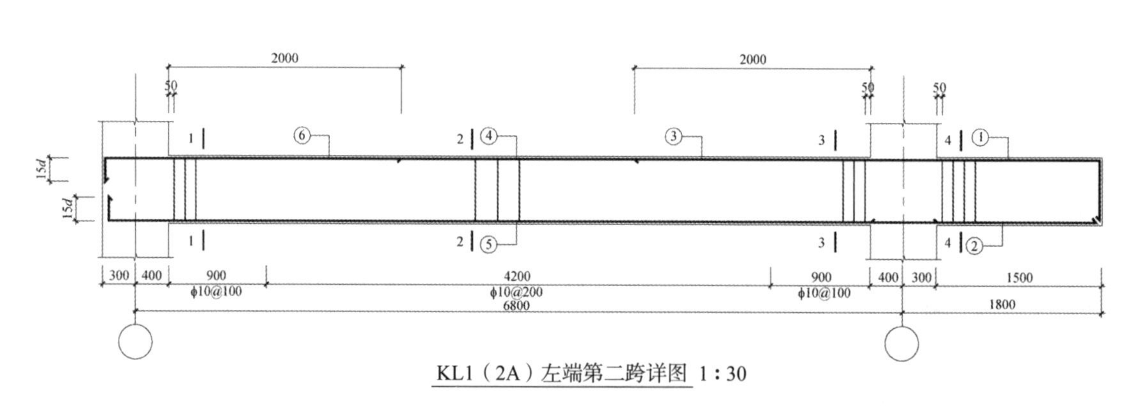

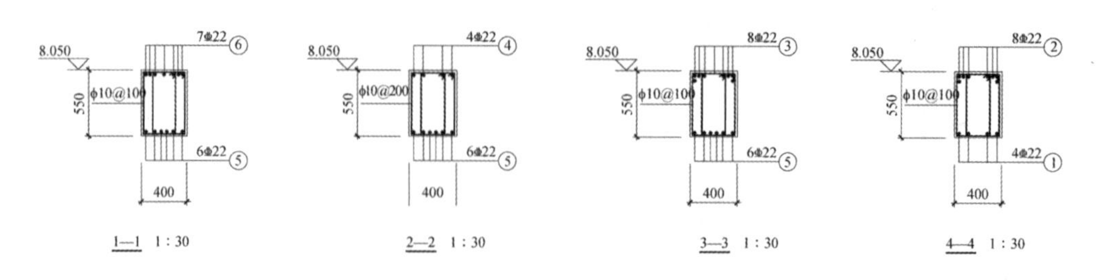

图 5-25　三层结构平面图讲解（三）

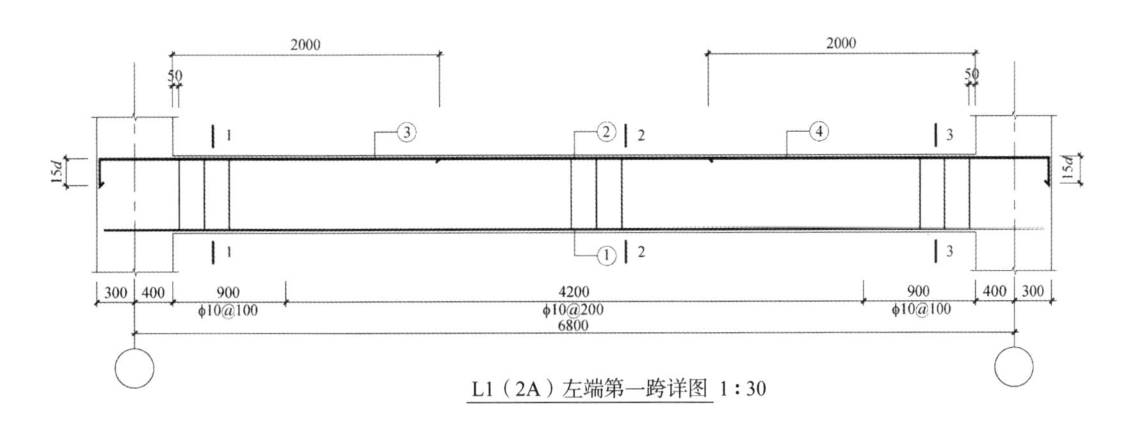

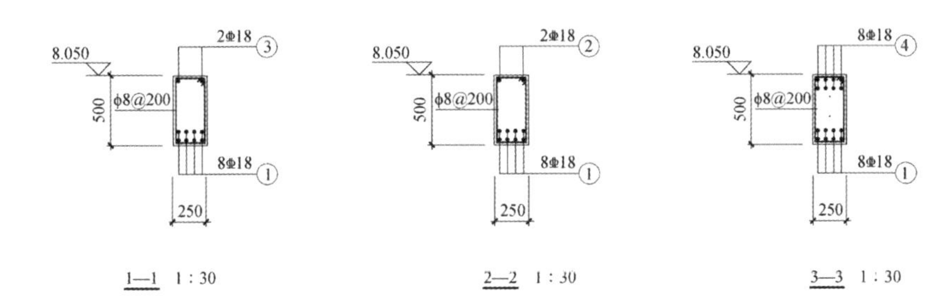

图 5-26 三层结构平面图讲解（四）

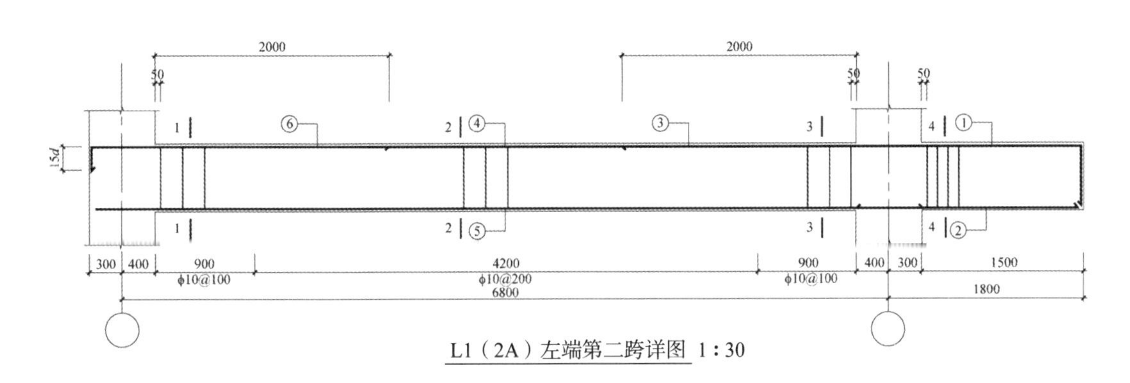

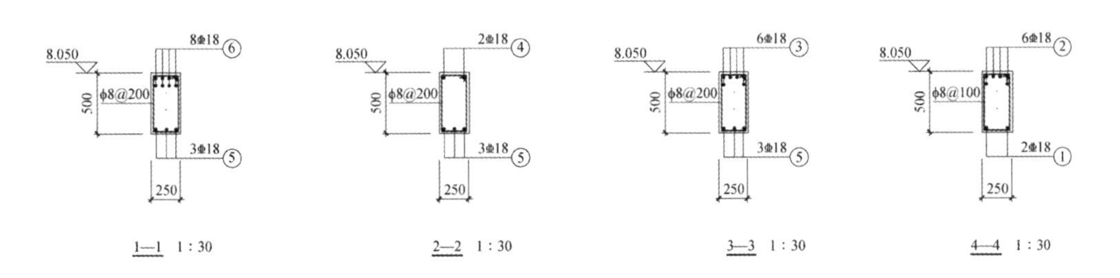

图 5-27 三层结构平面图讲解（五）

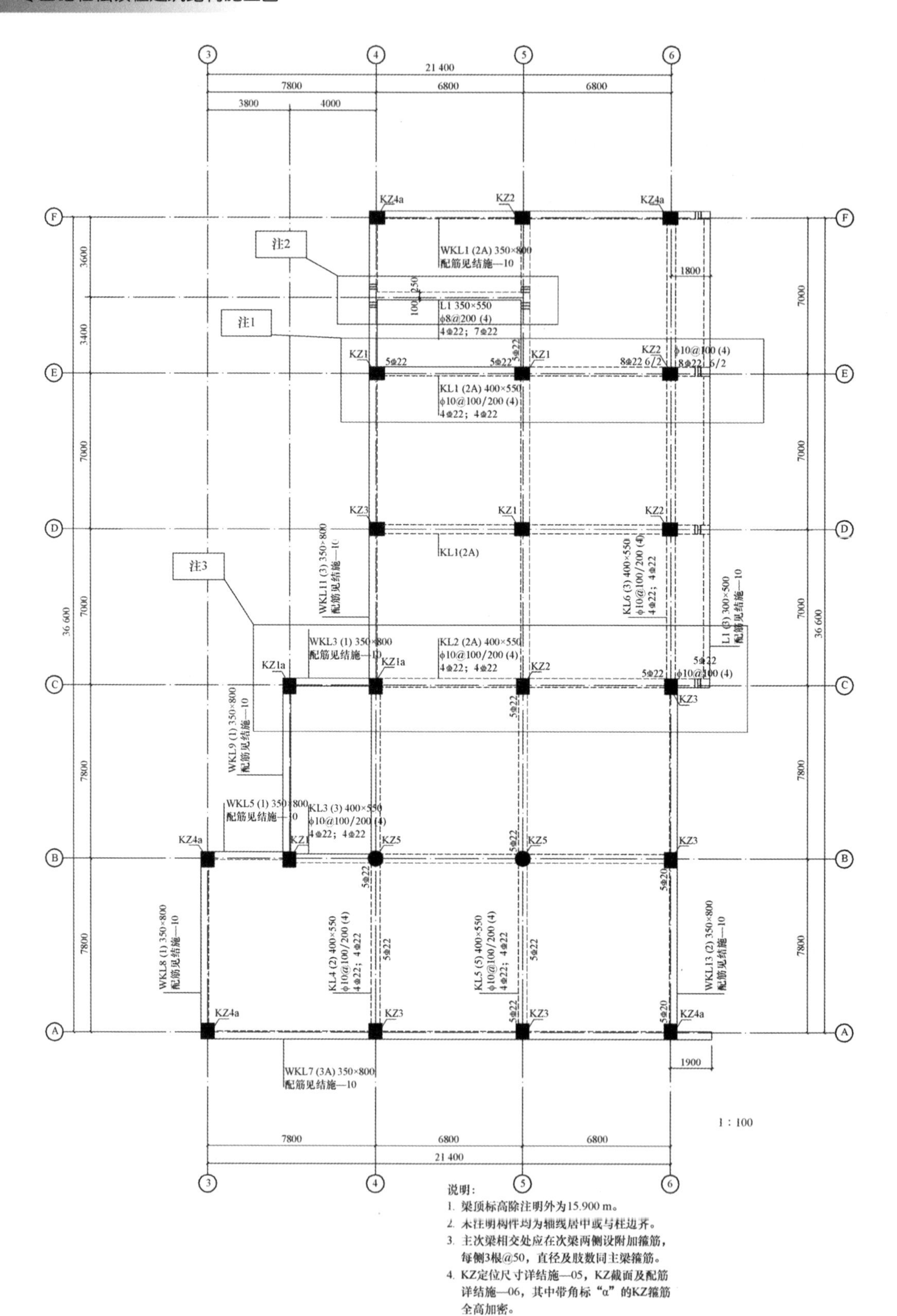

1∶100
说明：
1. 梁顶标高除注明外为15.900 m。
2. 未注明构件均为轴线居中或与柱边齐。
3. 主次梁相交处应在次梁两侧设附加箍筋，每侧3根@50，直径及肢数同主梁箍筋。
4. KZ定位尺寸详结施—05，KZ截面及配筋详结施—06，其中带角标“α”的KZ箍筋全高加密。
5. 折梁做法见结构设计总说明。

图 5-28　15.900 m 标高结构平面图

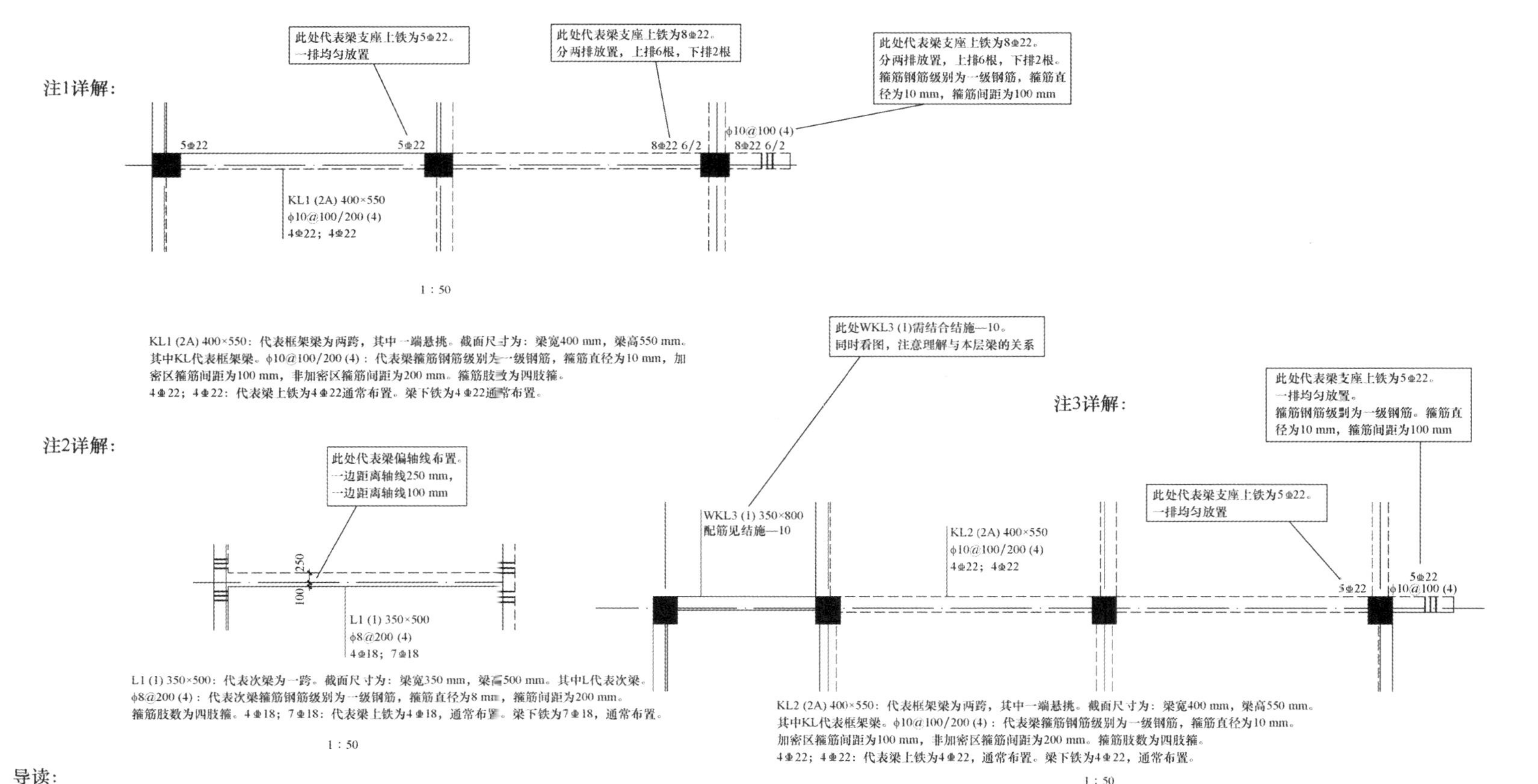
注1详解：
此处代表梁支座上铁为5Φ22。
一排均匀放置
此处代表梁支座上铁为8Φ22。
分两排放置，上排6根，下排2根
此处代表梁支座上铁为8Φ22。
分两排放置，上排6根，下排2根。
箍筋钢筋级别为一级钢筋，箍筋直径为10 mm，箍筋间距为100 mm
5Φ22
5Φ22
8Φ22 6/2
8Φ22 6/2
φ10@100 (4)
KL1 (2A) 400×550
φ10@100/200 (4)
4Φ22；4Φ22
1∶50
KL1 (2A) 400×550：代表框架梁为两跨，其中一端悬挑。截面尺寸为：梁宽400 mm，梁高550 mm。
其中KL代表框架梁。φ10@100/200 (4)：代表梁箍筋钢筋级别为一级钢筋，箍筋直径为10 mm，加密区箍筋间距为100 mm，非加密区箍筋间距为200 mm。箍筋肢数为四肢箍。
4Φ22；4Φ22：代表梁上铁为4Φ22通常布置。梁下铁为4Φ22通常布置。
注2详解：
此处代表梁偏轴线布置。
一边距离轴线250 mm，
一边距离轴线100 mm
250
100
L1 (1) 350×500
φ8@200 (4)
4Φ18；7Φ18
L1 (1) 350×500：代表次梁为一跨。截面尺寸为：梁宽350 mm，梁高500 mm。其中L代表次梁。
φ8@200 (4)：代表次梁箍筋钢筋级别为一级钢筋，箍筋直径为8 mm，箍筋间距为200 mm。
箍筋肢数为四肢箍。4Φ18；7Φ18：代表梁上铁为4Φ18，通常布置。梁下铁为7Φ18，通常布置。
1∶50
注3详解：
此处WKL3 (1)需结合结施—10。
同时看图，注意理解与本层梁的关系
此处代表梁支座上铁为5Φ22。
一排均匀放置。
箍筋钢筋级别为一级钢筋。箍筋直径为10 mm，箍筋间距为100 mm
此处代表梁支座上铁为5Φ22。
一排均匀放置
WKL3 (1) 350×800
配筋见结施—10
KL2 (2A) 400×550
φ10@100/200 (4)
4Φ22；4Φ22
5Φ22
5Φ22
φ10@100 (4)
KL2 (2A) 400×550：代表框架梁为两跨，其中一端悬挑。截面尺寸为：梁宽400 mm，梁高550 mm。
其中KL代表框架梁。φ10@100/200 (4)：代表梁箍筋钢筋级别为一级钢筋，箍筋直径为10 mm。
加密区箍筋间距为100 mm，非加密区箍筋间距为200 mm。箍筋肢数为四肢箍。
4Φ22；4Φ22：代表梁上铁为4Φ22，通常布置。梁下铁为4Φ22，通常布置。
1∶50

导读：

梁筋的搭接：梁的受力钢筋直径大于或等于22 mm时，宜采用焊接接头或机械连接接头，小于22 mm时，可采用绑扎接头，搭接长度要符合规范的规定。搭接长度末端与钢筋弯折处的距离，不得小于钢筋直径的10倍接头不宜位于构件最大弯矩处，受拉区域内Ⅰ级钢筋绑扎接头的末端应做弯钩（Ⅱ级钢筋可不做弯钩），搭接处应在中心和两端扎牢。接头位置应相互错开，当采用绑扎搭接接头时，在规定搭接长度的任一区段内有接头的受力钢筋截面面积占受力钢筋总截面面积百分率，受拉区不大于50%。

图 5-29　15.900 m 标高结构平面图讲解（一）

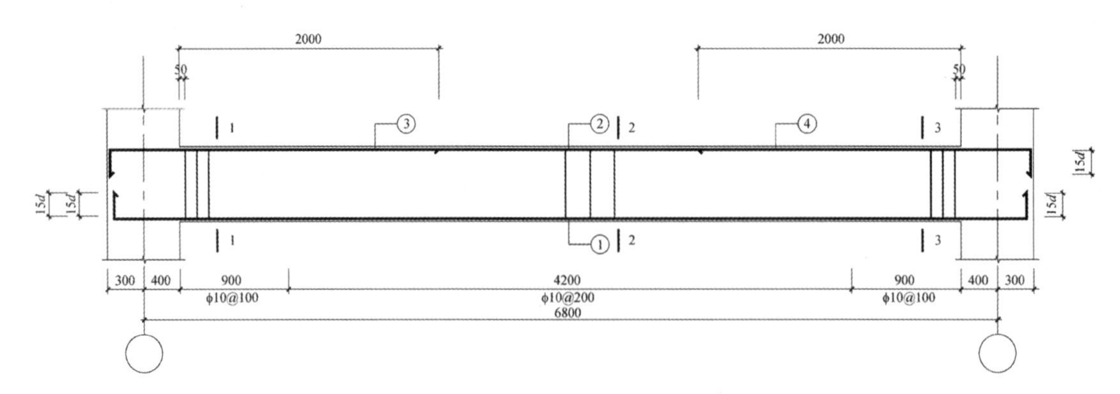

KL1 (2A) 左端第一跨详图 1：30

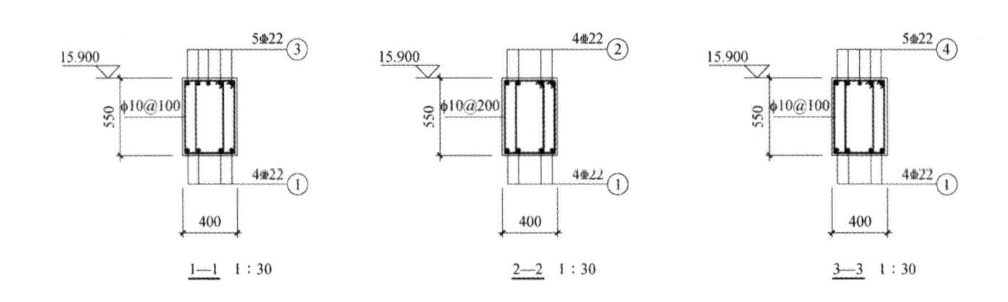

图 5-30 15.900 m 标高结构平面图讲解（二）

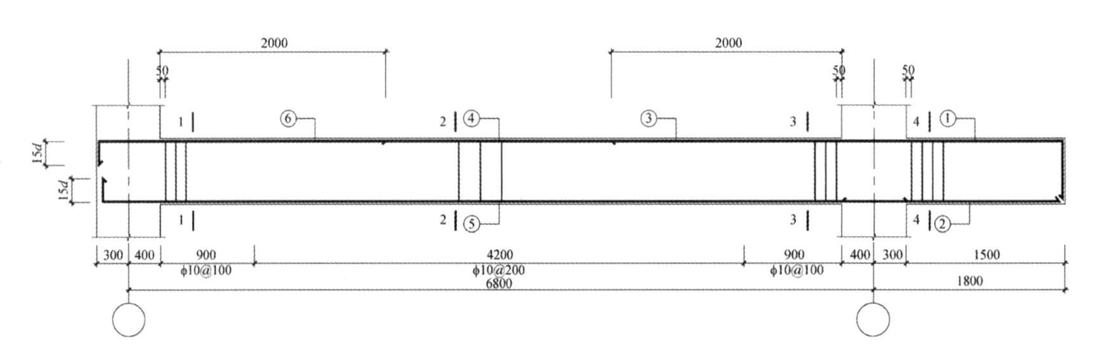

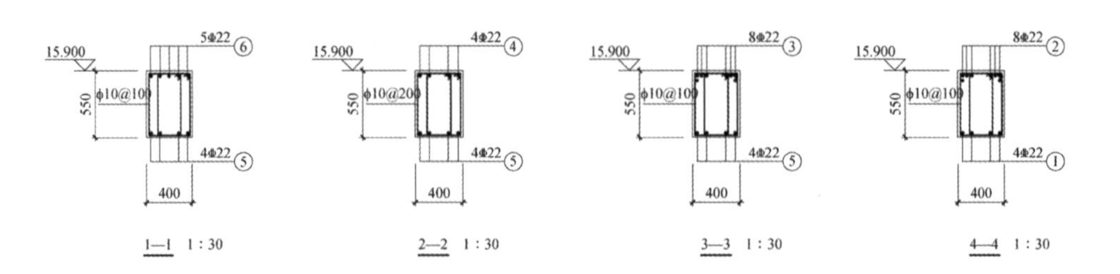

图 5-31 15.900 m 标高结构平面图讲解（三）

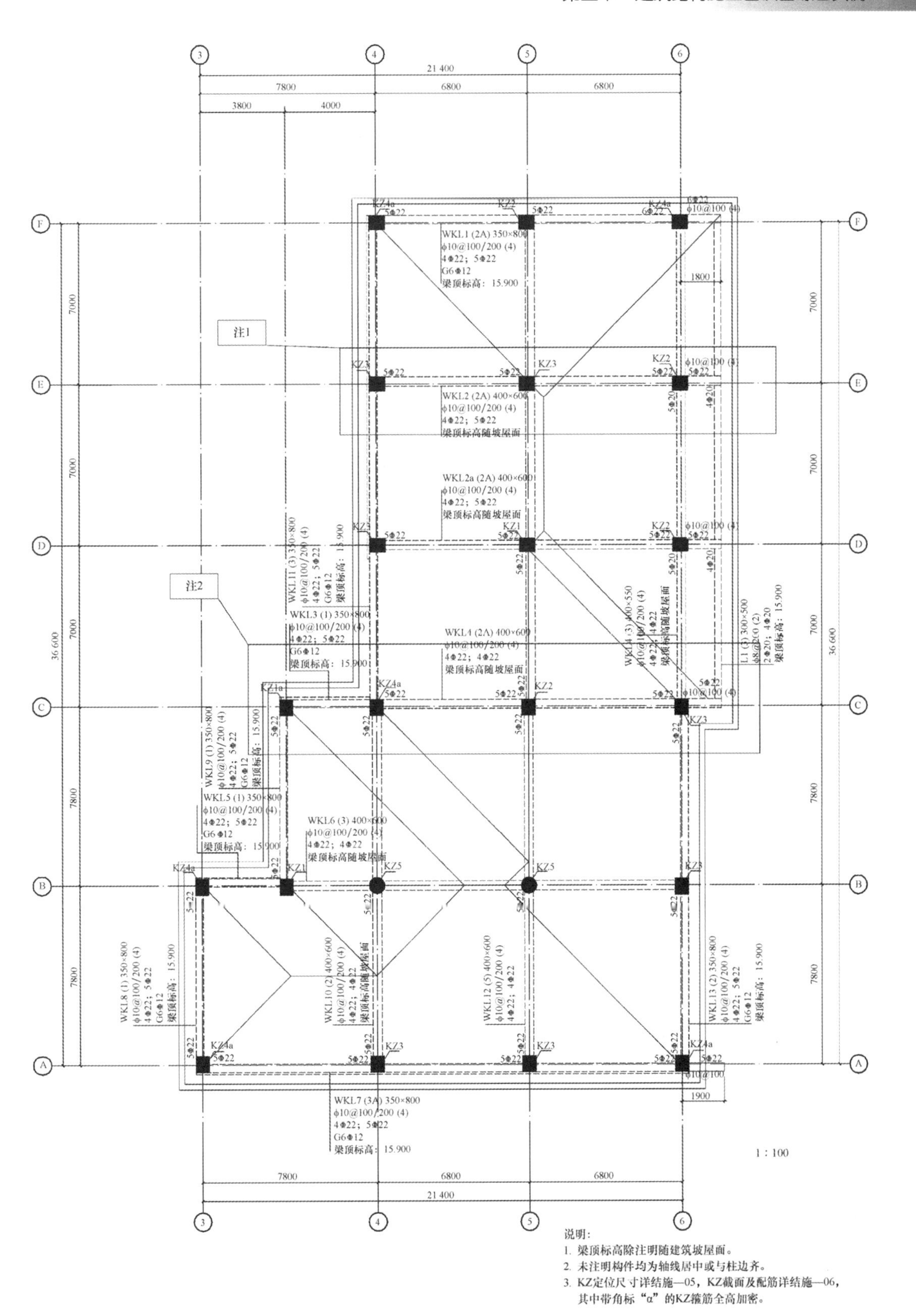

说明：
1. 梁顶标高除注明随建筑坡屋面。
2. 未注明构件均为轴线居中或与柱边齐。
3. KZ定位尺寸详结施—05，KZ截面及配筋详结施—06，其中带角标“α”的KZ箍筋全高加密。

图 5-32　屋面结构平面图

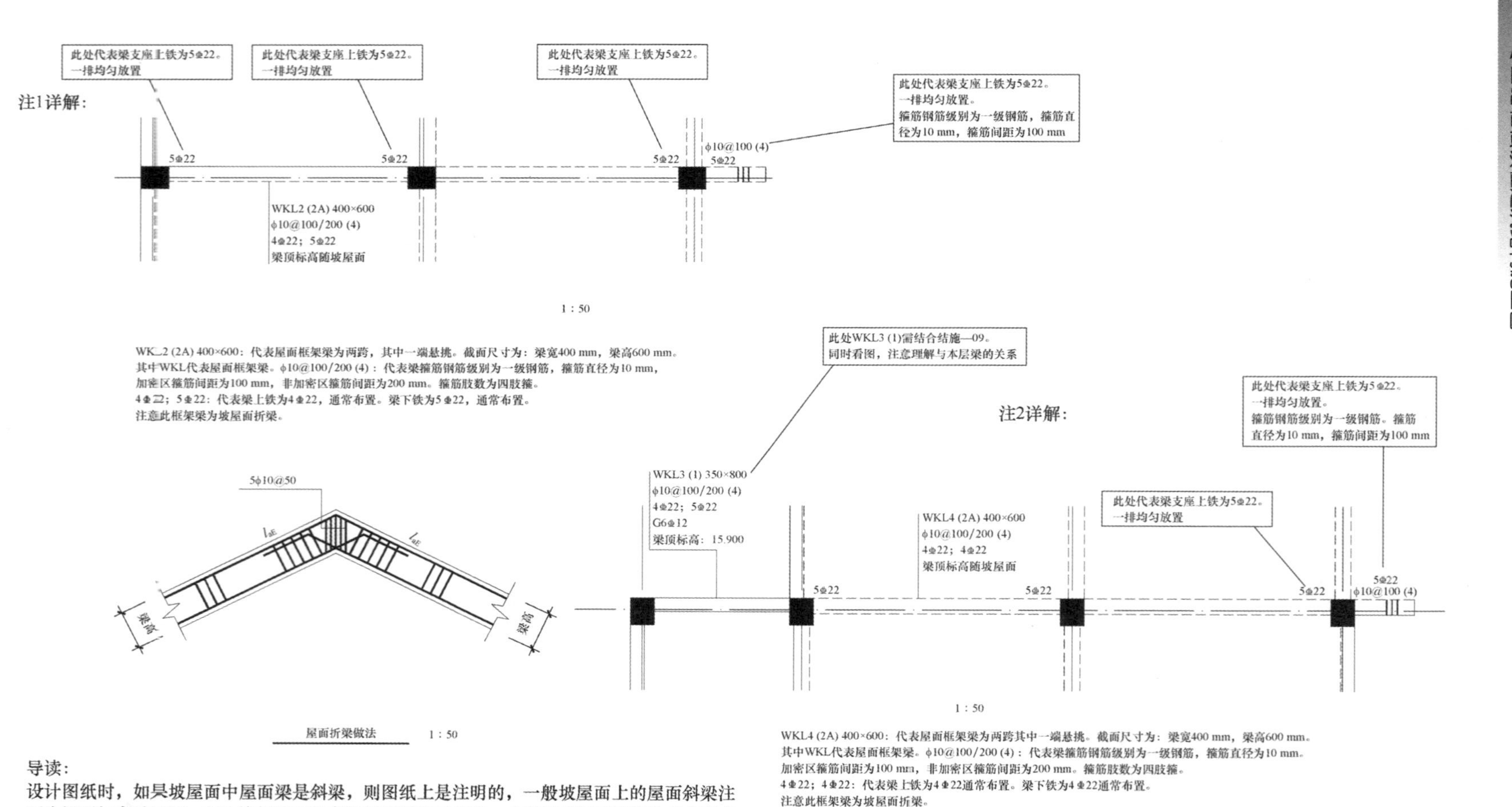

导读：

设计图纸时，如果坡屋面中屋面梁是斜梁，则图纸上是注明的，一般坡屋面上的屋面斜梁注明为梁顶标高随屋面，那么这根梁的标高就是随着屋面走了。或者标明梁顶标高为多少到多少，表明该梁顶标高是变化的，这样的标注情况就不是代表水平梁。如果是水平梁，那么图纸中就会注该梁的梁顶标高数值，这个数值就是一个定死的数值。

图 5-33　屋面结构平面图讲解

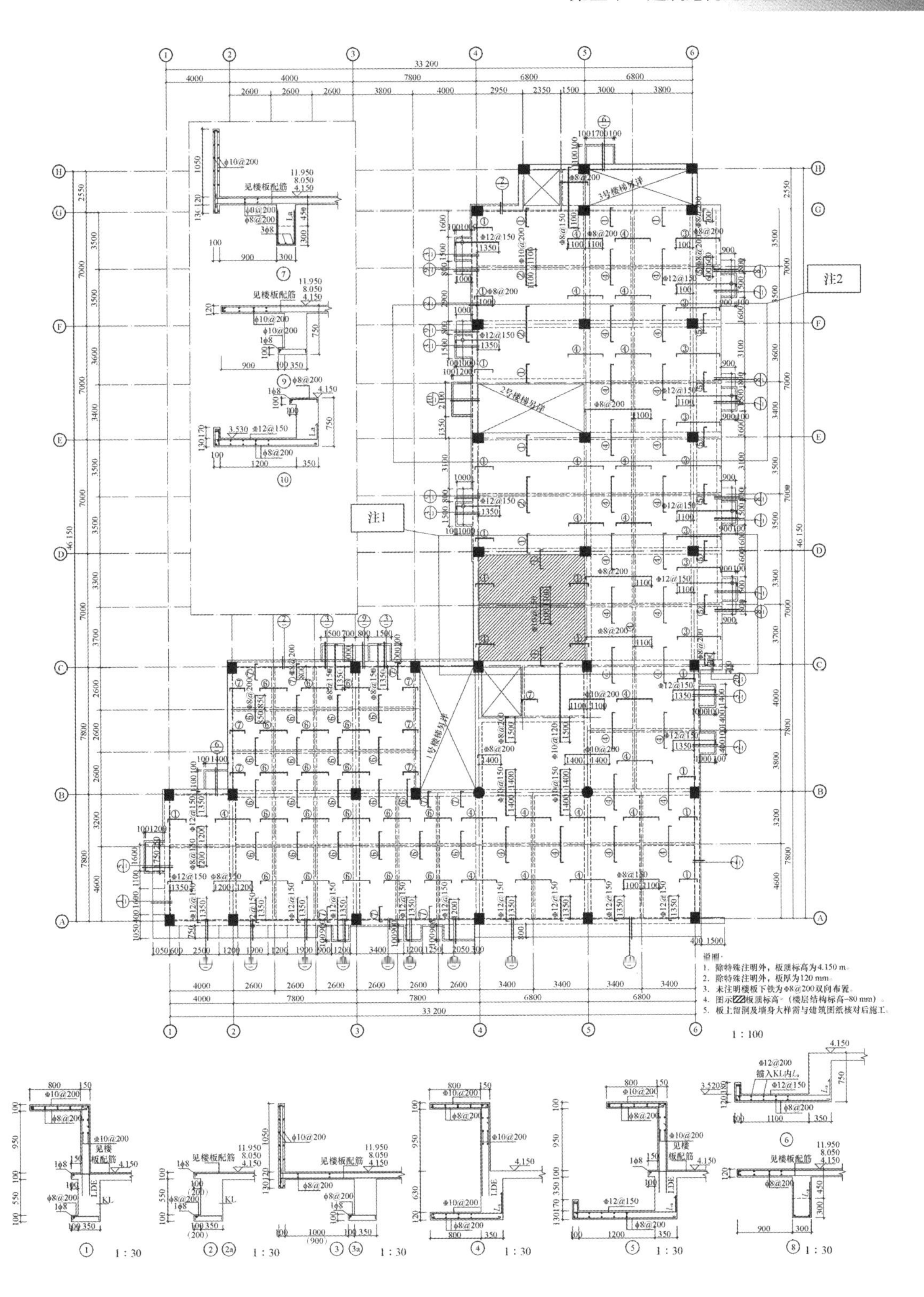

图 5-34　首层顶板配筋图

注1详解：

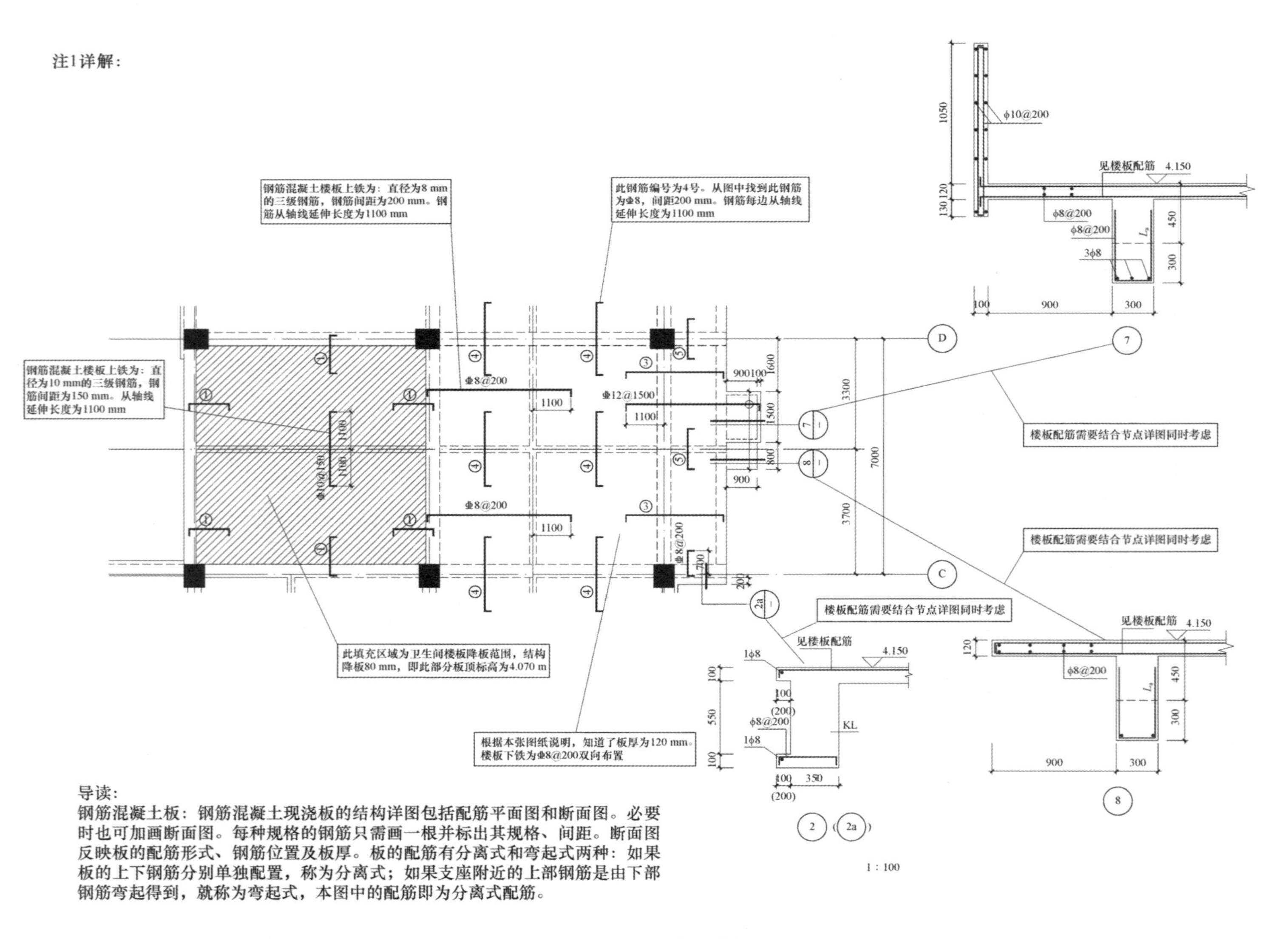

导读：

钢筋混凝土板：钢筋混凝土现浇板的结构详图包括配筋平面图和断面图。必要时也可加画断面图。每种规格的钢筋只需画一根并标出其规格、间距。断面图反映板的配筋形式、钢筋位置及板厚。板的配筋有分离式和弯起式两种：如果板的上下钢筋分别单独配置，称为分离式；如果支座附近的上部钢筋是由下部钢筋弯起得到，就称为弯起式，本图中的配筋即为分离式配筋。

图 5-35　首层顶板配筋图讲解（一）

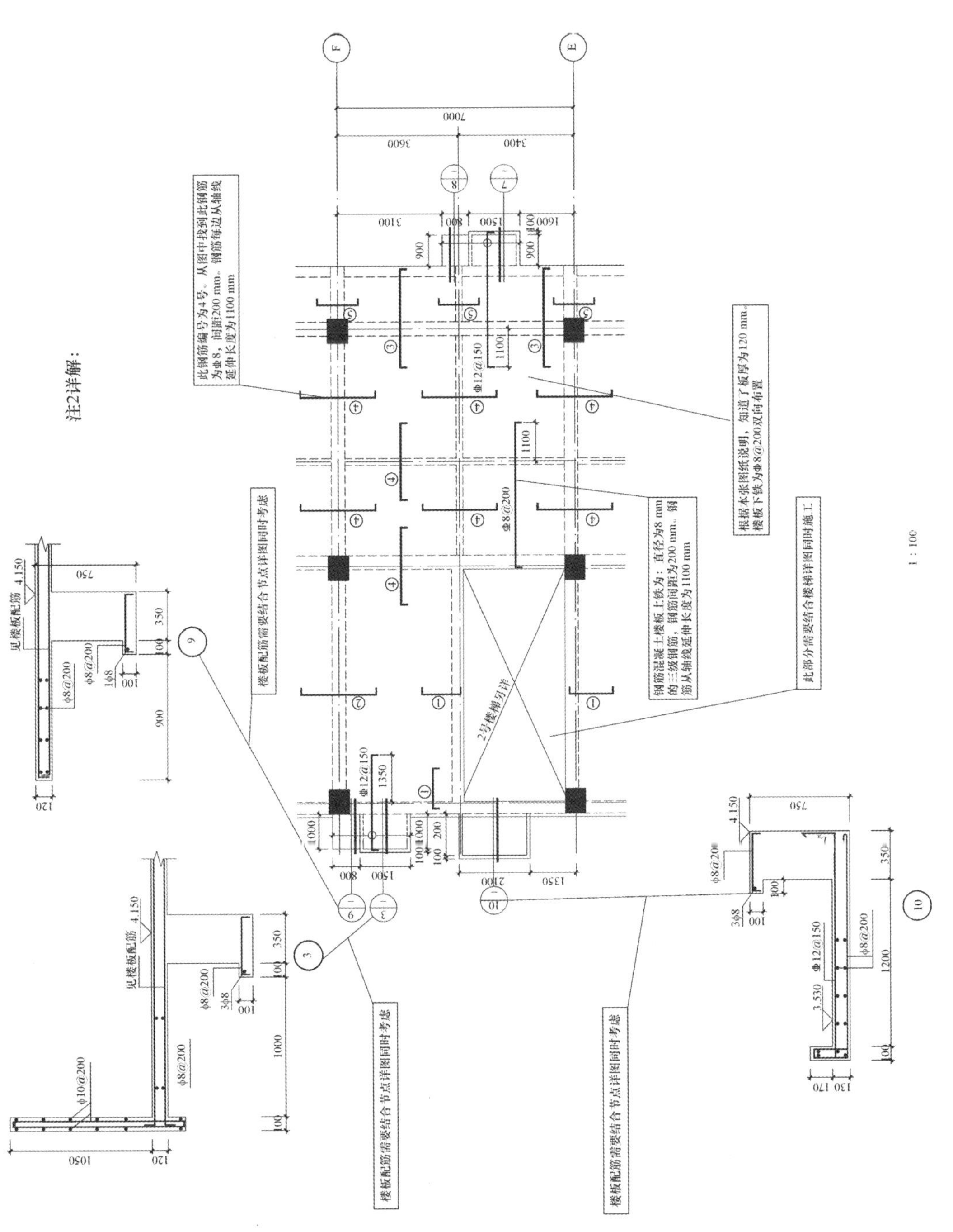

图 5-36　首层顶板配筋图讲解（二）

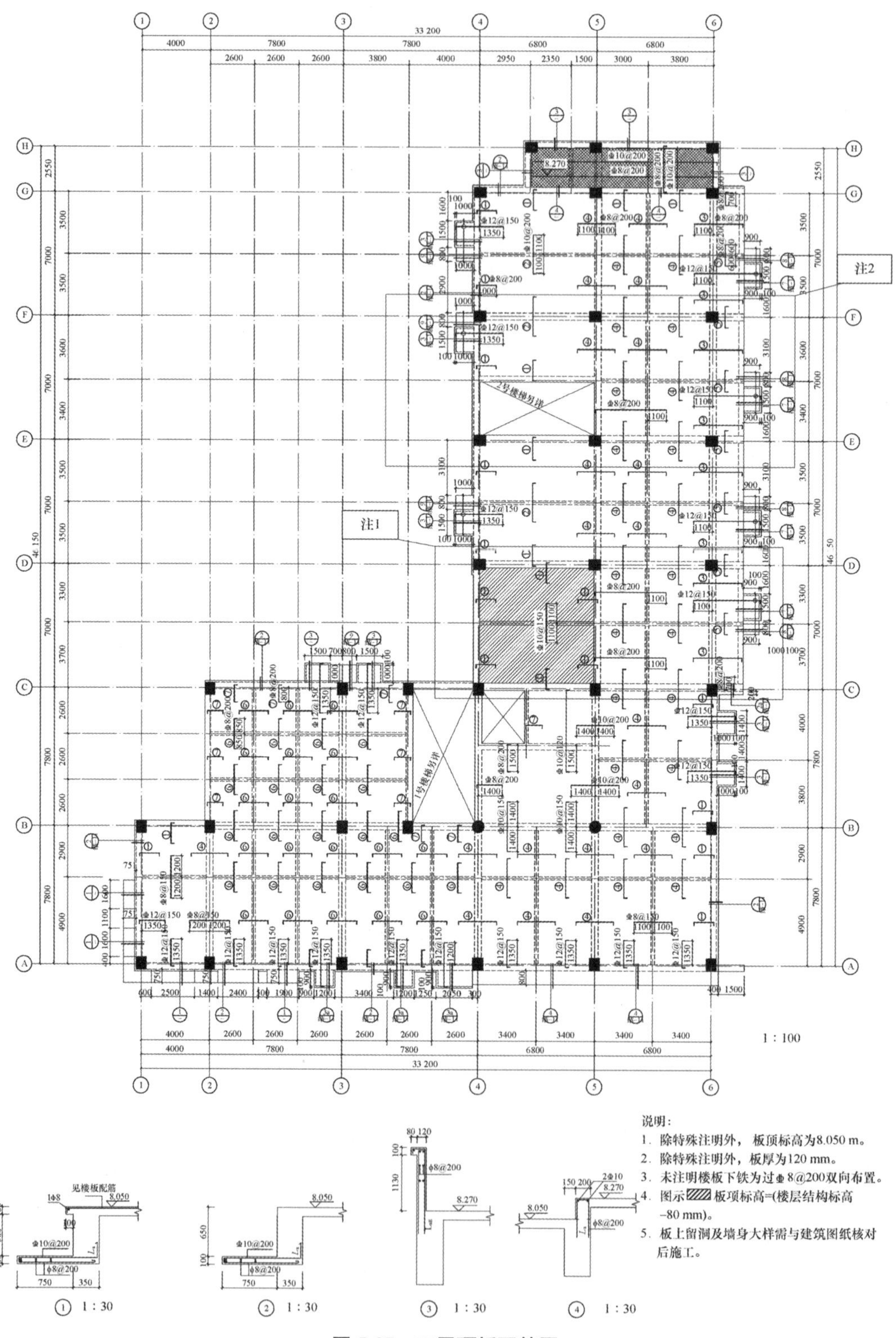

说明：

1. 除特殊注明外，板顶标高为8.050 m。
2. 除特殊注明外，板厚为120 mm。
3. 未注明楼板下铁为过Φ8@200双向布置。
4. 图示▨板顶标高=(楼层结构标高 −80 mm)。
5. 板上留洞及墙身大样需与建筑图纸核对后施工。

图 5-37　二层顶板配筋图

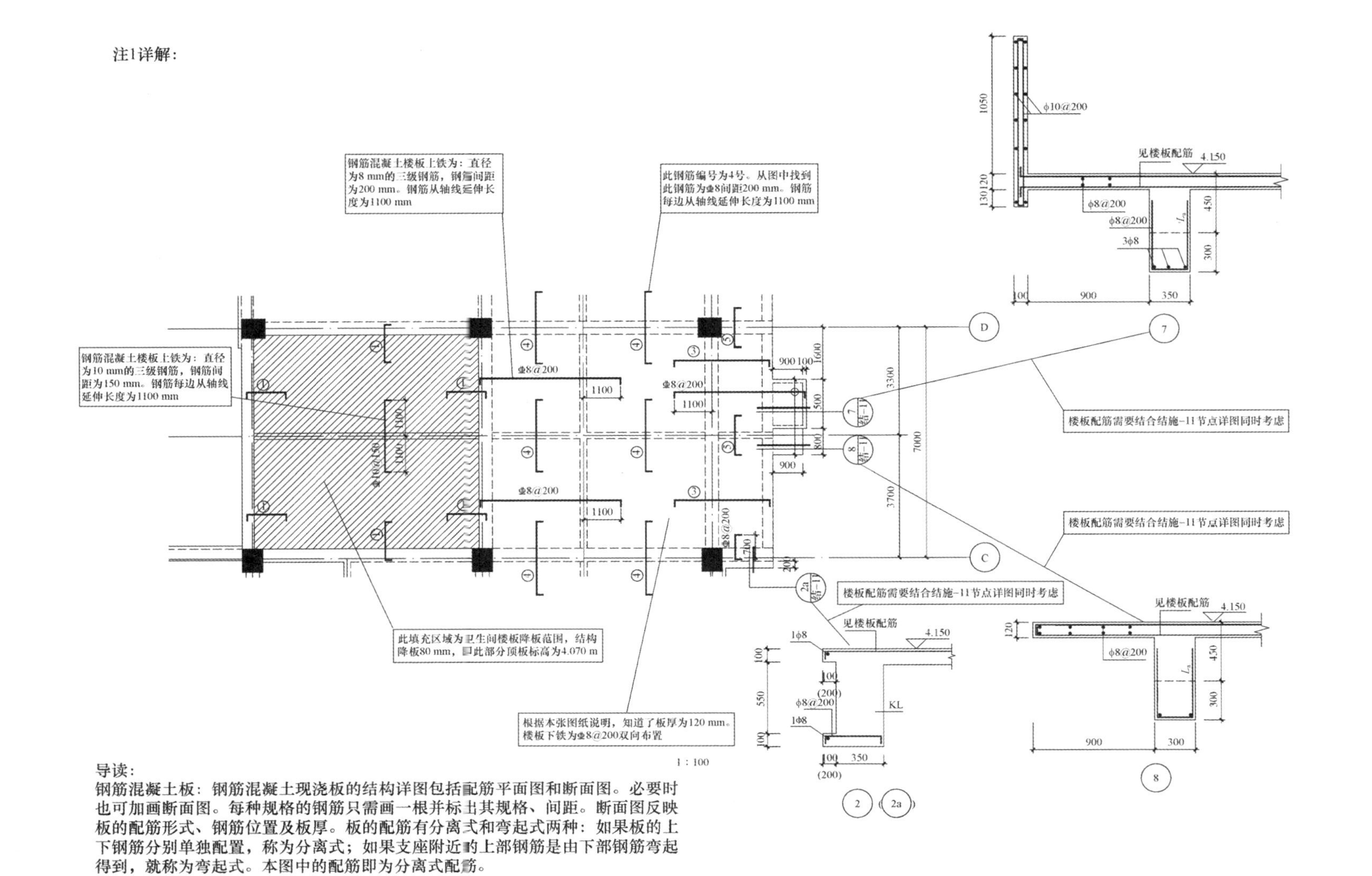

导读：

钢筋混凝土板：钢筋混凝土现浇板的结构详图包括配筋平面图和断面图。必要时也可加画断面图。每种规格的钢筋只需画一根并标出其规格、间距。断面图反映板的配筋形式、钢筋位置及板厚。板的配筋有分离式和弯起式两种：如果板的上下钢筋分别单独配置，称为分离式；如果支座附近的上部钢筋是由下部钢筋弯起得到，就称为弯起式。本图中的配筋即为分离式配筋。

图 5-38　二层顶板配筋图讲解（一）

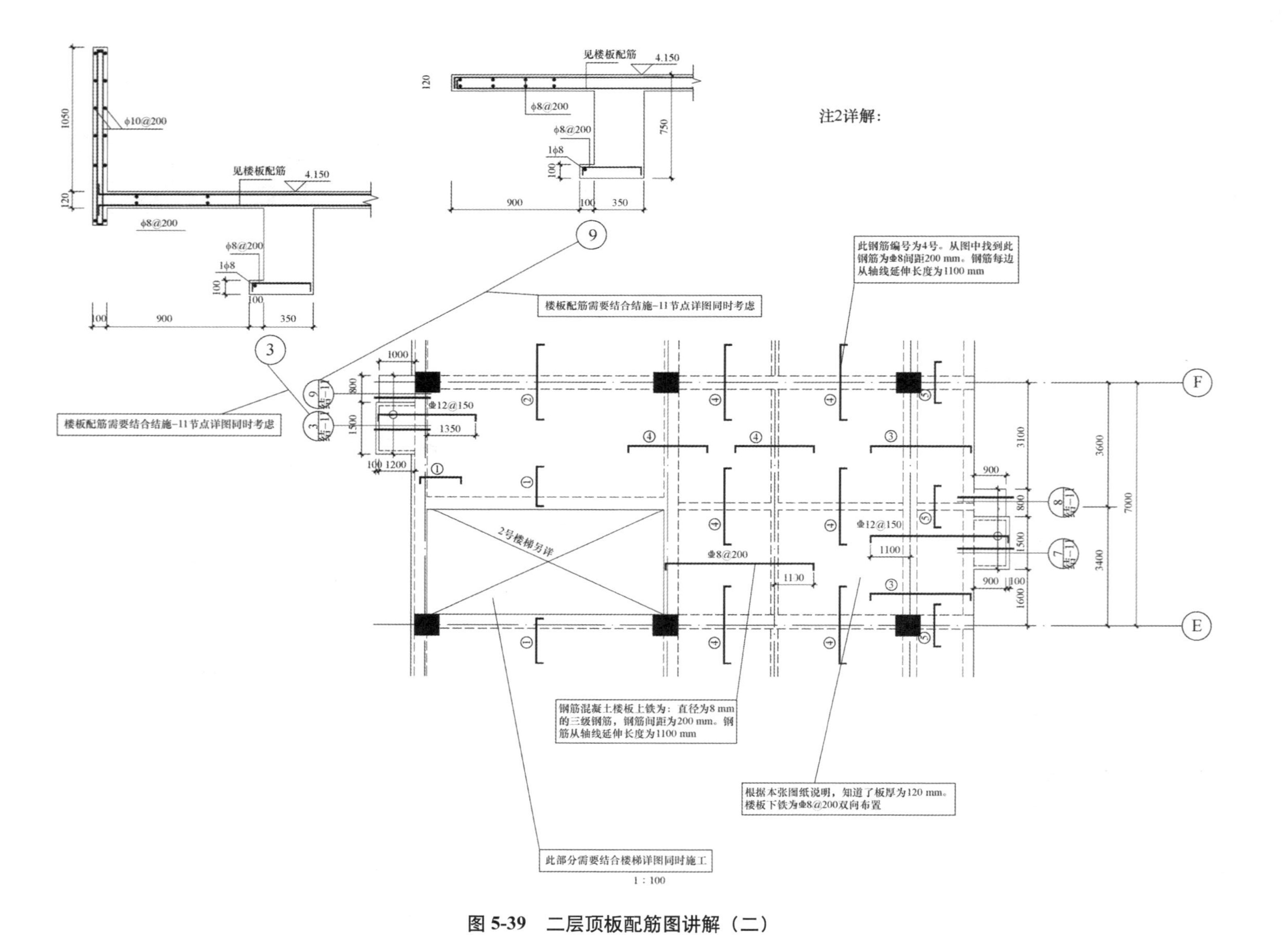

图 5-39　二层顶板配筋图讲解（二）

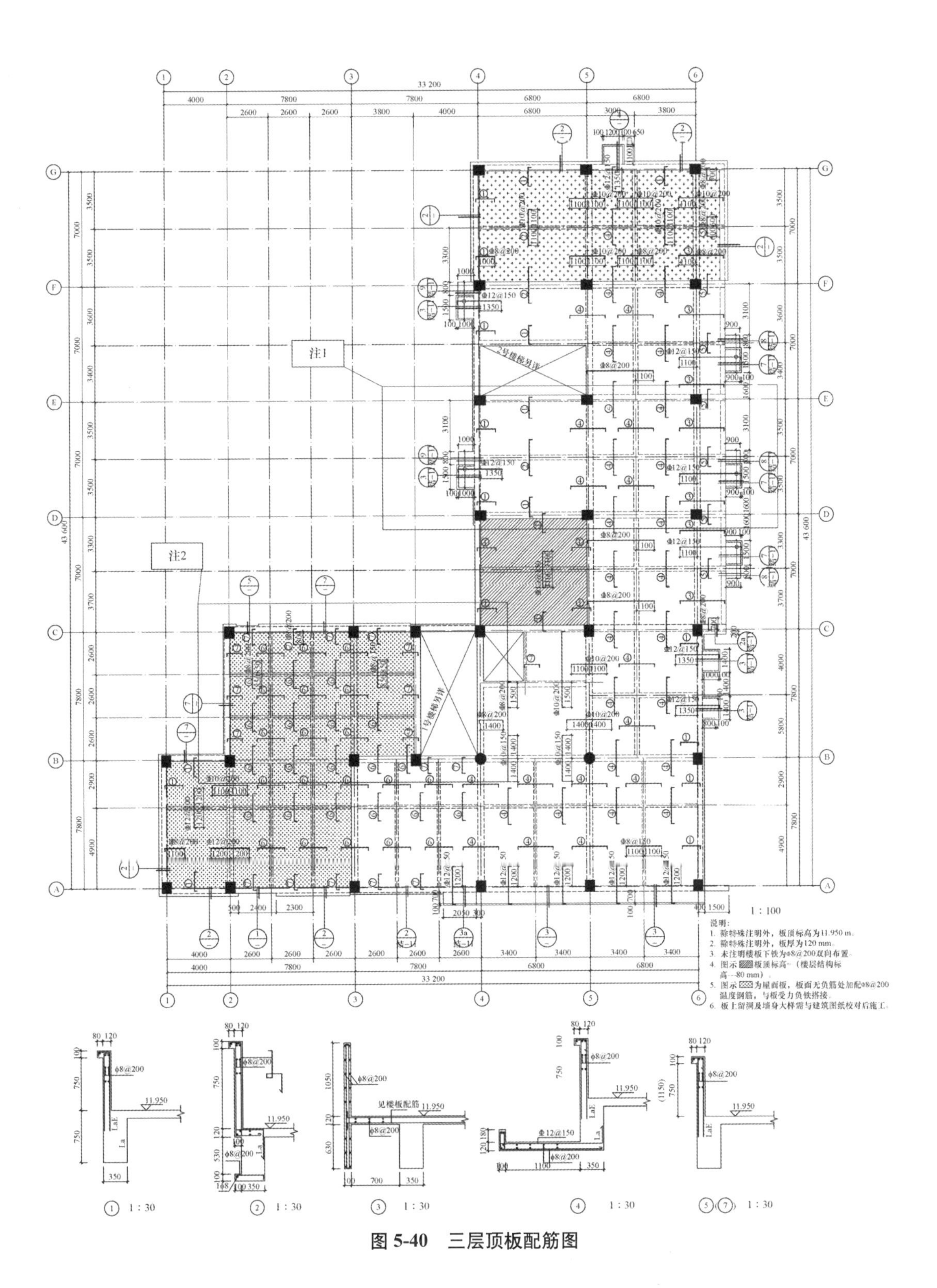

图 5-40　三层顶板配筋图

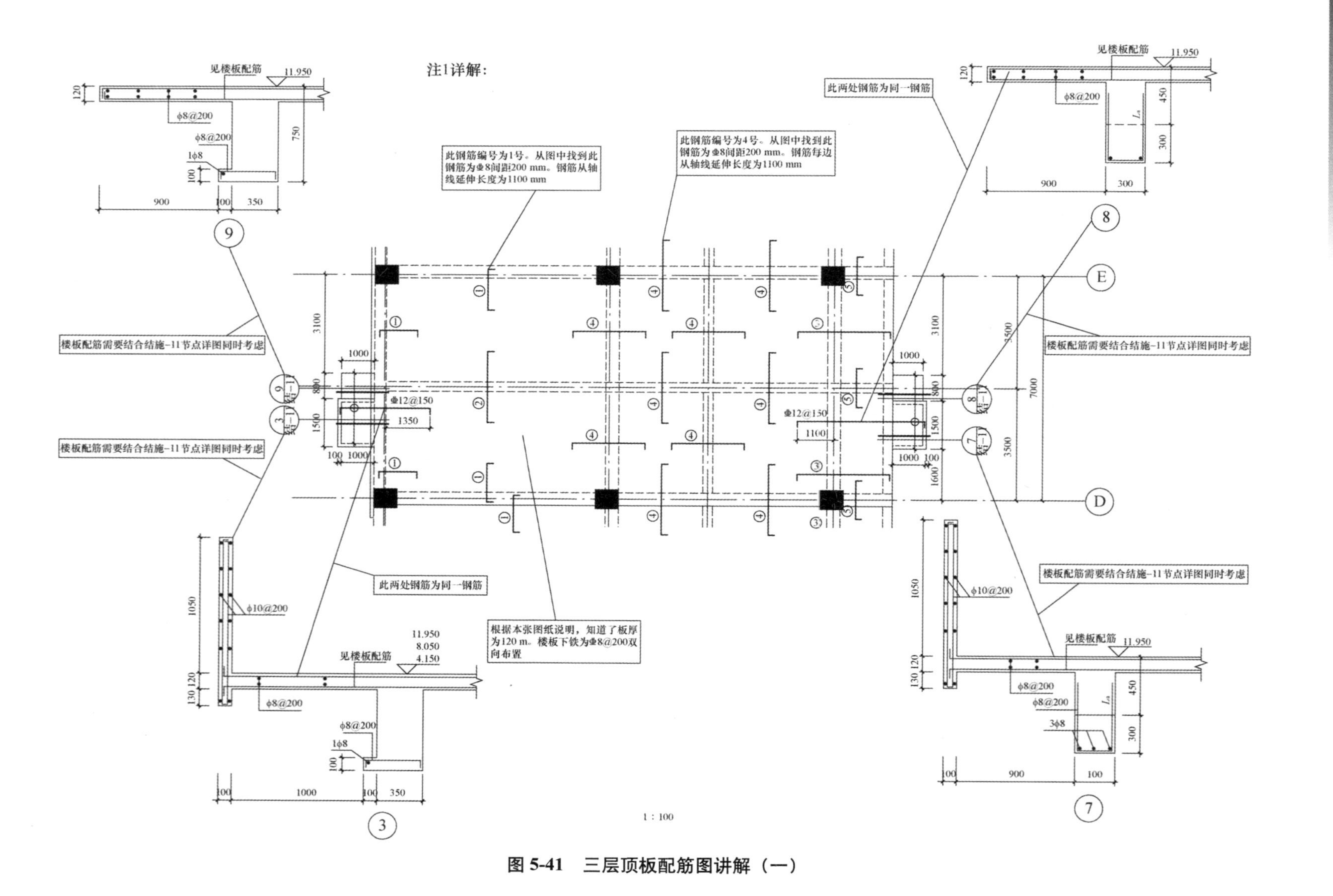

图 5-41　三层顶板配筋图讲解（一）

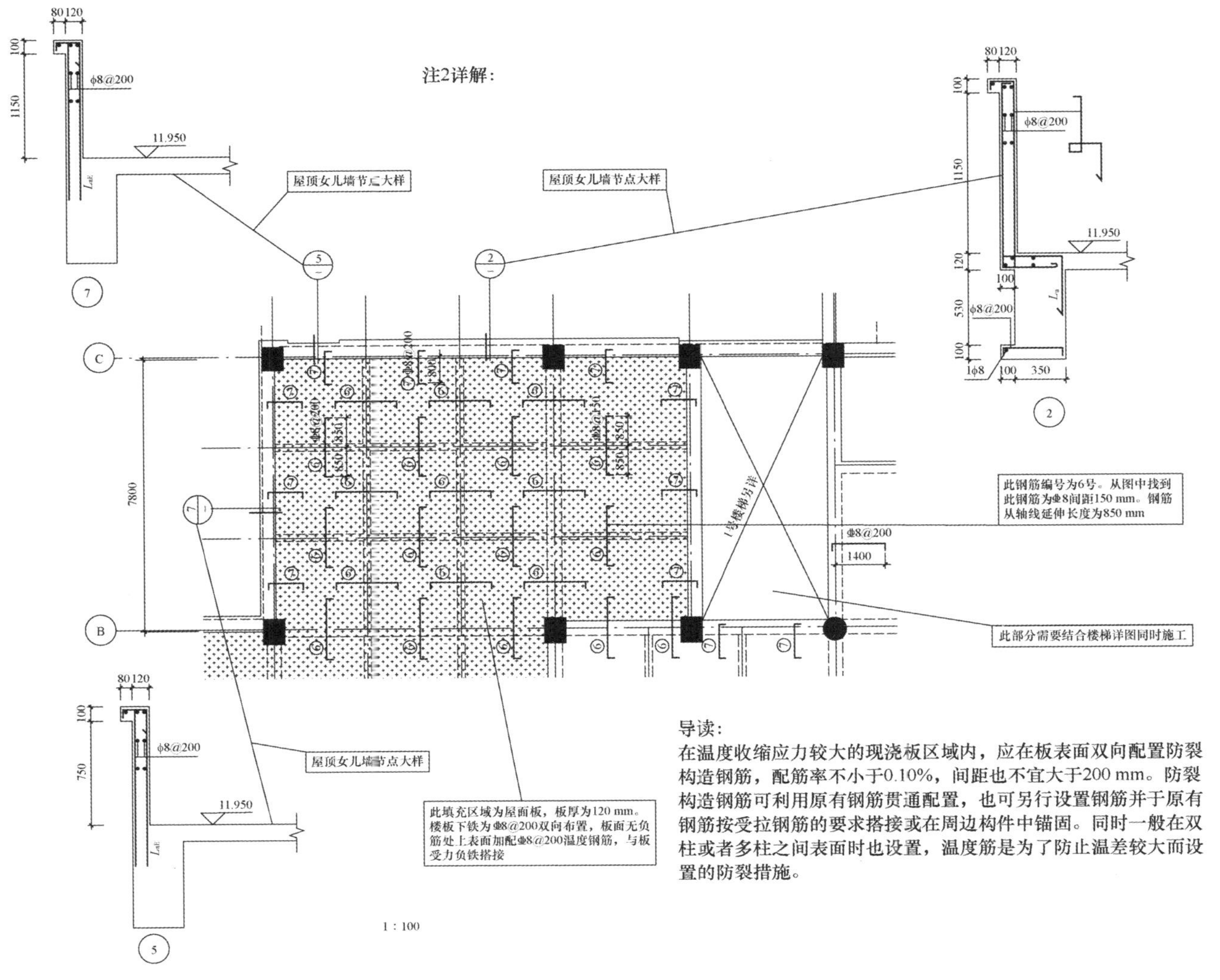

导读：
在温度收缩应力较大的现浇板区域内，应在板表面双向配置防裂构造钢筋，配筋率不小于0.10%，间距也不宜大于200 mm。防裂构造钢筋可利用原有钢筋贯通配置，也可另行设置钢筋并于原有钢筋按受拉钢筋的要求搭接或在周边构件中锚固。同时一般在双柱或者多柱之间表面时也设置，温度筋是为了防止温差较大而设置的防裂措施。

图 5-42　三层顶板配筋图讲解（二）

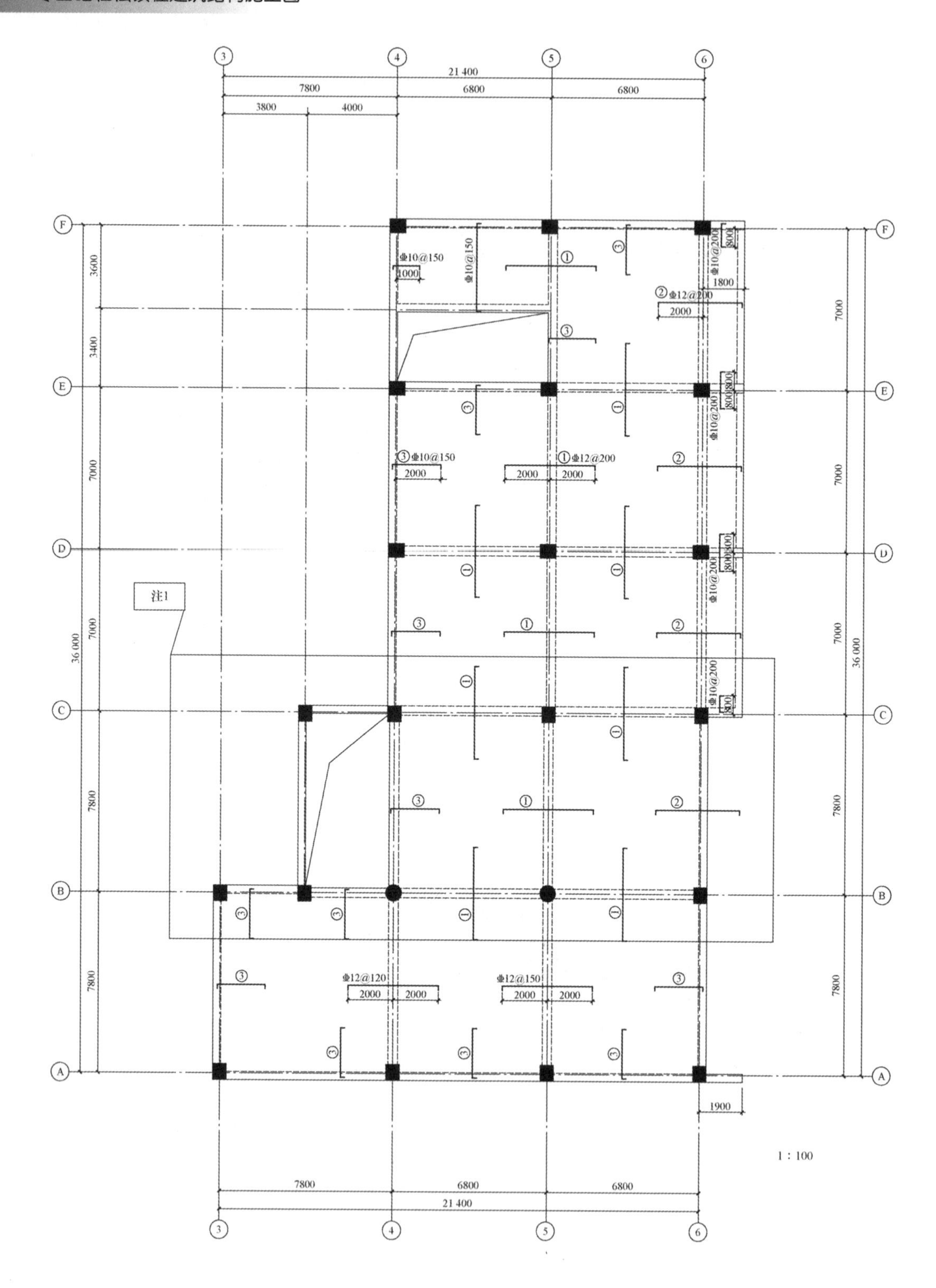

说明：
1. 除特殊注明外，板顶标高为15.900 m。
2. 除特殊注明外，板厚为200 mm。
3. 未注明楼板下铁为⌀12@200双向布置。

图 5-43　15.900 m 标高板配筋图

注1详解：

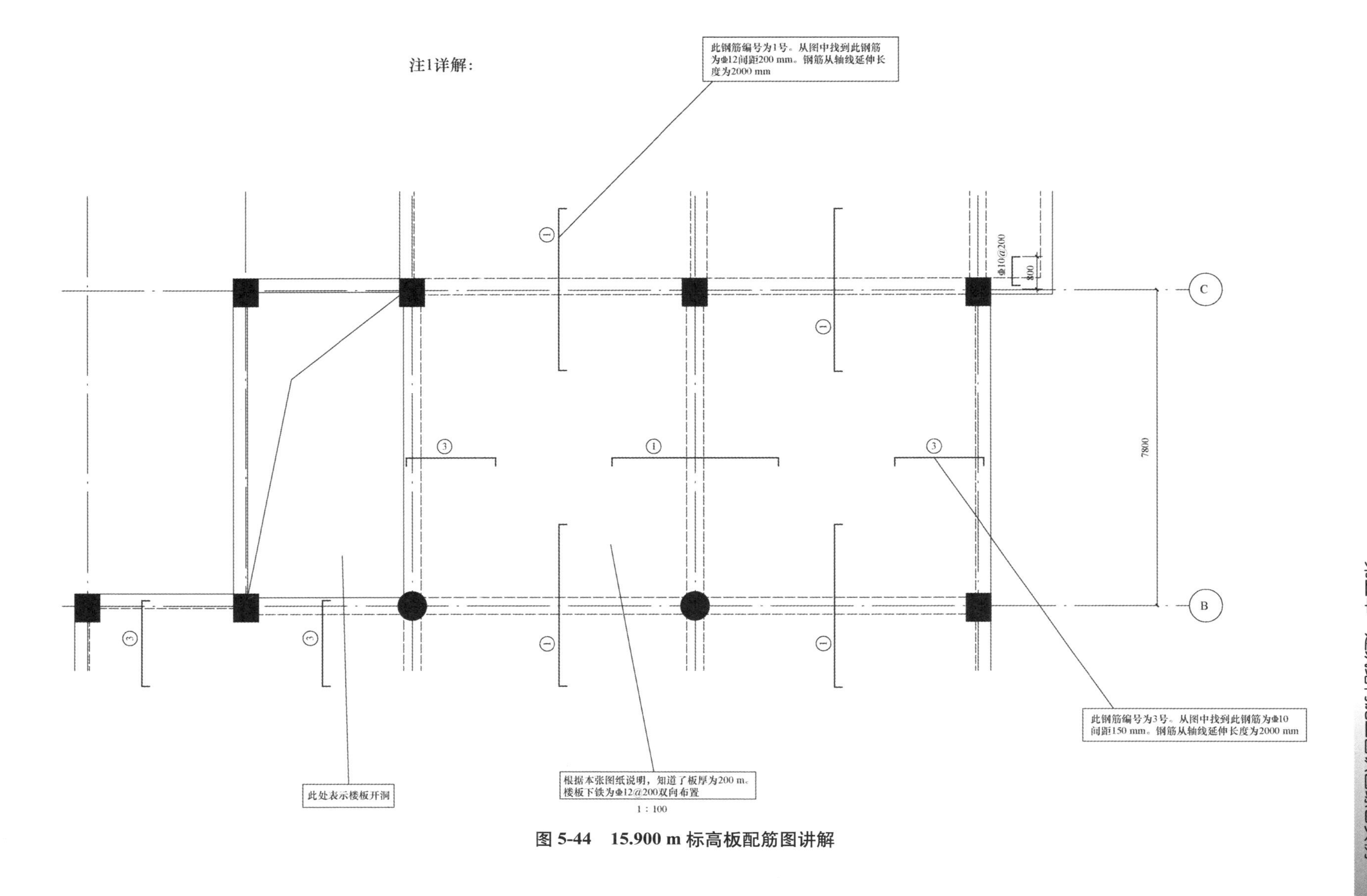

图 5-44　15.900 m 标高板配筋图讲解

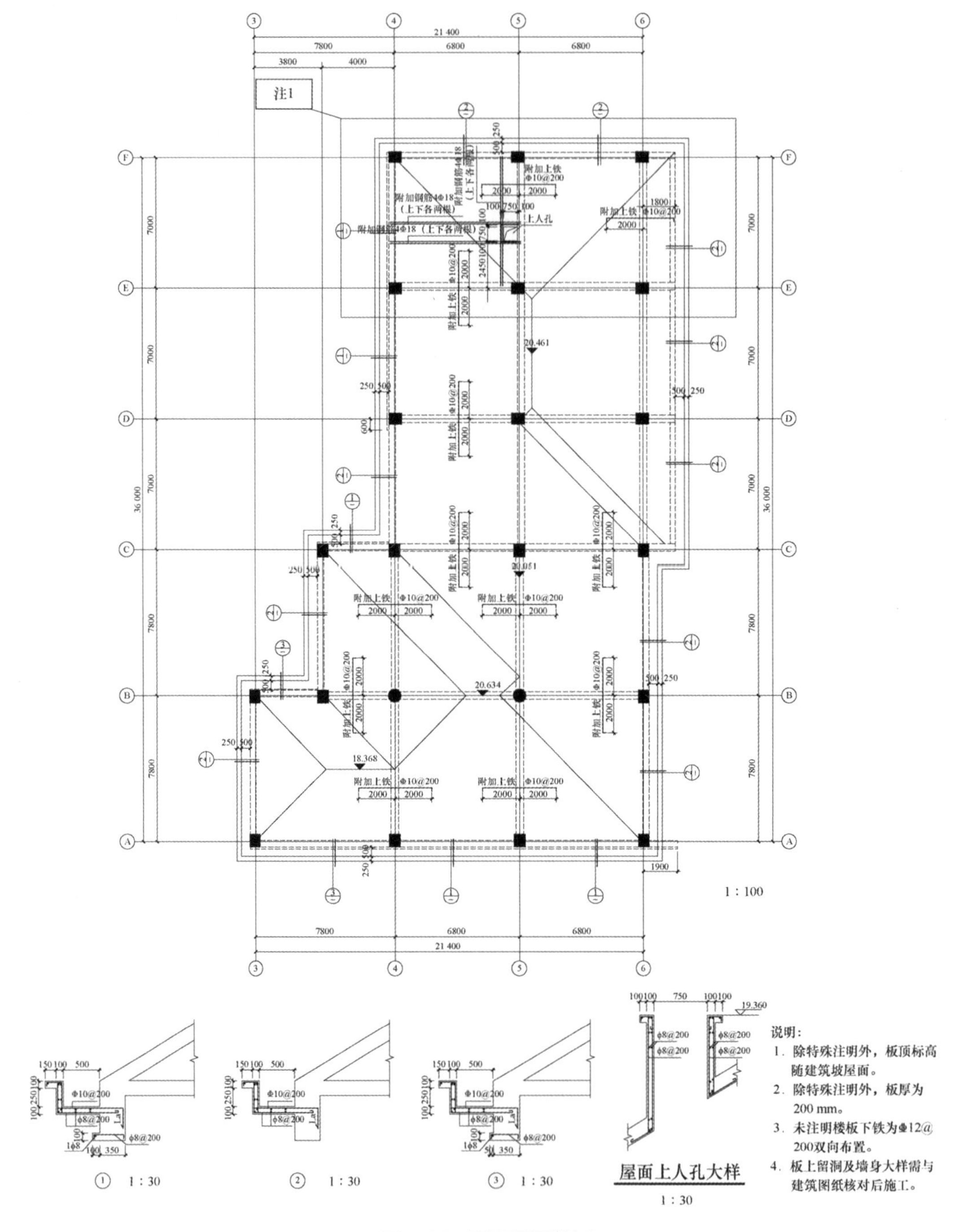
注1
附加钢筋4Φ18（上下各两根）
附加上铁 Φ10@200
上人孔
20.461
20.051
20.634
18.368
1 : 100
1 : 30
屋面上人孔大样
1 : 30
说明：
1．除特殊注明外，板顶标高随建筑坡屋面。
2．除特殊注明外，板厚为200 mm。
3．未注明楼板下铁为Φ12@200双向布置。
4．板上留洞及墙身大样需与建筑图纸核对后施工。

图 5-45　屋面板配筋图

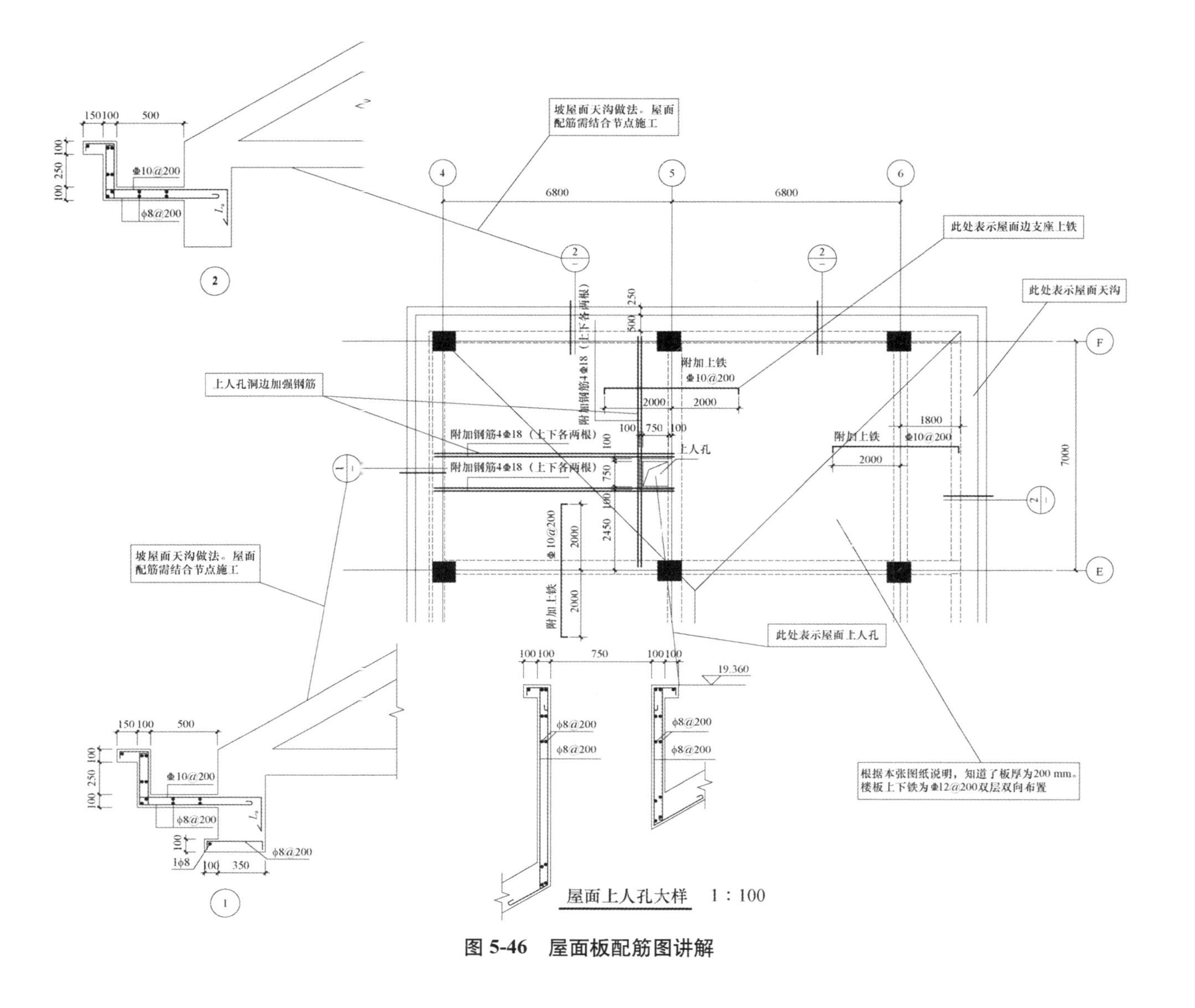

图 5-46　屋面板配筋图讲解

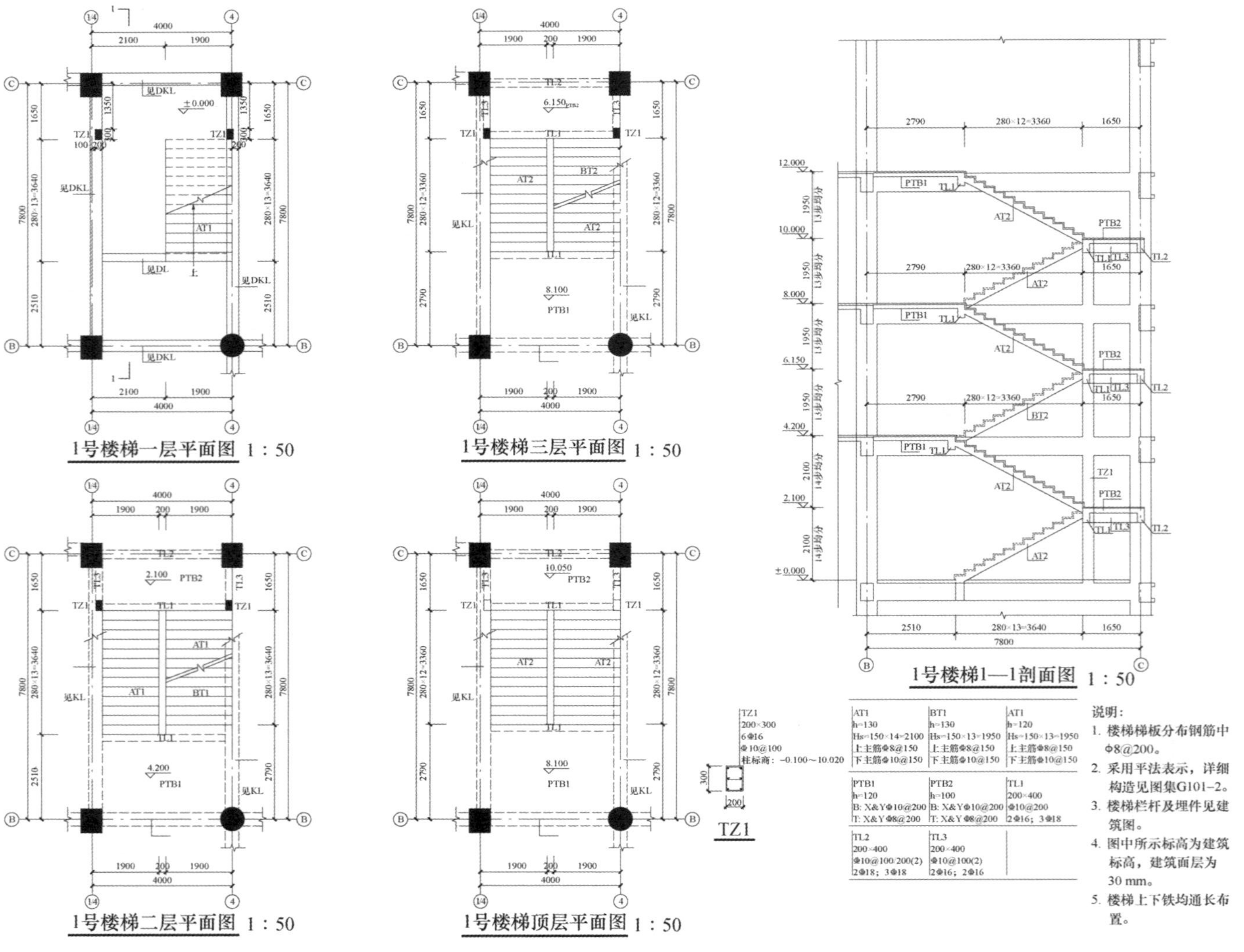
1号楼梯一层平面图 1∶50
1号楼梯三层平面图 1∶50
1号楼梯二层平面图 1∶50
1号楼梯顶层平面图 1∶50
1号楼梯1—1剖面图 1∶50
TZ1
TZ1 200×300 6⌀16 ⌀10@100 柱标高：-0.100～10.020
AT1 h=130 Hs=150×14=2100 上主筋⌀8@150 下主筋⌀10@150
BT1 h=130 Hs=150×13=1950 上主筋⌀8@150 下主筋⌀10@150
AT1 h=120 Hs=150×13=1950 上主筋⌀8@150 下主筋⌀10@150
PTB1 h=120 B: X&Y⌀10@200 T: X&Y⌀8@200
PTB2 h=100 B: X&Y⌀10@200 T: X&Y⌀8@200
TL1 200×400 ⌀10@200 2⌀16；3⌀18
TL2 200×400 ⌀10@100/200(2) 2⌀18；3⌀18
TL3 200×400 ⌀10@100(2) 2⌀16；2⌀16
说明：
1. 楼梯梯板分布钢筋中⌀8@200。
2. 采用平法表示，详细构造见图集G101-2。
3. 楼梯栏杆及埋件见建筑图。
4. 图中所示标高为建筑标高，建筑面层为30 mm。
5. 楼梯上下铁均通长布置。

图 5-47　1 号楼梯详图

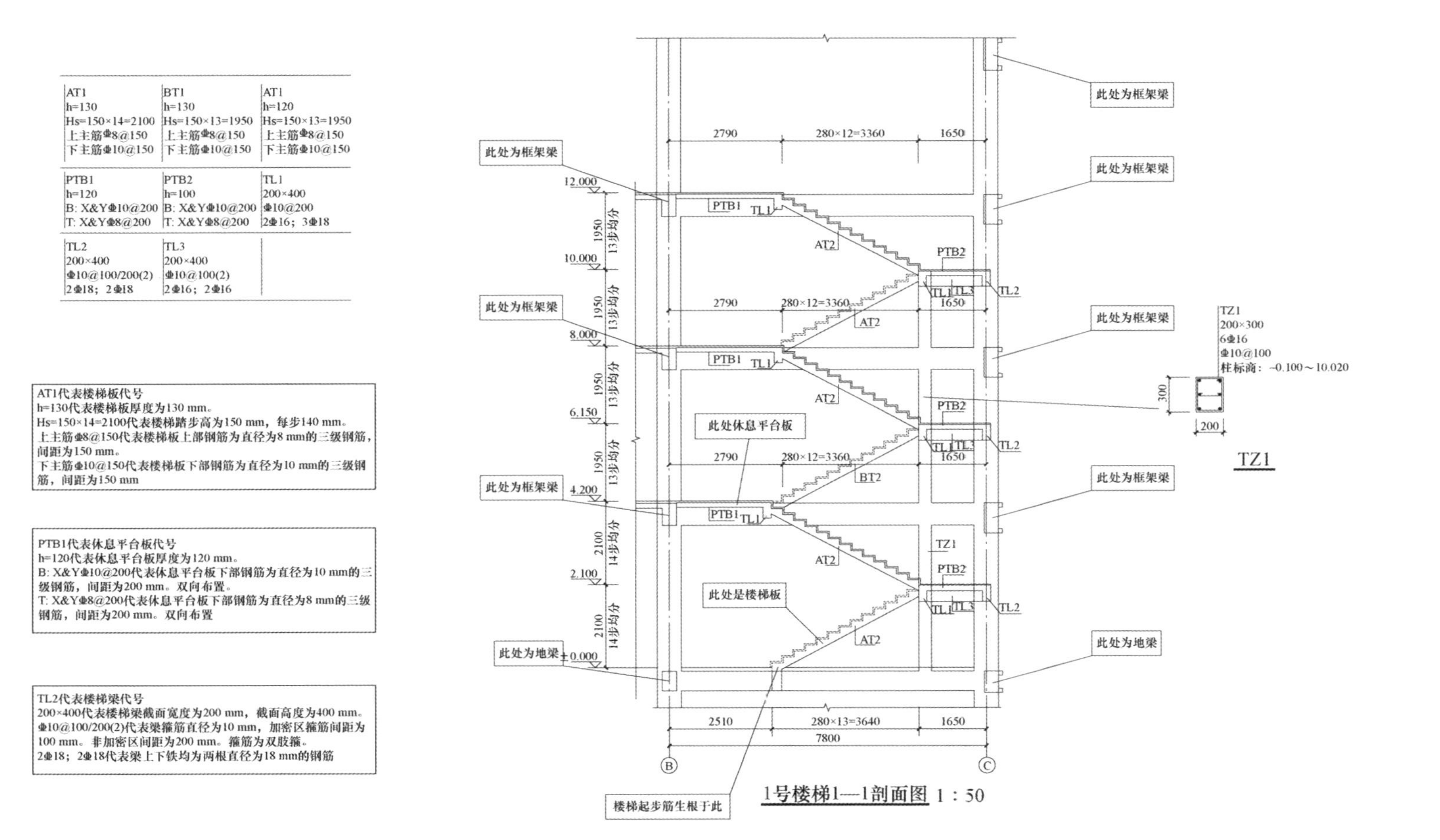

导读：
板式楼梯就是由混凝土板直接浇注而成，梁式楼梯就是在楼梯板下有梁的板式楼梯，因此又叫梁板楼梯。
板式楼梯纵向荷载由板承担，而梁式楼梯纵向荷载由梁承担。不过现在一般建筑中很少用梁式楼梯了。
板式楼梯可把梯段踏步板看成一块大的单向板。板式楼梯就是梯段踏步板直接支撑在两端的楼梯梁上。
板式楼梯是梯段踏步板直接搁置在斜梁上，斜梁搁置在梯段两端的楼梯梁上。

图 5-48　1 号楼梯详图讲解

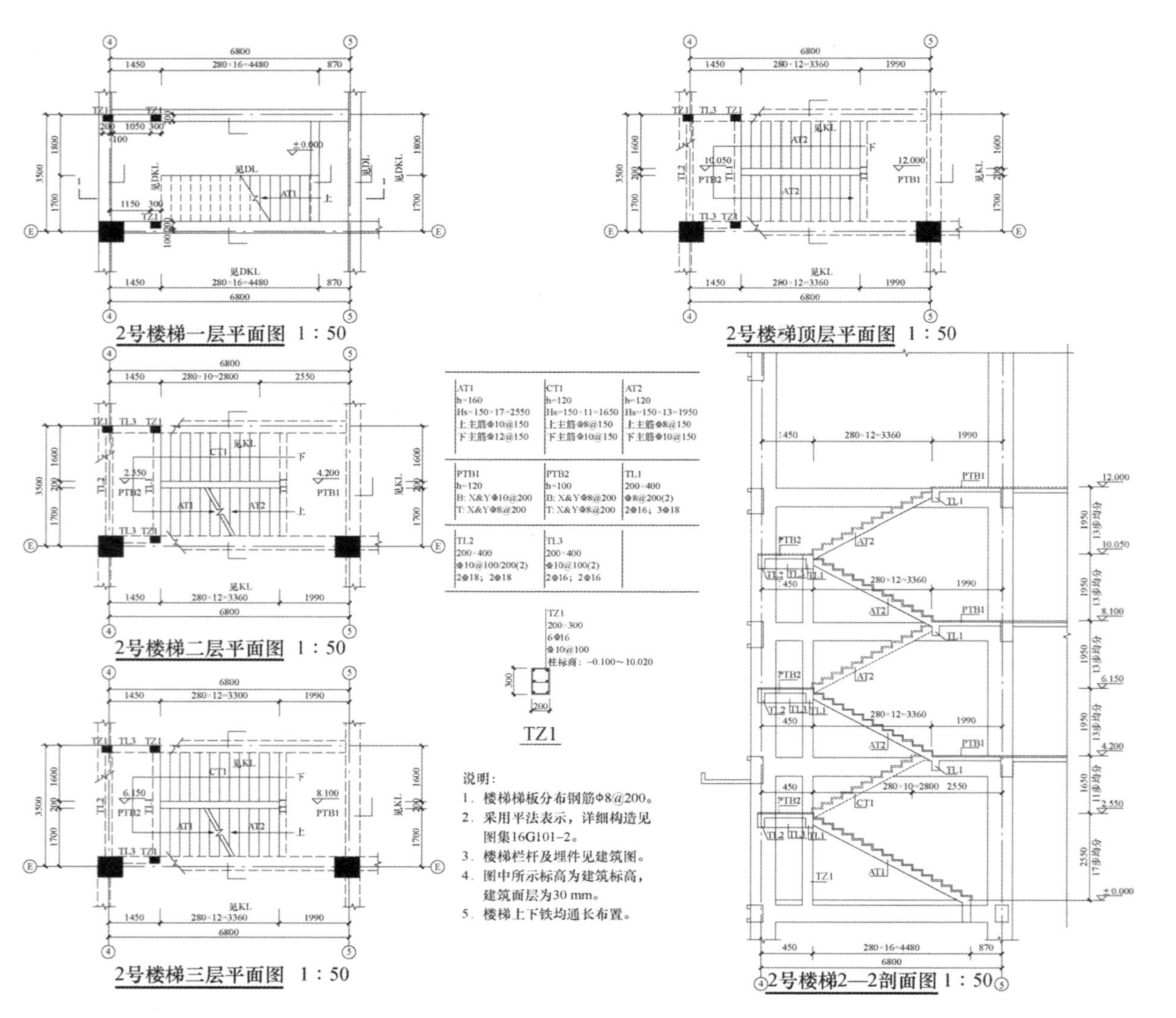

AT1 h=160 Hs=150×17=2550 上主筋Φ10@150 下主筋Φ12@150	CT1 h=120 Hs=150×11=1650 上主筋Φ8@150 下主筋Φ10@150	AT2 h=120 Hs=150×13=1950 上主筋Φ8@150 下主筋Φ10@150
PTB1 h=120 B: X&YΦ10@200 T: X&YΦ8@200	PTB2 h=100 B: X&YΦ8@200 T: X&YΦ8@200	TL1 200×400 Φ8@200(2) 2Φ16；3Φ18
TL2 200×400 Φ10@100/200(2) 2Φ18；2Φ18	TL3 200×400 Φ10@100(2) 2Φ16；2Φ16	

图 5-49 2 号楼梯详图

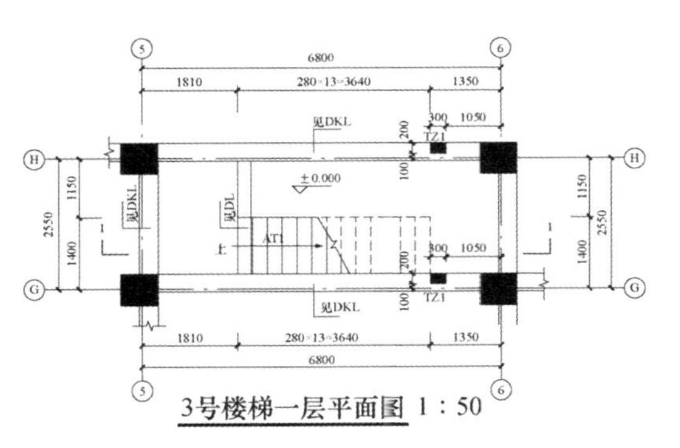

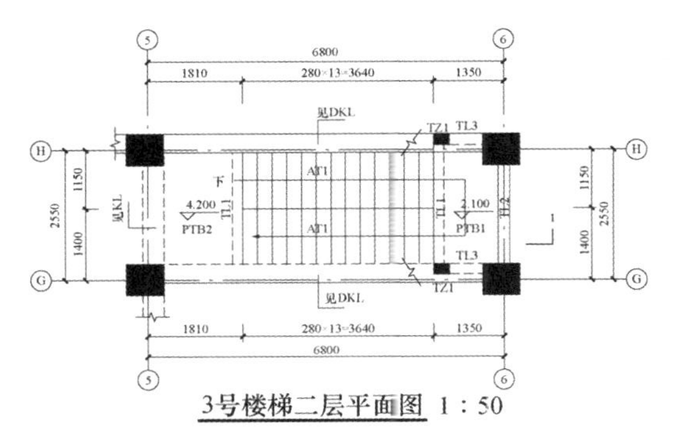

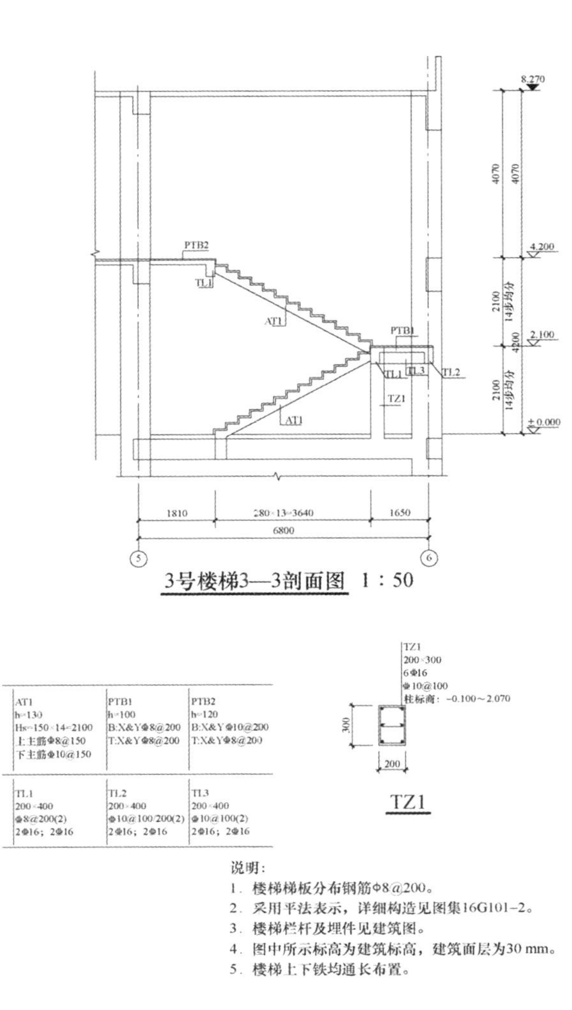

AT1 h=130 Hs=150×14=2100 上主筋Φ8@150 下主筋Φ10@150	PTB1 h=100 B:X&YΦ8@200 T:X&YΦ8@200	PTB2 h=120 B:X&YΦ10@200 T:X&YΦ8@200
TL1 200×400 Φ8@200(2) 2Φ16；2Φ16	TL2 200×400 Φ10@100/200(2) 2Φ16；2Φ16	TL3 200×400 Φ10@100(2) 2Φ16；2Φ16

说明：

1．楼梯梯板分布钢筋Φ8@200。
2．采用平法表示，详细构造见图集16G101-2。
3．楼梯栏杆及埋件见建筑图。
4．图中所示标高为建筑标高，建筑面层为30 mm。
5．楼梯上下铁均通长布置。

图 5-50　3 号楼梯详图

第二节　综合实例二——售楼处工程

1. 工程概况及结构设计控制参数

1）本建筑物为现浇钢筋混凝土框架结构，地上三层。

2）本建筑物结构使用年限为 50 年，安全等级为二级，抗震设防烈度为 8 度（设计地震分组为第一组，设计地震基本加速度 0.2*g*），场地类别为乙类，建筑抗震设防类别为乙类，抗震等级为一级，地基基础设计等级为三级。

3）未经技术鉴定或设计许可，不得改变结构的用途和使用环境。

4）±0.000 相当于绝对标高为 42.750 m，场地标准冻深 0.8 m。

5）根据地勘报告，抗浮设计水位标高为 32.330 m。本工程基础底板在抗浮水位以上，不考虑抗浮。

6）本设计图中，除标高单位为米（m）外，其余均以毫米（mm）为单位。

7）本说明为总体设计说明，设计图另有要求的，按图纸要求执行。

2. 设计依据

1）《建筑结构可靠度设计统一标准》（GB 50068—2001）。

2）《建筑结构荷载规范》（GB 50009—2012）。

3）《北京地区建筑地基基础勘察设计规范》（DBJ 11—501—2009）。

4）《建筑地基基础设计规范》GB 50007—2011）。

5）《建筑抗震设计规范》（GB 50011—2010）。

6）《混凝土结构设计规范》（GB 50010—2010）。

7）《地下工程防水技术规范》（GB 50108—2008）。

8）《建筑工程抗震设防分类标准》（GB 50223—2008）。

3. 设计荷载

1）基本风压：0.45 kN/m^2。

2）基本雪压：0.40 kN/m^2。

3）办公室：2.0 kN/m^2。

4）卫生间：2.0 kN/m^2。

5）阳台及平台：3.5 kN/m^2。

6）楼梯：3.5 kN/m^2。

7）不上人屋面：0.5 kN/m^2。

8）上人屋面：2.0 kN/m^2。

注：使用过程中严禁超载；楼、地面使用荷载及施工堆载不得超过上述限值。

4. 地基基础

1）根据勘察设计院提供的本建筑物岩土工程勘察报告，本建筑物场地工程地质条件。本建筑物场地地基土主要由新近沉积和一般第四纪沉积土组成，自上而下分别为：

砂质粉土：f_{ka}=140kPa，E_s=12MPa。

粉砂：f_{ka}=140 kPa，E_s=18 MPa。

粉质黏土：f_{ka}=150 kPa，E_s=7 MPa。

黏质粉土：f_{ka}=160 kPa，E_s=9 MPa。

粉质黏土：f_{ka}=140 kPa，E_s=6 MPa。

细砂：f_{ka}=200 kPa，E_s=25 MPa。

本建筑物基础持力层为粉砂层，地基承载力特征值为：f_{ka}=140 kPa。

2）基坑开挖采用机械开挖时，挖至基底设计标高以上 300 mm 时即应停止，由人工挖掘整平。基础施工后，应及时回填土，回填土应分层回填压实。

3）基坑开槽后应会同各有关单位验槽，确认地基实际情况与设计取值相符后方可继续施工。

4）基础采用柱下独立基础。

5. 主要材料

1）本工程地面以下及地上外露构件环境类别为二 b 类，地面以上（外露构件除外）环境类别为一类，混凝土耐久性应满足相应规范的要求。

2）混凝土强度等级见表 5-8。

表 5-8 混凝土强度等级

楼层 构件	地上各层 强度等级	备注
框架柱	C30	—
框架梁	C30	—
楼梯及其他	C30	—
基础及基础梁	C30	—
垫层	C10	—

3）钢筋：钢筋采用 HPB300（Φ）、HRB335（Φ）、HRB400（Φ）。

（1）钢筋抗拉、抗压强度设计值分别为：HPB300 为 210 MPa；HRB335 为 300 MPa；HRB400 为 360 MPa。

（2）钢筋抗拉、抗压强度标准值分别为：HPB300 为 235 MPa；HRB335 为 335 MPa；HRB400 为 400 MPa。

框架结构中纵向受力钢筋的选用，除符合以上两条外，其检验所得强度实测值尚应符合下列要求：钢筋的抗拉强度实测值与屈服强度实测值的比值不应小于 1.25；钢筋的屈服强度实测值与钢筋的强度标准值的比值不应大于 1.3；且钢筋在最大拉力下的总伸长率实测值不应小于 9%。

钢筋的检验方法应符合《混凝土结构工程施工质量验收规范》（GB 50204—2015）的规定。

（3）吊钩均采用 HPB300（Φ）钢筋，且严禁使用冷加工钢筋。

（4）焊条：HPB300 钢筋之间焊接采用 E43 系列，HRB335、HRB400 钢筋之间焊接采用 E50 系列，钢板与钢筋之间采用 E43 系列，型钢与钢筋之间焊接采用 E50 系列。

6. 钢筋混凝土构造

钢筋混凝土构造如图 5-51、图 5-52 所示。

1）钢筋的混凝土保护层厚度见表 5-9。

表 5-9　钢筋的混凝土保护层厚度

名称	厚度 /mm
基础下部钢筋	40
基础梁钢筋	35
框架柱	地面以下：35；地面以上：30
框架梁及楼、屋面梁	地面以下：35；地面以上：25
楼板及楼梯板钢筋	15
雨篷挑板上部钢筋	25

注：以上钢筋的混凝土保护层厚度同时不应小于该受力钢筋的公称直径。

2）钢筋锚固及连接。

本工程中，钢筋直径大于 20 mm 的钢筋应采用机械连接或焊接。钢筋直径为 20 mm 时除注明者外可采用搭接，钢筋锚固及搭接长度见《混凝土结构施工图平面整体表示方法制图相应构造详图》(16G101-1)。

3）柱下独立基础。

有关独立基础的构造要求，除图中注明者外，其余均见《混凝土结构施工图平面整体表示方法制图规则和构造详图（独立基础、条形基础、筏形基础、桩基础）》(16G101-3)。

4）框架梁、柱。

（1）框架梁、柱的构造要求除图中注明者外，均见《混凝土结构施工图平面整体表示方法制图相应构造详图》(16G101-1)。

（2）梁腹板预留孔洞时的加强做法，如图 5-51 图（一）所示。

（3）屋面折梁在转折处的做法，如图 5-51 图（二）所示。

（4）楼、屋面次梁与主梁连接处，除具体设计注明者外，其附加钢筋，如图 5-51 图（三）所示。

5）现浇楼板。

（1）现浇楼板内钢筋搭接时，连接区段长度为 1.3 倍搭接长度；采用焊接连接或机械连接时，连接区段为 35d。板内钢筋连接时，下层钢筋连接在支座，上层钢筋连接在跨中，同一连接区段内钢筋接头数量不得超过该区段受拉钢筋总数的 25%，且相邻接头距离错开不得小于相应连接区段长度。

（2）板内分布钢筋除图中注明者外均按表 5-10 选用。

表 5-10　板内分布钢筋选用

板厚 h/mm	$h \leq 90$	$90<h \leq 170$	$170<h \leq 220$	$220<h \leq 260$
分布钢筋	Φ6@200	Φ8@200	Φ8@150	Φ10@200

（3）墙及楼板上的预留洞及预埋管件除图中注明者外，其余均应配合各专业图纸预留或预埋，不得后剔凿。预留洞口边长或直径小于等于 300 mm 时，板或墙内钢筋不得切断，可绕过洞口。预留洞口边长或直径大于 300 mm 且小于等于 800 mm 时，应按图 5-51

图（四）、图（五）及具体图纸中的做法在洞边附加钢筋。

（4）管道井内局部楼板混凝土可后浇（钢筋不断），待管道安装完毕后，所有洞口均应用与本层同强度混凝土将洞口填实。

（5）墙体阳角处的各层楼板（即墙体凸入楼板内的地方），应设置放射状上铁，如图5-51 图（六）所示。

（6）屋面折板在转折处的做法，如图 5-51 图（七）所示。

（7）屋面挑檐板转角处的上部受力钢筋做法，如图 5-51 图（八）所示。

7. 隔墙、填充墙

1）砌体结构施工质量控制等级不应低于 B 级。

2）建筑隔墙或填充墙所用砌块为大孔轻集料砌块，其容重不应大于 10 kN/m^3。

3）后砌隔墙或填充墙做法见图集《大孔轻集料砌块填充墙》（88JZ18）及《建筑物抗震构造详图》（11G329-1）。

4）钢筋混凝土构造柱、芯柱应先砌墙后浇筑，构造柱、芯柱、水平系梁及过梁的混凝土强度等级不应低于 C20。

5）隔墙或填充墙洞口上部设置过梁的做法见《大孔轻集料砌块填充墙》（88JZ18）。

（1）内隔墙或内填充墙洞口上部过梁与现浇的水平系梁结合设置。

（2）外填充墙洞口上部如需设置过梁可与通长的水平系梁结合设置。

建筑隔墙及填充墙均属于二次结构范畴。重点应看设计人员选用的图集标准，很多构造做法，设计人员在图纸中是不注明的，需要查图集才能明白。填充墙不属于结构受力构件，只承担自重及自身的稳定性。墙体中需要设置构造柱及拉结筋等构造措施。

8. 其他

1）楼梯所需预埋件均详见建筑图。

2）本建筑物防雷做法配合电气图纸施工。

3）设备基础应待设备定货并与相关设计图纸核对无误后方可施工。未定设备的基础做法应待设备确定后另行补充设计图纸。

4）现浇钢筋混凝土挑檐或女儿墙每隔 12 m 设置温度缝，如图 5-51（九）所示。

9. 实例详解

1）钢筋混凝土构造及其讲解，如图 5-51、图 5-52 所示。

2）售楼处基础平面布置图及配筋图及其讲解，如图 5-53 ～图 5-59 所示。

3）售楼处柱平法施工图及配筋图及其讲解，如图 5-60 ～图 5-62 所示。

4）售楼处首层梁、首层顶板配筋图其讲解，如图 5-63 ～图 5-69 所示。

5）售楼处二层梁、二层顶板配筋图及其讲解，如图 5-70 ～图 5-75 所示。

6）售楼处三层梁、顶板配筋图及其讲解，如图 5-76 ～图 5-79 所示。

7）售楼处楼梯、各部件做法详图及其讲解，如图 5-80 ～图 5-83 所示。

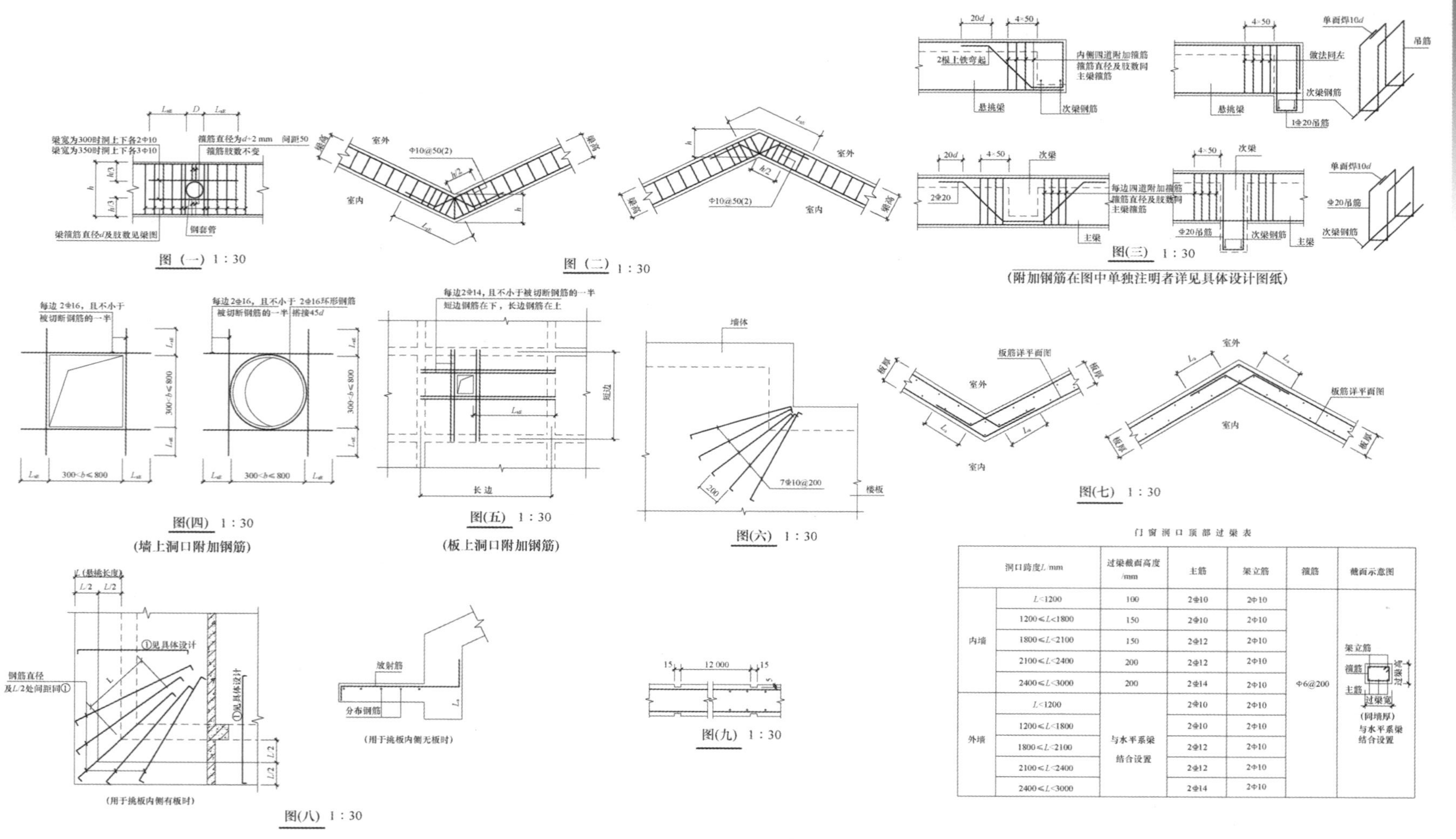

门窗洞口顶部过梁表

洞口跨度L/mm		过梁截面高度/mm	主筋	架立筋	箍筋	截面示意图
内墙	L<1200	100	2Φ10	2Φ10	Φ6@200	架立筋、箍筋、主筋、过梁高、过梁宽（同墙厚）与水平系梁结合设置
	1200≤L<1800	150	2Φ10	2Φ10		
	1800≤L<2100	150	2Φ12	2Φ10		
	2100≤L<2400	200	2Φ12	2Φ10		
	2400≤L<3000	200	2Φ14	2Φ10		
外墙	L<1200	与水平系梁结合设置	2Φ10	2Φ10		
	1200≤L<1800		2Φ10	2Φ10		
	1800≤L<2100		2Φ12	2Φ10		
	2100≤L<2400		2Φ12	2Φ10		
	2400≤L<3000		2Φ14	2Φ10		

图 5-51　钢筋混凝土构造

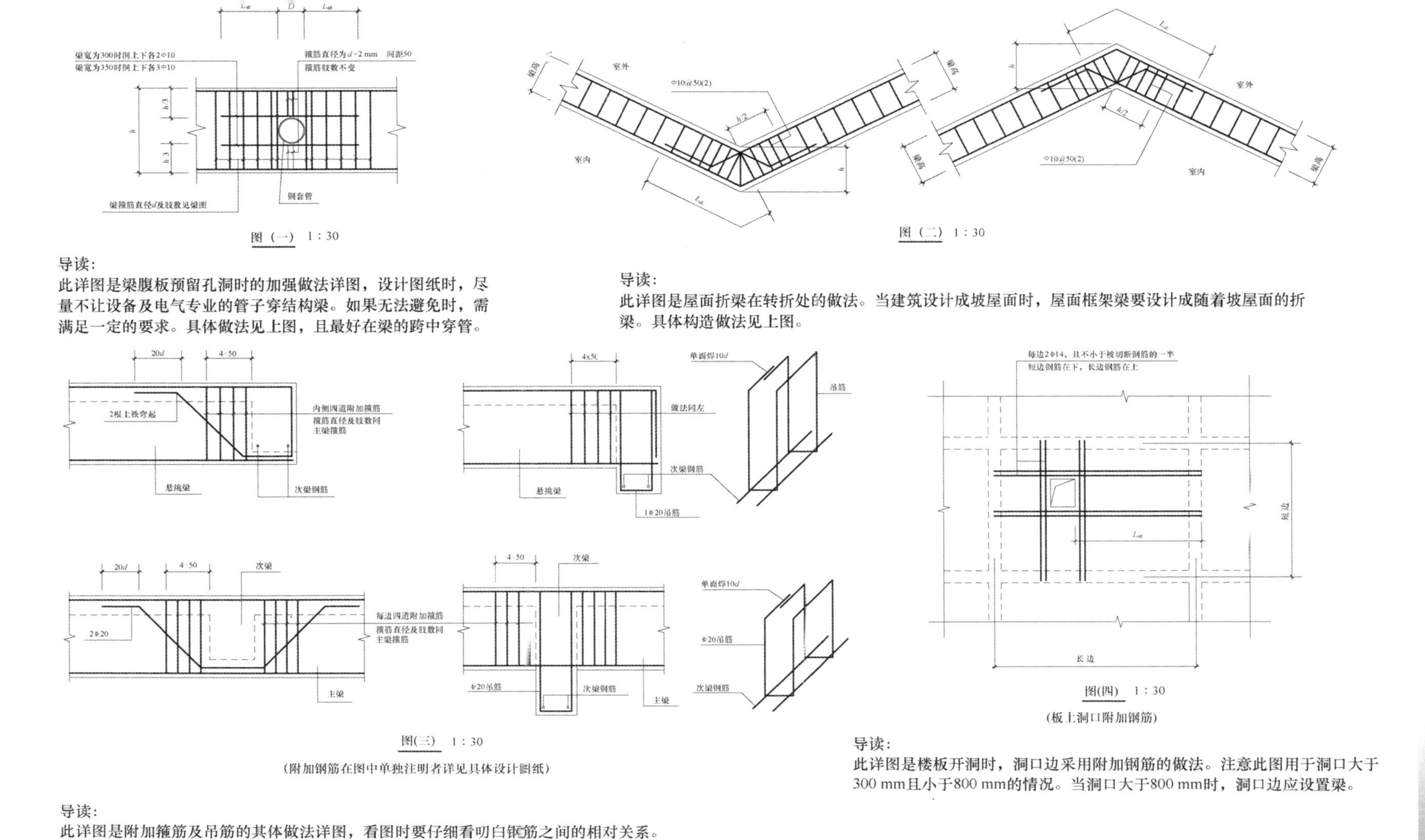

图（一） 1：30

导读：

此详图是梁腹板预留孔洞时的加强做法详图，设计图纸时，尽量不让设备及电气专业的管子穿结构梁。如果无法避免时，需满足一定的要求。具体做法见上图，且最好在梁的跨中穿管。

图（二） 1：30

导读：

此详图是屋面折梁在转折处的做法。当建筑设计成坡屋面时，屋面框架梁要设计成随着坡屋面的折梁。具体构造做法见上图。

图(三) 1：30

（附加钢筋在图中单独注明者详见具体设计图纸）

导读：

此详图是附加箍筋及吊筋的具体做法详图，看图时要仔细看明白钢筋之间的相对关系。

图(四) 1：30

（板上洞口附加钢筋）

导读：

此详图是楼板开洞时，洞口边采用附加钢筋的做法。注意此图用于洞口大于300 mm且小于800 mm的情况。当洞口大于800 mm时，洞口边应设置梁。

图 5-52 钢筋混凝土构造讲解

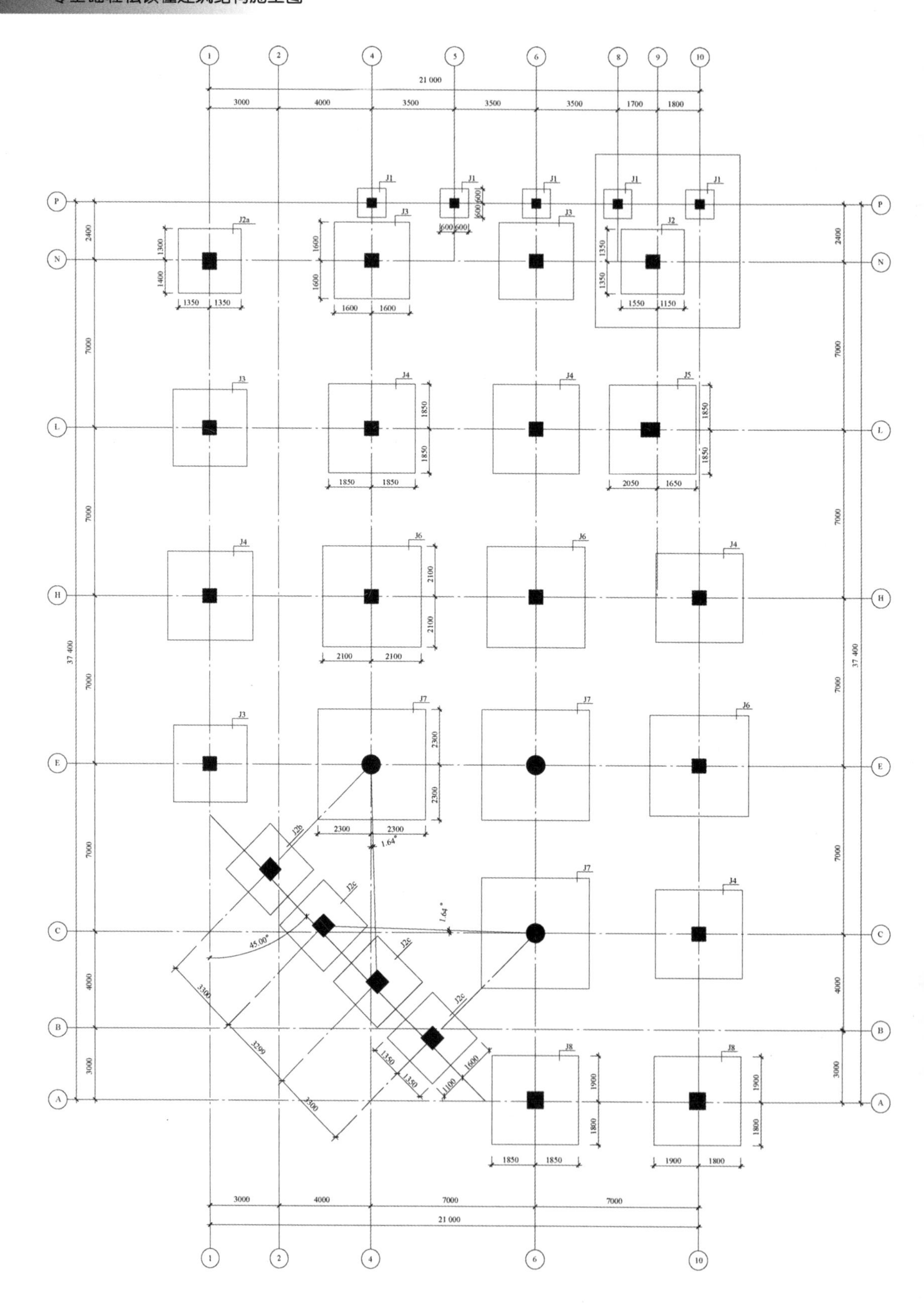

图 5-53　基础平面布置图

注1详解：

此图为柱下独立基础平面详图，此基础为锥形基础
此50 mm平台，主要为柱子支模板时使用
框架柱钢筋深入基础底部并水平弯折300 mm
框架柱插筋
基础高度范围内采用Φ8箍筋，基础上下各一个
2Φ8
基底标高
1、2号钢筋为基础底板受力钢筋，短向钢筋在下边，长向钢筋在上边
柱下独立基础混凝土垫层厚度为100 mm，垫层每边伸出基础100 mm

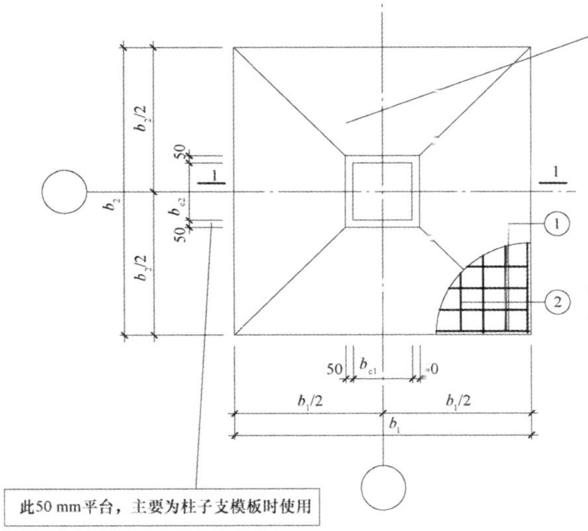

独立基础大样类型一　1：30

1—1　1：30

注2详解：

墙厚
±0.000
局部加厚地面做法
500
45°
此图为没有基础拉梁的情况下，室内隔墙基础做法。有基础拉梁时，隔墙砌筑在拉梁上

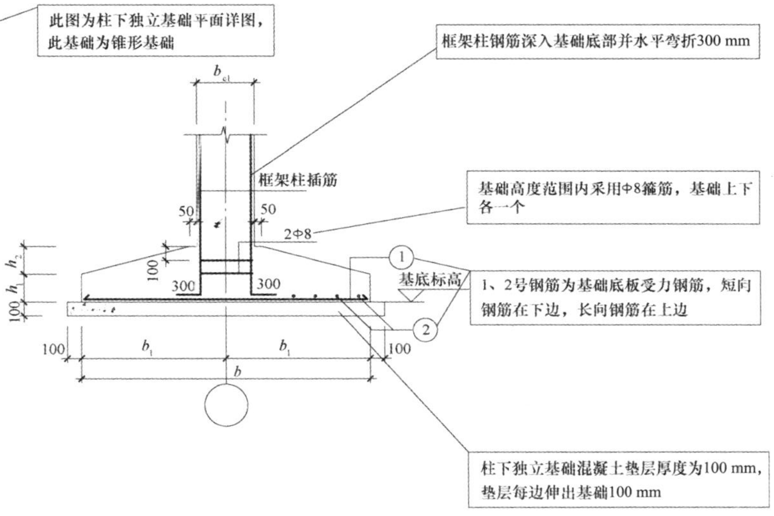

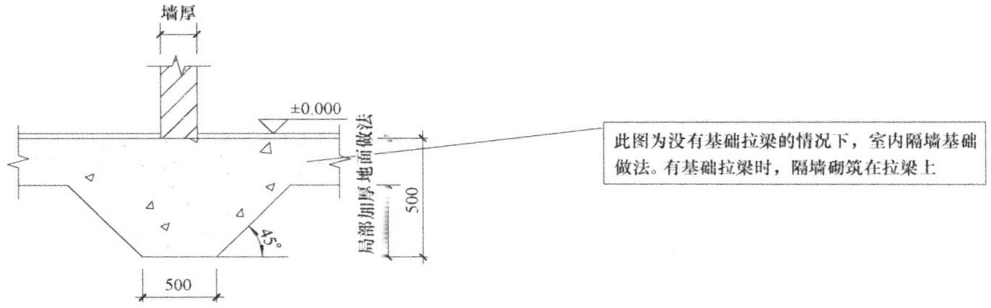

内墙隔墙基础　1：30

导读：

独立基础是整个或局部结构物下的无筋或配筋基础，一般是指结构柱基。

独立基础分为阶形基础、坡形基础、杯形基础3种。

独立基础的特点：一般只坐落在一个十字轴线交点上，有时也跟其他条形基础相连，但是截面尺寸和配筋不尽相同。独立基础如果坐落在几个轴线交点上承载几个独立柱，叫作联合独立基础。

图 5-54　基础平面布置图讲解（一）

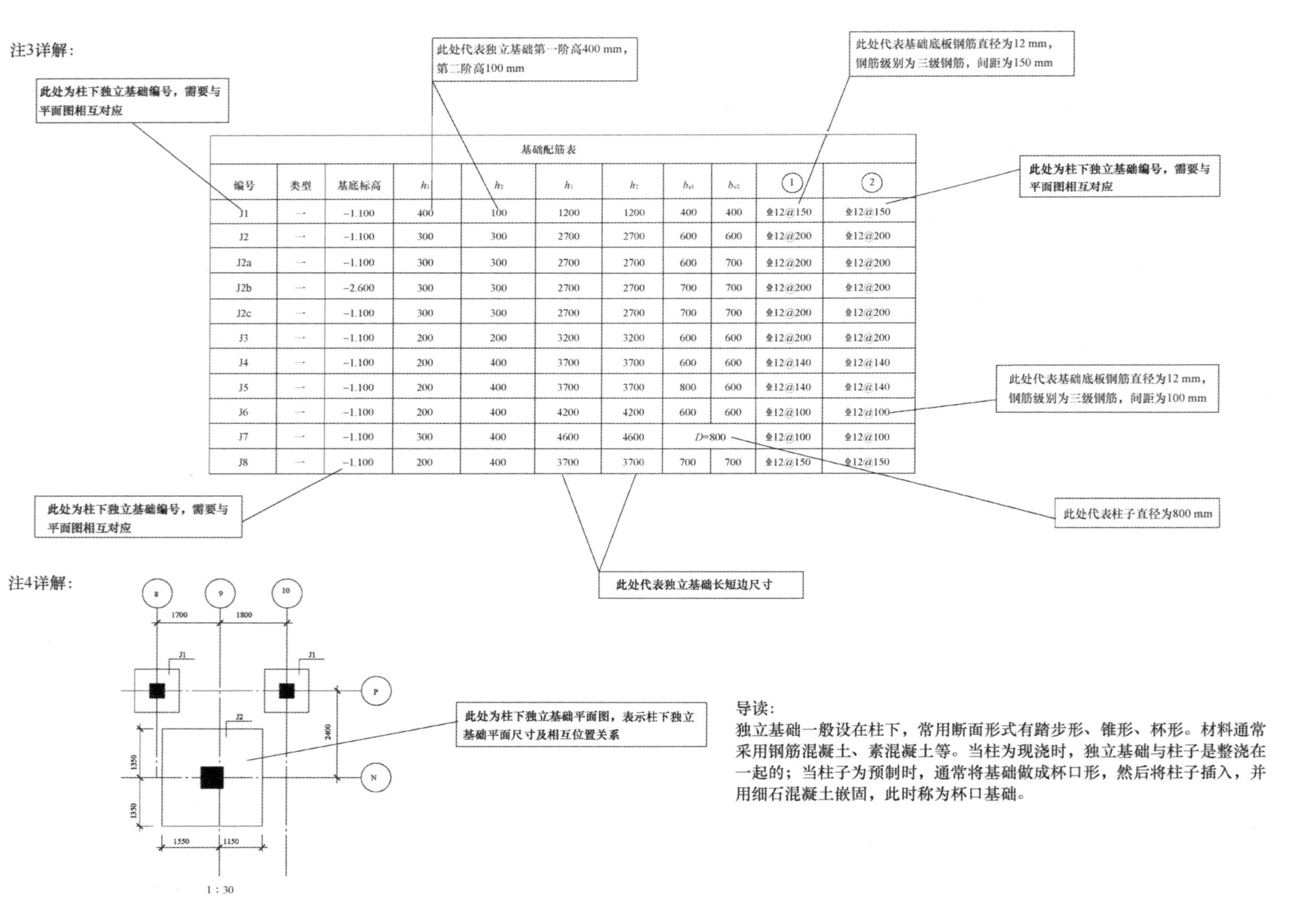
注3详解：
此处为柱下独立基础编号，需要与平面图相互对应
此处代表独立基础第一阶高400 mm，第二阶高100 mm
此处代表基础底板钢筋直径为12 mm，钢筋级别为三级钢筋，间距为150 mm
此处为柱下独立基础编号，需要与平面图相互对应
此处代表基础底板钢筋直径为12 mm，钢筋级别为三级钢筋，间距为100 mm
此处为柱下独立基础编号，需要与平面图相互对应
此处代表柱子直径为800 mm
此处代表独立基础长短边尺寸
注4详解：
8
9
10
1700
1800
J1
J1
J2
P
N
2400
1350
1350
1550
1150
1:30
此处为柱下独立基础平面图，表示柱下独立基础平面尺寸及相互位置关系

基础配筋表

编号	类型	基底标高	h_1	h_2	h_1	h_2	b_{c1}	b_{c2}	①	②
J1	—	−1.100	400	100	1200	1200	400	400	⌀12@150	⌀12@150
J2	—	−1.100	300	300	2700	2700	600	600	⌀12@200	⌀12@200
J2a	—	−1.100	300	300	2700	2700	600	700	⌀12@200	⌀12@200
J2b	—	−2.600	300	300	2700	2700	700	700	⌀12@200	⌀12@200
J2c	—	−1.100	300	300	2700	2700	700	700	⌀12@200	⌀12@200
J3	—	−1.100	200	200	3200	3200	600	600	⌀12@200	⌀12@200
J4	—	−1.100	200	400	3700	3700	600	600	⌀12@140	⌀12@140
J5	—	−1.100	200	400	3700	3700	800	600	⌀12@140	⌀12@140
J6	—	−1.100	200	400	4200	4200	600	600	⌀12@100	⌀12@100
J7	—	−1.100	300	400	4600	4600	D=800		⌀12@100	⌀12@100
J8	—	−1.100	200	400	3700	3700	700	700	⌀12@150	⌀12@150

导读：

独立基础一般设在柱下，常用断面形式有踏步形、锥形、杯形。材料通常采用钢筋混凝土、素混凝土等。当柱为现浇时，独立基础与柱子是整浇在一起的；当柱子为预制时，通常将基础做成杯口形，然后将柱子插入，并用细石混凝土嵌固，此时称为杯口基础。

图 5-55　基础平面布置图讲解（二）

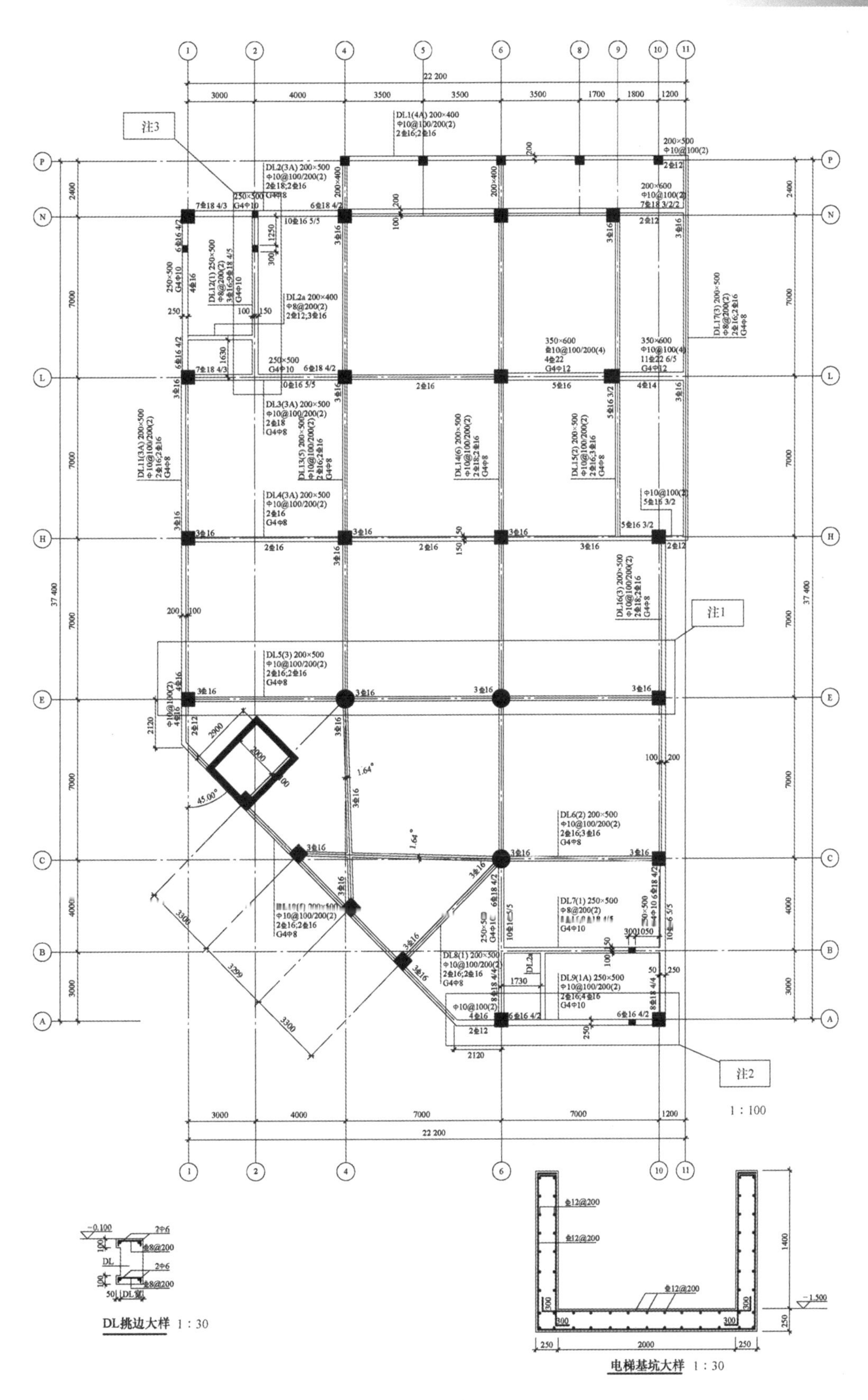

图 5-56　基础拉梁配筋图

注1详解：

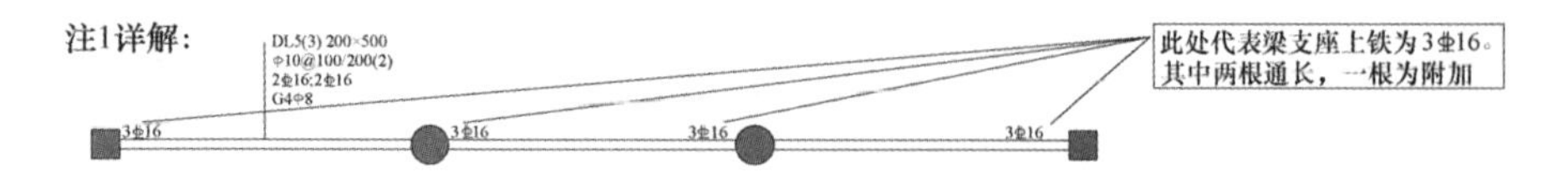

DL5(3) 200×500代表基础拉梁为三跨。截面尺寸为：梁宽200 mm，梁高500 mm。其中DL代表基础拉梁。
Φ10@100/200(2)代表梁箍筋钢筋级别为一级钢筋，箍筋直径为10 mm。加密区箍筋间距为100 mm。非加密区箍筋间距为200 mm。箍筋肢数为双肢箍。
2⌀16；2⌀16：代表梁上铁为2⌀16，通长布置。梁下铁为2⌀16，通长布置。
G4Φ8：代表腰筋为4Φ8，每侧两根，其中Φ代表一级钢筋。

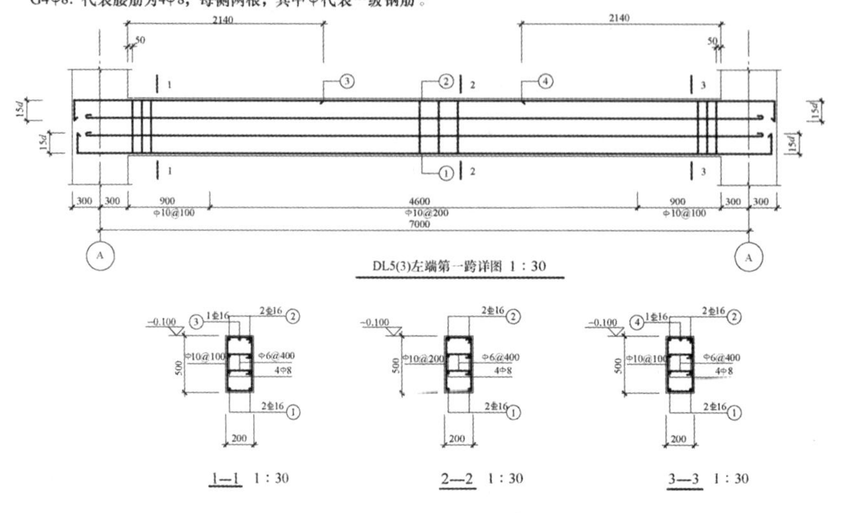

图5-57 基础拉梁配筋图讲解（一）

注2详解：

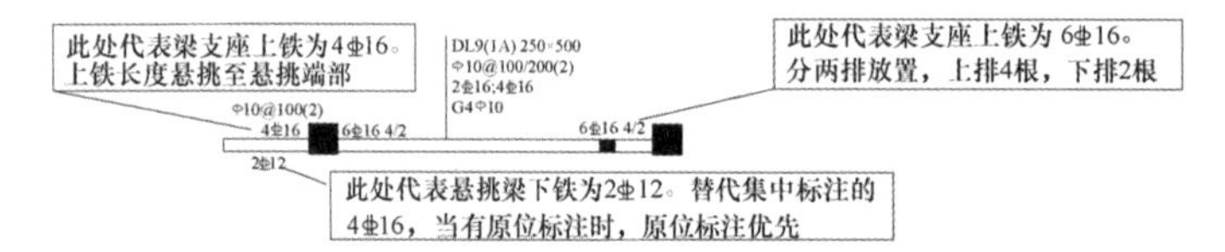

DL9(1A) 250×500：代表基础拉梁为一跨且一端悬挑。截面尺寸为：梁宽250 mm，梁高500 mm。其中DL代表基础拉梁。
Φ10@100/200(2)：代表梁箍筋钢筋级别为一级钢筋。箍筋直径为10 mm。加密区箍筋间距为100 mm。非加密区箍筋间距为200 mm。箍筋肢数为双肢箍。
2⌀16；4⌀16：代表梁上钢筋为2⌀16，通长布置。梁下钢筋为4⌀16，通长布置。
G4Φ10：代表腰筋为4Φ10，每侧2根，其中Φ代表一级钢筋。

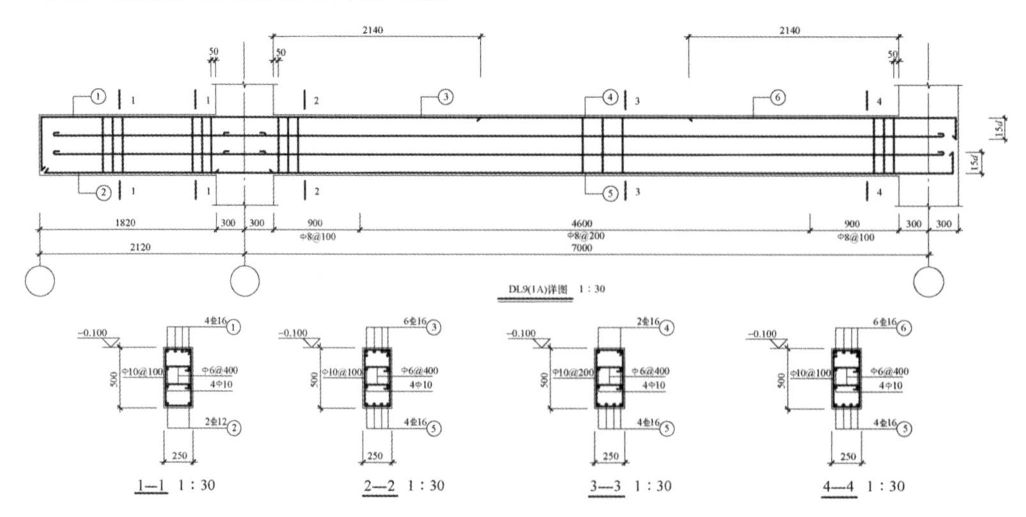

图5-58 基础拉梁配筋图讲解（二）

注3详解：

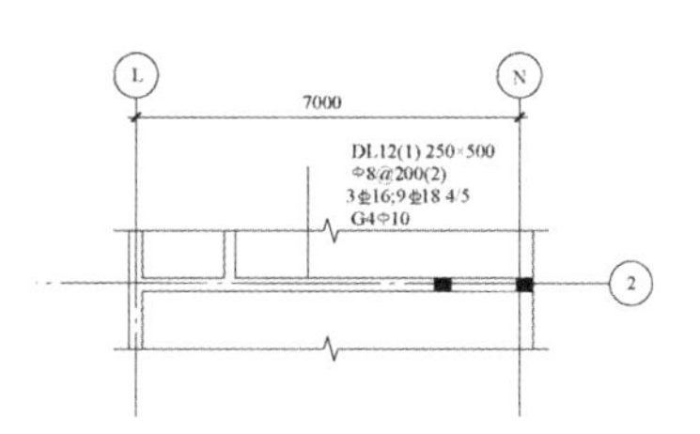

DL12(1) 250×500：代表基础拉梁为一跨。截面尺寸：梁宽250 mm，梁高500 mm。其中DL代表基础拉梁。

Φ8@200(2)：代表梁箍筋钢筋级别为一级钢筋。箍筋直径为8 mm。箍筋间距为200 mm。箍筋肢数为双肢箍。

3⌀16；9⌀18 4/5：代表梁上铁为3⌀16，通长布置。梁下钢筋为9⌀18，通长布置。

G4Φ10：代表腰筋为4Φ10，每侧2根，其中Φ代表一级钢筋。

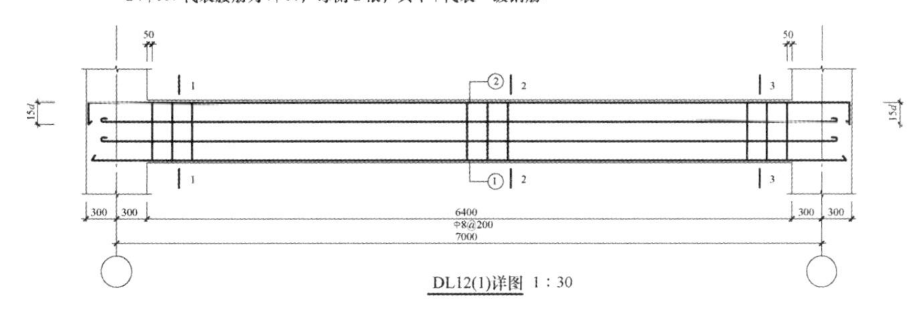

DL12(1)详图　1∶30

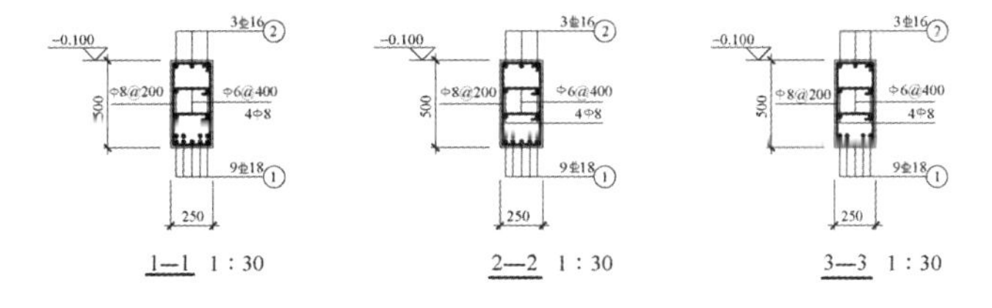

1—1　1∶30　　2—2　1∶30　　3—3　1∶30

图 5-59　基础拉梁配筋图讲解（三）

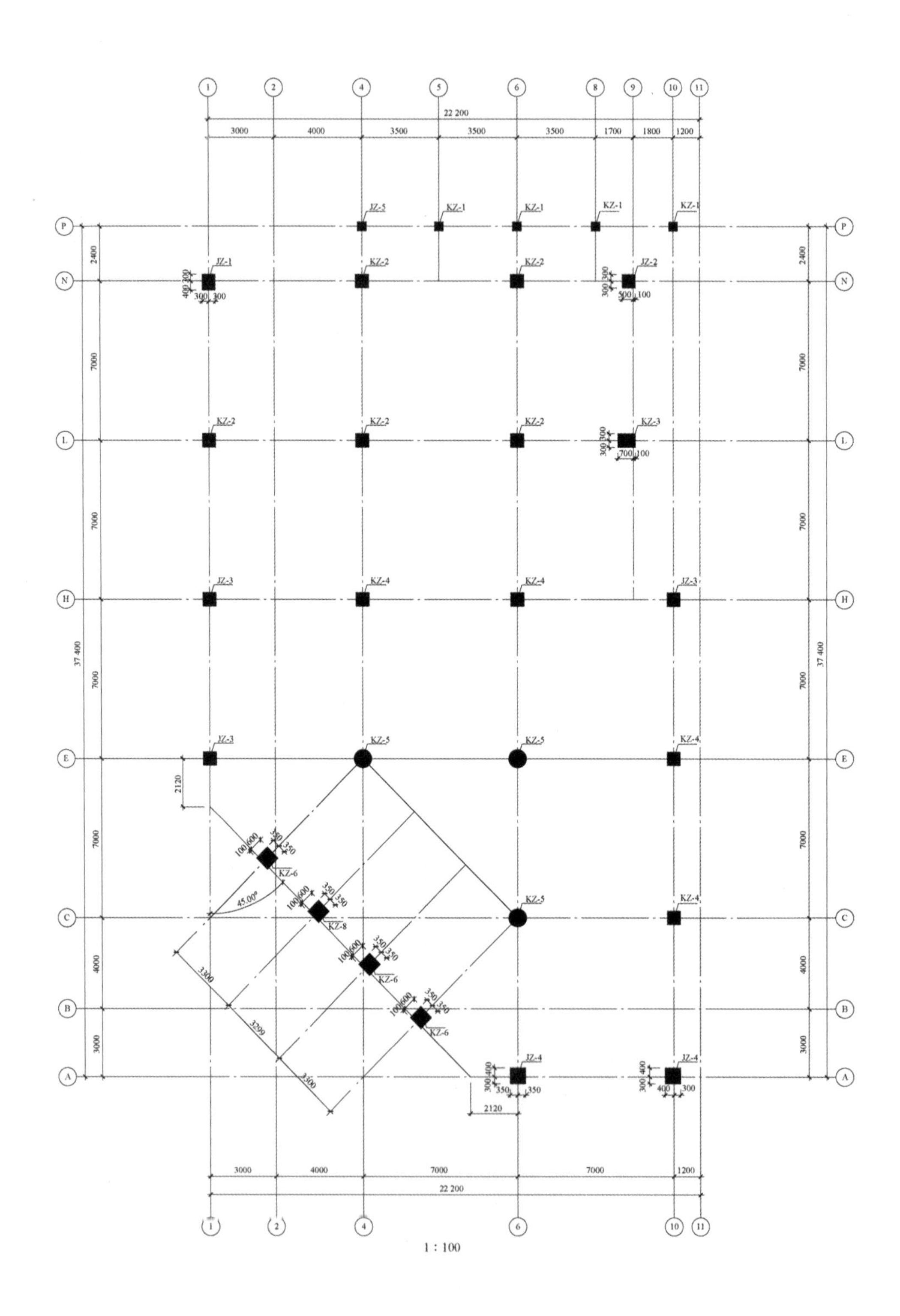

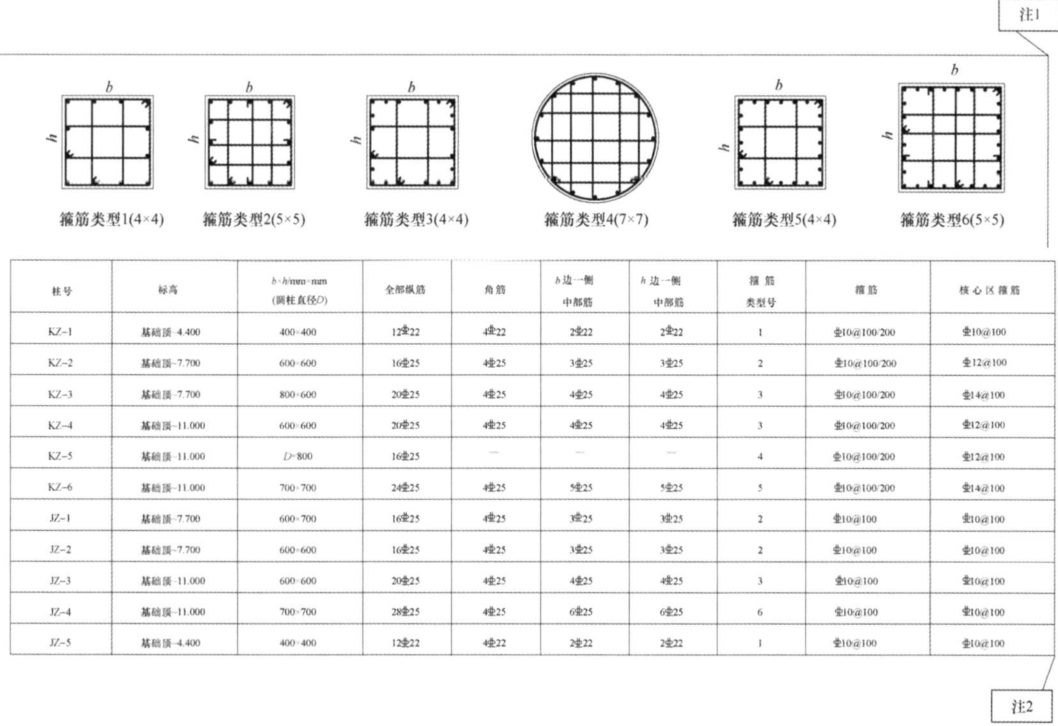

柱号	标高	b×h/mm×mm（圆柱直径D）	全部纵筋	角筋	b边一侧中部筋	h边一侧中部筋	箍筋类型号	箍筋	核心区箍筋
KZ-1	基础顶~4.400	400×400	12⌀22	4⌀22	2⌀22	2⌀22	1	⌀10@100/200	⌀10@100
KZ-2	基础顶~7.700	600×600	16⌀25	4⌀25	3⌀25	3⌀25	2	⌀10@100/200	⌀12@100
KZ-3	基础顶~7.700	800×600	20⌀25	4⌀25	4⌀25	4⌀25	3	⌀10@100/200	⌀14@100
KZ-4	基础顶~11.000	600×600	20⌀25	4⌀25	4⌀25	4⌀25	3	⌀10@100/200	⌀12@100
KZ-5	基础顶~11.000	D=800	16⌀25	~	~	~	4	⌀10@100/200	⌀12@100
KZ-6	基础顶~11.000	700×700	24⌀25	4⌀25	5⌀25	5⌀25	5	⌀10@100/200	⌀14@100
JZ-1	基础顶~7.700	600×700	16⌀25	4⌀25	3⌀25	3⌀25	2	⌀10@100	⌀10@100
JZ-2	基础顶~7.700	600×600	16⌀25	4⌀25	3⌀25	3⌀25	2	⌀10@100	⌀10@100
JZ-3	基础顶~11.000	600×600	20⌀25	4⌀25	4⌀25	4⌀25	3	⌀10@100	⌀10@100
JZ-4	基础顶~11.000	700×700	28⌀25	4⌀25	6⌀25	6⌀25	6	⌀10@100	⌀10@100
JZ-5	基础顶~4.400	400×400	12⌀22	4⌀22	2⌀22	2⌀22	1	⌀10@100	⌀10@100

注：
1. 除特殊注明外，框架柱定位为轴线居中。
2. 框架柱构造做法详见16G101-1图集。

图 5-60　柱平法施工图

注1详解：

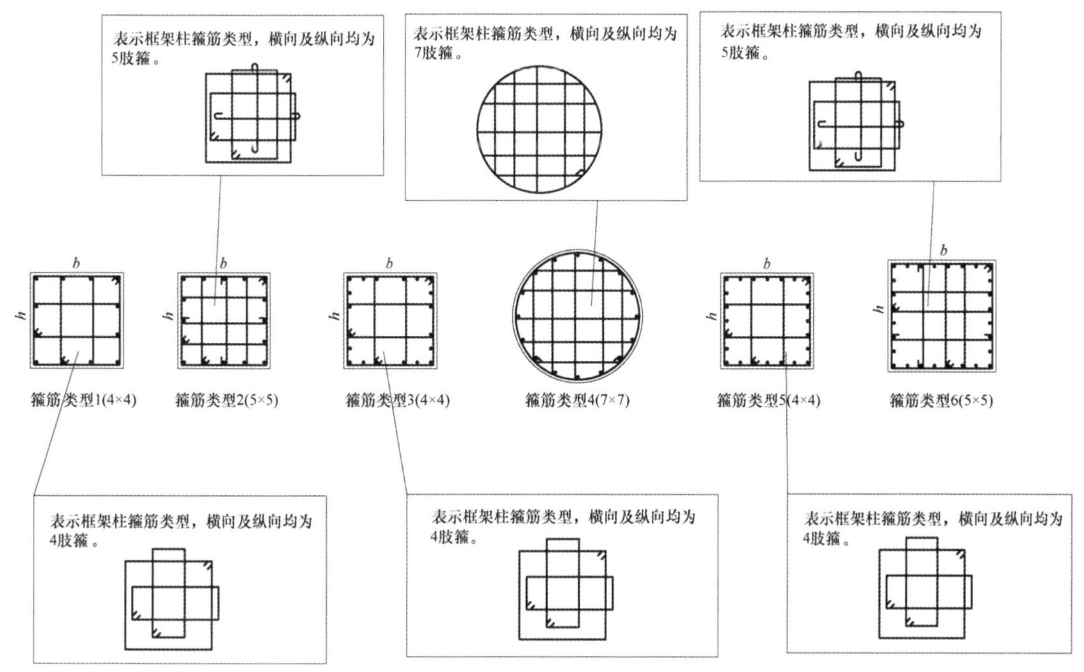

图 5-61　柱平法施工图讲解（一）

注2详解:

此处为框架柱编号，需要与平面图相互对应

表示框架柱的高度为从基础顶面到4.4 m

表示框架柱的截面尺寸，宽度和高度均为400 mm

柱号	标高	$b \times h$/mm×mm (圆柱直径D)	全部纵筋	角筋	b边一侧中部筋	h边一侧中部筋	箍筋类型号	箍筋	核心区箍筋
KZ-1	基础顶~4.400	400×400	12Φ22	4Φ22	2Φ22	2Φ22	1	Φ10@100/200	Φ10@100
KZ-2	基础顶~7.700	600×600	16Φ25	4Φ25	3Φ25	3Φ25	2	Φ10@100/200	Φ12@100
KZ-3	基础顶~7.700	800×600	20Φ25	4Φ25	4Φ25	4Φ25	3	Φ10@100/200	Φ14@100
KZ-4	基础顶~11.000	600×600	20Φ25	4Φ25	4Φ25	4Φ25	3	Φ10@100/200	Φ12@100
KZ-5	基础顶~11.000	D=800	16Φ25				4	Φ10@100/200	Φ12@100
KZ-6	基础顶~11.000	700×700	24Φ25	4Φ25	5Φ25	5Φ25	5	Φ10@100/200	Φ14@100
JZ-1	基础顶~7.700	600×700	16Φ25	4Φ25	3Φ25	3Φ25	2	Φ10@100	Φ10@100
JZ-2	基础顶~7.700	600×600	16Φ25	4Φ25	3Φ25	3Φ25	2	Φ10@100	Φ10@100
JZ-3	基础顶~11.000	600×600	20Φ25	4Φ25	4Φ25	4Φ25	3	Φ10@100	Φ10@100
JZ-4	基础顶~11.000	700×700	28Φ25	4Φ25	6Φ25	6Φ25	6	Φ10@100	Φ10@100
JZ-5	基础顶~4.400	400×400	12Φ22	4Φ22	2Φ22	2Φ22	1	Φ10@100	Φ10@100

表示框架柱的箍筋直径为10 mm。箍筋间距为100 mm

表示框架柱的全部纵向钢筋为12根直径为22 mm的三级钢筋。如下图所示:

表示框架柱的四角纵向钢筋为4根直径为22 mm的三级钢筋。如下图所示:

表示框架柱的b边一侧中部钢筋为2根直径为22 mm的三级钢筋。如下图所示:

表示框架柱的h边一侧中部钢筋为2根直径为22 mm的三级钢筋。如下图所示:

图 5-62　柱平法施工图讲解（二）

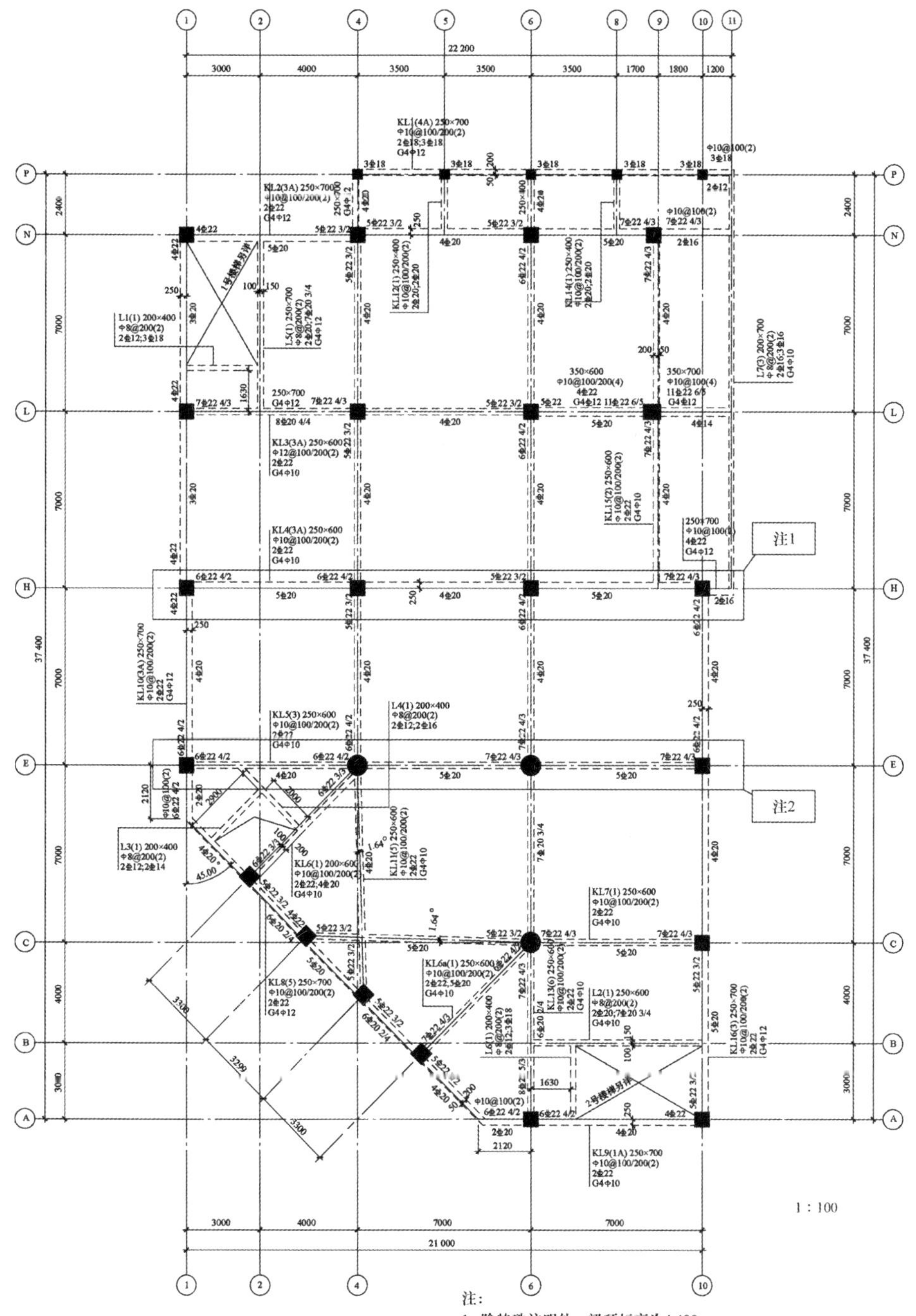

注：

1. 除特殊注明外，梁顶标高为4.400 m。
2. 图中未注明梁定位为轴线居中。
3. 主次梁相交处应在主梁上次梁两侧设附加箍筋，每侧3根，
   直径及肢数同主梁箍筋，主次梁交接处，附加吊筋、箍筋做法详见16G101-1图集。

图 5-63 首层梁配筋图

注1详解：

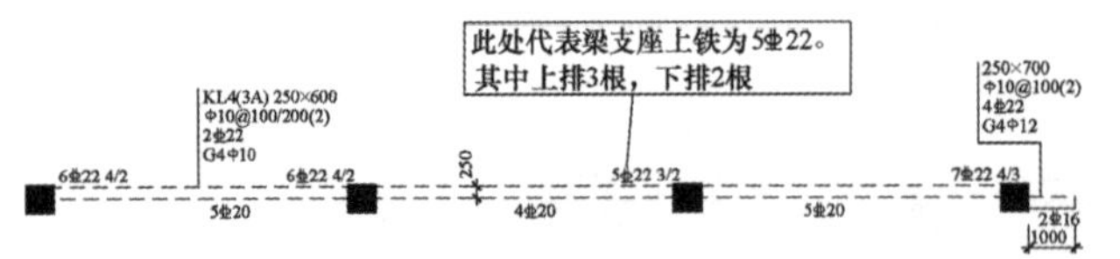

KL4(3A) 250×600：代表框架梁为三跨，其中一端悬挑。截面尺寸为：梁宽250 mm，梁高600 mm。其中KL代表框架梁。

φ10@100/200(2)：代表梁箍筋钢筋级别为一级钢筋，箍筋直径为10 mm。加密区箍筋间距为100 mm。非加密区箍筋间距为200 mm。箍筋肢数为双肢箍。

2⌀22：代表梁上铁为2⌀22，通长布置。

G4φ10：代表腰筋为4φ10每侧两根，其中φ代表一级钢筋。

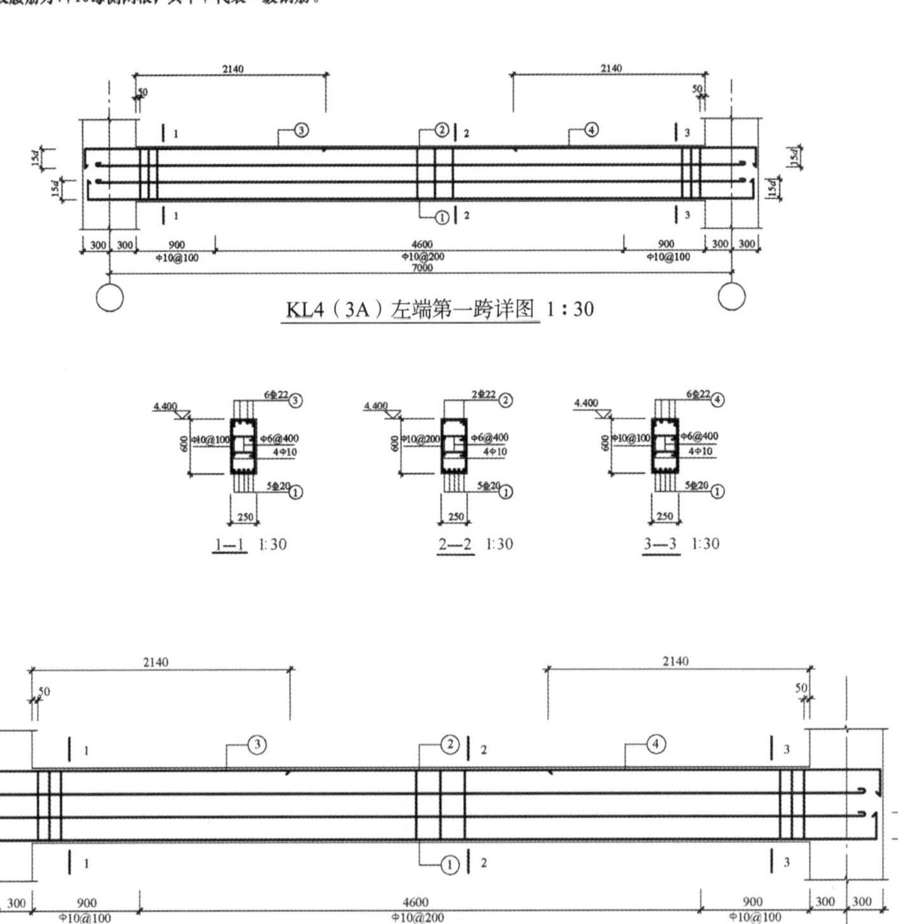

KL4（3A）左端第一跨详图 1∶30

KL4（3A）左端第二跨详图 1∶30

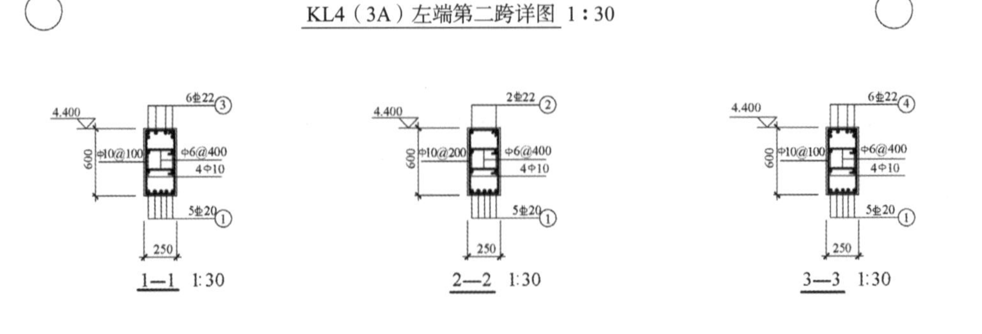

图 5-64 首层梁配筋图讲解（一）

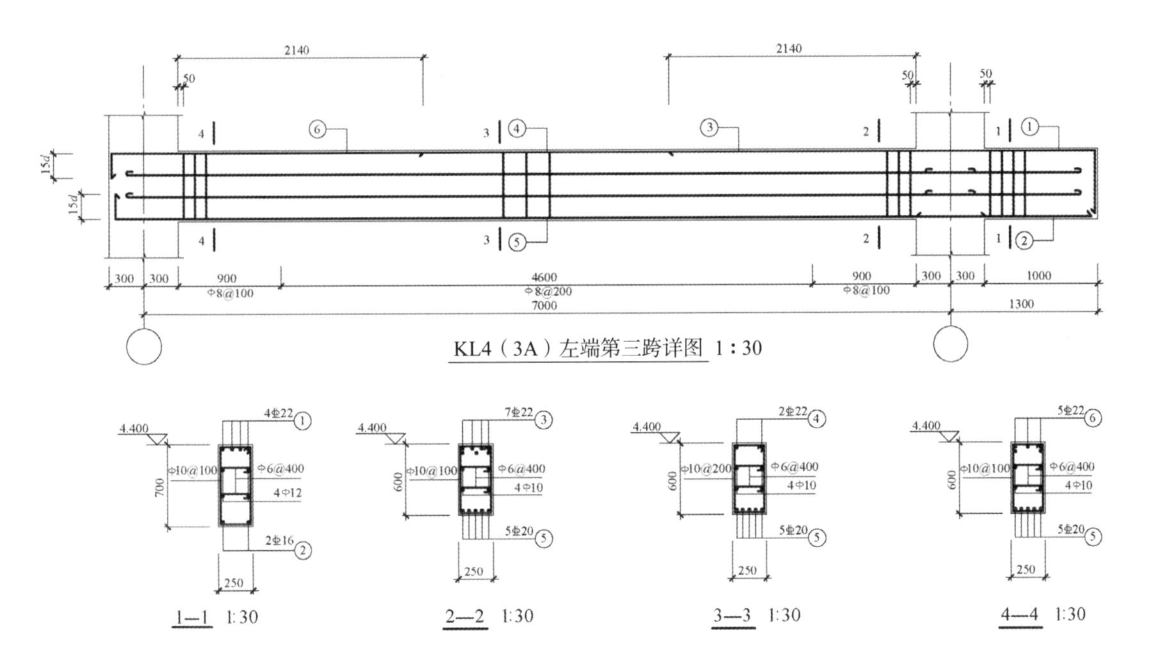

注2详解：

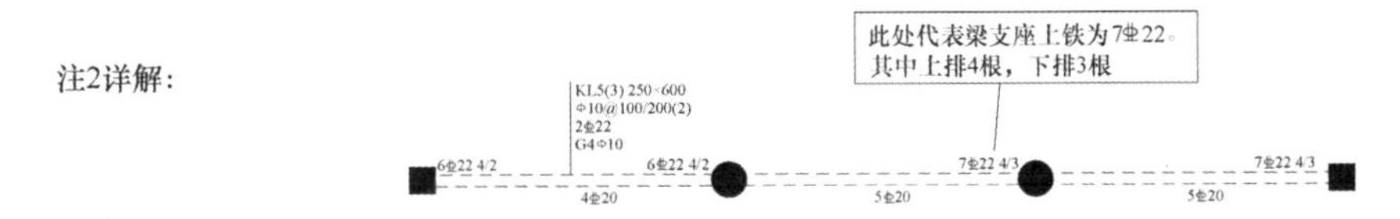

KL5(3)250×600：代表框架梁为三跨。截面尺寸为：梁宽250 mm，梁高600 mm。其中KL代表框架梁。
Φ10@100/200(2)：代表梁箍筋钢筋级别为一级钢筋，箍筋直径为10 mm。加密区箍筋间距为100 mm。非加密区箍筋间距为200 mm。箍筋肢数为双肢箍。
2Φ22：代表梁上铁为2Φ20，通长布置。
G4Φ10：代表腰筋为4Φ10每侧两根，其中Φ代表一级钢筋。

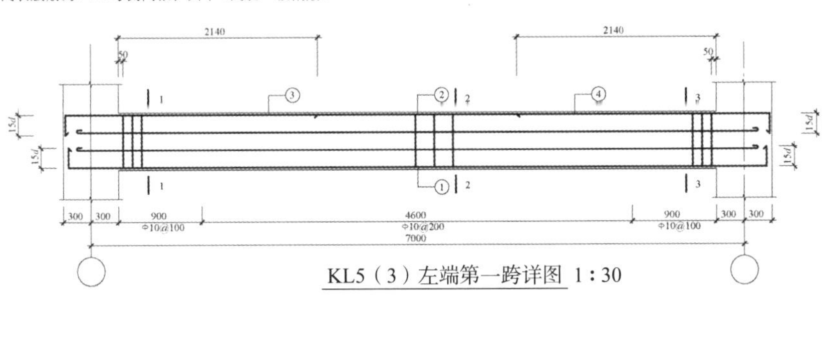

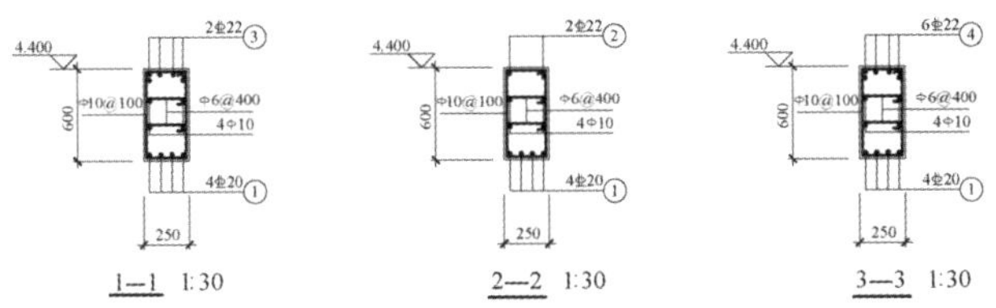

图 5-65　首层梁配筋图讲解（二）

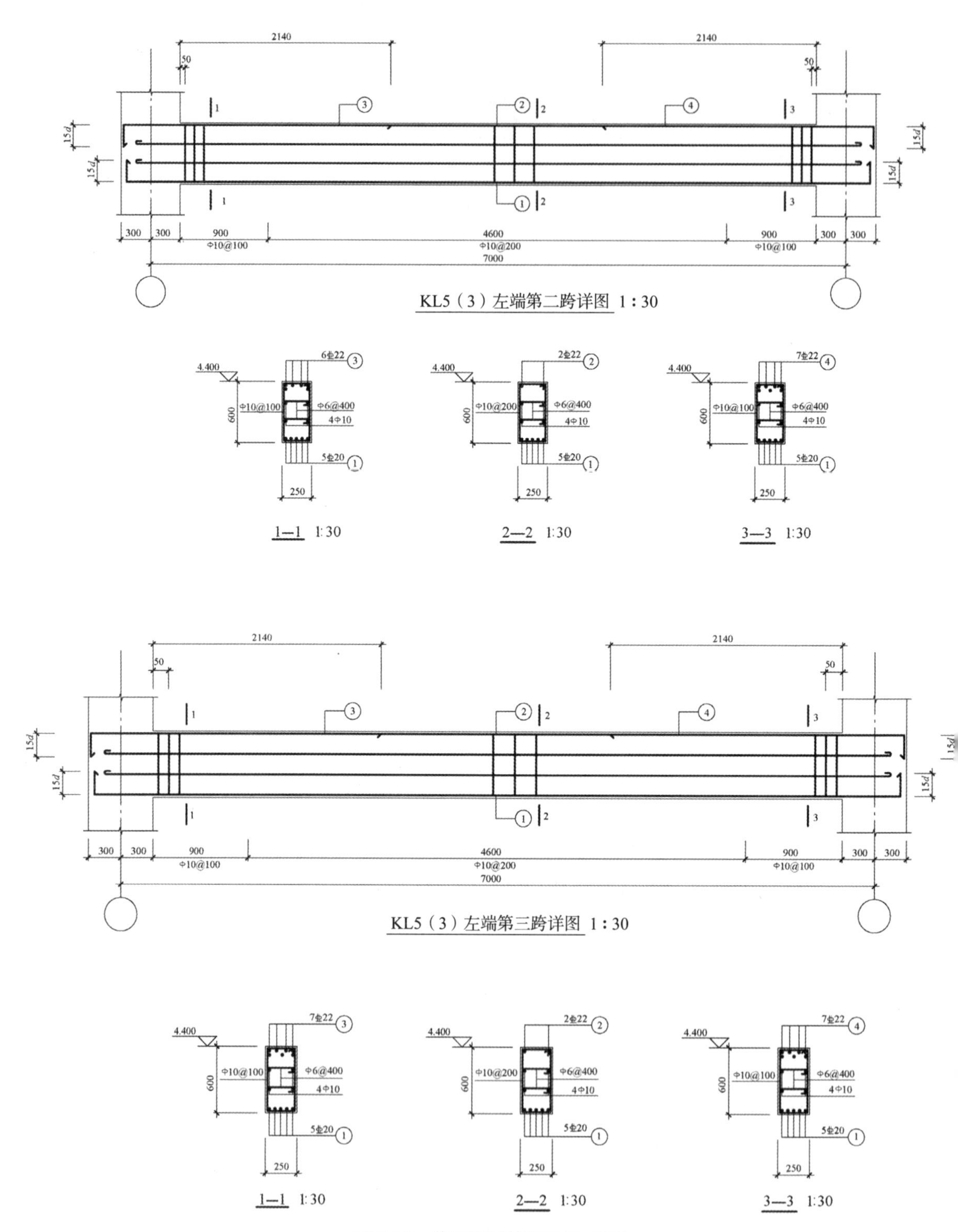

图 5-66 首层梁配筋图讲解（三）

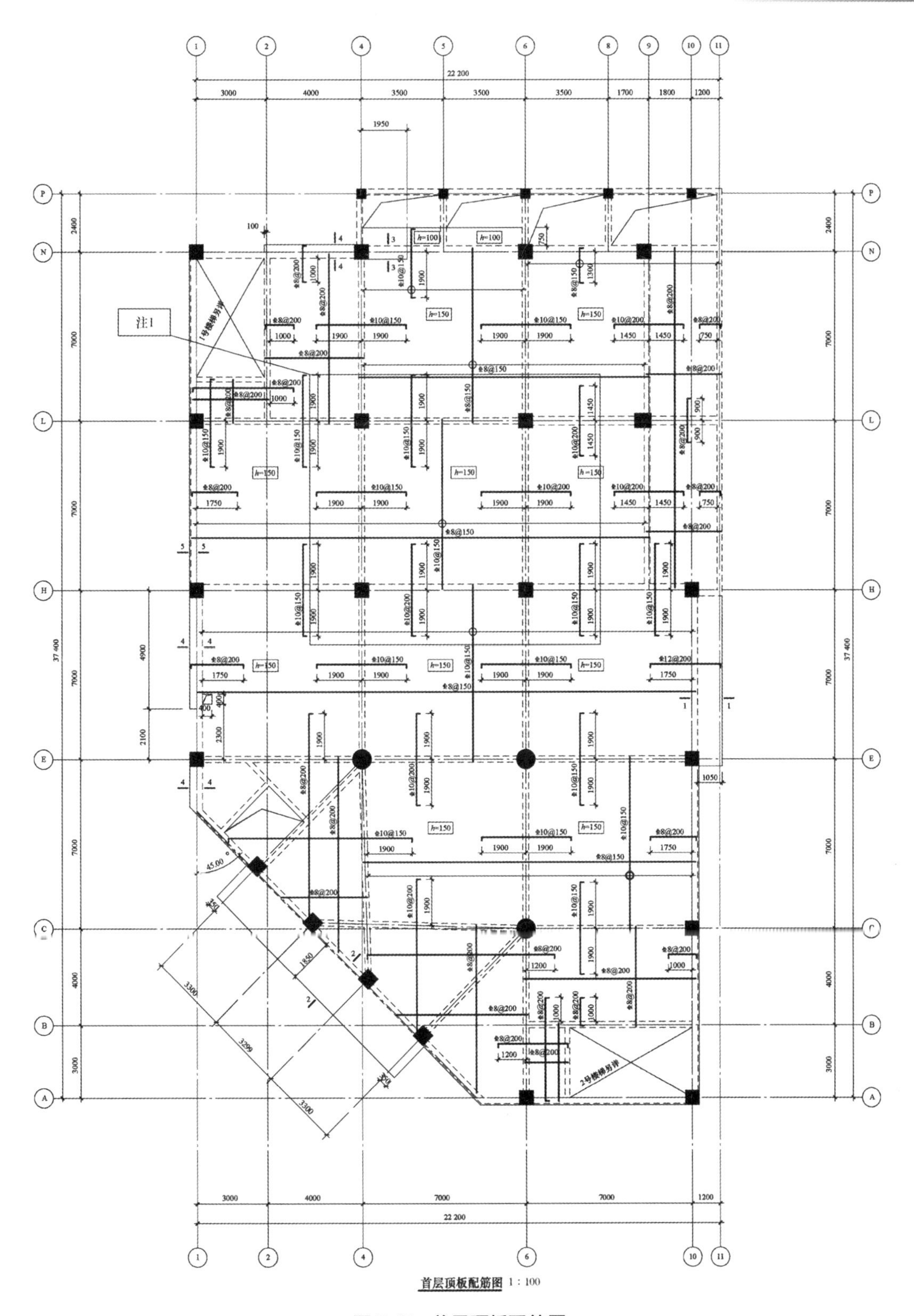

图 5-67　首层顶板配筋图

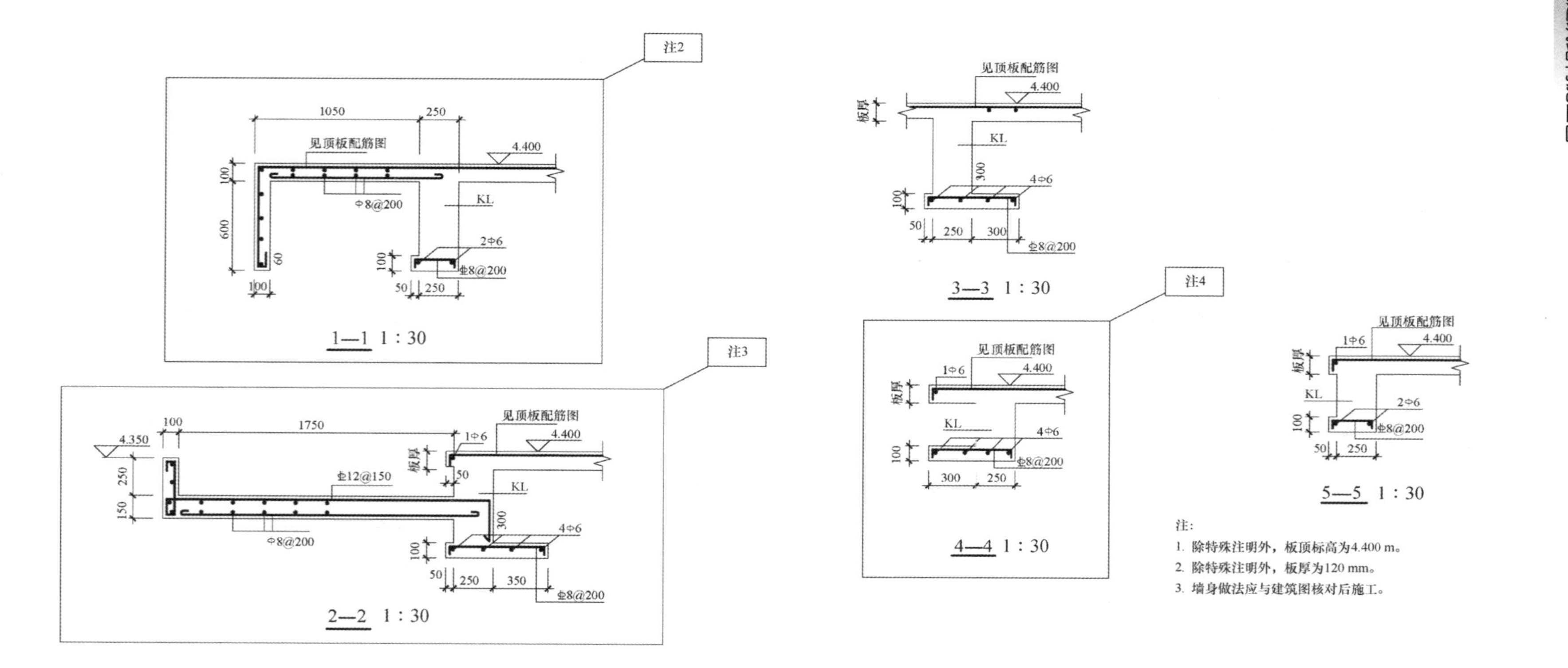

图 5-68　首层顶板配筋图

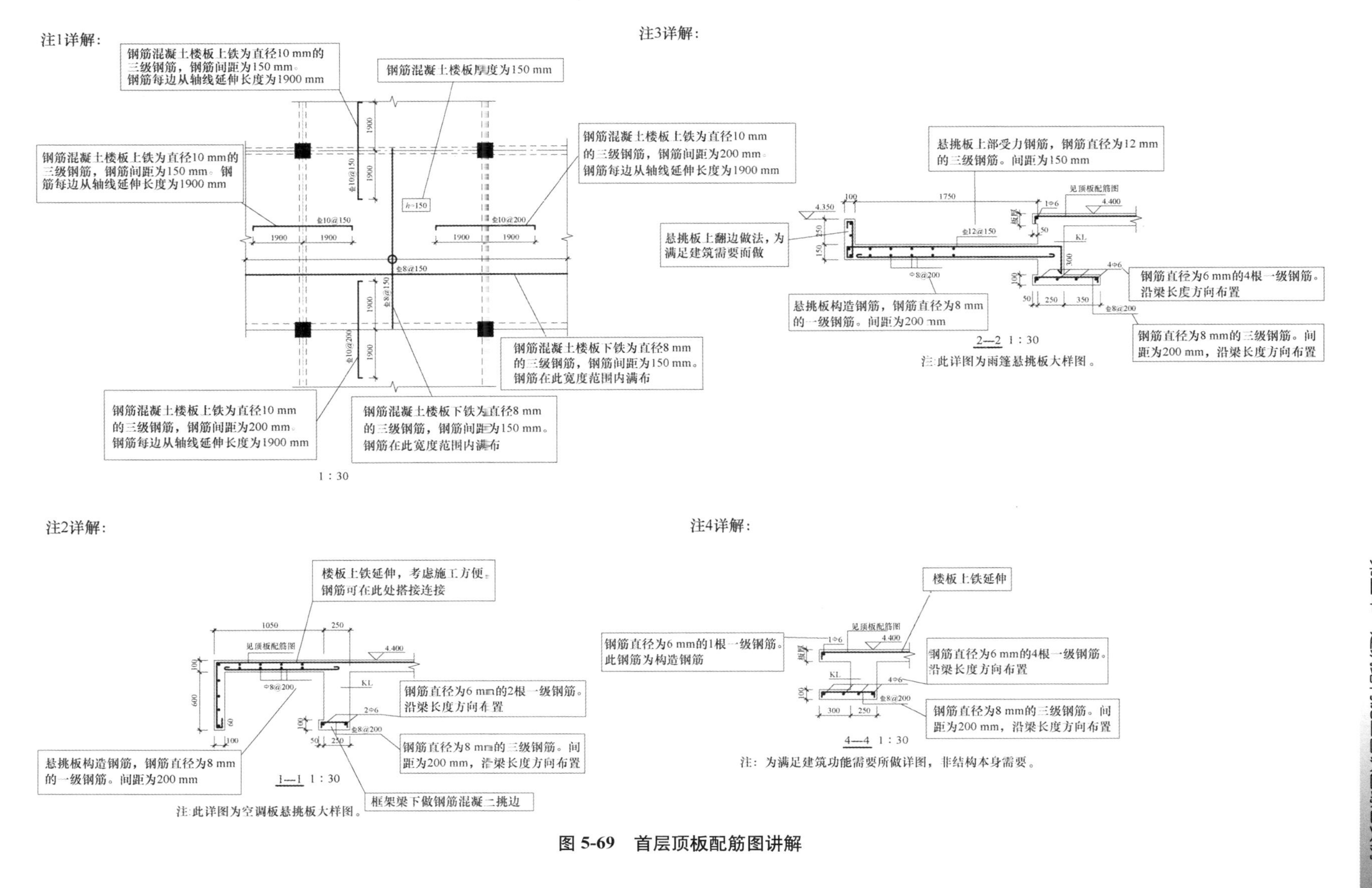

图 5-69　首层顶板配筋图讲解

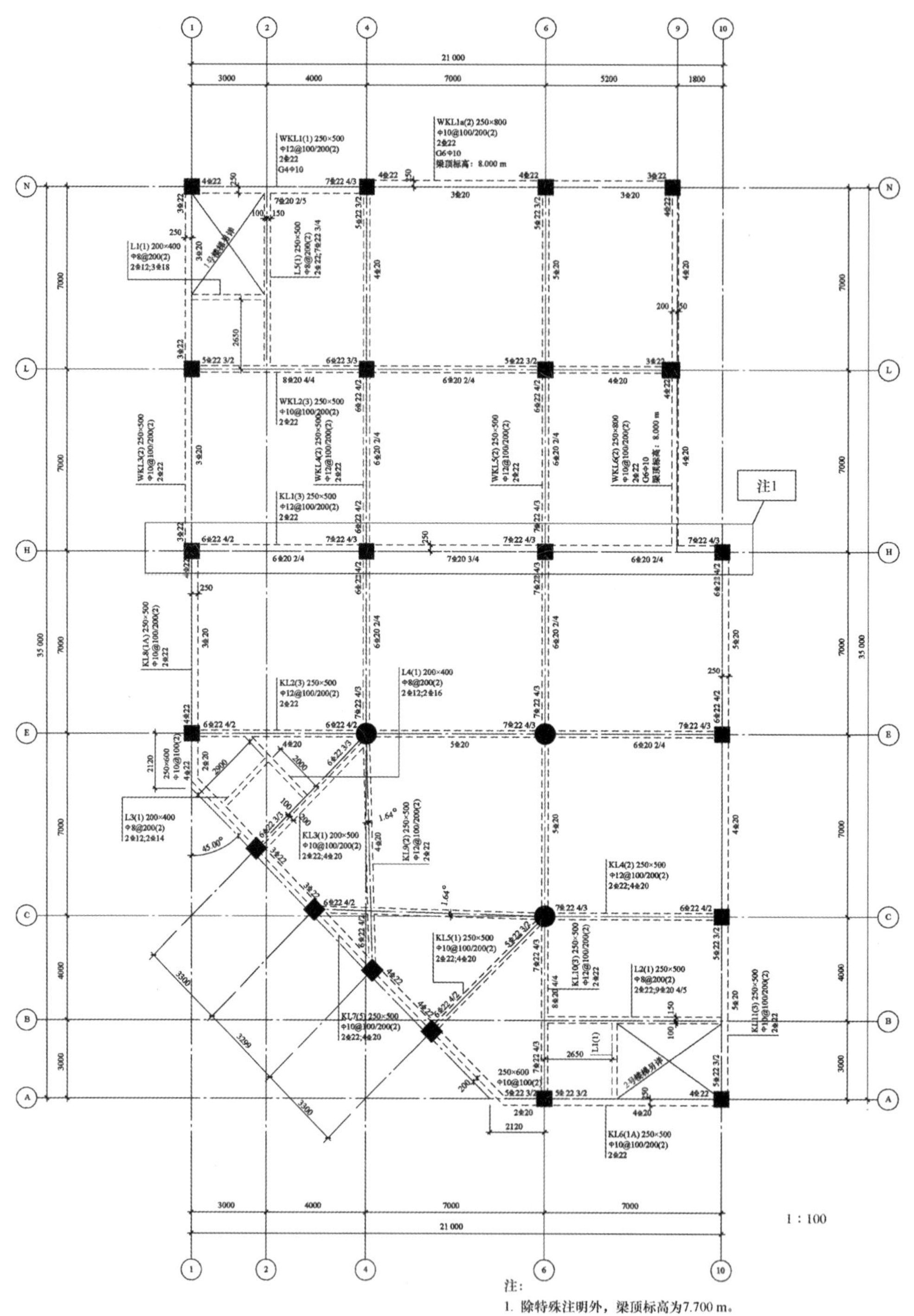

注：

1. 除特殊注明外，梁顶标高为7.700 m。
2. 图中未注明梁定位为轴线居中。
3. 主次梁相交处应在主梁上次梁两侧设附加箍筋，每侧3根，直径及肢数同主梁箍筋，主次梁交接处，附加吊筋、箍筋做法详见16G101-1图集。

图 5-70　二层梁配筋图

注1详解:

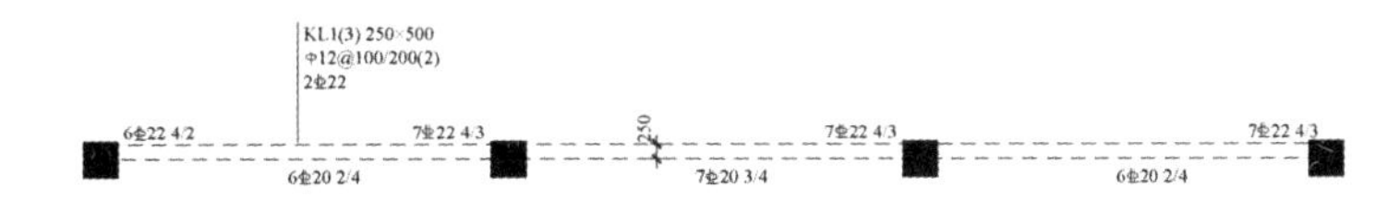

KL1(3) 250×500：代表框架梁为三跨。截面尺寸为：梁宽250 mm，梁高500 mm。其中KL代表框架梁。
Φ12@100/200(2)：代表梁箍筋钢筋级别为一级钢筋。箍筋直径为12 mm。加密区箍筋间距为100 mm。非加密区箍筋间距为200 mm。箍筋肢数为双肢箍。
2⌀22：代表梁上铁为2⌀22，通长布置。

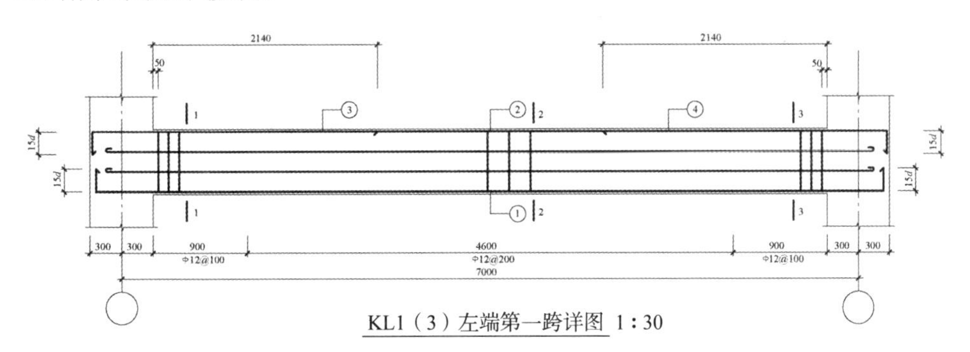

KL1（3）左端第一跨详图 1∶30

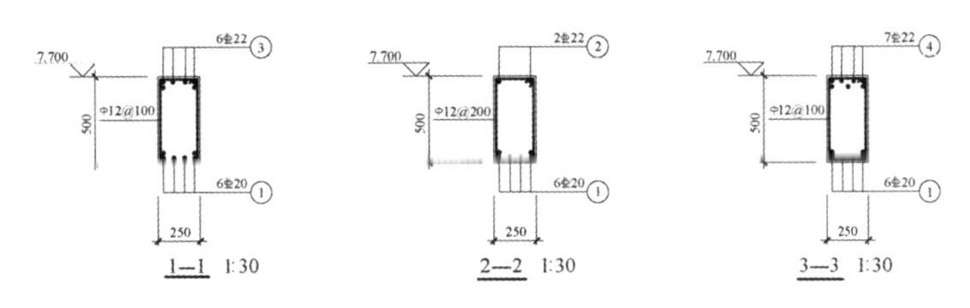

图 5-71　二层梁配筋图讲解（一）

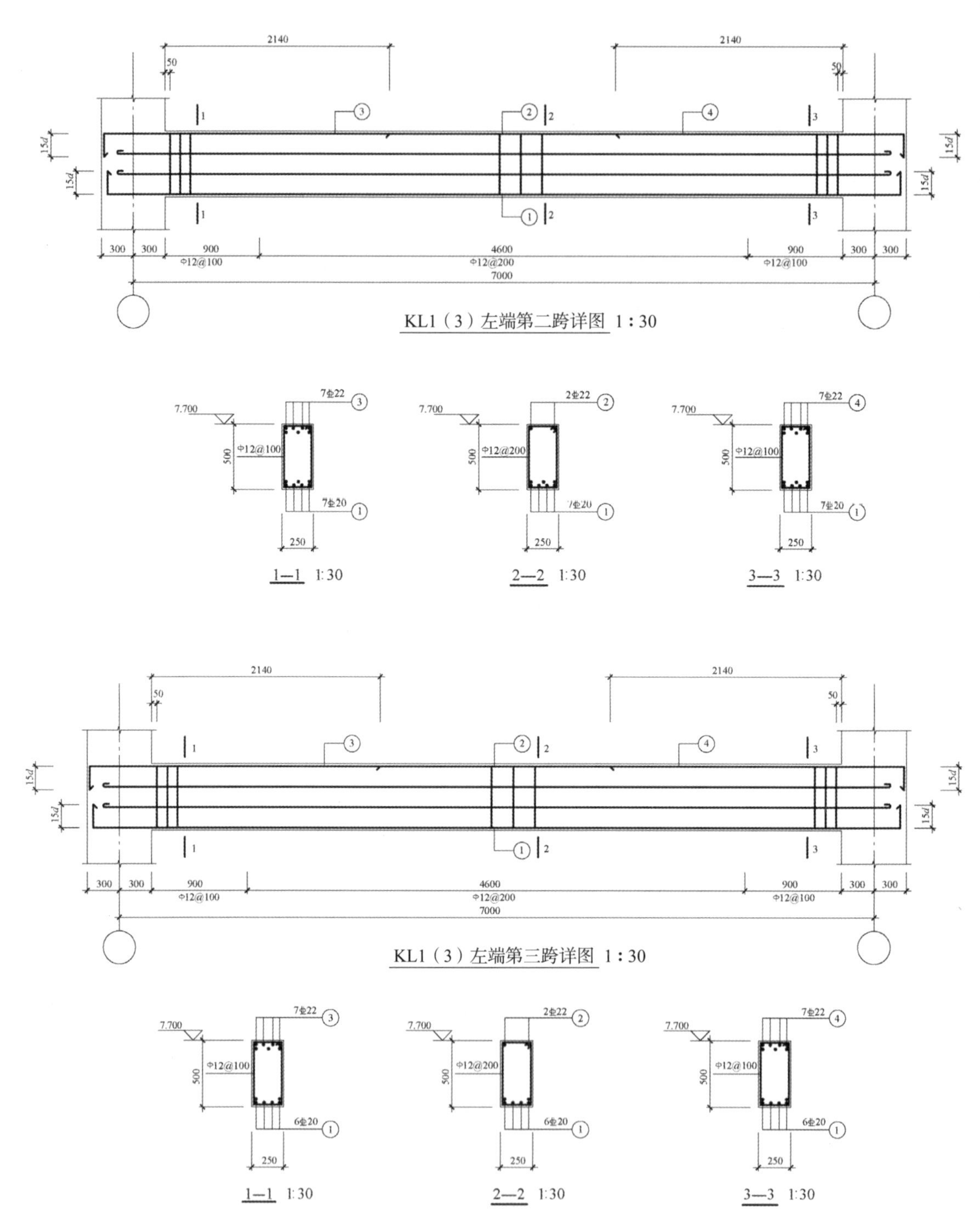

图 5-72　二层梁配筋图讲解（二）

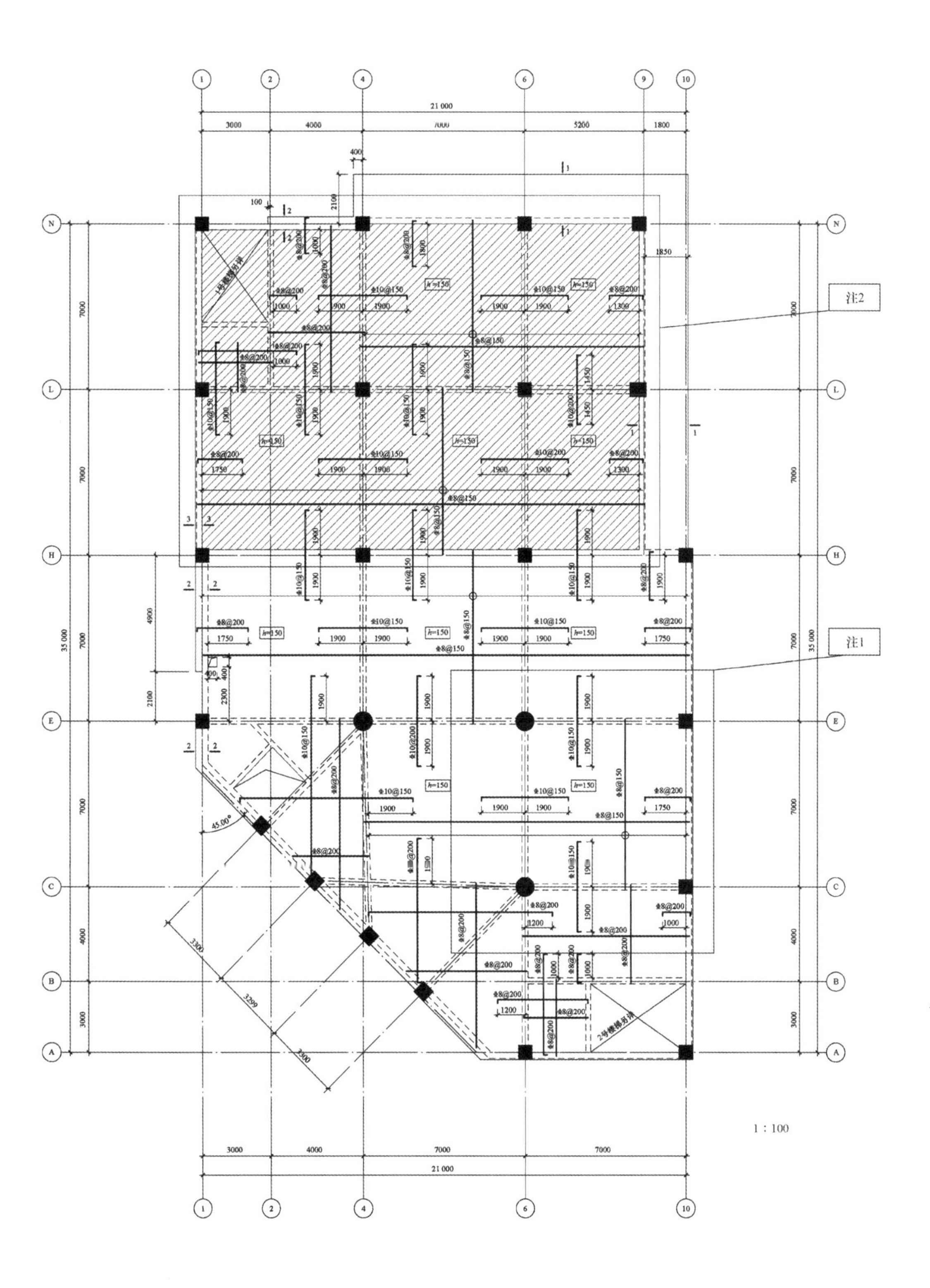
注2
注1
1号楼梯另详
2号楼梯另详
1 : 100

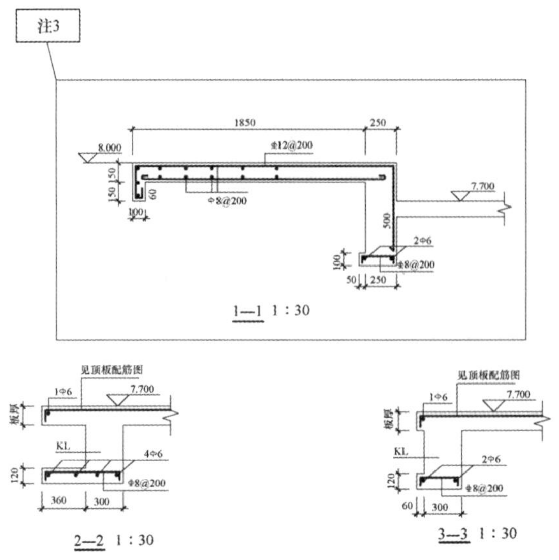

注：
1. 除特殊注明外，板顶标高为7.700 m。
2. 除特殊注明外，板厚为120 mm。
3. ▨部分为屋面板，板面无负筋处加配⌀8@200的温度钢筋，与板受力负筋搭接250 mm。
4. 墙身做法应与建筑图核对后施工。

图 5-73　二层顶板配筋图

注1详解：

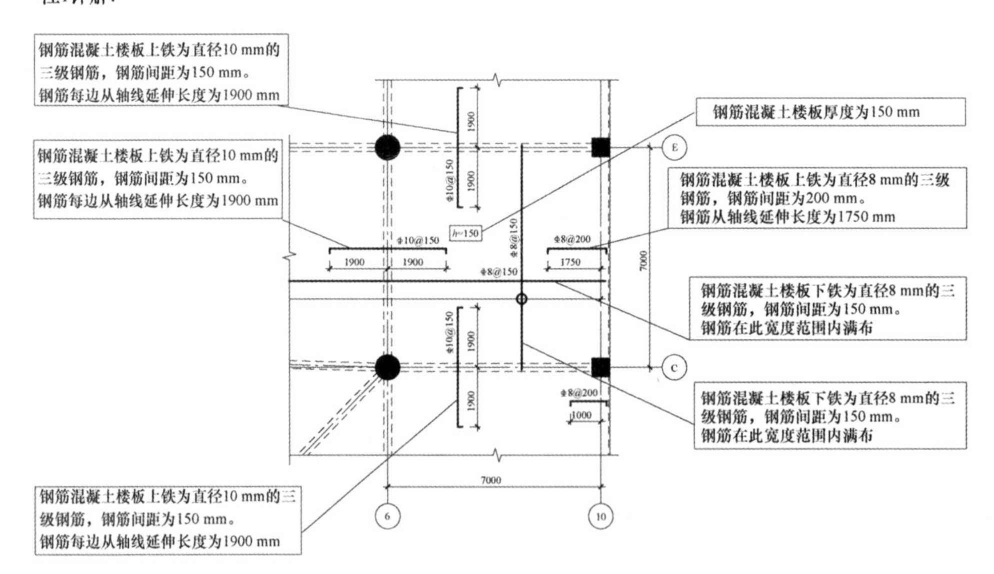

注3详解：

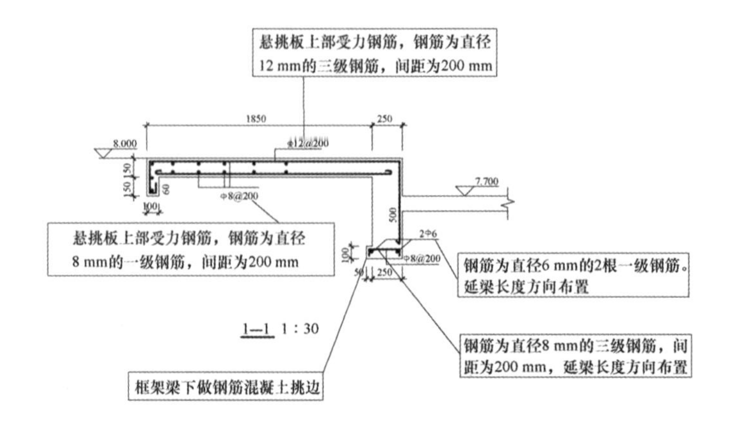

注2详解：

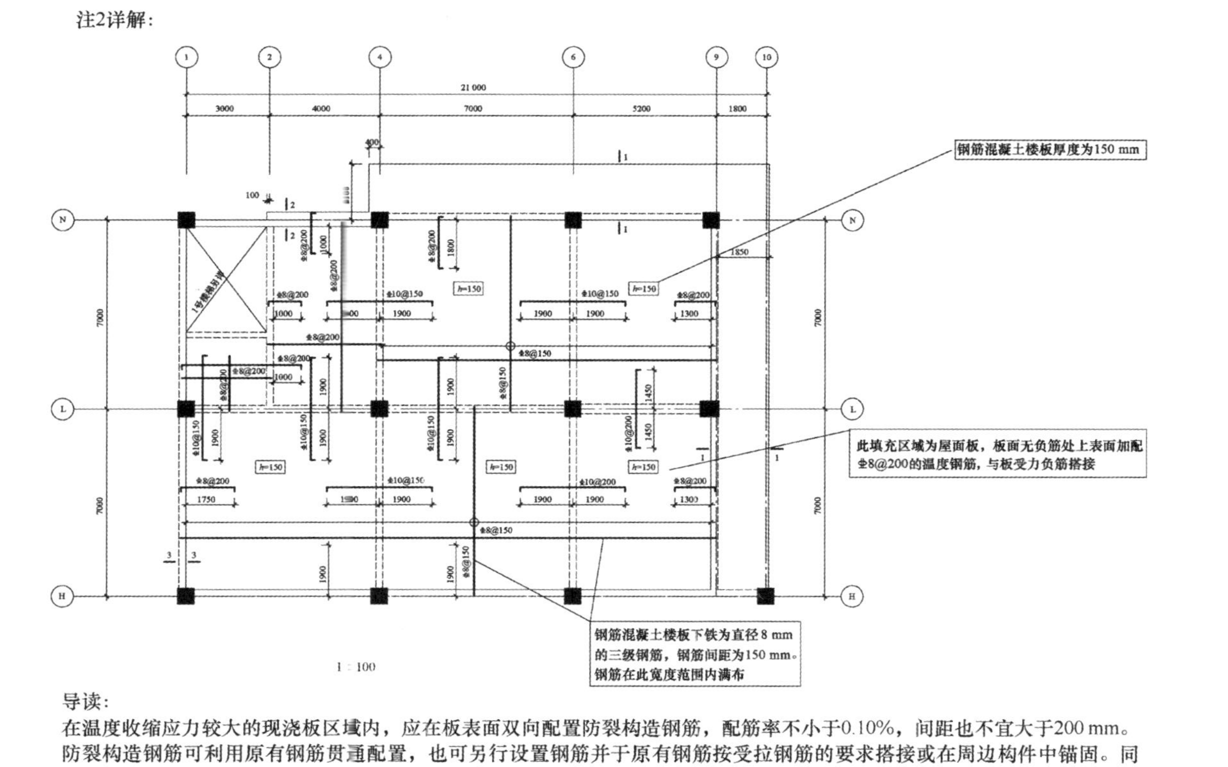
钢筋混凝土楼板厚度为150 mm
此填充区域为屋面板，板面无负筋处上表面加配⌀8@200的温度钢筋，与板受力负筋搭接
钢筋混凝土楼板下铁为直径8 mm的三级钢筋，钢筋间距为150 mm。钢筋在此宽度范围内满布
1：100

导读：

在温度收缩应力较大的现浇板区域内，应在板表面双向配置防裂构造钢筋，配筋率不小于0.10%，间距也不宜大于200 mm。防裂构造钢筋可利用原有钢筋贯通配置，也可另行设置钢筋并于原有钢筋按受拉钢筋的要求搭接或在周边构件中锚固。同时一般在双柱或者多柱之间表面也设置温度钢筋，是为了防止温差较大而设置的防裂措施。

图 5-74　二层顶板配筋图讲解

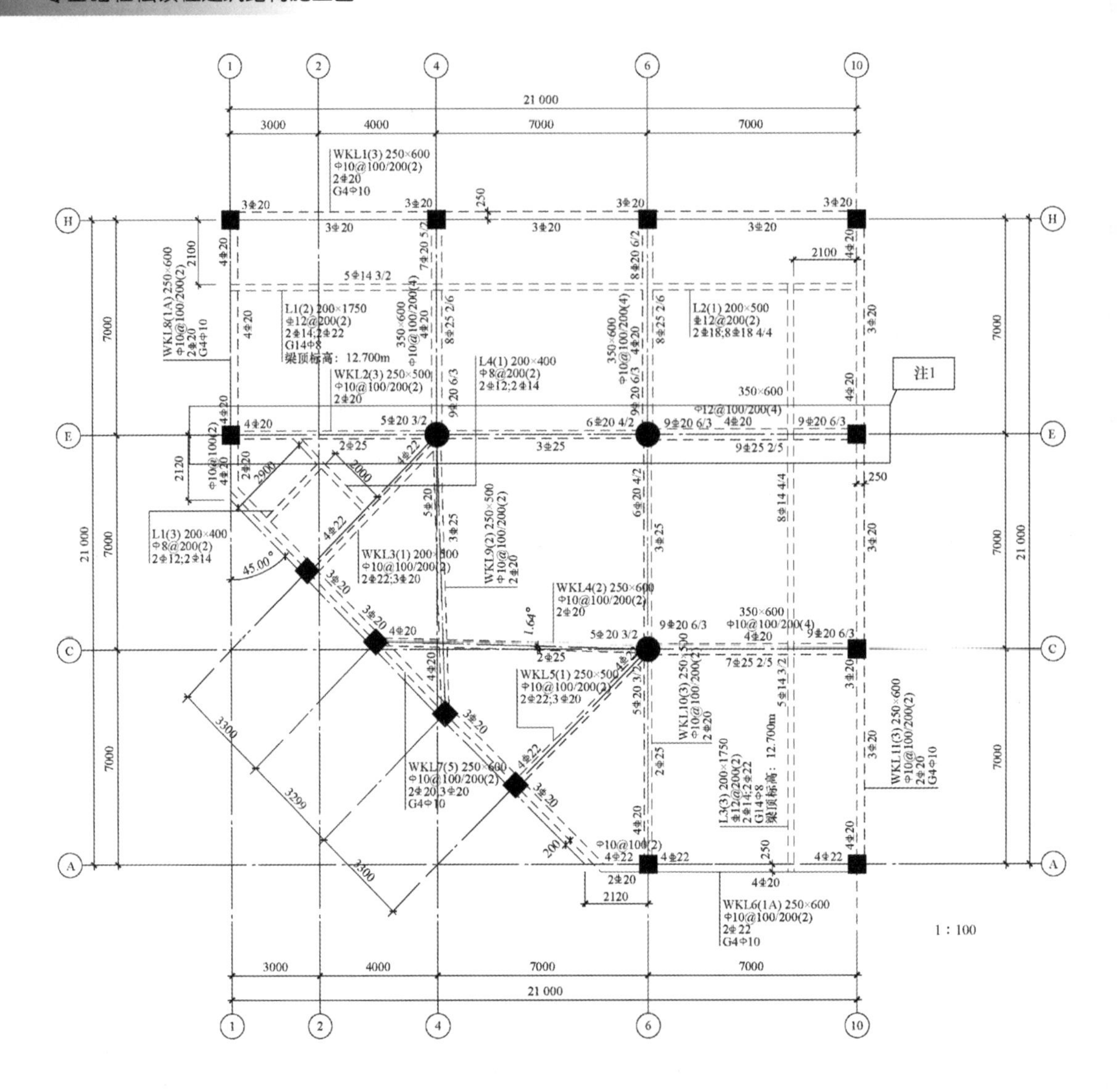

注：

1. 除特殊注明外，梁顶标高为11.100 m。
2. 图中未注明梁定位为轴线居中。
3. 主次梁相交处应在主梁上次梁两侧设附加箍筋，每侧3根，直径及肢数同主梁箍筋，主次梁交接处，附加吊筋、箍筋做法详见16G101-1图集。

图 5-75　三层梁板配筋图

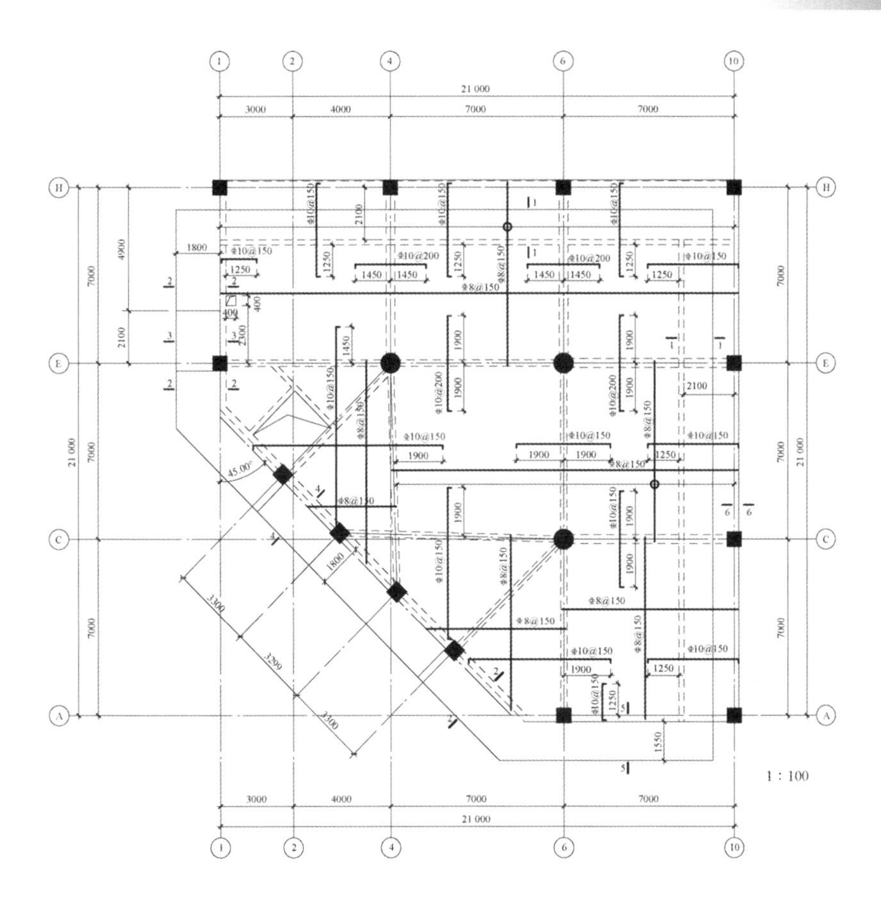

注：

1．除特殊注明外，板顶标高为11.100 m。

2．除特殊注明外，板厚为150 mm。

3．板面无负筋处加配ф8@200的温度钢筋，与板受力负筋搭接250 mm。

4．墙身做法应与建筑图核对后施工。

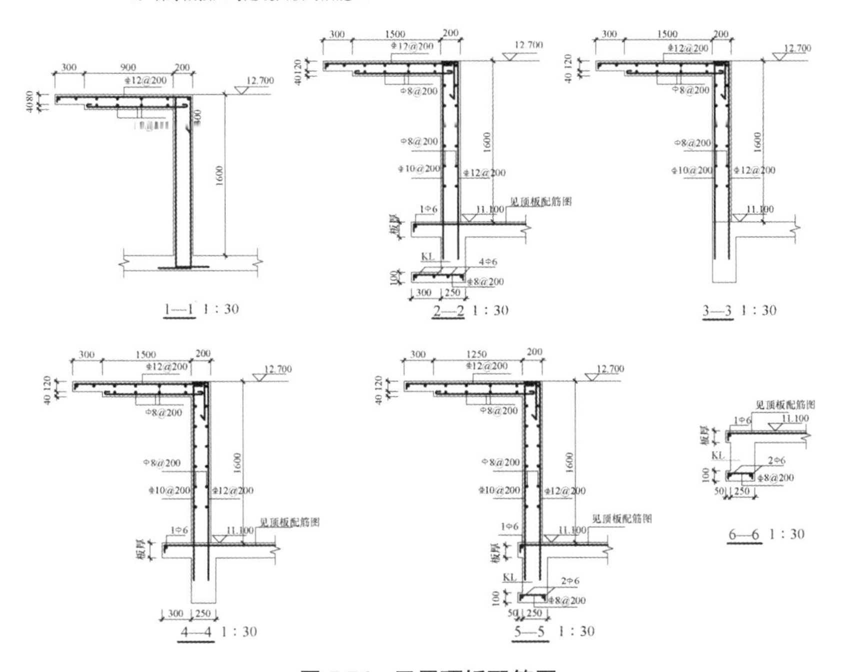

图 5-76　三层顶板配筋图

注1详解：

WKL2(3)250×500：代表屋面框架梁为三跨。截面尺寸：梁宽250 mm，梁高500 mm。其中KL代表框架梁。

Φ10@100/200(2)：代表梁箍筋钢筋级别为一级钢筋。箍筋直径为10 mm。加密区箍筋间距为100 mm，非加密区箍筋间距为200 mm。箍筋肢数为双肢箍。

2⌀20：代表梁上铁为2⌀20，通长布置。

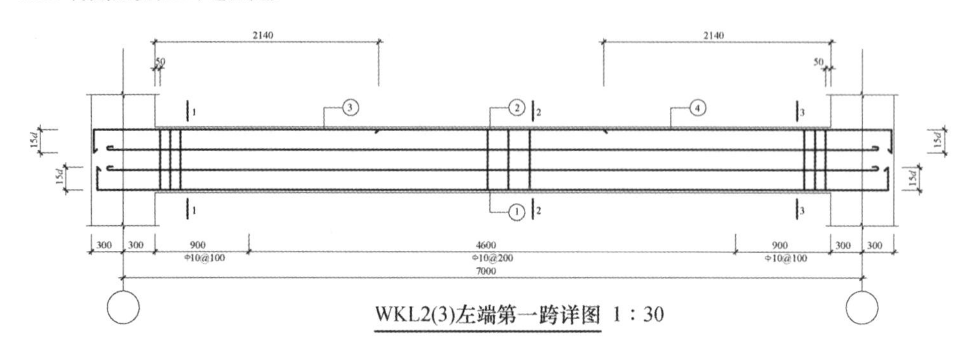

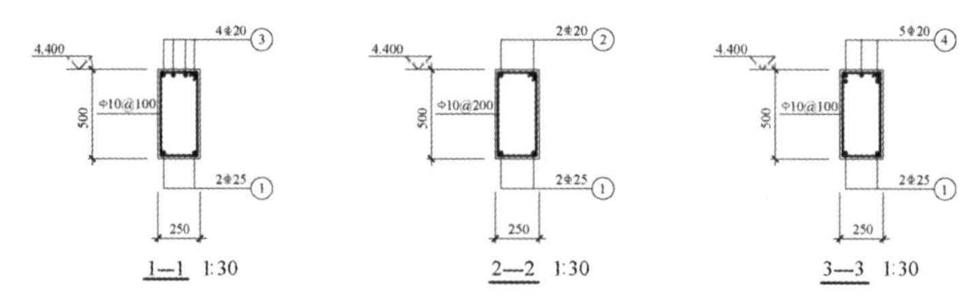

图 5-77　三层梁配筋图讲解（一）

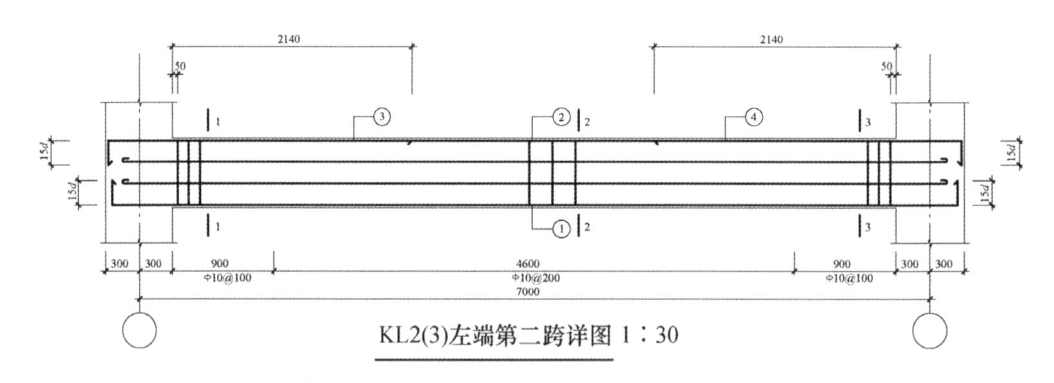

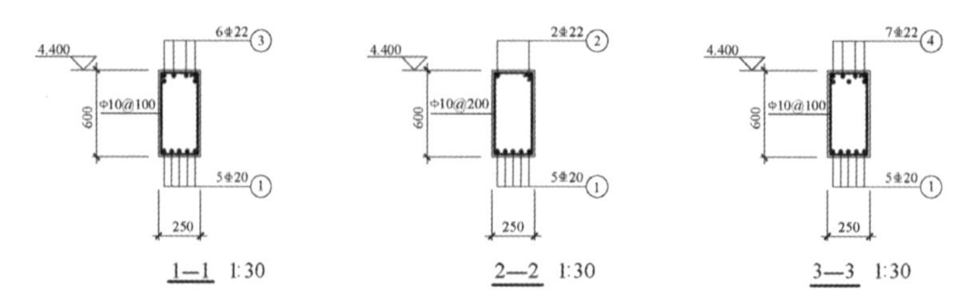

图 5-78　三层梁配筋图讲解（二）

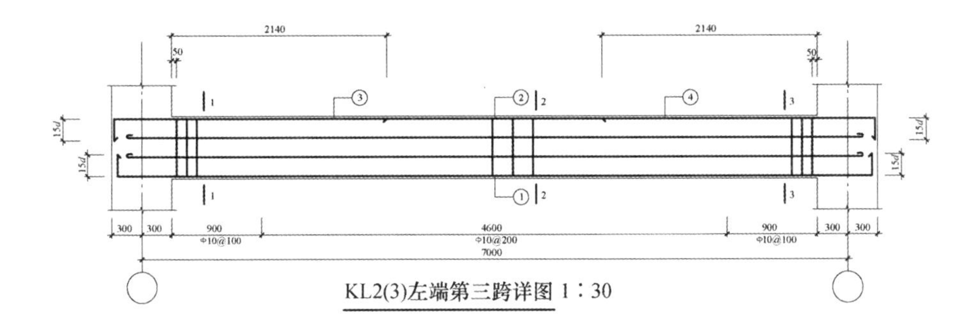

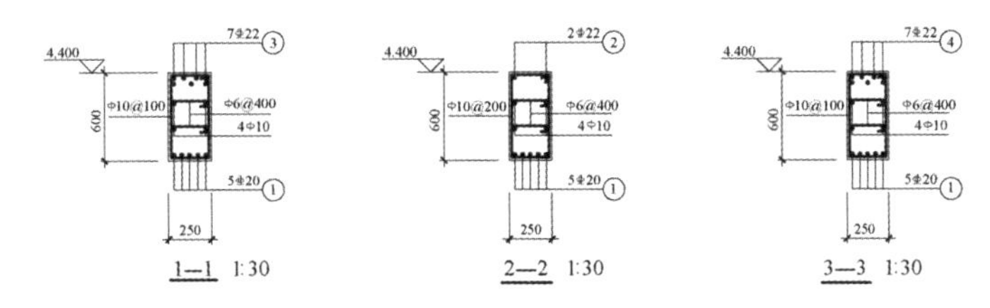

图 5-79　三层梁配筋图讲解（三）

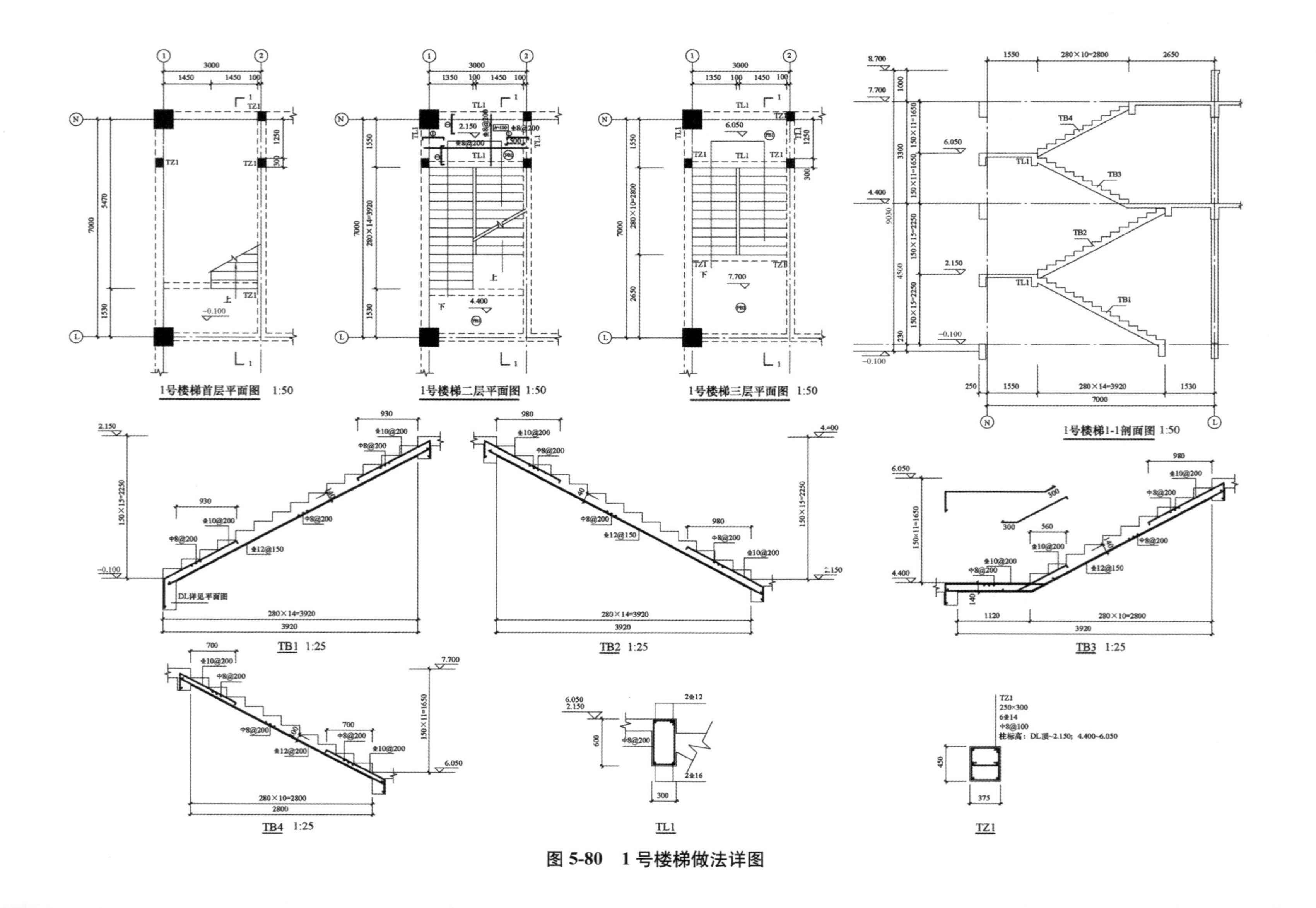

图 5-80 1 号楼梯做法详图

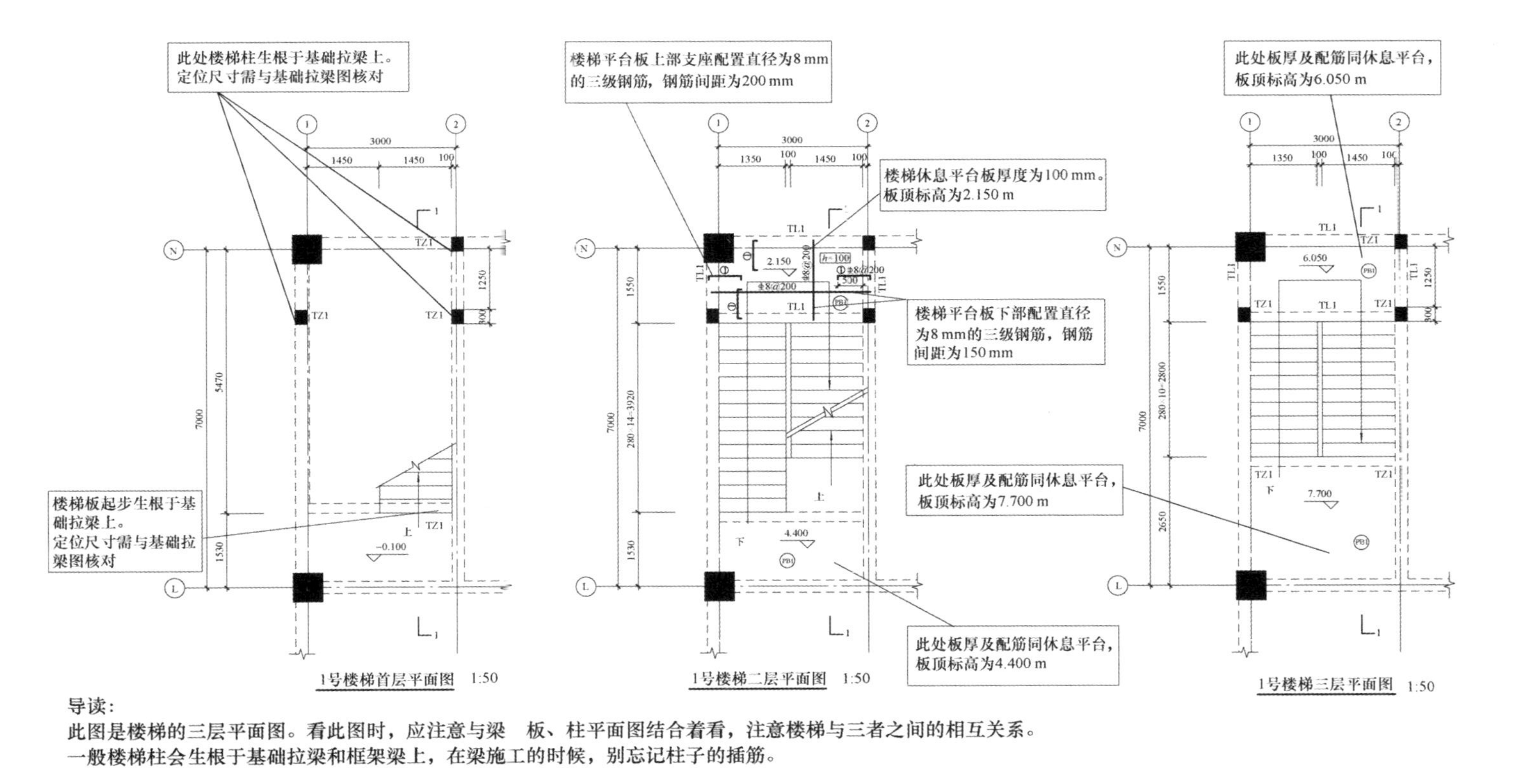

导读：
此图是楼梯的三层平面图。看此图时，应注意与梁　板、柱平面图结合着看，注意楼梯与三者之间的相互关系。
一般楼梯柱会生根于基础拉梁和框架梁上，在梁施工的时候，别忘记柱子的插筋。

图 5-81　1 号楼梯做法讲解

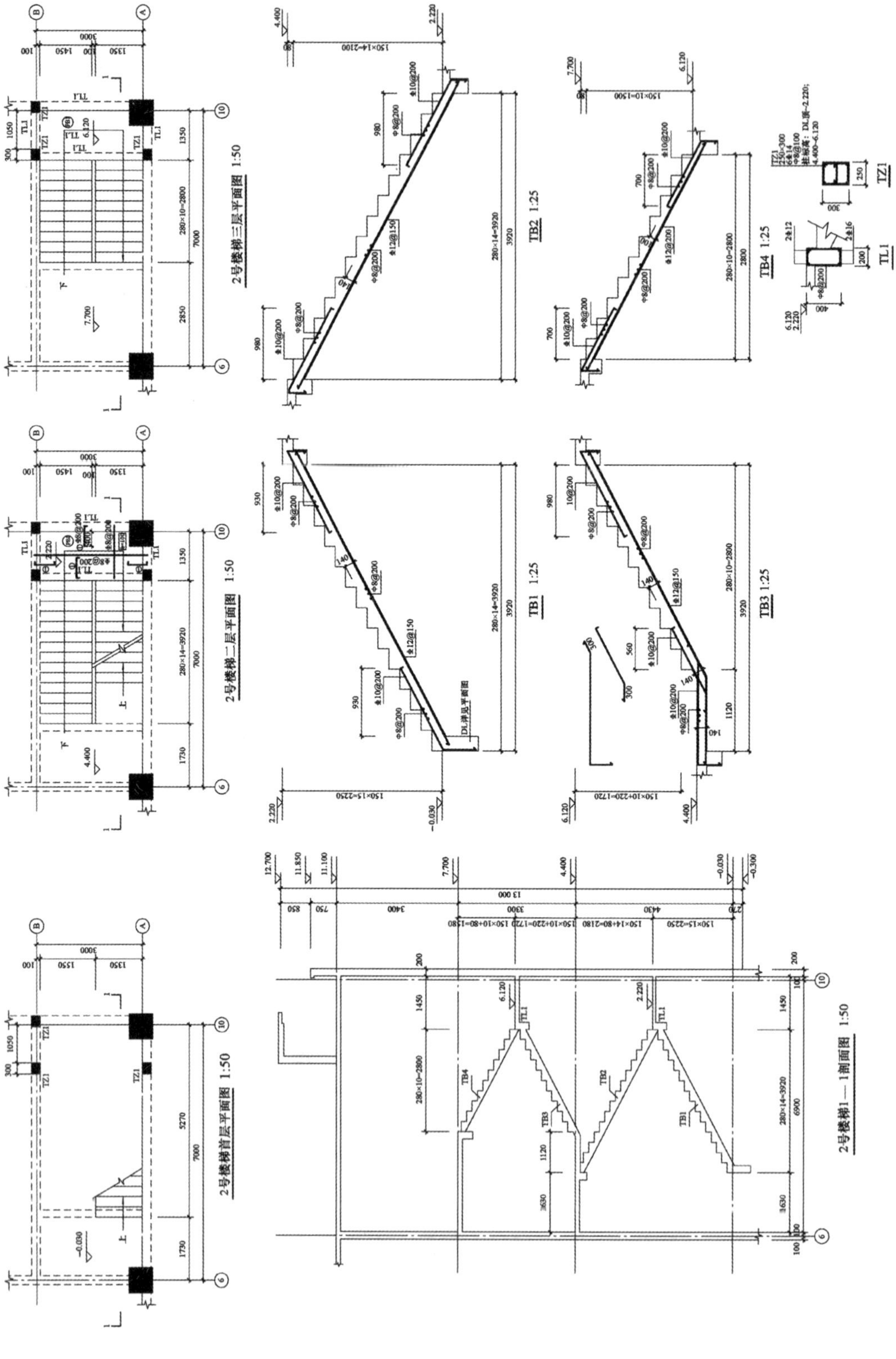

图 5-82　2 号楼梯做法详图

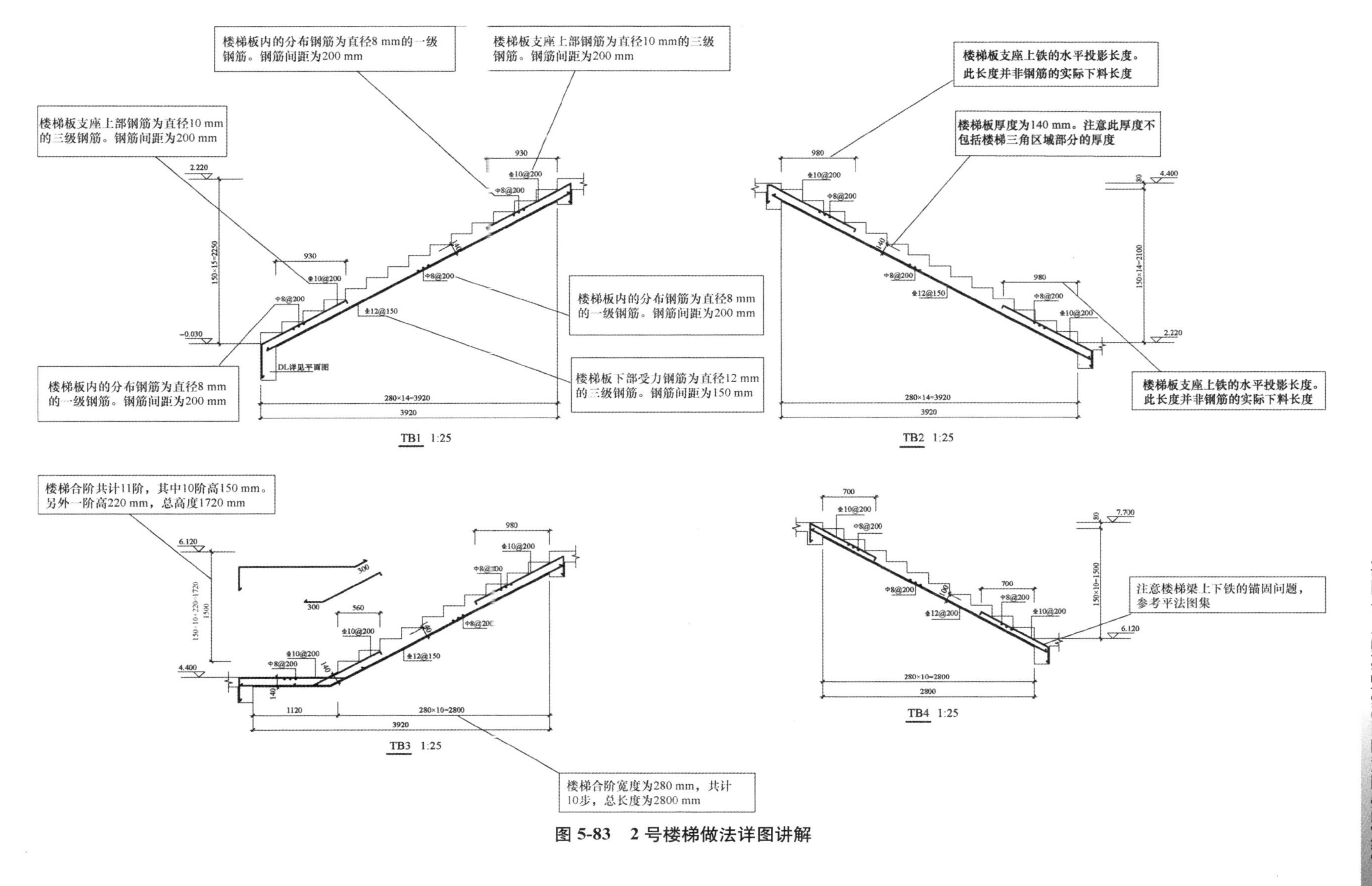

图 5-83　2 号楼梯做法详图讲解

第三节　综合实例三——别墅结构工程

1. 工程概况

本工程共三层，半地下一层，地上两层，采用短肢剪力墙结构，抗震等级为二级，剪力墙底部加强区域为基础顶至首层顶。±0.000 标高相当于绝对标高详见建筑图。

2. 设计依据

1）依据《建筑结构可靠度设计统一标准》（GB 50068—2018），本工程建筑结构安全等级为二级。结构设计使用年限为 50 年。未经技术鉴定或设计许可，不得改变结构的用途和使用环境。

2）自然条件：

（1）风荷载：基本风压为 0.45 kN/m^2，地面粗糙度为 B 类。

（2）雪荷载：基本雪压为 0.40 kN/m^2。

（3）场地工程地质条件：根据某勘察设计研究院 ×× 年 ×× 月提供的《××住宅项目工程岩土工程勘察报告（详勘）》，建筑场地类别三类。

（4）本工程地下水埋藏较深，可不考虑地下水对混凝土和混凝土中钢筋的腐蚀性。

（5）本工程抗震设防类别为丙类，抗震设防烈度为 8 度，设计地震加速度值为 0.20g，设计地震分组为第一组。

（6）标准冻深：0.80 m。

3. 地基及基础

根据勘察设计研究院 ×× 年 ×× 月提供的《××住宅项目工程岩土工程勘察报告（详勘）》，基础持力层为新近沉积的粉质黏土层，综合承载力标准值为 90 kPa。

基础形式为筏板基础，基础设计等级为丙级，基槽开挖后应普遍钎探并通知勘察和设计部门进行基槽检验，合格后方可进行基础施工。

4. 主要材料

1）钢筋：ϕ表示 HPB300 级钢筋，Φ表示 HRB335 级钢筋，Φ表示 HRB400 级钢筋。

2）框架结构纵向受力钢筋的抗拉强度实测值与屈服强度实测值的比值不应小于 1.25，且钢筋的屈服强度实测值与强度标准值的比值不应大于 1.3；钢筋在最大拉力下的总伸长率实测值不应小于 9%。

3）预埋件的锚筋及吊环不得采用冷加工钢筋。

4）钢板：Q235B 钢。

5）焊条：E43×× 型焊接 Q235 钢及 HPB235 钢筋，E50×× 型焊接 HRB335 钢筋。

6）地上隔墙采用陶粒空心砌块，强度要求见建筑图，容重应小于 10 kN/m^3。

地下与土接触的填充墙、室外平台外墙：MU10 页岩砖。

地上：M5 混合砂浆；地下：M7.5 水泥砂浆。

7）混凝土（特殊注明除外）：

垫层：C15。

±0.000 以下部分：C30（基础底板及地下室外墙抗渗等级 S6）。

其他：C25。

5. 混凝土环境类别及耐久性要求

1）环境类别：地上一般构件为一类，地上露天构件为二类，地下为二类 b。

2）钢筋混凝土耐久性基本要求：

一类：最大水灰比 0.65，最少水泥用量 225 kg/m^3，最大氯离子含量 1.0%。

二类 a：最大水灰比 0.60，最少水泥用量 250 kg/m^3，最大氯离子含量 0.3%，最大碱含量 3.0 kg/m^3。

二类 b：最大水灰比 0.55，最少水泥用量 275 kg/m^3，最大氯离子含量 0.2%，最大碱含量 3.0 kg/m^3。

6. 钢筋混凝土结构构造

1）本工程根据《混凝土结构施工图平面整体表示方法制图规则和构造详图》（16G101-1），梁、柱及剪力墙的构造分别选用其相应抗震等级的节点。

2）混凝土保护层见表 5-11。

表 5-11　混凝土保护层厚度

环境条件	构件类别	保护层厚度 /mm	
地下部分	基础梁、底板	40	不小于受力筋直径
	外墙外侧	25	
	外墙内侧	20	
地上部分	墙、楼板、楼梯	15（25）	
	梁	25（30）	
	柱、暗柱	30	

注：括号中的数值用于地上外露构件环境。

7. 隔墙与混凝土墙、柱的连接及圈梁、过梁、构造柱的要求

1）砌体结构施工控制等级不应低于 B 级。

2）填充墙及隔墙的抗震构造要求及做法见《建筑物抗震构造详图》（20G329-1）。

3）空心砌块填充墙及隔墙的要求及做法见《砌体填充墙结构构造》（12G614）。

其中，填充墙及隔墙在拐角及纵横墙连接部位均应设置构造柱或芯柱。当墙长超过层高 1.5 ～ 2 倍时，墙内构造柱或芯柱间距不得大于 3.0 m。

4）门窗过梁：墙砌体上门窗洞口应设置钢筋混凝土过梁（见表 5-12、图 5-84）；当洞口上方有承重梁通过，且该梁底标高与门窗洞顶距离过近，放不下过梁或洞顶为弧形时，可直接在梁下挂板。

表 5-12　过梁表（mm）

L	截面形式	H	a	①	②	③
≤ 1000	A	200	240	2⏀12	—	ϕ6-100
1000 < L ≤ 1500	B	200	240	2⏀12	2⏀10	ϕ6-100
1500 < L < 1800	B	200	240	3⏀12	2⏀10	ϕ8-150
1800 ≤ L < 2400	B	250	240	3⏀12	2⏀12	ϕ8-150
2400 ≤ L < 3000	B	300	350	3⏀14	2⏀12	ϕ8-150
3000 ≤ L < 3500	B	300	350	3⏀16	2⏀14	ϕ8-150

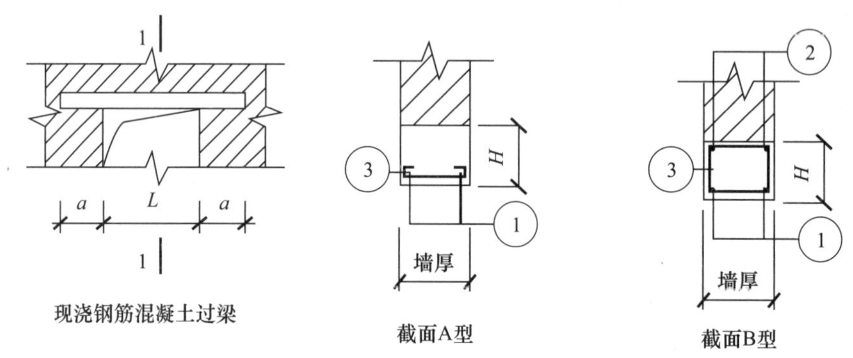

图 5-84　钢筋混凝土过梁截面

5）填充墙及隔墙的其他相关做法见《建筑构造通用图集（墙身—框架结构填充轻集料混凝土空心砌块）》88J2-2。

8. 选用标准图集的识读

《混凝土结构施工图平面整体表示方法制图规则和构造详图（现浇混凝土框架、剪力墙、梁、板）》（16G101-1）。

《混凝土结构施工图平面整体表示方法制图规则和构造详图（独立基础、条形基础、筏形基础及桩基承台）》（16G101-3）。

《砌体填充墙结构构造》（12G614-1）。

9. 实例详解

1）别墅基础梁结构图及其讲解，如图 5-85、图 5-86 所示。

2）别墅基础底板配筋图及其讲解，如图 5-87、图 5-88 所示。

3）别墅地下室墙、柱、顶梁结构图及其讲解，如图 5-89、图 5-90 所示。

4）别墅地下室顶板配筋图及其讲解，如图 5-91、图 5-92 所示。

5）别墅首层墙、柱、顶梁结构图及其讲解，如图 5-93、图 5-94 所示。

6）别墅二层墙、柱、顶梁结构图及其讲解，如图 5-95、图 5-96 所示。

7）别墅首层、二层顶板配筋图及其讲解，如图 5-97 ～图 5-100 所示。

8）别墅楼梯及壁炉详图及其讲解，如图 5-101 ～图 5-104 所示。

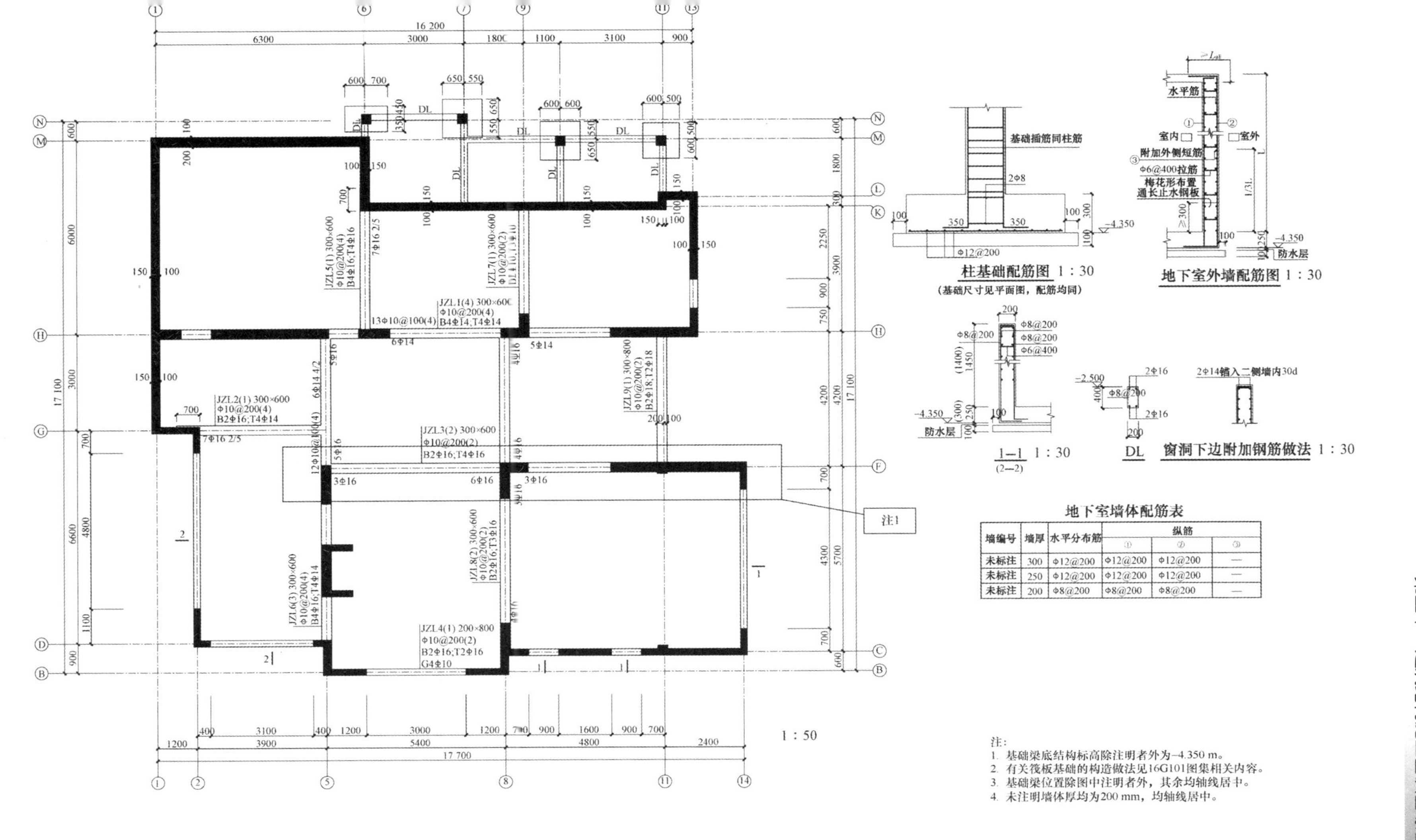

地下室墙体配筋表

墙编号	墙厚	水平分布筋	纵筋 ①	纵筋 ②	纵筋 ③
未标注	300	Φ12@200	Φ12@200	Φ12@200	—
未标注	250	Φ12@200	Φ12@200	Φ12@200	—
未标注	200	Φ8@200	Φ8@200	Φ8@200	—

注：
1. 基础梁底结构标高除注明者外为−4.350 m。
2. 有关筏板基础的构造做法见16G101图集相关内容。
3. 基础梁位置除图中注明者外，其余均轴线居中。
4. 未注明墙体厚均为200 mm，均轴线居中。

图 5-85　基础梁结构图

注1详解:

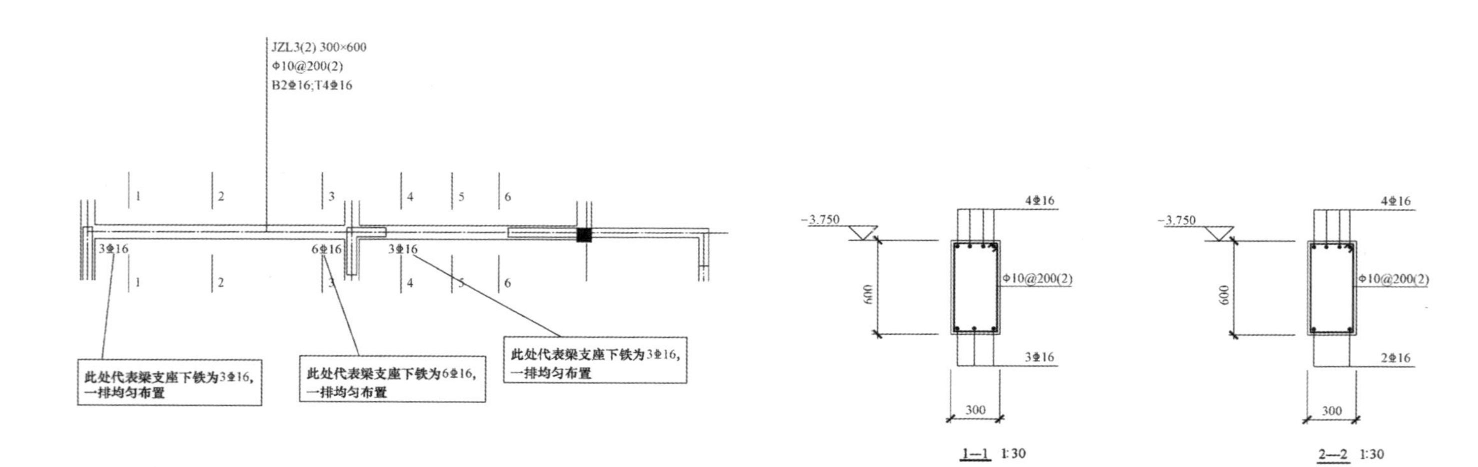

JZL3(2)300×600：代表基础梁为两跨。截面尺寸为：梁宽300 mm，梁高600 mm。其中JZL代表基础主梁。
Φ10@200(2)：代表梁箍筋钢筋级别为一级钢筋。箍筋直径为10 mm。箍筋间距为200 mm。箍筋为双肢箍筋。
B2⌀16；T4⌀16：代表梁下铁为2⌀16，通长布置。梁上铁为4⌀16，通常布置。

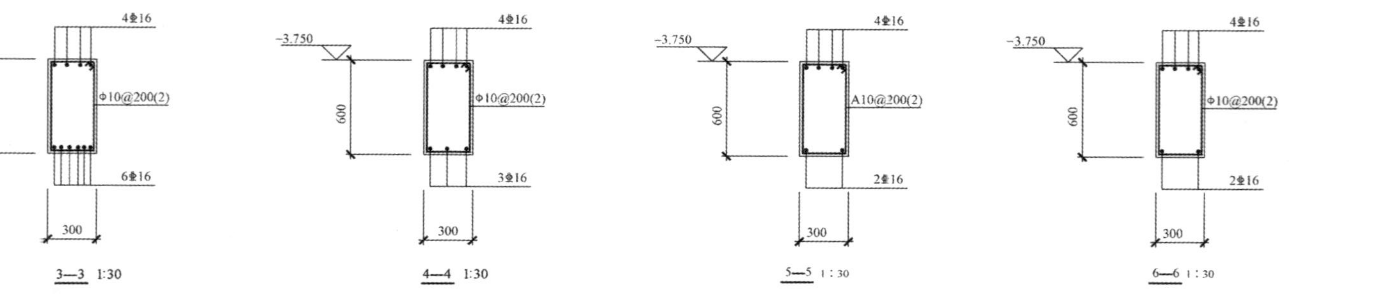

图 5-86　基础梁结构图讲解

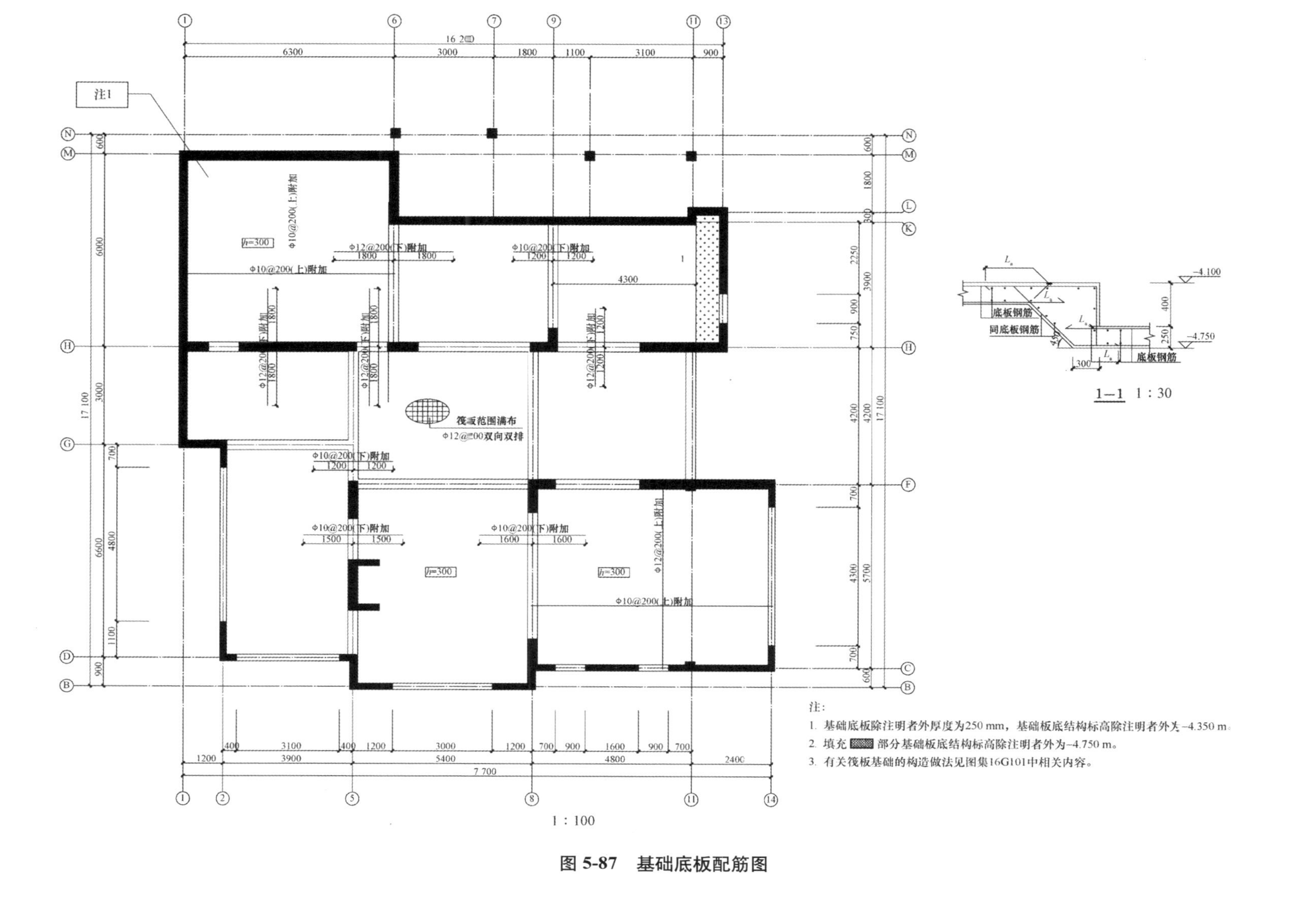

图 5-87　基础底板配筋图

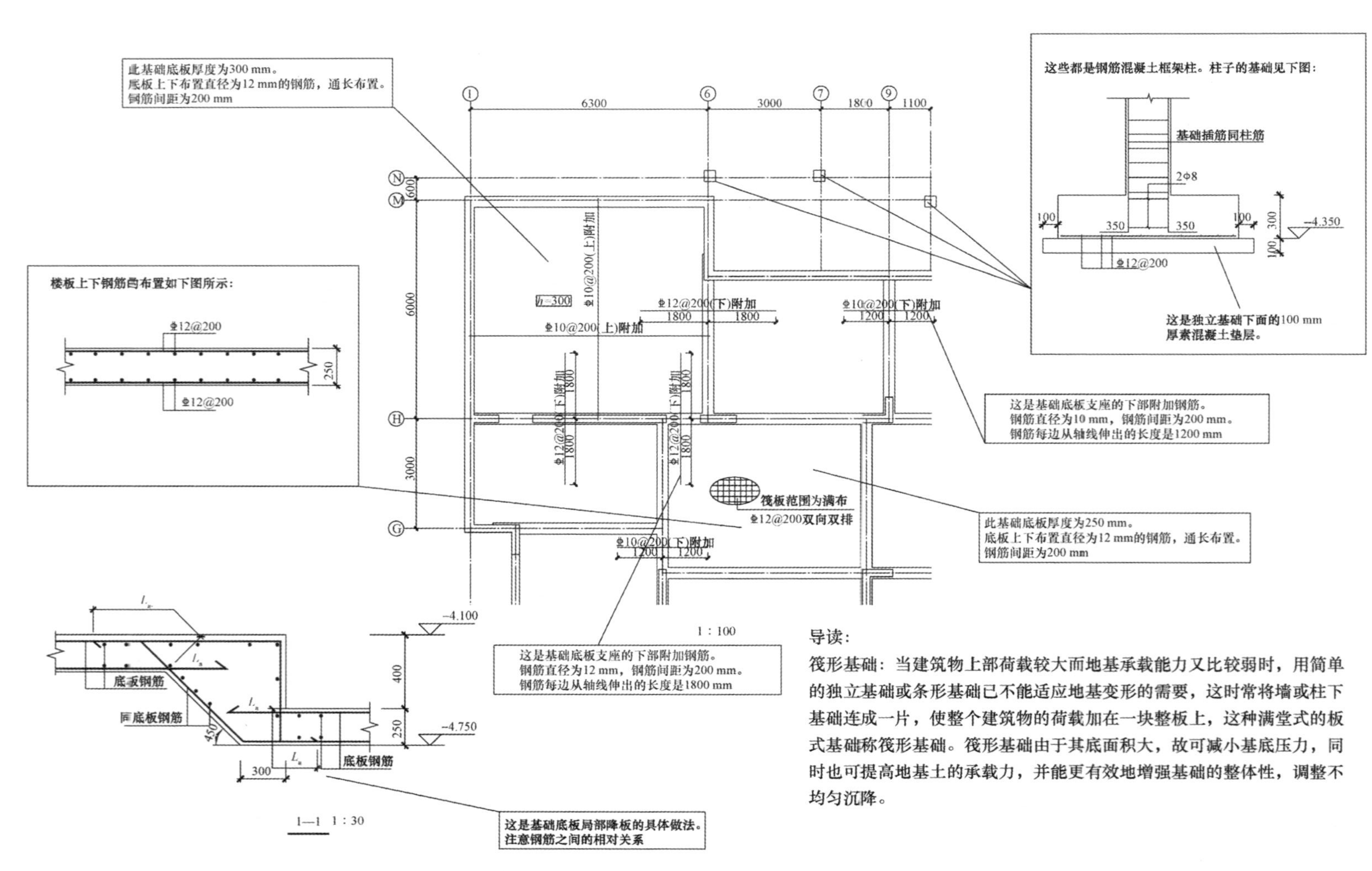

导读：

筏形基础：当建筑物上部荷载较大而地基承载能力又比较弱时，用简单的独立基础或条形基础已不能适应地基变形的需要，这时常将墙或柱下基础连成一片，使整个建筑物的荷载加在一块整板上，这种满堂式的板式基础称筏形基础。筏形基础由于其底面积大，故可减小基底压力，同时也可提高地基土的承载力，并能更有效地增强基础的整体性，调整不均匀沉降。

图 5-88　基础底板配筋图讲解

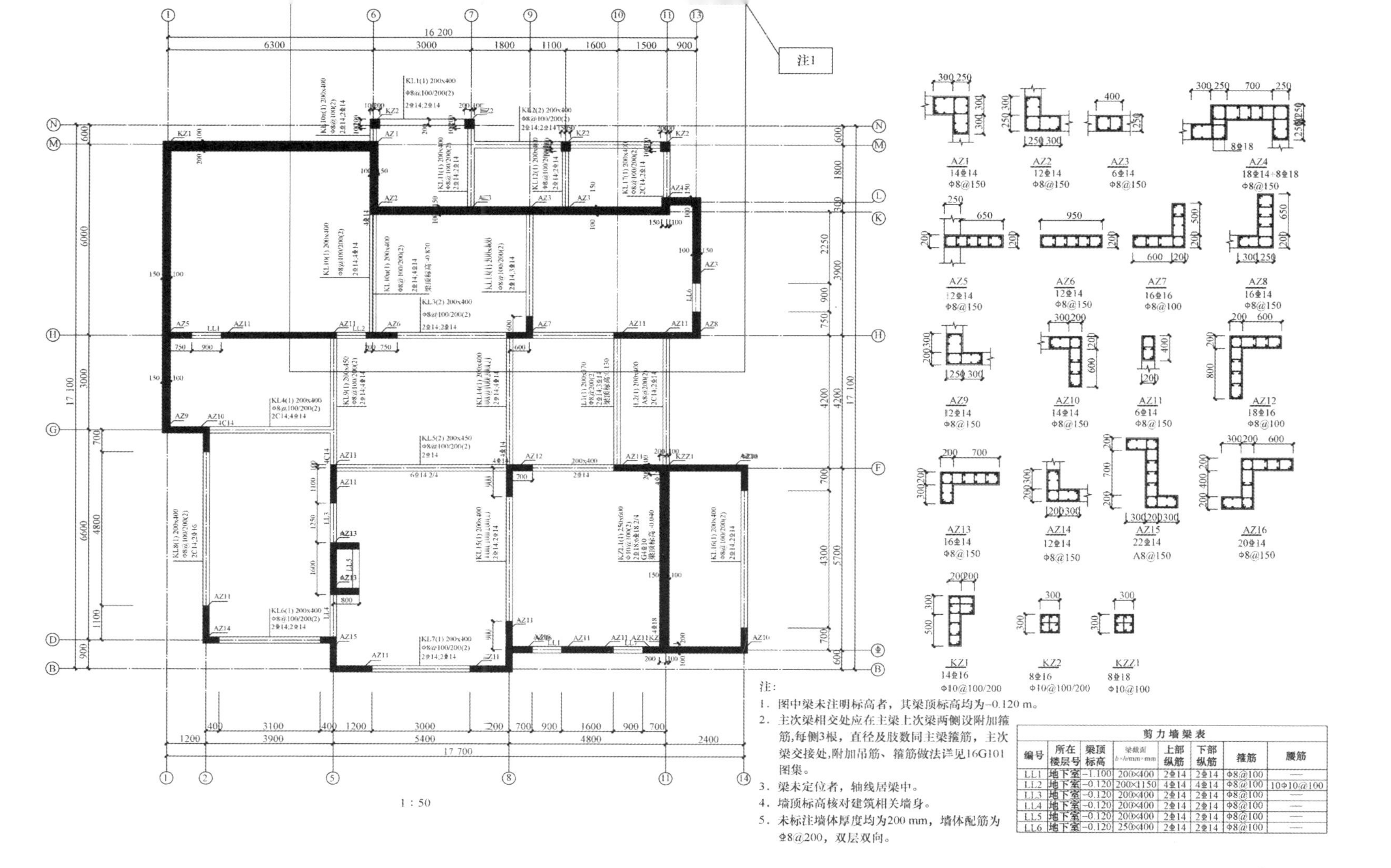

注：

1. 图中梁未注明标高者，其梁顶标高均为-0.120 m。
2. 主次梁相交处应在主梁上次梁两侧设附加箍筋，每侧3根，直径及肢数同主梁箍筋，主次梁交接处，附加吊筋、箍筋做法详见16G101图集。
3. 梁未定位者，轴线居梁中。
4. 墙顶标高核对建筑相关墙身。
5. 未标注墙体厚度均为200 mm，墙体配筋为⌀8@200，双层双向。

剪力墙梁表

编号	所在楼层号	梁顶标高	梁截面 b×h/mm×mm	上部纵筋	下部纵筋	箍筋	腰筋
LL1	地下室	-1.100	200×400	2⌀14	2⌀14	Φ8@100	—
LL2	地下室	-0.120	200×1150	4⌀14	4⌀14	Φ8@100	10Φ10@100
LL3	地下室	-0.120	200×400	2⌀14	2⌀14	Φ8@100	—
LL4	地下室	-0.120	200×400	2⌀14	2⌀14	Φ8@100	—
LL5	地下室	-0.120	200×400	2⌀14	2⌀14	Φ8@100	—
LL6	地下室	-0.120	250×400	2⌀14	2⌀14	Φ8@100	—

图 5-89 地下室墙、柱、顶梁结构图

注1详解：

导读：

箍筋加密范围是按照规范规定来的，没有具体的计算公式。

柱箍筋加密范围是：底层柱（底层柱的主根系指地下室的顶面或无地下室情况的基础顶面）的柱根加密区长度应取不小于该层柱净高的1/3，以后的加密区范围是按柱长边尺寸（圆柱的直径）、楼层柱净高的1/6，及500 mm三者数值中的最大者。

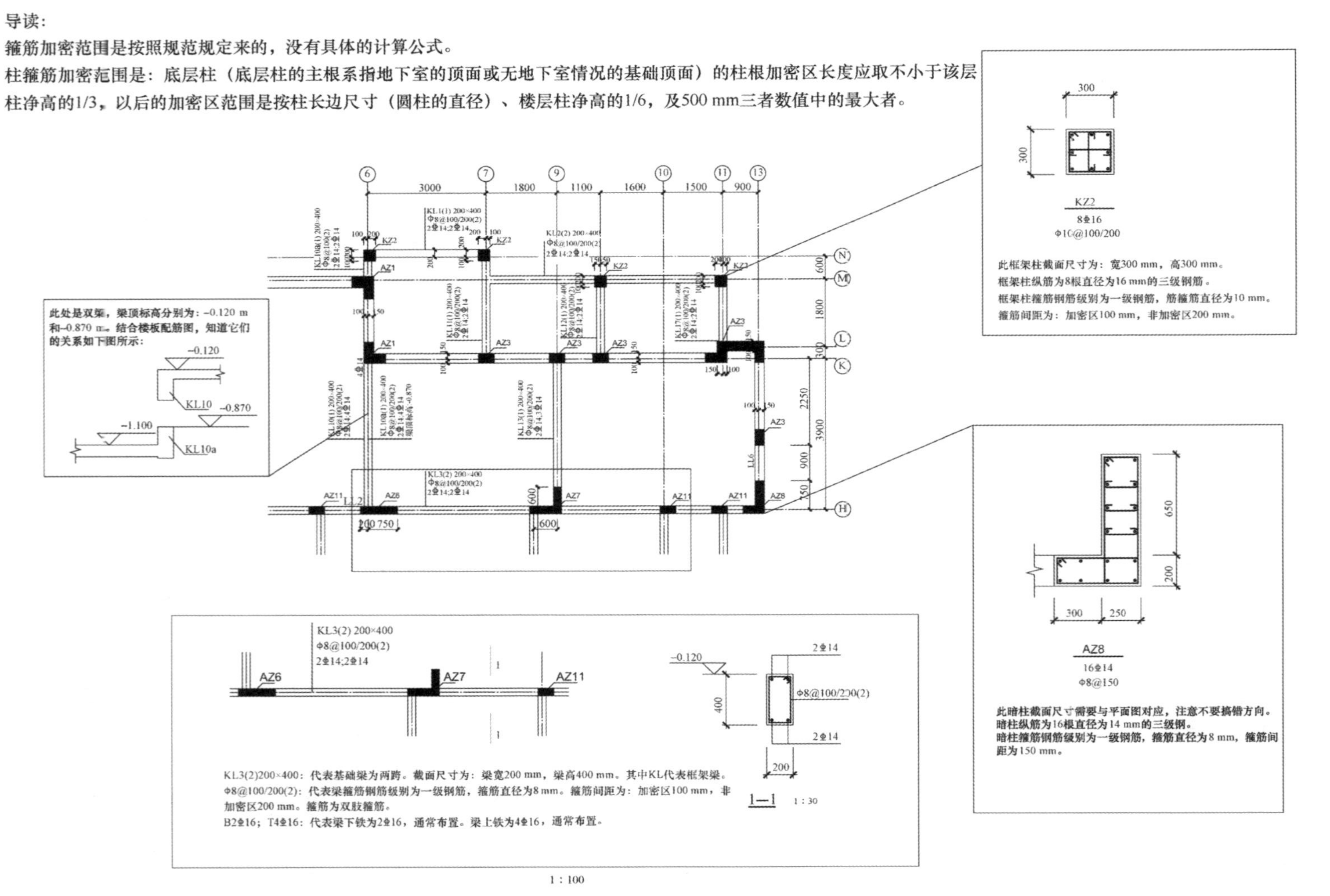

图 5-90　地下室墙、柱、顶梁结构图讲解

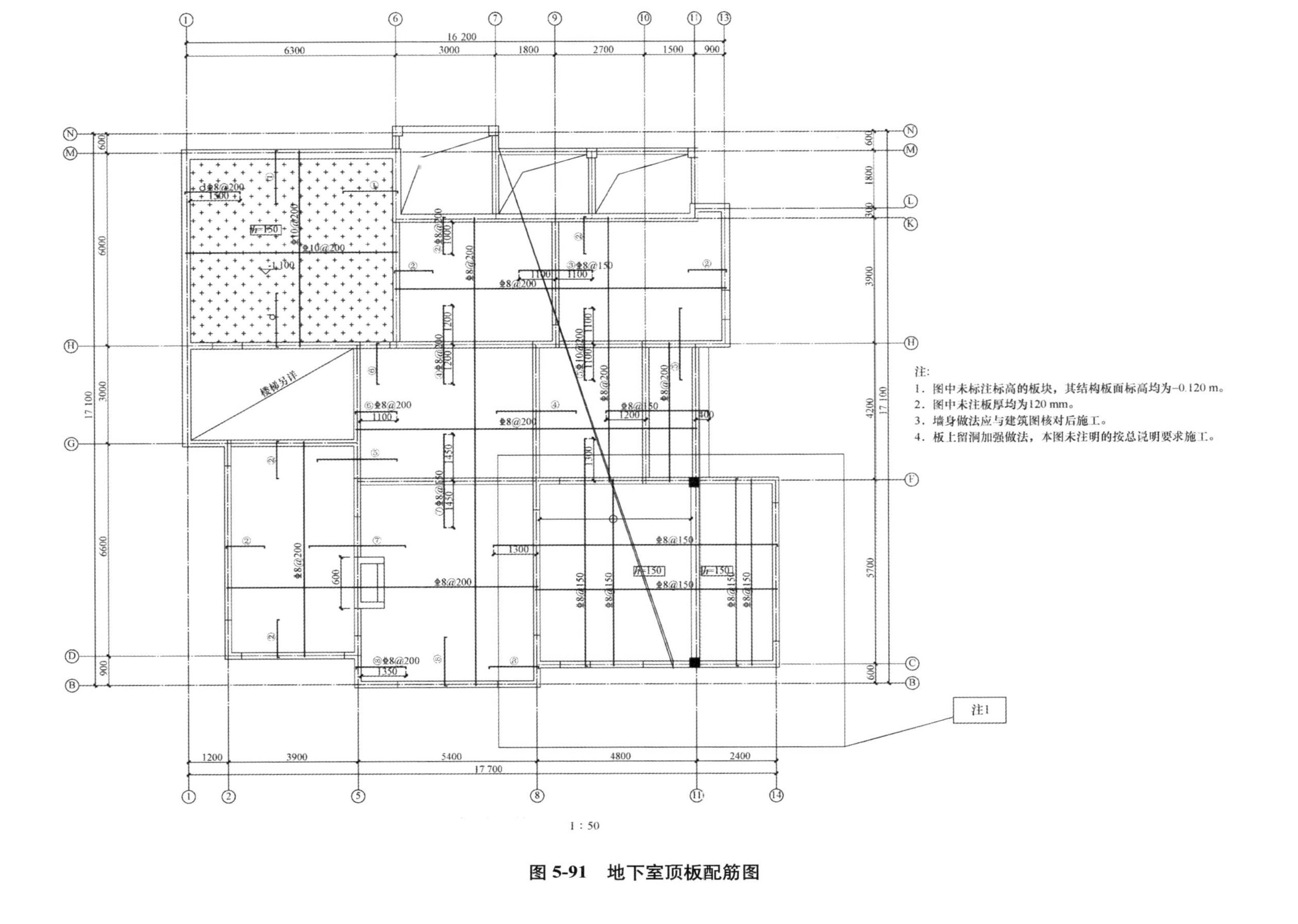

图 5-91 地下室顶板配筋图

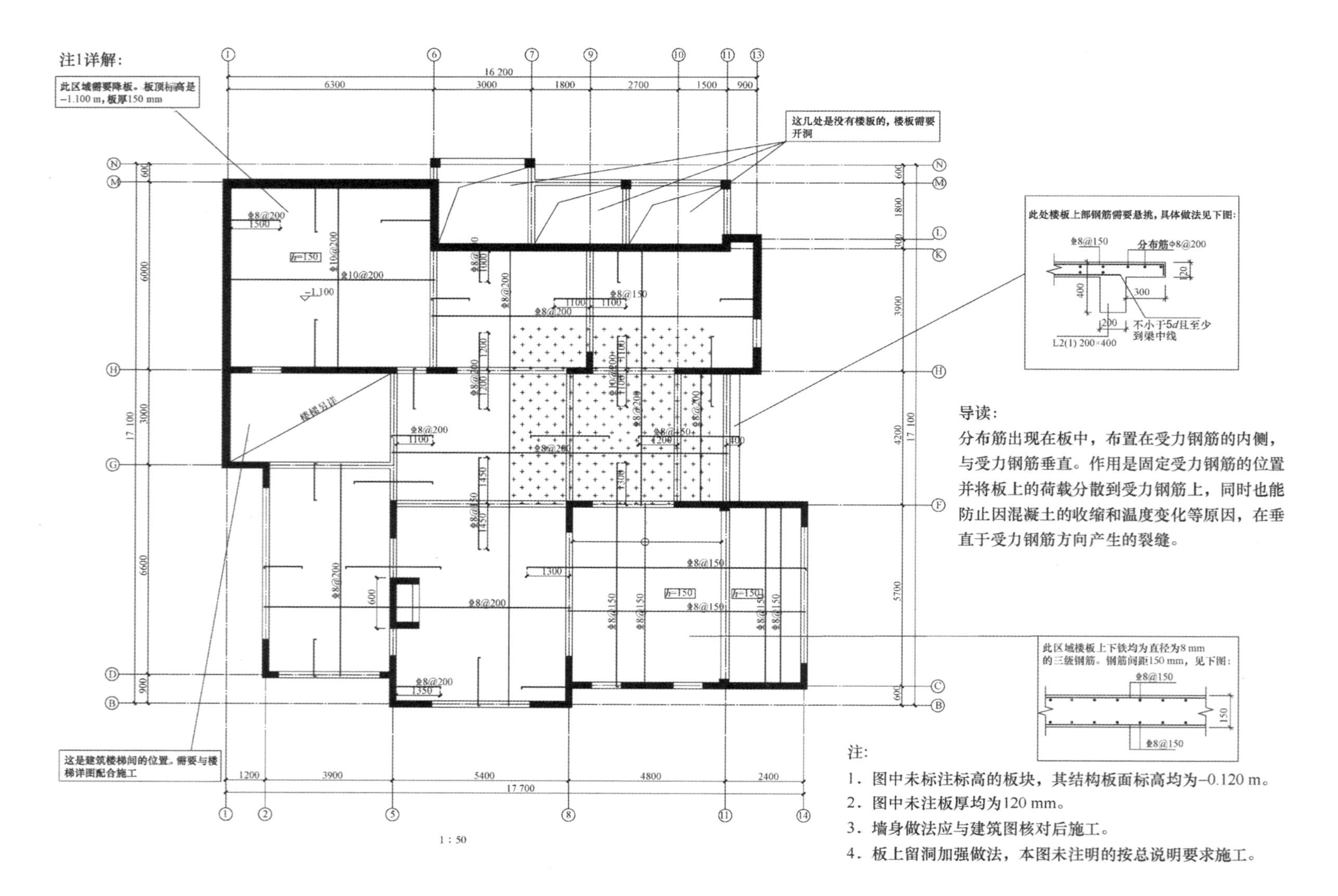

导读：

分布筋出现在板中，布置在受力钢筋的内侧，与受力钢筋垂直。作用是固定受力钢筋的位置并将板上的荷载分散到受力钢筋上，同时也能防止因混凝土的收缩和温度变化等原因，在垂直于受力钢筋方向产生的裂缝。

注：

1. 图中未标注标高的板块，其结构板面标高均为−0.120 m。
2. 图中未注板厚均为120 mm。
3. 墙身做法应与建筑图核对后施工。
4. 板上留洞加强做法，本图未注明的按总说明要求施工。

图 5-92　地下室顶板配筋图讲解

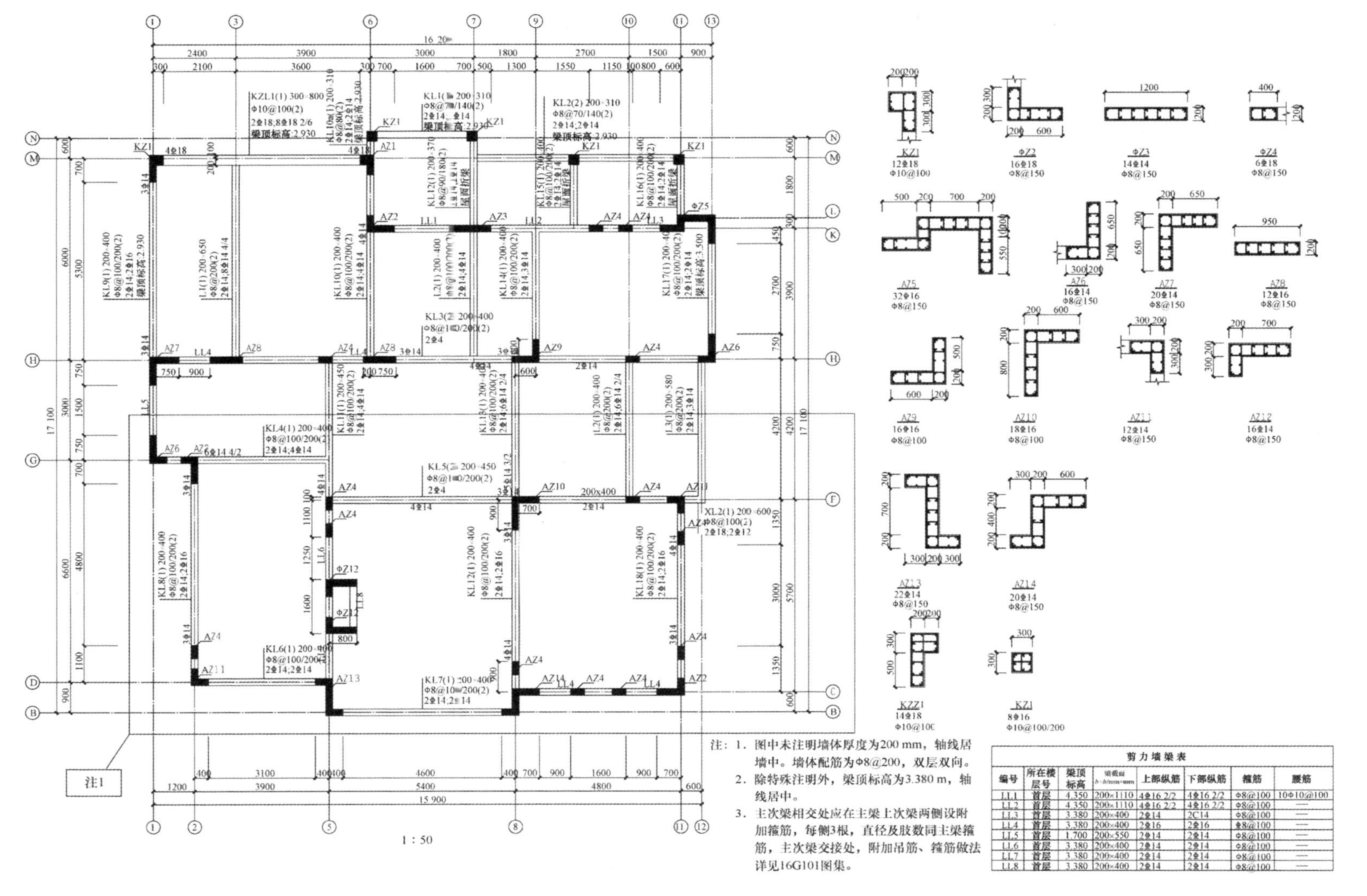

注：1．图中未注明墙体厚度为200 mm，轴线居墙中。墙体配筋为Φ8@200，双层双向。

2．除特殊注明外，梁顶标高为3.380 m，轴线居中。

3．主次梁相交处应在主梁上次梁两侧设附加箍筋，每侧3根，直径及肢数同主梁箍筋，主次梁交接处，附加吊筋、箍筋做法详见16G101图集。

剪力墙梁表

编号	所在楼层号	梁顶标高	梁截面 b×h/mm×mm	上部纵筋	下部纵筋	箍筋	腰筋
LL1	首层	4.350	200×1110	4⌀16 2/2	4⌀16 2/2	Φ8@100	10Φ10@100
LL2	首层	4.350	200×1110	4⌀16 2/2	4⌀16 2/2	Φ8@100	—
LL3	首层	3.380	200×400	2⌀14	2C14	Φ8@100	—
LL4	首层	3.380	200×400	2⌀16	2⌀16	⌀8@100	—
LL5	首层	1.700	200×550	2⌀14	2⌀14	Φ8@100	—
LL6	首层	3.380	200×400	2⌀14	2⌀14	Φ8@100	—
LL7	首层	3.380	200×400	2⌀14	2⌀14	Φ8@100	—
LL8	首层	3.380	200×400	2⌀14	2⌀14	Φ8@100	—

图 5-93　首层墙、柱、顶梁结构图

注1详解：

导读：

箍筋加密范围是按照规范规定来的，没有具体的计算公式。

梁箍筋加密范围：加密范围从柱边开始，一级抗震等级的框架梁箍筋加密长度为2倍的梁高，二、三、四级抗震等级的框架梁箍筋加密长度为1.5倍的梁高，而且加密区间总长均要满足大于500 mm，如果不满足大于500 mm，按500 mm长度进行加密。

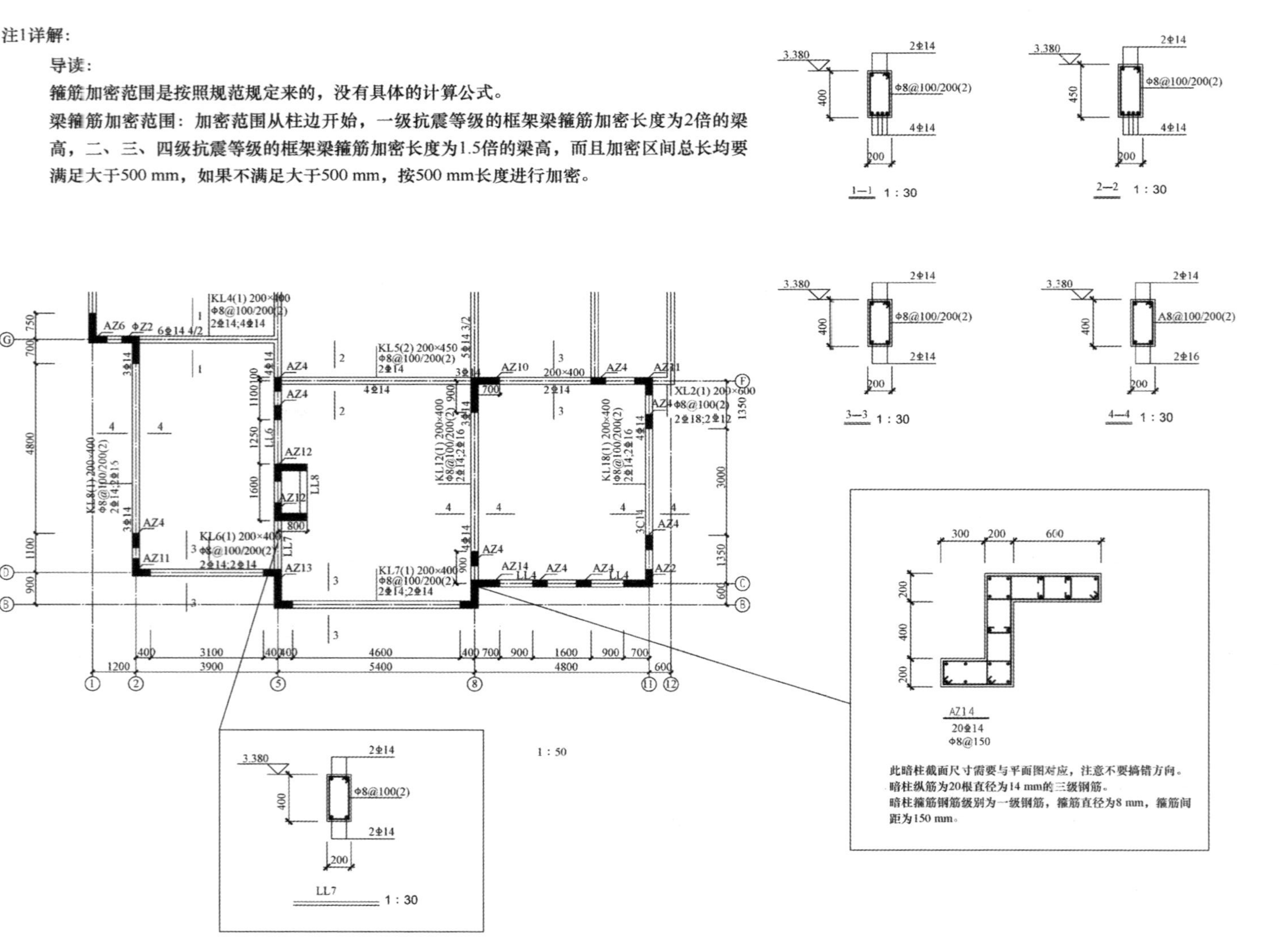
1—1 1 : 30
2—2 1 : 30
3—3 1 : 30
4—4 1 : 30
LL7 1 : 30
1 : 50
AZ14
20⌀14
Φ8@150
此暗柱截面尺寸需要与平面图对应，注意不要搞错方向。
暗柱纵筋为20根直径为14 mm的三级钢筋。
暗柱箍筋钢筋级别为一级钢筋，箍筋直径为8 mm，箍筋间距为150 mm。

图 5-94　首层墙、柱、顶梁结构图讲解

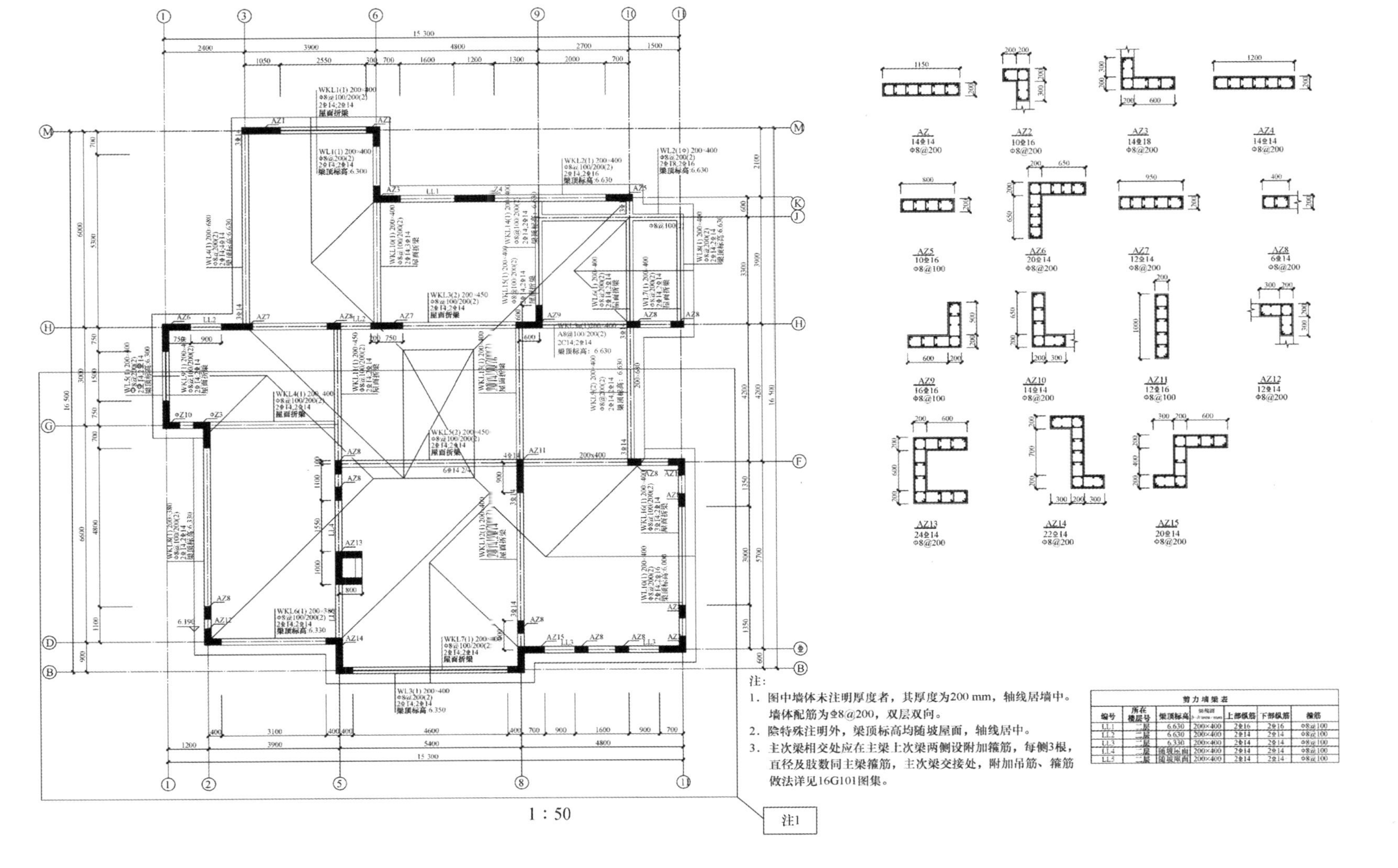

剪力墙梁表

编号	所在楼层号	梁顶标高	梁截面 b×h(mm×mm)	上部纵筋	下部纵筋	箍筋
LL1	二层	6.630	200×400	2⌀16	2⌀16	⌀8@100
LL2	二层	6.630	200×400	2⌀14	2⌀14	⌀8@100
LL3	二层	6.330	200×400	2⌀14	2⌀14	⌀8@100
LL4	二层	随坡屋面	200×400	2⌀14	2⌀14	⌀8@100
LL5	二层	随坡屋面	200×400	2⌀14	2⌀14	⌀8@100

图 5-95　二层墙、柱、顶梁结构图

注1详解：

导读：

坡屋面对别墅建筑来说是一大亮点，建筑的很多造型及理念，均在坡屋面中体现。但对于结构设计和结构施工来说，确是大难点。施工过程中要保证以下三点：第一是坡屋面坡度往往比较大，定要注意安全；第二是混凝土的塌落度一定要控制好，如果控制不好的话，对以后的屋面防水施工会留下隐患；第三是对模板的支设要求比较高，因为屋面梁板的标高都是随坡屋面标高走的，要有好的木工，才能做出设计的效果。

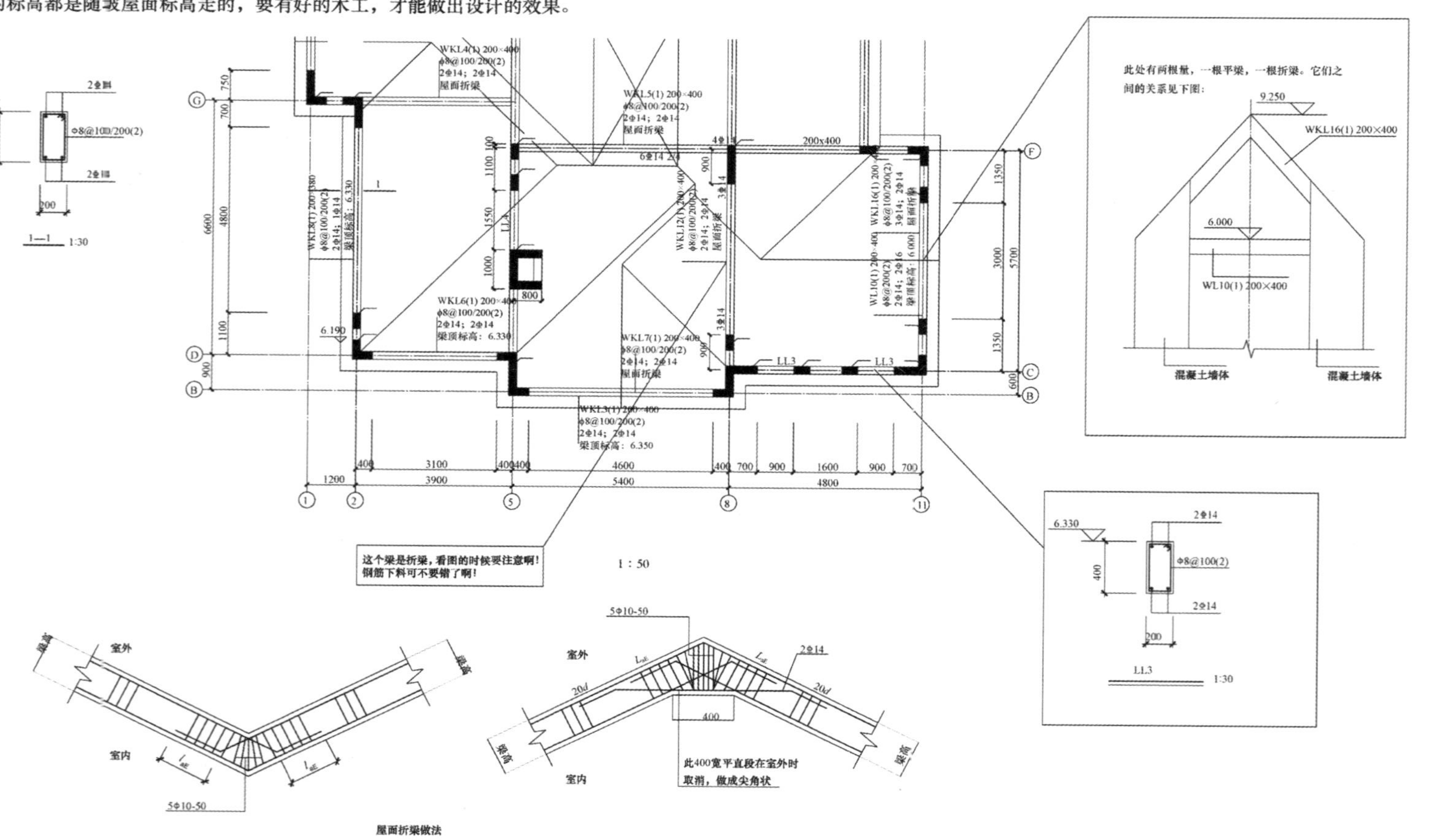

图 5-96　二层墙、柱、顶梁结构图讲解

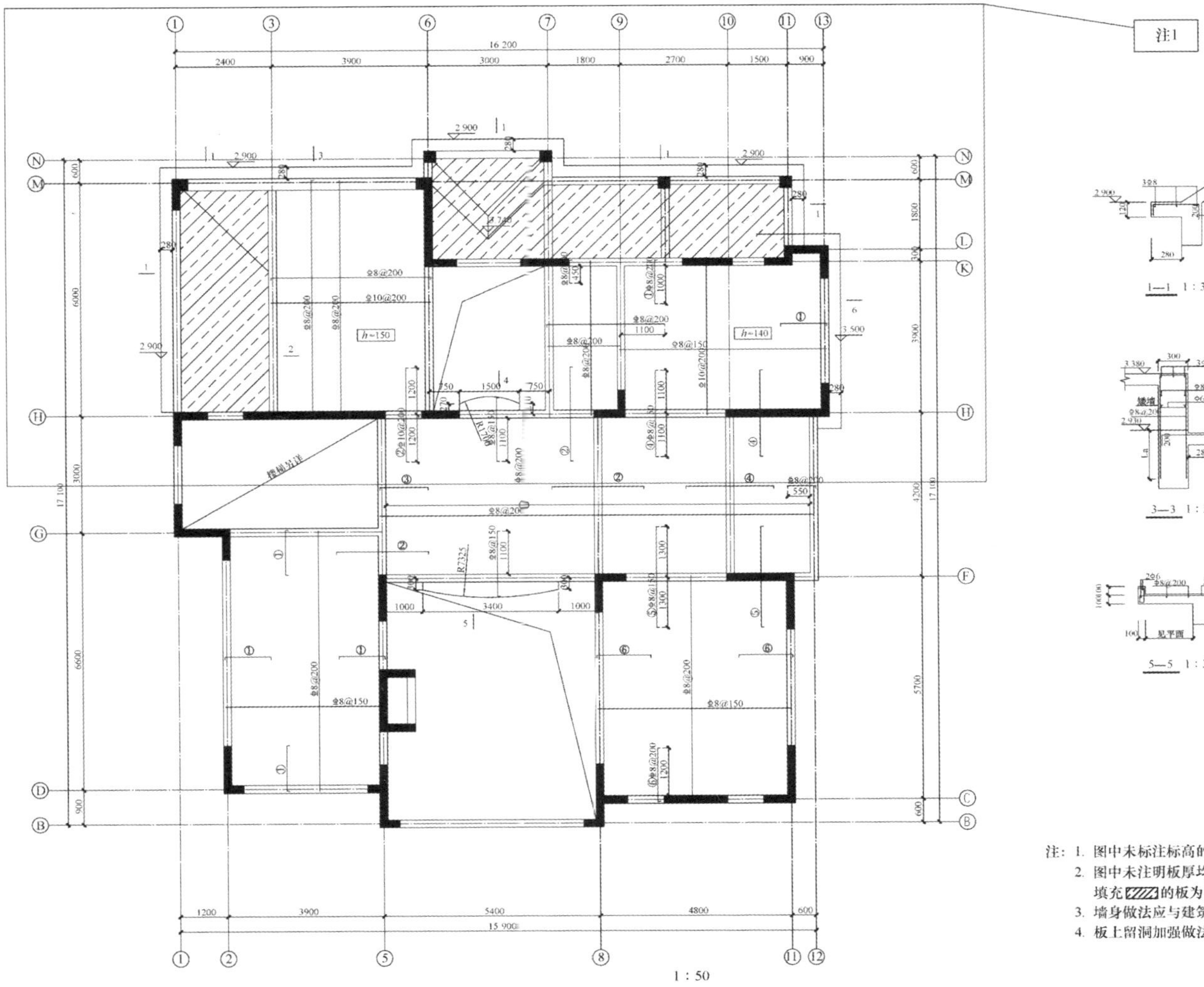

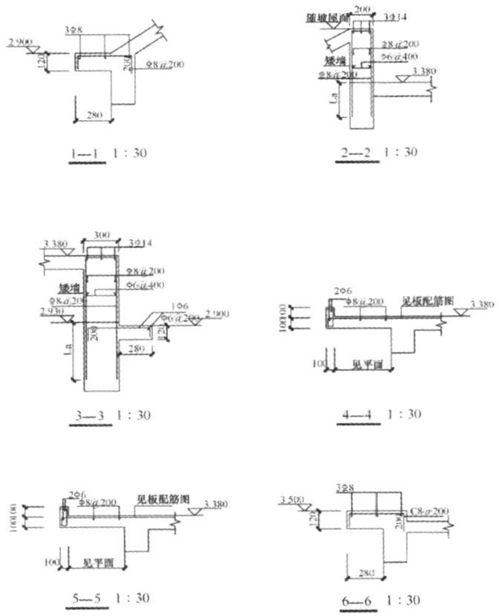

注：1. 图中未标注标高的板块，其结构板面标高均为3.380 m。
2. 图中未注明板厚均为120 mm。
填充▨的板为坡屋面板，配筋 Φ8@200，双层双向。
3. 墙身做法应与建筑图核对后施工。
4. 板上留洞加强做法，本图未注明的按总说明要求施工。

图 5-97　首层顶板配筋图

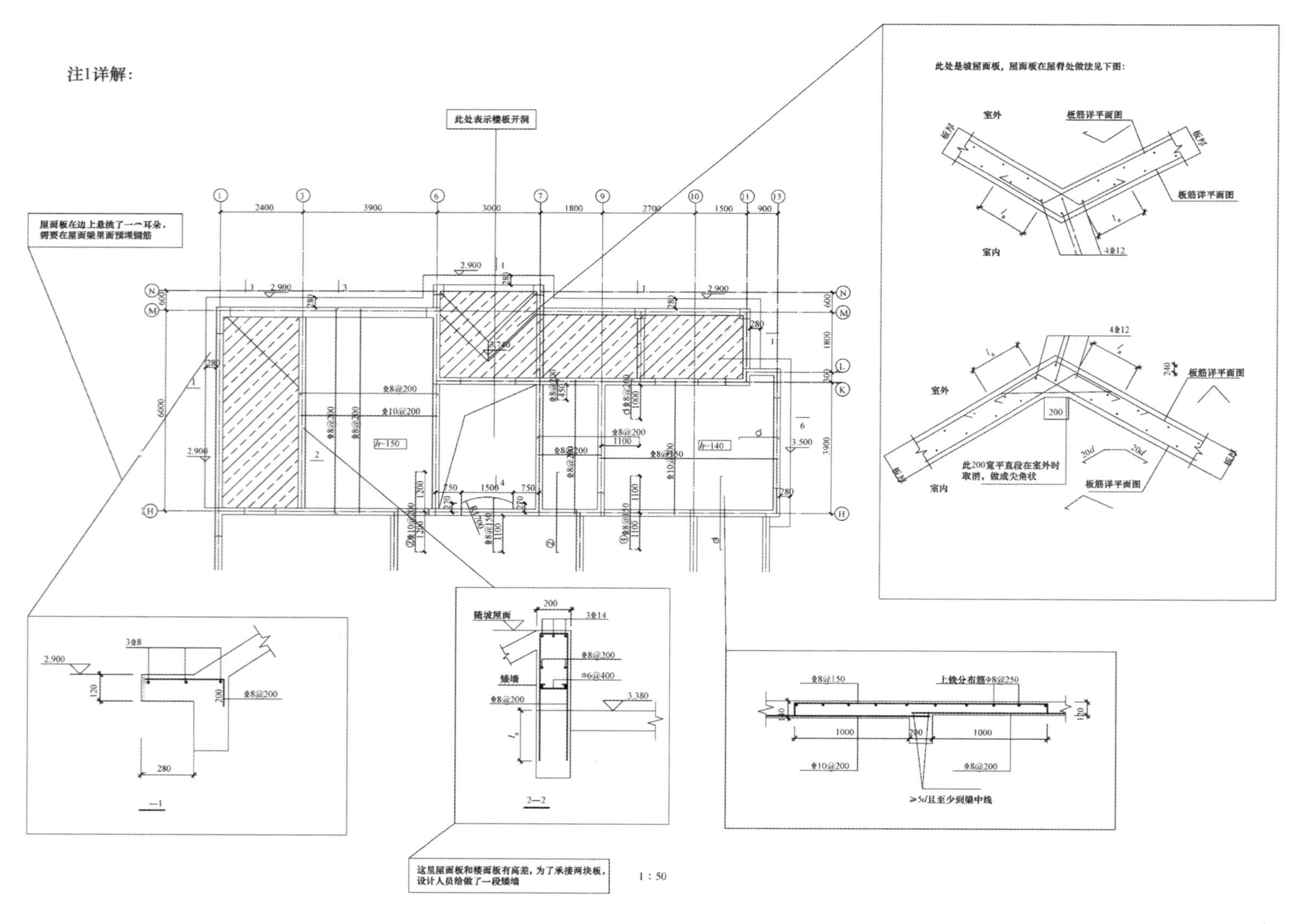

图 5-98　首层顶板配筋图讲解

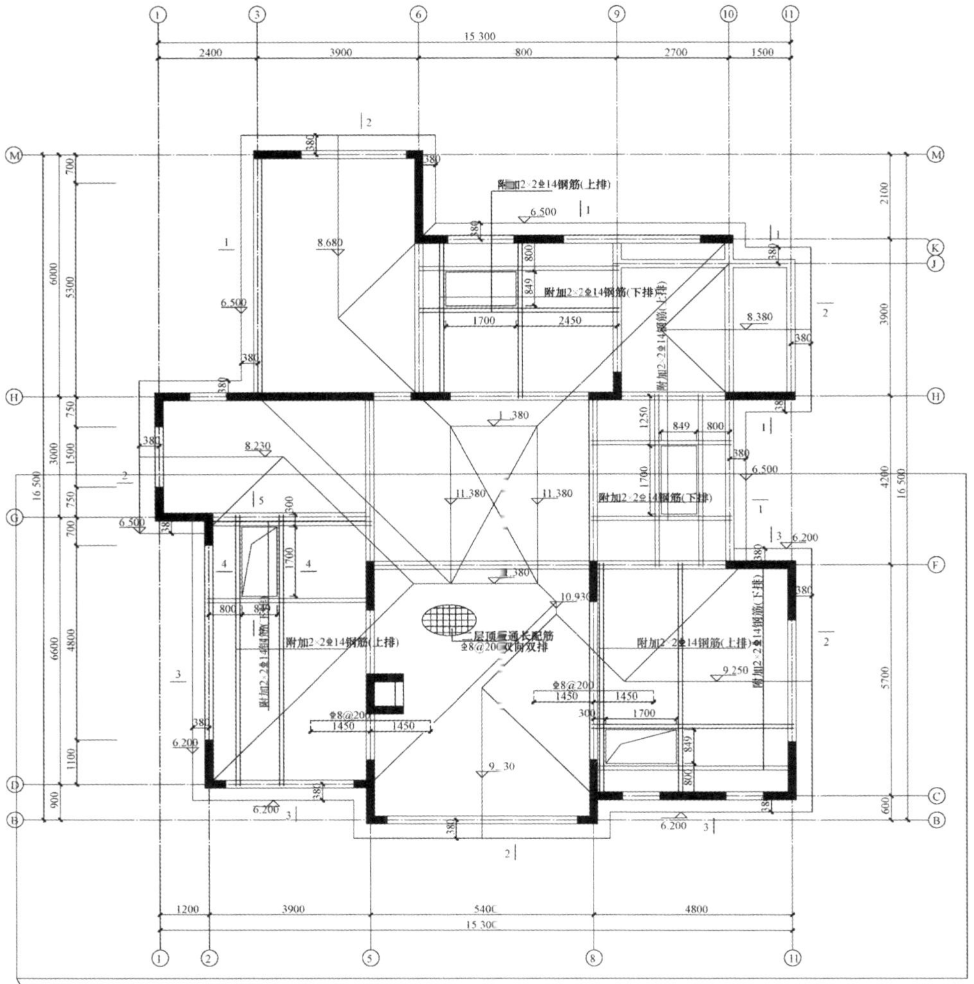

注1

1：50

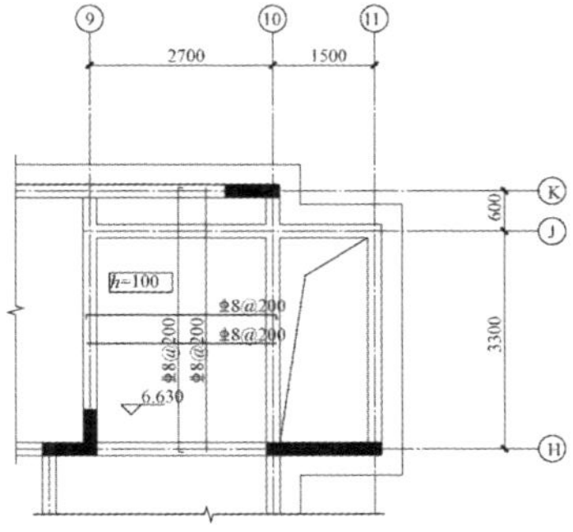

6.630 m处楼板配筋图　1：30

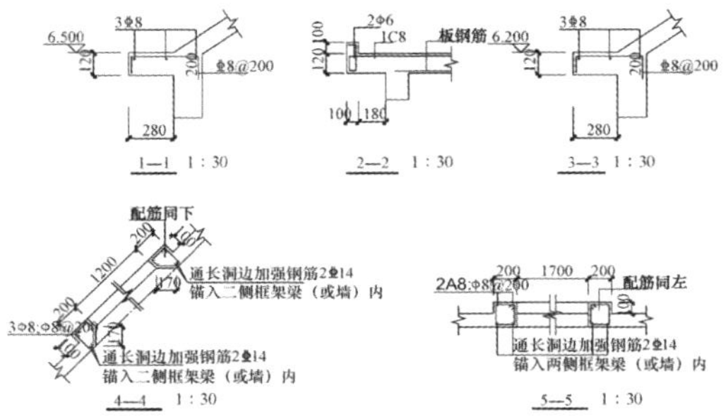

注：

1. 图中所注标高均为结构板面标高。
2. 图中除挑檐外为坡屋面部分，该部分板厚120 mm。
3. 墙身做法应与建筑图核对后施工。
4. 屋面挑檐转角处做法详总说明。

图 5-99　二层顶板配筋图

导读：

放射筋通常是在建筑物的山墙的四个大角的板（包含伸缩缝两边），或者是板跨度较大（超越39 m）的双向板的四个角安置。放射筋呈放射状，以角点为准向外散布（沿对角线方向）。长度为14板跨度，数量依据结构需求双层上下安置。意图是为了避免大板和建筑物山墙部位因受温度影响而发生纤细的裂缝。

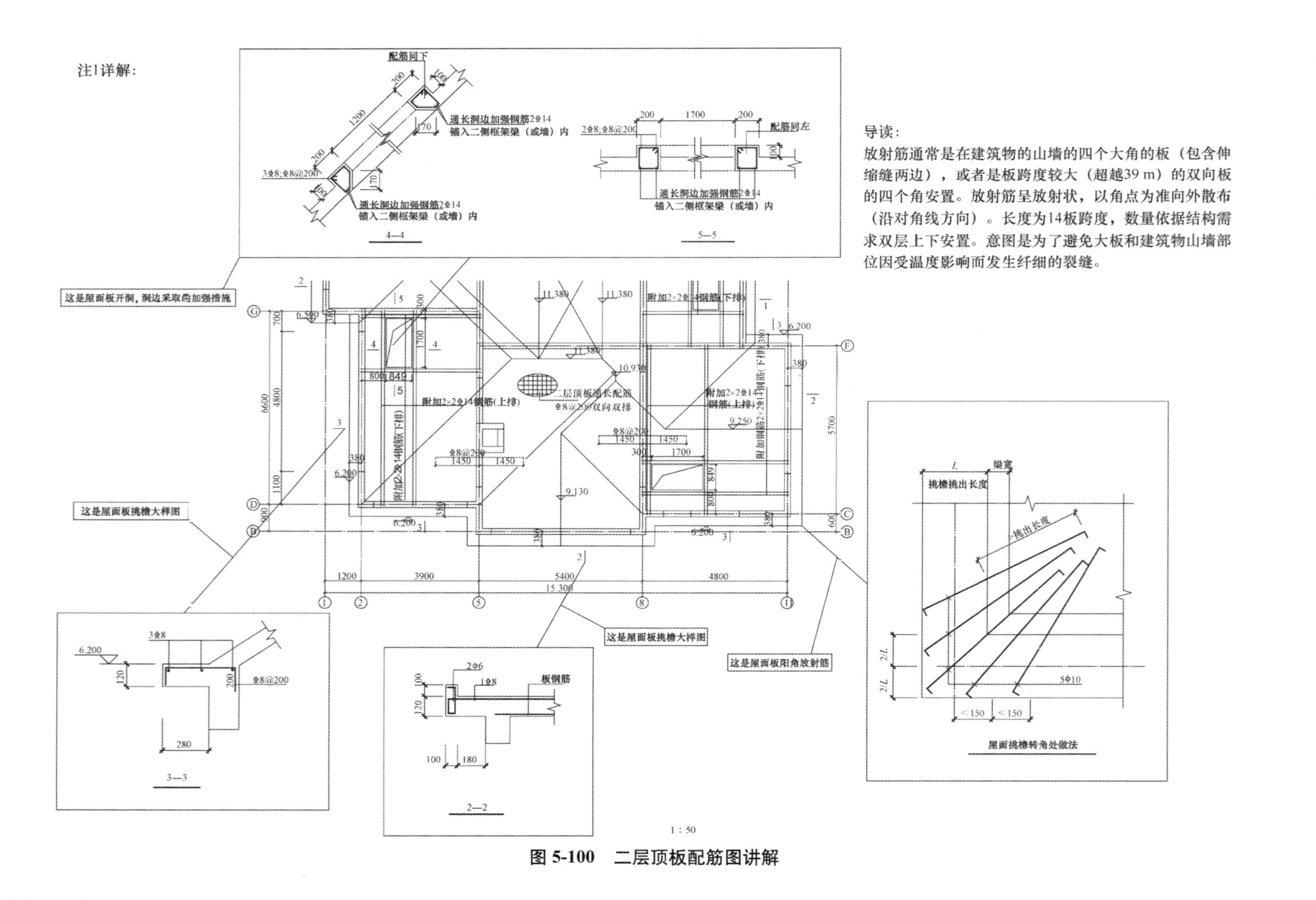

图 5-100　二层顶板配筋图讲解

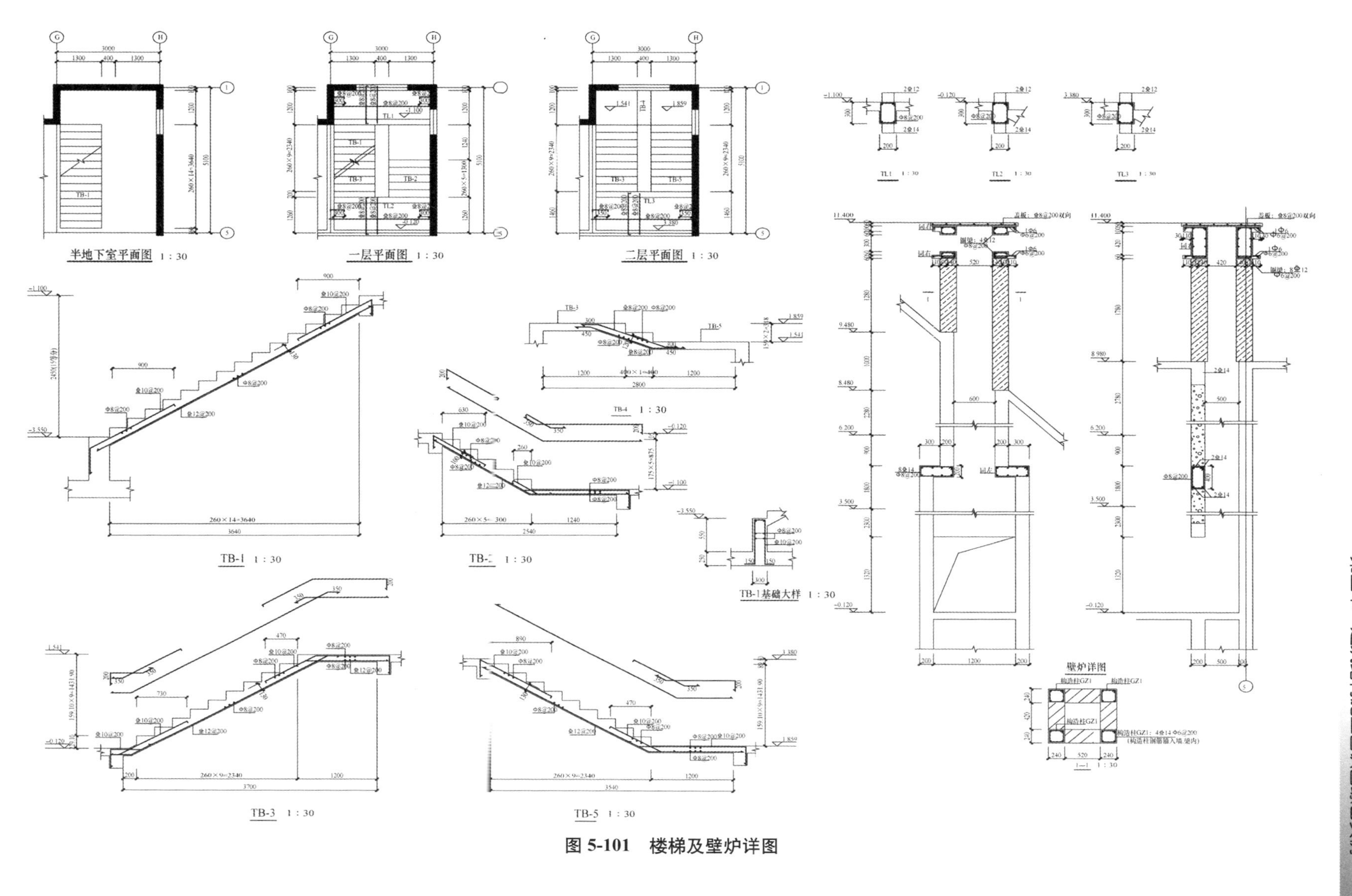

图 5-101　楼梯及壁炉详图

A
A
3000
1300
400
1300
A
A
100
1200
260×14=3640
160
5100
TB-1
半地下室平面图　1：30
−1.100
−3.550
2450(15等分)
梯板上部构造钢筋为直径为10 mm的三级钢筋，间距200 mm
900
梯板分布钢筋为直径为8 mm的一级钢筋，间距200 mm
Φ10@200
Φ8@200
梯板厚度为130 mm，注意不包括斜三角踏步的厚度
130
梯板上部构造钢筋为直径为10 mm的三级钢筋，间距200 mm
900
Φ10@200
Φ8@200
Φ8@200
梯板分布钢筋为直径为8 mm的一级钢筋，间距200 mm
Φ12@200
梯板受力钢筋为直径为12 mm的三级钢筋，间距200 mm
梯板分布钢筋为直径为8 mm的一级钢筋，间距200 mm
260×14=3640
TB-1　1：30
−3.550
550
250
Φ8@200
Φ10@200
150
150
300
这是为TB-1与基础相连的矮墙大样。
钢筋是直径为10 mm的三级钢筋，钢筋间距为200 mm。
钢筋要插入板底，且弯折后平直段长150 mm
TB-1基础大样　1：30

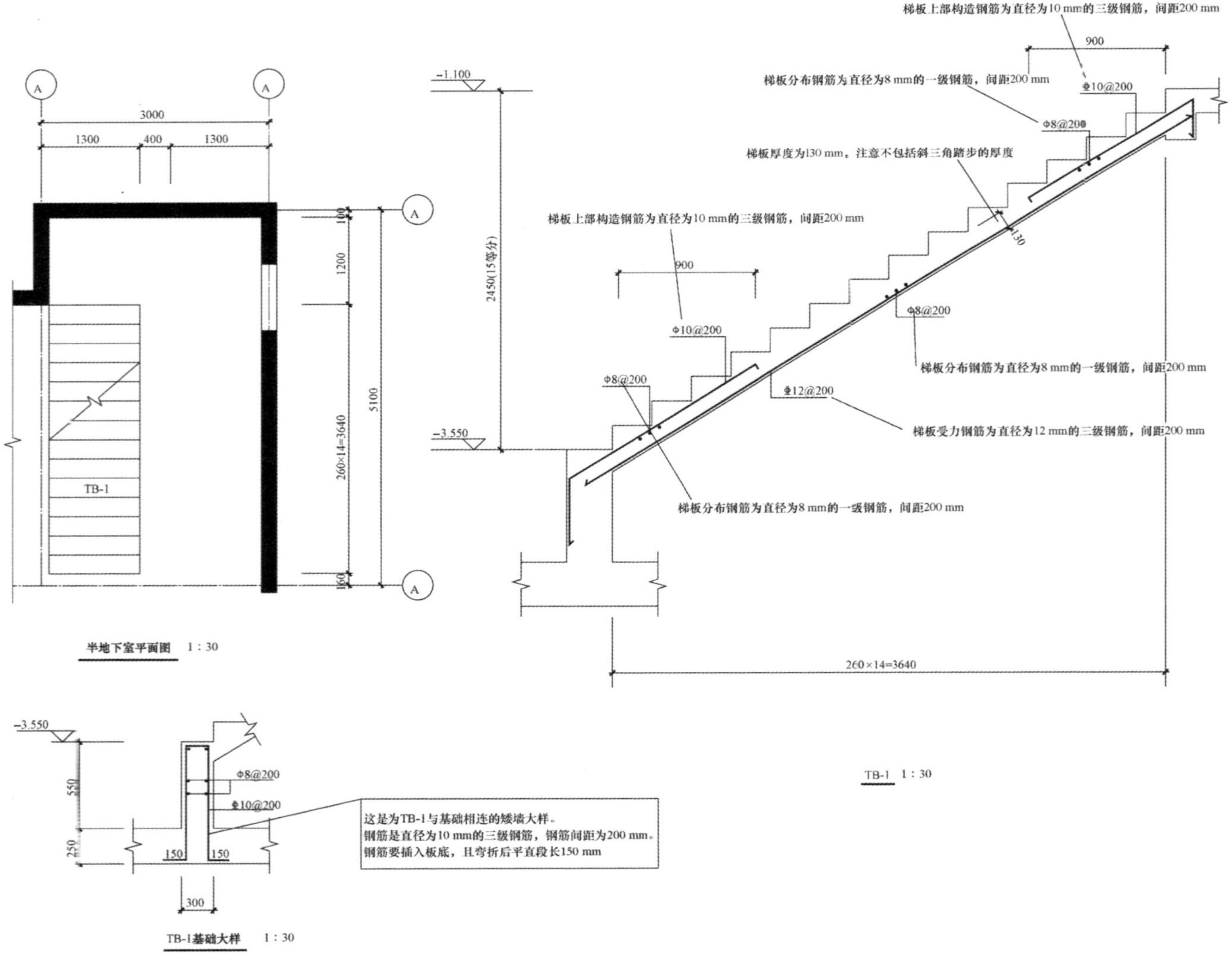

图 5-102　楼梯及壁炉详图讲解

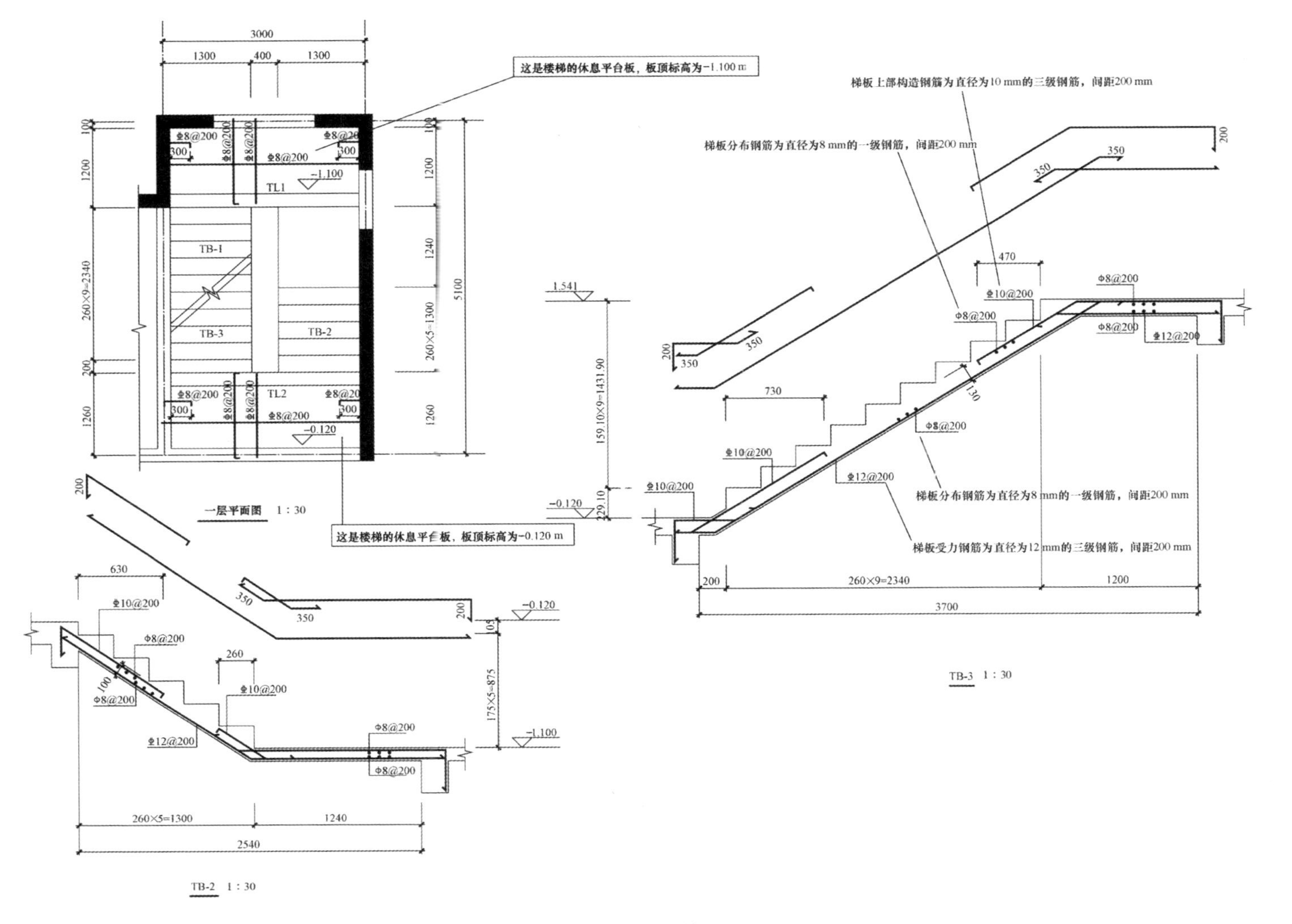
这是楼梯的休息平台板，板顶标高为-1.100 m
TL1
TB-1
TB-3
TB-2
TL2
一层平面图　1 : 30
这是楼梯的休息平台板，板顶标高为-0.120 m
梯板上部构造钢筋为直径为10 mm的三级钢筋，间距200 mm
梯板分布钢筋为直径为8 mm的一级钢筋，间距200 mm
梯板分布钢筋为直径为8 mm的一级钢筋，间距200 mm
梯板受力钢筋为直径为12 mm的三级钢筋，间距200 mm
260×9=2340
3700
TB-3　1 : 30
260×5=1300
2540
TB-2　1 : 30

图 5-103　一层楼梯做法讲解

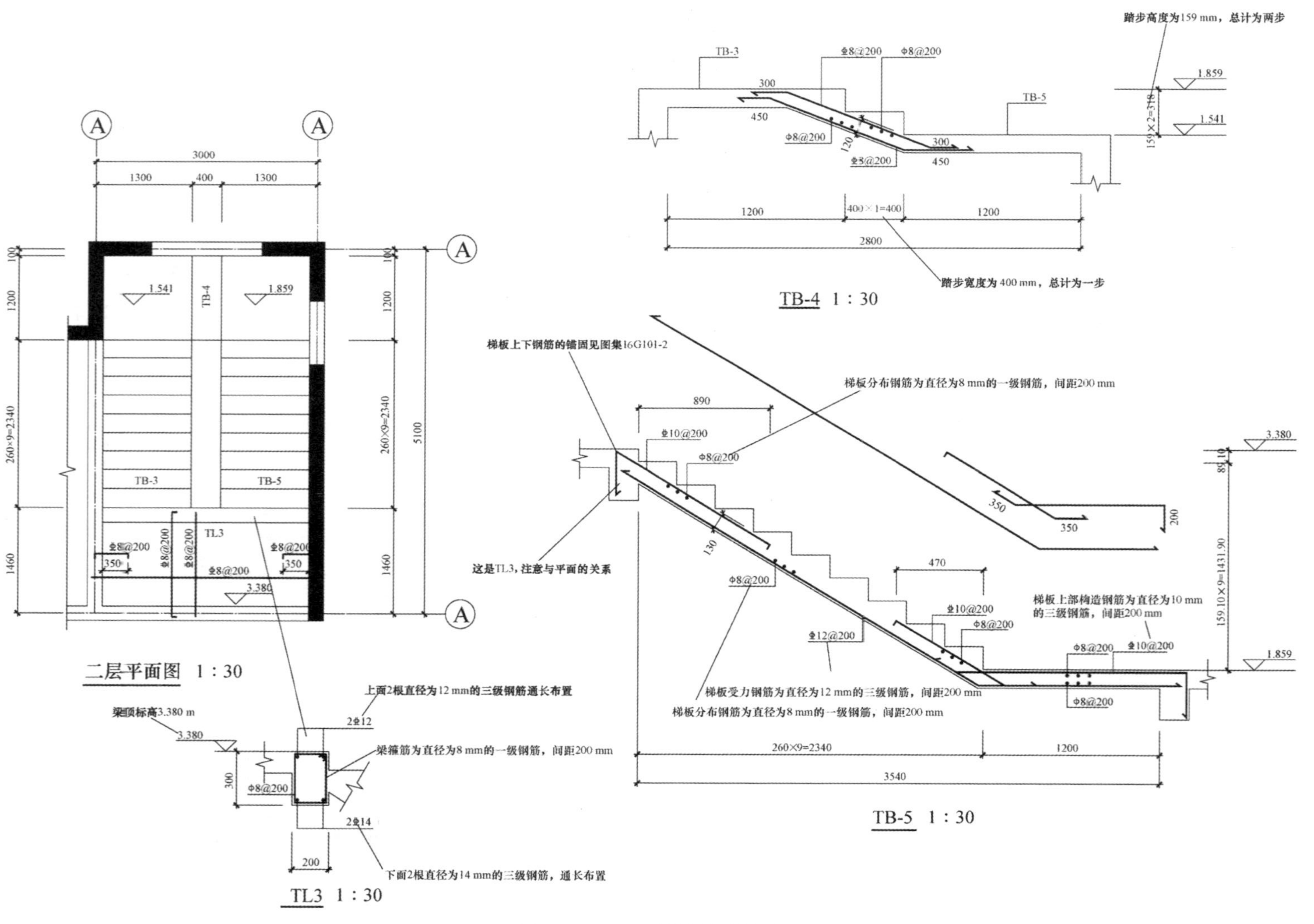

图 5-104 二层楼梯做法讲解

附录　混凝土结构施工图详解

参考文献

[1] 张红星 . 土木建筑工程制图与识图 [M]. 南京：江苏凤凰科学技术出版社，2014.

[2] 王子茹，等 . 房屋建筑结构识图 [M]. 北京：中国建材工业出版社，2000.

[3] 沈祖炎，等．钢结构学 [M]. 北京：中国建筑工业出版社，2004.

[4] 中华人民共和国建设部．GB 50205—2001　钢结构工程施工质量验收规范 [S]. 北京：中国计划出版社，2002.

[5] 高竞．怎样阅读建筑结构施工图 [M]．北京：中国建筑工业出版社，1998.

[6] 乐嘉龙 . 学看建筑结构施工图 [M]. 北京：中国电力出版社，2002.

[7] 魏利金 . 建筑结构施工图设计与审图常遇问题及对策 [M]. 北京：中国电力出版社，2011.

[8] 周学军，白丽红 . 建筑结构施工图识读 [M]. 北京：中国建筑工业出版社，2016.

[9] 李星荣 . 钢结构工程施工图实例图集 [M]. 北京：机械工业出版社，2015.

[10] 张克 . 20 小时内教你看懂建筑结构施工图 [M]. 北京：中国建筑工业出版社，2015.

[11] 高远 . 建筑与结构施工图识读一本通 [M]. 北京：机械工业出版社，2012.

[12] 季荣华，等 . 钢结构施工图识读详解 [M]. 北京：中国建筑工业出版社，2013.

[13] 赵文莉 . 结构施工图识读 [M]. 武汉：武汉理工大学出版社，2014.

[14] 周焕廷，赵松 . 钢结构施工图快速识读 [M]. 北京：机械工业出版社，2013.

[15] 张海鹰 . 建筑结构施工图 [M]. 北京：中国电力出版社，2016.

[16] 本书编委会 . 结构施工图识读 [M]. 北京：中国建筑工业出版社，2015.